超實用！
草藥圖鑑
600種野外常見藥用植物

宋緯文、蔣洪 ◎ 編著

內容簡介

　　本書共介紹野外常見中草藥600種，全書以科別歸類，按植物等級，從低等到高等的順序編排，介紹每一種中草藥原植物別名、藥用部位、植物特徵與採製、性味功用、實用簡方等內容，並配有野外實地拍攝的精美照片1～2幅。文前增設「中草藥功效速查」，讀者可根據中草藥的功效查找相關內容；文後還附有中草藥正名筆畫索引，讀者可快速查找到所需內容。值得一提的是，書中的實用簡方具有應用簡便、實用性強的特點，有些方子還可作為藥膳食用，但建議在專業醫生的指導下用藥。個別有毒中草藥，由於讀者缺乏對其毒性的認識，嚴禁內服，外用也須在專業醫生指導下使用，以免造成意外。

中草藥功效速查

(中草藥名前的數字為內文中草藥名稱前的序號，而非頁碼)

·解表藥·

發散風寒藥

70	尾花細辛	33	槐葉蘋
80	土荊芥	34	滿江紅
126	肉桂①——桂枝②	65	桑——桑葉
265	廣東蛇葡萄	71	金線草
296	檉柳	101	蓮——荷葉
333	芫荽	119	紫玉蘭
336	藁本	140	蕺菜
359	醉魚草	202	野葛——葛根
411	羅勒	202	野葛——葛花
413	紫蘇——紫蘇葉	215	臭節草
428	沙氏鹿茸草	273	甜麻
488	藍花參	301	結香——結香花
504	芙蓉菊	322	小二仙草
518	羊耳菊	331	北柴胡
520	六稜菊	348	杜莖山
591	薑——生薑	399	單葉蔓荊——蔓荊子
		404	廣防風
		405	活血丹
		451	細葉水團花
		459	劍葉耳草
		470	白馬骨

發散風熱藥

32　蘋

註：①原植物名。
　　②中藥材名。

三

489	藿香薊	533	淡竹葉
491	牛蒡——牛蒡子	534	金絲草
492	黃花蒿	549	穀精草

清熱燥溼藥

495	牡蒿		
505	野菊——野菊花	37	馬尾松——松香
524	蒼耳——蒼耳子	112	闊葉十大功勞

· 清熱藥 ·

		113	十大功勞
		116	金線吊烏龜

清熱瀉火藥

		183	舖地蝙蝠草
86	青葙——青葙子	205	苦參
87	千日紅	355	白檀
101	蓮——蓮子心	361	五嶺龍膽
117	冀箕篤	363	龍膽
148	繡球	367	蘿芙木
174	合萌	397	假馬鞭
181	決明——決明子	436	梓——梓根皮
198	沙葛	513	鹿角草

清熱解毒藥

239	白背葉		
244	葉下珠	9	深綠卷柏
281	玫瑰茄	12	瓶爾小草
287	山芝麻	13	陰地蕨
386	大尾搖	19	烏蕨
410	涼粉草	23	野雉尾金粉
414	夏枯草	25	長葉鐵角蕨
429	白花泡桐——白花泡桐根	28	抱石蓮
430	野甘草	29	瓦葦
444	穿心蓮	42	蕺菜——魚腥草
446	九頭獅子草	43	三白草
455	梔子	54	椰榆
476	南瓜——南瓜花	56	無花果
479	栝蔞——天花粉	68	矮冷水花
532	白茅——白茅根	72	金蕎麥

73	火炭母	212	酢漿草
74	虎杖	213	紅花酢漿草
78	扛板歸	226	橄欖——青果
82	菠菜	237	飛揚草
84	空心蓮子草	241	石岩楓
85	蓮子草	242	紅雀珊瑚
92	馬齒莧	248	南酸棗——南酸樹皮
96	荷蓮豆草	250	秤星樹
97	漆姑草	257	車桑子
98	雀舌草	258	無患子——無患子根、無患子葉
99	繁縷	266	白蘞
107	天葵——天葵子	267	烏蘞莓
123	蠟梅	268	白粉藤
135	血水草	269	三葉崖爬藤
137	薺——薺菜	272	田麻
141	蘿蔔	277	磨盤草
145	佛甲草	280	朱槿
150	黃水枝	283	賽葵
155	蛇莓	292	茶
159	豆梨	293	金絲桃
160	石斑木	295	元寶草
176	紫雲英	297	七星蓮
180	望江南	302	了哥王
184	豬屎豆	307	喜樹
189	雞眼草	310	檸檬桉——檸檬桉葉
199	排錢草	314	野牡丹——野牡丹根、野牡丹葉
200	猴耳環	316	金錦香
204	田菁	318	楮頭紅
206	葫蘆茶	319	水龍
207	野豇豆	320	毛草龍
208	貓尾草	321	丁香蓼
209	丁癸草	329	鵝掌柴

332	積雪草	465	短小蛇根草
342	九管血	467	九節
348	杜莖山	473	忍冬——金銀花
370	狗牙花	476	南瓜——南瓜葉
376	匙羹藤	478	茅瓜
382	五爪金龍	484	半邊蓮
387	小花琉璃草	490	杏香兔耳風
392	大青	498	鬼針草
395	馬櫻丹	509	一點紅
396	豆腐柴	512	大吳風草
398	馬鞭草	517	野茼蒿
400	過江藤	519	馬蘭
406	野芝麻	521	千里光
408	白絨草	525	黃鵪菜
415	香茶菜	527	浮葉眼子菜
417	半枝蓮	550	飯包草
418	韓信草	553	鴨舌草
423	白英	568	華重樓——重樓
424	少花龍葵	572	土茯苓
427	通泉草	579	韭蓮
432	陰行草	584	射干
438	野菰		**清熱涼血藥**
439	旋蒴苣苔	15	紫萁
443	臺閩苣苔	22	井欄邊草
445	狗肝菜	26	烏毛蕨
447	爵床	30	江南星蕨
448	板藍	35	蘇鐵
450	車前——車前草	37	馬尾松——松花粉
453	豬殃殃	47	草珊瑚——腫節風
454	四葉葎	48	垂柳——柳花
457	白花蛇舌草	53	樸樹
463	黐花	67	糯米糰

88	血莧	131	刨花潤楠
105	牡丹——牡丹皮	173	桃——桃花
143	落地生根	235	巴豆
149	虎耳草	245	蓖麻——蓖麻子
156	翻白草	246	山烏桕——山烏桕根
157	蛇含委陵菜	247	烏桕
165	茅莓	291	油茶——茶油
168	蓬虆	385	裂葉牽牛——牽牛子
191	美麗胡枝子	559	蘆薈
192	天藍苜蓿		

· 祛風溼藥 ·

祛風寒溼藥

232	鐵莧菜	37	馬尾松——馬尾松根
234	紅背山麻杆	44	風藤
252	毛冬青	62	珍珠蓮
256	倒地鈴	102	威靈仙
276	黃蜀葵	103	還亮草
278	木芙蓉	106	石龍芮
299	仙人掌	124	瓜馥木
315	地菍	130	豺皮樟
384	蕹菜	133	檫木
523	蟛蜞菊	152	楓香樹——路路通
552	吊竹梅	177	龍鬚藤
592	美人蕉	186	小槐花
593	金線蘭——金線蓮	245	蓖麻——蓖麻根
594	竹葉蘭	255	野鴉椿

清虛熱藥

422	枸杞——地骨皮	271	虆薁——虆薁根
431	玄參	284	地桃花

· 瀉下藥 ·

		308	八角楓
38	側柏——柏子仁	312	桃金娘——桃金娘根
91	商陸	313	輪葉蒲桃
94	落葵	317	朝天罐

七

326	樹參	219	芸香
327	常春藤	220	飛龍掌血
340	羊躑躅	226	橄欖——橄欖根
344	走馬胎	246	山烏桕——山烏桕葉
353	白花丹	251	枸骨
358	白背楓	254	雷公藤
364	鏈珠藤	259	鳳仙花
369	羊角拗	263	馬甲子
426	毛麝香	286	梧桐
462	羊角藤	324	白簕
468	蔓九節	325	楤木
471	白花苦燈籠	343	朱砂根
522	兔兒傘	352	補血草

祛風溼熱藥

		372	絡石——絡石藤
6	藤石松	383	厚藤
14	福建觀音座蓮	393	赬桐
41	小葉買麻藤	435	凌霄——凌霄根
46	及己	449	透骨草
48	垂柳——柳枝	458	牛白藤
55	構棘	473	忍冬——忍冬藤
57	構樹——構樹根	487	銅錘玉帶草
61	薜荔	538	短葉水蜈蚣
63	變葉榕	571	菝葜
65	桑——桑枝	573	牛尾菜

祛風溼強筋骨藥

114	南天竹——南天竹根	18	金狗毛蕨——狗脊
115	木防己	27	槲蕨——骨碎補
167	山莓——山莓根	253	大芽南蛇藤
169	高粱泡	270	扁擔藤
185	農吉利	323	細柱五加——五加皮
201	亮葉猴耳環	328	穗序鵝掌柴
203	鹿藿	339	普通鹿蹄草——鹿銜草
211	楊桃——楊桃根		

・化溼藥・

- 59　粗葉榕
- 120　凹葉厚朴——厚朴
- 151　檵木——檵木葉、檵木花
- 193　草木犀
- 260　多花勾兒茶
- 288　蛇婆子
- 304　圓葉節節菜
- 368　雞蛋花
- 401　藿香
- 464　玉葉金花
- 491　牛蒡——牛蒡根
- 506　魚眼草
- 511　佩蘭
- 563　蜘蛛抱蛋

・利水滲溼藥・

利水消腫藥

- 141　蘿蔔——地骷髏
- 236　澤漆
- 262　枳椇——枳椇子
- 412　牛至
- 434　爬岩紅
- 436　梓——梓果
- 508　地膽草
- 528　澤瀉
- 530　薏苡——薏苡仁
- 531　牛筋草
- 547　大薸
- 554　田蔥
- 591　薑——薑皮

利尿通淋藥

- 11　筆管草
- 16　海金沙
- 17　芒萁
- 31　石葦
- 64　萹草
- 75　萹蓄
- 81　地膚——地膚子
- 95　瞿麥
- 108　三葉木通——木通
- 187　廣東金錢草——廣東金錢
- 195　含羞草
- 275　刺蒴麻
- 330　通脫木——通草
- 362　華南龍膽
- 366　酸葉膠藤
- 403　腎茶
- 450　車前——車前子
- 529　野慈姑
- 535　狗尾草
- 551　鴨跖草
- 555　燈心草
- 570　萬年青
- 582　福州薯蕷

利溼退黃藥

- 5　垂穗石松
- 10　兗州卷柏
- 20　圓蓋陰石蕨
- 21　腎蕨
- 24　鐵線蕨
- 101　蓮——蓮鬚
- 125　無根藤

146	垂盆草	127	烏藥
164	粗葉懸鉤子	132	絨毛潤楠
240	粗糠柴	152	楓香樹——楓香葉
282	木槿	172	梅——梅花
294	地耳草	178	雲實
349	廣西過路黃	218	九里香
350	過路黃——金錢草	223	兩面針
380	馬蹄金	224	柚——化橘紅
440	半蒴苣苔	228	楝——苦楝子
494	茵陳蒿——茵陳	248	南酸棗——南酸棗果核
536	玉蜀黍——玉米鬚	279	陸地棉——陸地棉果殼
		285	梵天花

·溫裡藥·

126	肉桂	291	油茶——油茶根
128	山胡椒	354	山礬
129	山雞椒	356	茉莉花
151	檵木根	374	牛皮消
217	吳茱萸	388	附地菜
221	竹葉花椒	499	金盞花
222	簕欓花椒	510	多鬚公
300	土沉香	537	香附子——香附
334	茴香——小茴香	557	薤頭——薤白
420	辣椒	558	韭——韭菜根、韭菜葉
585	華山薑	587	砂仁
586	山薑		
591	薑——乾薑		

·消食藥·

		49	楊梅

·理氣藥·

60	琴葉榕	141	蘿蔔——萊菔子
69	馬兜鈴——青木香	158	火棘
69	馬兜鈴——天仙藤	243	餘甘子
122	白蘭	466	雞矢藤

·驅蟲藥·

- 39　三尖杉──三尖杉種子
- 40　榧樹──榧子
- 139　北美獨行菜
- 228　楝──苦楝皮
- 309　使君子
- 476　南瓜──南瓜子
- 500　天名精──鶴虱

·止血藥·

涼血止血藥

- 2　木耳
- 38　側柏──側柏葉
- 66　苧麻──苧麻根
- 79　羊蹄
- 144　費菜
- 158　火棘──火棘根
- 233　金邊紅桑
- 271　蘡薁──蘡薁葉
- 290　楊桐
- 345　虎舌紅
- 347　九節龍
- 373　馬利筋
- 390　枇杷葉紫珠
- 402　金瘡小草
- 419　血見愁
- 425　水茄
- 435　凌霄──凌霄花
- 456　金毛耳草
- 502　刺兒菜──小薊
- 503　薊──大薊
- 516　紅鳳菜
- 532　白茅──白茅花
- 540　棕櫚
- 562　文竹
- 565　萱草──萱草根

化瘀止血藥

- 197　花櫚木
- 289　毛花獼猴桃──毛花獼猴桃葉
- 378　七層樓
- 460　龍船花
- 474　接骨草
- 526　水燭──蒲黃
- 575　文殊蘭

收斂止血藥

- 154　龍芽草──仙鶴草
- 170　地榆
- 389　杜虹花
- 539　蒲葵──蒲葵陳葉
- 581　薯莨
- 595　白及

溫經止血藥

- 591　薑──炮薑

·活血化瘀藥·

活血止痛藥

- 45　臺灣金粟蘭
- 49　楊梅──楊梅根
- 77　紅蓼──水紅花子
- 83　土牛膝
- 109　大血藤
- 118　南五味子──南五味子根
- 128　山胡椒──山胡椒葉

142	茅膏菜
152	楓香樹——楓香脂
172	梅——梅根
238	算盤子
305	紫薇
314	野牡丹——野牡丹果
337	川芎
346	山血丹
394	假連翹
433	蚊母草
437	硬骨凌霄
548	犁頭尖
589	鬱金
590	薑黃

活血調經藥

8	卷柏
90	紫茉莉
173	桃——桃仁
179	錦雞兒
182	紫荊——紫荊皮
194	香花雞血藤
196	常春油麻藤
351	星宿菜
407	益母草
407	益母草——茺蔚子
409	地筍——澤蘭
416	南丹參
469	茜草
493	奇蒿
496	白苞蒿
501	紅花

活血療傷藥

7	蛇足石杉
173	桃——桃枝
301	結香——結香根

破血消癥藥

188	皂莢——皂角刺
259	鳳仙花——急性子
360	鉤吻
588	莪朮

·化痰止咳平喘藥·

化痰藥

65	桑——桑白皮
110	六角蓮
128	山胡椒——山胡椒根
188	皂莢
211	楊桃
216	三椏苦
229	華南遠志
231	瓜子金
258	無患子
264	雀梅藤
289	毛花獼猴桃——毛花獼猴桃根
298	紫背天葵
338	紫花前胡
341	杜鵑
375	柳葉白前——白前
377	球蘭
391	蘭香草
429	白花泡桐——白花泡桐果
441	吊石苣苔

442	大花石上蓮		**· 平肝息風藥 ·**
452	虎刺	1	蟬花
479	栝蔞——瓜蔞仁	180	望江南——望江南種子
479	栝蔞——瓜蔞皮	190	截葉鐵掃帚
485	線萼山梗菜	214	蒺藜
486	桔梗	472	鉤藤
514	鼠麴草	578	蔥蓮
515	細葉鼠麴草		
544	一把傘南星——天南星		**· 開竅藥 ·**
546	半夏	541	菖蒲
564	萬壽竹	542	金錢蒲
580	黃獨——黃藥子		
	止咳平喘藥		**· 補虛藥 ·**
36	銀杏——白果		**補氣藥**
69	馬兜鈴	52	栗——栗子
114	南天竹——南天竹果實	58	天仙果
121	木蓮	93	土人參
161	碩苞薔薇——碩苞薔薇花	161	碩苞薔薇——碩苞薔薇根
171	枇杷——枇杷葉	210	扁豆——白扁豆
249	鹽膚木——鹽膚木根	261	鐵包金
335	紅馬蹄草	274	扁擔桿
421	洋金花	279	陸地棉——陸地棉根
556	大百部——百部	312	桃金娘
597	斑葉蘭	381	土丁桂
		482	羊乳
	· 安神藥 ·	483	黨參
4	靈芝	497	白朮
76	何首烏——首烏藤	583	薯蕷——山藥
138	碎米薺		**補陽藥**
175	合歡——合歡皮、合歡花	111	三枝九葉草——淫羊藿
356	茉莉花——茉莉花根	153	杜仲
365	長春花		

279	陸地棉——陸地棉種子		249	鹽膚木——五倍子
379	菟絲子		303	福建胡頹子
461	巴戟天		306	石榴——石榴皮
558	韭——韭菜子		311	番石榴
576	仙茅			

補血藥

固精縮尿止帶藥

76	何首烏		89	雞冠花
104	芍藥——白芍		100	芡實

補陰藥

			101	蓮——蓮子
3	銀耳		162	小果薔薇
65	桑——桑椹		163	金櫻子
230	黃花倒水蓮		166	掌葉覆盆子——覆盆子
357	女貞——女貞子		167	山莓——山莓果實
422	枸杞——枸杞子		225	臭椿——樗白皮
480	輪葉沙參——南沙參		227	香椿——椿白皮

· 湧吐藥 ·

481	金錢豹		147	常山
507	鱧腸——墨旱蓮		574	牯嶺藜蘆——藜蘆
560	天門冬——天冬		577	石蒜
566	百合			

· 攻毒殺蟲止癢藥 ·

567	麥冬		50	化香樹——化香樹葉
569	多花黃精——黃精		51	楓楊
596	石斛		57	構樹——構樹莖皮
598	細葉石仙桃		118	南五味子——南五味子葉
599	石仙桃		134	刻葉紫堇
600	綬草		136	博落迴

· 收澀藥 ·

			371	黃花夾竹桃

斂肺澀腸藥

			543	海芋
118	南五味子		545	滴水珠
161	碩苞薔薇——碩苞薔薇果實		561	石刁柏
172	梅——烏梅			

目　錄
CONTENTS

麥角菌科
1　蟬花 1

木耳科
2　木耳 2

銀耳科
3　銀耳 3

多孔菌科
4　靈芝 4

石松科
5　垂穗石松 5
6　藤石松 5

石杉科
7　蛇足石杉 6

卷柏科
8　卷柏 7
9　深綠卷柏 7
10　兗州卷柏 8

木賊科
11　筆管草 9

瓶爾小草科
12　瓶爾小草 10

陰地蕨科
13　陰地蕨 11

觀音座蓮科
14　福建觀音座蓮 12

紫萁科
15　紫萁 13

海金沙科
16　海金沙 14

裏白科
17　芒萁 15

蚌殼蕨科
18　金狗毛蕨 16

鱗始蕨科
19　烏蕨 17

骨碎補科
20　圓蓋陰石蕨 18

腎蕨科
21　腎蕨 19

鳳尾蕨科
22　井欄邊草 20

一五

中國蕨科
- 23　野雉尾金粉蕨 21

鐵線蕨科
- 24　鐵線蕨 22

鐵角蕨科
- 25　長葉鐵角蕨 23

烏毛蕨科
- 26　烏毛蕨 24

槲蕨科
- 27　槲蕨 25

水龍骨科
- 28　抱石蓮 26
- 29　瓦葦 26
- 30　江南星蕨 27
- 31　石葦 27

蘋科
- 32　蘋 28

槐葉蘋科
- 33　槐葉蘋 29

滿江紅科
- 34　滿江紅 30

蘇鐵科
- 35　蘇鐵 31

銀杏科
- 36　銀杏 32

松科
- 37　馬尾松 33

柏科
- 38　側柏 34

三尖杉科
- 39　三尖杉 35

紅豆杉科
- 40　榧樹 36

買麻藤科
- 41　小葉買麻藤 37

三白草科
- 42　蕺菜 38
- 43　三白草 38

胡椒科
- 44　風藤 39

金粟蘭科
- 45　臺灣金粟蘭 40
- 46　及己 40
- 47　草珊瑚 41

楊柳科
- 48　垂柳 42

楊梅科
- 49　楊梅 43

胡桃科
- 50　化香樹 44

51　楓楊 44

殼斗科
52　栗 45

榆科
53　樸樹 46
54　榔榆 46

桑科
55　構棘 47
56　無花果 47
57　構樹 48
58　天仙果 48
59　粗葉榕 49
60　琴葉榕 49
61　薜荔 50
62　珍珠蓮 50
63　變葉榕 51
64　葎草 51
65　桑 52

蕁麻科
66　苧麻 53
67　糯米糰 54
68　矮冷水花 54

馬兜鈴科
69　馬兜鈴 55
70　尾花細辛 55

蓼科
71　金線草 56
72　金蕎麥 56
73　火炭母 57
74　虎杖 57
75　萹蓄 58
76　何首烏 58
77　紅蓼 59
78　扛板歸 59
79　羊蹄 60

藜科
80　土荊芥 61
81　地膚 62
82　菠菜 62

莧科
83　土牛膝 63
84　空心蓮子草 63
85　蓮子草 64
86　青葙 64
87　千日紅 65
88　血莧 65
89　雞冠花 66

紫茉莉科
90　紫茉莉 67

商陸科
91　商陸 68

馬齒莧科
92　馬齒莧 69
93　土人參 69

落葵科
94　落葵 70

石竹科

- 95　瞿麥 71
- 96　荷蓮豆草 71
- 97　漆姑草 72
- 98　雀舌草 72
- 99　繁縷 73

睡蓮科

- 100　芡實 74
- 101　蓮 75

毛茛科

- 102　威靈仙 76
- 103　還亮草 76
- 104　芍藥 77
- 105　牡丹 77
- 106　石龍芮 78
- 107　天葵 78

木通科

- 108　三葉木通 79
- 109　大血藤 79

小檗科

- 110　六角蓮 80
- 111　三枝九葉草 80
- 112　闊葉十大功勞 81
- 113　十大功勞 81
- 114　南天竹 82

防己科

- 115　木防己 83
- 116　金線吊烏龜 84

- 117　糞箕篤 84

五味子科

- 118　南五味子 85

木蘭科

- 119　紫玉蘭 86
- 120　凹葉厚朴 86
- 121　木蓮 87
- 122　白蘭 87

蠟梅科

- 123　蠟梅 88

番荔枝科

- 124　瓜馥木 89

樟科

- 125　無根藤 90
- 126　肉桂 91
- 127　烏藥 92
- 128　山胡椒 92
- 129　山雞椒 93
- 130　豺皮樟 93
- 131　刨花潤楠 94
- 132　絨毛潤楠 94
- 133　檫木 95

罌粟科

- 134　刻葉紫堇 96
- 135　血水草 97
- 136　博落迴 97

十字花科

- 137 薺 98
- 138 碎米薺 99
- 139 北美獨行 99
- 140 葶菜 100
- 141 蘿蔔 100

茅膏菜科

- 142 茅膏菜 101

景天科

- 143 落地生根 102
- 144 費菜 102
- 145 佛甲草 103
- 146 垂盆草 103

虎耳草科

- 147 常山 104
- 148 繡球 104
- 149 虎耳草 105
- 150 黃水枝 105

金縷梅科

- 151 檵木 106
- 152 楓香樹 107

杜仲科

- 153 杜仲 108

薔薇科

- 154 龍芽草 109
- 155 蛇莓 110
- 156 翻白草 110
- 157 蛇含委陵菜 111
- 158 火棘 111
- 159 豆梨 112
- 160 石斑木 112
- 161 碩苞薔薇 113
- 162 小果薔薇 113
- 163 金櫻子 114
- 164 粗葉懸鉤子 114
- 165 茅莓 115
- 166 掌葉覆盆子 115
- 167 山莓 116
- 168 蓬虆 116
- 169 高粱泡 117
- 170 地榆 117
- 171 枇杷 118
- 172 梅 118
- 173 桃 119

豆科

- 174 合萌 120
- 175 合歡 120
- 176 紫雲英 121
- 177 龍鬚藤 121
- 178 雲實 122
- 179 錦雞兒 122
- 180 望江南 123
- 181 決明 123
- 182 紫荊 124
- 183 舖地蝙蝠草 124
- 184 豬屎豆 125
- 185 農吉利 125
- 186 小槐花 126

187	廣東金錢草	126
188	皂莢	127
189	雞眼草	127
190	截葉鐵掃帚	128
191	美麗胡枝子	128
192	天藍苜蓿	129
193	草木犀	129
194	香花雞血藤	130
195	含羞草	130
196	常春油麻藤	131
197	花櫚木	131
198	沙葛	132
199	排錢草	132
200	猴耳環	133
201	亮葉猴耳環	133
202	野葛	134
203	鹿藿	134
204	田菁	135
205	苦參	135
206	葫蘆茶	136
207	野豇豆	136
208	貓尾草	137
209	丁癸草	137
210	扁豆	138

酢漿草科

211	楊桃	139
212	酢漿草	140
213	紅花酢漿草	140

蒺藜科

| 214 | 蒺藜 | 141 |

芸香科

215	臭節草	142
216	三椏苦	142
217	吳茱萸	143
218	九里香	143
219	芸香	144
220	飛龍掌血	144
221	竹葉花椒	145
222	簕欓花椒	145
223	兩面針	146
224	柚	146

苦木科

225	臭椿	147

橄欖科

226	橄欖	148

楝科

227	香椿	149
228	楝	149

遠志科

229	華南遠志	150
230	黃花倒水蓮	151
231	瓜子金	151

大戟科

232	鐵莧菜	152
233	金邊紅桑	153
234	紅背山麻杆	153
235	巴豆	154
236	澤漆	154

237	飛揚草	155
238	算盤子	155
239	白背葉	156
240	粗糠柴	156
241	石岩楓	157
242	紅雀珊瑚	157
243	餘甘子	158
244	葉下珠	158
245	蓖麻	159
246	山烏桕	160
247	烏桕	160

漆樹科

| 248 | 南酸棗 | 161 |
| 249 | 鹽膚木 | 161 |

冬青科

250	秤星樹	162
251	枸骨	163
252	毛冬青	163

衛矛科

| 253 | 大芽南蛇藤 | 164 |
| 254 | 雷公藤 | 164 |

省沽油科

| 255 | 野鴉椿 | 165 |

無患子科

256	倒地鈴	166
257	車桑子	167
258	無患子	167

鳳仙花科

| 259 | 鳳仙花 | 168 |

鼠李科

260	多花勾兒茶	169
261	鐵包金	170
262	枳椇	170
263	馬甲子	171
264	雀梅藤	171

葡萄科

265	廣東蛇葡萄	172
266	白蘞	172
267	烏蘞莓	173
268	白粉藤	173
269	三葉崖爬藤	174
270	扁擔藤	174
271	蘡薁	175

椴樹科

272	田麻	176
273	甜麻	176
274	扁擔桿	177
275	刺蒴麻	177

錦葵科

276	黃蜀葵	178
277	磨盤草	178
278	木芙蓉	179
279	陸地棉	179
280	朱槿	180
281	玫瑰茄	180

282 木槿 181	瑞香科
283 賽葵 181	300 土沉香 194
284 地桃花 182	301 結香 195
285 梵天花 182	302 了哥王 195
梧桐科	胡頹子科
286 梧桐 183	303 福建胡頹子 196
287 山芝麻 184	千屈菜科
288 蛇婆子 184	304 圓葉節節菜 197
獼猴桃科	305 紫薇 197
289 毛花獼猴桃 185	石榴科
山茶科	306 石榴 198
290 楊桐 186	藍果樹科
291 油茶 186	307 喜樹 199
292 茶 187	八角楓科
藤黃科	308 八角楓 200
293 金絲桃 188	使君子科
294 地耳草 189	309 使君子 201
295 元寶草 189	桃金娘科
檉柳科	310 檸檬桉 202
296 檉柳 190	311 番石榴 202
堇菜科	312 桃金娘 203
297 七星蓮 191	313 輪葉蒲桃 203
秋海棠科	野牡丹科
298 紫背天葵 192	314 野牡丹 204
仙人掌科	315 地菍 205
299 仙人掌 193	316 金錦香 205

| 317 | 朝天罐 | 206 |
| 318 | 楮頭紅 | 206 |

柳葉菜科
319	水龍	207
320	毛草龍	208
321	丁香蓼	208

小二仙草科
| 322 | 小二仙草 | 209 |

五加科
323	細柱五加	210
324	白簕	210
325	楤木	211
326	樹參	211
327	常春藤	212
328	穗序鵝掌柴	212
329	鵝掌柴	213
330	通脫木	213

傘形科
331	北柴胡	214
332	積雪草	214
333	芫荽	215
334	茴香	215
335	紅馬蹄草	216
336	藁本	216
337	川芎	217
338	紫花前胡	217

鹿蹄草科
| 339 | 普通鹿蹄草 | 218 |

杜鵑花科
| 340 | 羊躑躅 | 219 |
| 341 | 杜鵑 | 219 |

紫金牛科
342	九管血	220
343	朱砂根	220
344	走馬胎	221
345	虎舌紅	221
346	山血丹	222
347	九節龍	222
348	杜莖山	223

報春花科
349	廣西過路黃	224
350	過路黃	224
351	星宿菜	225

白花丹科
| 352 | 補血草 | 226 |
| 353 | 白花丹 | 226 |

山礬科
| 354 | 山礬 | 227 |
| 355 | 白檀 | 227 |

木犀科
| 356 | 茉莉花 | 228 |
| 357 | 女貞 | 228 |

馬錢科
| 358 | 白背楓 | 229 |
| 359 | 醉魚草 | 230 |

| 360 | 鉤吻 | 230 |

龍膽科
361	五嶺龍膽	231
362	華南龍膽	232
363	龍膽	232

夾竹桃科
364	鏈珠藤	233
365	長春花	234
366	酸葉膠藤	234
367	蘿芙木	235
368	雞蛋花	235
369	羊角拗	236
370	狗牙花	236
371	黃花夾竹桃	237
372	絡石	237

蘿藦科
373	馬利筋	238
374	牛皮消	238
375	柳葉白前	239
376	匙羹藤	239
377	球蘭	240
378	七層樓	240

旋花科
379	菟絲子	241
380	馬蹄金	242
381	土丁桂	242
382	五爪金龍	243
383	厚藤	243
384	蕹菜	244

| 385 | 裂葉牽牛 | 244 |

紫草科
386	大尾搖	245
387	小花琉璃草	246
388	附地菜	246

馬鞭草科
389	杜虹花	247
390	枇杷葉紫珠	247
391	蘭香草	248
392	大青	248
393	赬桐	249
394	假連翹	249
395	馬纓丹	250
396	豆腐柴	250
397	假馬鞭	251
398	馬鞭草	251
399	單葉蔓荊	252
400	過江藤	252

唇形科
401	藿香	253
402	金瘡小草	253
403	腎茶	254
404	廣防風	254
405	活血丹	255
406	野芝麻	255
407	益母草	256
408	白絨草	257
409	地筍	257
410	涼粉草	258
411	羅勒	258

412	牛至	259
413	紫蘇	259
414	夏枯草	260
415	香茶菜	260
416	南丹參	261
417	半枝蓮	261
418	韓信草	262
419	血見愁	262

茄科

420	辣椒	263
421	洋金花	263
422	枸杞	264
423	白英	264
424	少花龍葵	265
425	水茄	265

玄參科

426	毛麝香	266
427	通泉草	266
428	沙氏鹿茸草	267
429	白花泡桐	268
430	野甘草	268
431	玄參	269
432	陰行草	269
433	蚊母草	270
434	爬岩紅	270

紫葳科

435	凌霄	271
436	梓	272
437	硬骨凌霄	272

列當科

| 438 | 野菰 | 273 |

苦苣苔科

439	旋蒴苣苔	274
440	半蒴苣苔	275
441	吊石苣苔	275
442	大花石上蓮	276
443	臺閩苣苔	276

爵床科

444	穿心蓮	277
445	狗肝菜	278
446	九頭獅子草	278
447	爵床	279
448	板藍	279

透骨草科

| 449 | 透骨草 | 280 |

車前科

| 450 | 車前 | 281 |

茜草科

451	細葉水團花	282
452	虎刺	282
453	豬殃殃	283
454	四葉葎	283
455	梔子	284
456	金毛耳草	284
457	白花蛇舌草	285
458	牛白藤	285
459	劍葉耳草	286

460	龍船花	286
461	巴戟天	287
462	羊角藤	287
463	虌花	288
464	玉葉金花	288
465	短小蛇根草	289
466	雞矢藤	289
467	九節	290
468	蔓九節	290
469	茜草	291
470	白馬骨	291
471	白花苦燈籠	292
472	鉤藤	292

忍冬科

473	忍冬	293
474	接骨草	293

敗醬科

475	白花敗醬	294

葫蘆科

476	南瓜	295
477	木鱉子	295
478	茅瓜	296
479	栝蔞	296

桔梗科

480	輪葉沙參	297
481	金錢豹	298
482	羊乳	298
483	黨參	299
484	半邊蓮	299

485	線萼山梗菜	300
486	桔梗	300
487	銅錘玉帶草	301
488	藍花參	301

菊科

489	藿香薊	302
490	杏香兔兒風	303
491	牛蒡	303
492	黃花蒿	304
493	奇蒿	304
494	茵陳蒿	305
495	牡蒿	305
496	白苞蒿	306
497	白朮	306
498	鬼針草	307
499	金盞花	307
500	天名精	308
501	紅花	308
502	刺兒菜	309
503	薊	309
504	芙蓉菊	310
505	野菊	310
506	魚眼草	311
507	鱧腸	311
508	地膽草	312
509	一點紅	312
510	多鬚公	313
511	佩蘭	313
512	大吳風草	314
513	鹿角草	314
514	鼠麴草	315

515	細葉鼠麴草	315
516	紅鳳菜	316
517	野茼蒿	316
518	羊耳菊	317
519	馬蘭	317
520	六棱菊	318
521	千里光	318
522	兔兒傘	319
523	蟛蜞菊	319
524	蒼耳	320
525	黃鵪菜	320

香蒲科
526	水燭	321

眼子菜科
527	浮葉眼子菜	322

澤瀉科
528	澤瀉	323
529	野慈姑	323

禾本科
530	薏苡	324
531	牛筋草	324
532	白茅	325
533	淡竹葉	325
534	金絲草	326
535	狗尾草	326
536	玉蜀黍	327

莎草科
537	香附子	328
538	短葉水蜈蚣	328

棕櫚科
539	蒲葵	329
540	棕櫚	329

天南星科
541	菖蒲	330
542	金錢蒲	330
543	海芋	331
544	一把傘南星	331
545	滴水珠	332
546	半夏	332
547	大藻	333
548	犁頭尖	333

穀精草科
549	穀精草	334

鴨跖草科
550	飯包草	335
551	鴨跖草	336
552	吊竹梅	336

雨久花科
553	鴨舌草	337

田蔥科
554	田蔥	338

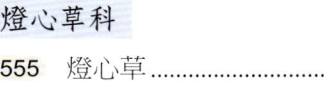

燈心草科
555	燈心草	339

百部科
556	大百部	340

百合科

- 557 薤頭 341
- 558 韭 341
- 559 蘆薈 342
- 560 天門冬 342
- 561 石刁柏 343
- 562 文竹 343
- 563 蜘蛛抱蛋 344
- 564 萬壽竹 344
- 565 萱草 345
- 566 百合 345
- 567 麥冬 346
- 568 華重樓 346
- 569 多花黃精 347
- 570 萬年青 347
- 571 菝葜 348
- 572 土茯苓 348
- 573 牛尾菜 349
- 574 牯嶺藜蘆 349

石蒜科

- 575 文殊蘭 350
- 576 仙茅 351
- 577 石蒜 351
- 578 蔥蓮 352
- 579 韭蓮 352

薯蕷科

- 580 黃獨 353
- 581 薯莨 353
- 582 福州薯蕷 354
- 583 薯蕷 354

鳶尾科

- 584 射干 355

薑科

- 585 華山薑 356
- 586 山薑 356
- 587 砂仁 357
- 588 莪朮 357
- 589 鬱金 358
- 590 薑黃 358
- 591 薑 359

美人蕉科

- 592 美人蕉 360

蘭科

- 593 金線蘭 361
- 594 竹葉蘭 361
- 595 白及 362
- 596 石斛 362
- 597 斑葉蘭 363
- 598 細葉石仙桃 363
- 599 石仙桃 364
- 600 綬草 364

中草藥正名筆畫索引 365

麥角菌科

1 蟬花

Cordyceps sobolifera (Hill.) Berk. et Br.

- **別　　名**　蟲花、蛹茸、蟬茸菌。
- **藥用部位**　整個蟲體和子座。
- **植物特徵與採製**　子座單生或2～3個成叢地從寄主前端長出。中空，柄部呈肉桂色，乾後色深，有時具不孕的小分枝，其頭部呈棒狀，肉桂色至茶褐色，乾後呈淺朽葉色。立夏前後生於竹林下，寄主為山蟬和黑頭蟬。分布於中國浙江、江蘇、福建、廣東、四川和雲南等地。4～5月蟲體自土中抽出子座時採收，去淨泥土，晒乾。
- **性味功用**　鹹，寒。有小毒。定驚鎮痙，散風熱。主治小兒驚風、夜啼、心煩失眠、風熱咳嗽。3～9克，水煎服。

> **實用簡方**　①小兒夜啼：蟬花、燈心草各適量，水煎服。②小兒驚厥：蟬花2只，水燉服，各種驚厥發作時服或作預防用。③小兒麻疹未透：蟬花3～6克，水煎服。④痘疹遍身發癢：蟬花（微炒）、地骨皮（炒黑）各30克，研末，每服1茶匙，水酒調下。⑤安神：蟬花適量，開水沖泡代茶。

1

木耳科

2 木耳

Auricularia auricula-judae (Bull.) Quél.

- **別　　名**　黑木耳。
- **藥用部位**　子實體。
- **植物特徵與採製**　子實體耳狀至杯狀或稍不規則的葉片狀，膠質，半透明，有彈性，表面平滑，或有脈絡狀皺紋，紅褐色，乾後體質收縮，子實層變為近黑色，不孕的下表面則呈灰黑色或暗青褐色，密布細短絨毛。春至秋季生於栓皮櫟、桐樹、桑、榆、柳等枯樹上，或栽培。各地均可見。春、秋季採收，通常烘乾備用。
- **性味功用**　甘，平。涼血止血，養陰潤腸。主治吐血、鼻出血、咯血、創傷出血、便祕。9～15克，水煎服；或微火炒出煙為度，研末，開水送服。

> **實用簡方**　①貧血：木耳30克，大棗30枚，水煎溫服。②痢疾、便血、腹痛：木耳15克，紅糖60克，水 1 碗半煮熟，連渣服。③一切牙痛：木耳、荊芥各等分，煎湯含漱，痛止為度。④誤食毒蕈中毒：木耳、白糖各30克，水煮食。

銀耳科

3 銀耳

Tremella fuciformis Berk.

- **別　　名**　白木耳。
- **藥用部位**　子實體。
- **植物特徵與採製**　子實體純白色，膠質，半透明，耳基黃色或黃褐色，雞冠形或菊花形，大小不一；乾後角質，硬而脆，白色或米黃色，體質收縮，子實層生於整個瓣片的表面。4～7月產生在柳、合歡、杜英、猴耳環、烏桕、楓楊、米櫧、桉、桃、柿、龍眼、桑、榕樹等數十種的木頭上。分布於中國四川、浙江、福建、江蘇、江西、安徽、海南、湖南、廣東、香港、廣西、貴州、雲南、陝西、甘肅和西藏等地。現多人工栽培。春、夏季子實體瓣片完全開放後，用竹刀或不銹鋼刀從基部切下，晒乾或烘乾。
- **性味功用**　甘，涼。補肺益氣，養陰潤燥。主治咳嗽、肺痿、咯血、便祕、慢性肝炎。3～10克，先用水浸透，燉1～2小時，加適量冰糖調服。

> **實用簡方**　①肺陰虛、咳嗽、痰少、口渴：銀耳6克（先用水泡發），冰糖15克，水燉，分2次服。②癌症放療、化療期：銀耳12克，絞股藍45克，黨參、黃耆各30克，共水煎，取銀耳，去藥渣，加大米、薏苡仁各30克，煮粥吃，每日1劑。長期配合放療、化療，可防止白血球下降。③陰虛口渴、大便祕結：銀耳10克，粳米100克，酌加冰糖，煮粥食。④預防婦女因氣滯血瘀、月經不調、經期腹痛而引起的黑眼圈及黃褐斑：銀耳15克，豬肝180克，生薑1片，大棗2枚，水燉服。⑤咽痛燥咳、大便祕結：銀耳10克，蜂蜜適量，水燉服。

多孔菌科

4 靈芝

Ganoderma lucidum (Curtis) P. Karst.

- **別　　名**　赤芝、靈芝草。
- **藥用部位**　子實體。
- **植物特徵與採製**　菌蓋木栓質，腎形或半圓形，黃色，漸變為紅褐色，皮殼有光澤，有環狀棱紋和輻射狀皺紋，邊緣薄或平截，往往稍內捲。菌肉近白色至淡褐色，後變為淺褐色。菌柄側生，罕偏生，長度通常長於菌蓋的直徑，紫褐色或黑色，有漆色光澤。孢子褐色，卵形。夏、秋季生於楓、梅、栲、栗等闊葉樹的樹樁附近地上或人工培育。分布於中國安徽、江西、福建、廣東、廣西等地。夏、秋季採收，鮮用或晒乾研末或製成糖漿。
- **性味功用**　淡，微溫。補氣安神，止咳平喘。主治神經衰弱、胃痛、高血壓、虛勞咳喘、高膽固醇血症。15～30克，水煎服，或粉末1.5～3克，開水送服。

> **實用簡方**　①高膽固醇血症：靈芝、澤瀉、黃精各15克，綿茵陳20克，水煎，分3次服。②慢性支氣管炎：靈芝、百合各9克，南沙參、北沙參各6克，水煎服。③持續性肝炎：靈芝5克，甘草4.5克，水煎服。④過敏性鼻炎：靈芝適量，煎濃湯，過濾後，頻頻滴鼻。⑤失眠（肝火旺）：靈芝10～15克，地耳草30克，水煎代茶。⑥中暑：靈芝15克，水煎代茶。

石松科

5 垂穗石松

- **別　　名**　舖地石松、燈籠草、舖地蜈蚣。
- **藥用部位**　全草。
- **植物特徵與採製**　多年生草本。莖初為匍匐，後漸直立；近攀緣狀，多分枝。葉螺旋狀排列，密集，細條狀鑽形，全緣。孢子囊穗單生枝頂，卵圓形或圓柱形；孢子囊圓腎形，腋生。7月至翌年1月生孢子。生於山野路旁酸性土壤中。分布於臺灣、中國浙江、江西、福建、湖南、廣東、香港、廣西、海南、四川、重慶、貴州、雲南等地。全年可採，鮮用或晒乾。

Palhinhaea cernua (L.) Vasc. et Franco

- **性味功用**　微甘、苦，平。清熱利溼。主治肝炎、痢疾、白帶異常、乳癰、鼻出血、帶狀疱疹。15～30克，水煎服；外用鮮草適量，搗爛敷患處，或研末調茶油塗患處。孕婦禁服。

> **實用簡方**　①急性病毒性肝炎：鮮垂穗石松60克，雞蛋、鴨蛋各1個，水煎服。②手足麻木：鮮垂穗石松60克，豬肉適量，水燉服；另以薏苡仁適量，煎湯代茶。③胃酸過多：鮮垂穗石松30克，豬胰1條，水燉服。④風溼骨痛：垂穗石松、蔓性千斤拔根各15克，水煎服。⑤白帶異常：垂穗石松15克，豬小腸適量，水煎，飯前服。⑥鼻出血：鮮垂穗石松根30克，豬鼻子1個，水燉服。

6 藤石松

- **別　　名**　石子藤、石子藤石松。
- **藥用部位**　全草。
- **植物特徵與採製**　攀緣藤本。莖多回2叉分枝，主莖圓柱形，扁平，下垂；孢子枝近圓柱形，多回2叉分枝。葉鑽狀。孢子囊穗下垂，圓柱形；孢子葉闊卵形，邊緣膜質；孢子囊近圓形。5～11月生孢子。生於林緣灌木叢中。分布於中國華東、華南、華中及西南大部分地區。夏、秋季採收，鮮用或晒乾。

Lycopodiastrum casuarinoides (Spring) Holub ex Dixit

- **性味功用**　微苦、辛，平。舒筋通絡。主治風溼痺痛、關節疼痛、扭傷、跌打損傷。6～15克，水煎服。

> **實用簡方**　①小兒盜汗：藤石松、麥稈各適量，煎水洗浴，連洗1～2週。②風溼關節痛、跌打損傷：藤石松15～30克，五加皮、草珊瑚各9～15克，上肢加桂枝9克，下肢加牛膝9克，水煎服。③筋絡受傷後手腳不能伸直：藤石松60克，豬蹄筋與豬骨頭適量，水燉服。④風溼痺痛：藤石松15克，水煎服。⑤扭傷：藤石松30克，泡酒250克，每日服15毫升。⑥夜盲：藤石松嫩苗30克，雞眼草15克，水煎服。

5

石杉科

7 蛇足石杉

Huperzia serrata (Thunb. ex Murray) Trev.

- **別　　名**　千層塔、蛇足石松、龍鱗草。
- **藥用部位**　全草。
- **植物特徵與採製**　多年生土生植物。莖直立或下部平臥。葉互生，螺旋狀排列，密集，橢圓形或橢圓狀披針形，邊緣具不規則的銳齒，主脈明顯；無柄或具短柄。孢子葉腎形，孢子球圓四面體形，黃色。8月至翌年1月生孢子。生於山谷林下、溪邊陰溼地。中國除西北地方部分省區、華北地區外，均有分布。夏、秋季採收，鮮用或晒乾。
- **性味功用**　辛、微苦，平。有毒。散瘀消腫，解毒，止痛。主治癲狂、跌打損傷、癰、癤、皮膚搔癢、毒蛇咬傷。1.5～3克，水煎服；外用鮮草適量，搗爛敷患處。孕婦忌服。

> **實用簡方**　①精神分裂症（狂躁型）：蛇足石杉6克，水煎，分2次服。②月經不調、痛經：蛇足石杉3～6克，若經前腹痛，酒水各半煎服；若經後疼痛，酌加童便煎服。③跌打損傷：蛇足石杉 3～6克，豬瘦肉 120 克，水燉服。④跌打扭傷腫痛：鮮蛇足石杉適量，酌加酒糟、紅糖，搗爛加熱敷患處。⑤無名腫毒：鮮蛇足石杉適量，搗爛敷患處。⑥燙火傷：鮮蛇足石杉適量，搗爛調桐油敷患處，頻換。

卷柏科

8 卷柏

- **別　　名**　長生不死草、還魂草、九死還魂草。
- **藥用部位**　全草。
- **植物特徵與採製**　多年生矮小草本。主莖短，直立；側枝2～3回羽狀分枝，乾時內捲如拳。小枝上的葉二形。孢子囊穗生小枝頂，四棱形；孢子葉卵狀三角形，交互排列；孢子囊腎形；孢子二形。生於山坡或岩壁積土上。分布於中國東北、華北、華東、中南及陝西、四川等地。全年可採，鮮用或晒乾。

Selaginella tamariscina (P. Beauv.) Spring

- **性味功用**　辛，平。活血通經。主治咯血、吐血、鼻出血、便血、痔瘡出血、尿血、血崩、月經過多、閉經、風溼痛、跌打損傷、外傷出血。9～15克，水煎服；外用適量，研粉敷患處。孕婦忌服。

實用簡方　①便血、痔血、子宮出血：卷柏炭、地榆炭、側柏炭、荊芥炭、槐花炭各9克，研末，每服4.5克，開水送服，每日2～3次。②經閉腹痛、月經不調：卷柏30～60克，水煎，或調紅糖、酒服。③尿血：卷柏、大薊、海金沙藤、旱蓮草、薺菜各15克，水煎服。④支氣管炎：卷柏10克，花生仁或豬瘦肉適量，水燉服。⑤勞傷咳嗽：鮮卷柏30～60克，酌加冰糖，水煎服。

9 深綠卷柏

- **別　　名**　石上柏、岩扁柏、地側柏。
- **藥用部位**　全草。
- **植物特徵與採製**　多年生草本。主莖直立，多回分枝，常在分枝處著地生根，側枝密。葉二形。孢子葉卵狀三角形，龍骨狀，先端漸尖，邊緣有細齒，主脈明顯。孢子囊卵圓形；孢子二形。4～11月生孢子。生於高山林下、溪溝陰溼地或岩石壁上。分布於中國安徽、重慶、福建、廣東、貴州、廣西、湖南、海南、江西、四川、浙江等地。全年可採，鮮用或晒乾。

Selaginella doederleinii Hieron.

- **性味功用**　淡，涼。清熱解毒，抗癌。主治肝炎、黃疸、痢疾、尿道炎、跌打損傷、鼻咽癌。15～30克，水煎服。

實用簡方　①急性病毒性肝炎：鮮深綠卷柏100克，水煎，酌加白糖調勻代茶。②尿道感染：深綠卷柏、海金沙藤、車前草各15～30克，水煎服。③尿血：鮮深綠卷柏、大薊根各30克，水煎服。④口乾、尿黃：深綠卷柏50～100克，葛根50克，水煎代茶。⑤鼻咽癌、肺癌、咽喉癌：深綠卷柏30～60克，豬瘦肉適量，水燉服。⑥小兒疳積：鮮深綠卷柏5～10克，豬瘦肉適量，水燉服。

兗州卷柏

Selaginella involvens (Sw.) Spring

- **別　　名**　金扁柏、金花草、密葉卷柏。
- **藥用部位**　全草。
- **植物特徵與採製**　多年生草本。主莖稻稈色，直立，僅基部著地生根，下部不分枝，上部呈3回羽狀分枝。近主莖基部的葉闊卵形；主莖上部的葉疏生；小枝上的葉二形；中葉卵形，先端具芒狀尖頭，基部心形，邊緣有細齒。孢子囊穗常生於中部以上分枝的頂端。4～11月生孢子。生於林下陰溼岩石上。分布於中國大部分地區。全年可採，鮮用或晒乾。
- **性味功用**　淡、微苦，涼。清熱利溼。主治肝炎、黃疸、痢疾、膽囊炎、痰溼、咳嗽、急性腎炎、尿道炎、水腫、乳癰、外傷出血、食管癌、胃癌。15～30克，水煎服。

實用簡方　①肝硬化腹水：兗州卷柏、半邊蓮各60～125克，馬鞭草30克，水煎服。②勞力過度：兗州卷柏30克，目魚乾1只，黃酒適量，水燉服。③咯血：兗州卷柏、旱蓮草各60克，側柏葉30克，水煎服。④急性腎炎：兗州卷柏、大薊根、地膽草、積雪草各15克，水煎服。⑤尿道感染：兗州卷柏、海金沙藤、爵床、魚腥草、車前草各15～30克，水煎服。⑥細菌性痢疾：鮮兗州卷柏根15克，擂米泔水適量，酌加白糖，飯前服。

木賊科

11 筆管草

Equisetum ramosissimum Desf. subsp. *debile* (Roxb. ex Vauch.) Hauke

- **別　　名**　木賊、筆筒草、節節草。
- **藥用部位**　全草。
- **植物特徵與採製**　多年生草本。根狀莖橫走。地上莖不分枝或不規則分枝，具明顯的關節狀節，節間中空，表面具細縱棱，粗糙。葉退化，下部連合成筒狀鞘，鞘齒通常褐色。孢子囊穗長圓形，頂生，黃褐色，無柄。10～12月生孢子。生於河邊或溪邊沙地上。中國大部分地區均有分布。全年可採，鮮用或晒乾。
- **性味功用**　甘、微苦，平。清熱利尿，明目退翳。主治急性結膜炎、肝炎、黃疸、痢疾、腎炎、尿血、泌尿系統感染、蕁麻疹。10～30克，水煎服。

> **實用簡方**　①結膜炎：鮮筆管草15克，水煎服；另取鮮筆管草適量，水煎薰洗患眼。②目赤腫痛、羞明流淚、角膜雲翳：筆管草9～15克，水煎服。③泌尿系統感染、尿道結石：鮮筆管草、車前草各60克，水煎服。④尿急、尿痛：筆管草40～50克，半邊蓮20克，車前草15克，水煎服。⑤急性病毒性肝炎：筆管草、金絲草、兗州卷柏各15克，水煎服。⑥外感頭痛、目赤：筆管草30克，目魚少許，水煎服。⑦咽喉腫痛：鮮筆管草適量，搗汁，酌加蜂蜜調勻，含咽。⑧腰痛：筆管草30克，豆腐適量，水燉服。

瓶爾小草科

12 瓶爾小草

Ophioglossum vulgatum L.

- **別　　名**　單槍一支箭、一支箭、一支槍。
- **藥用部位**　全草。
- **植物特徵與採製**　多年生小草本。夏季地上部分常枯萎。根狀莖短，直立，生數條肉質粗根。葉單一；營養葉卵圓形，全緣。孢子囊穗生總柄頂端，條形。春季生孢子。多生於林下或山坡灌木叢中。分布於中國南方大部分地區。夏季採收，鮮用或晒乾。
- **性味功用**　微甘、酸，涼。清熱解毒，消腫止痛。主治小兒肺炎、脘腹脹痛、毒蛇咬傷、疔瘡腫痛、急性結膜炎、角膜雲翳。6～15克，水煎服；外用鮮草適量，搗爛敷患處。

實用簡方　①胃熱痛、肺結核潮熱：瓶爾小草15～30克，水煎服；或瓶爾小草30克，研粉，開水沖服。②中暑腹痛：鮮瓶爾小草10克，水煎沖酒服。③癰疽腫毒：鮮瓶爾小草適量，搗爛敷患處。④諸毒蟲咬傷：鮮瓶爾小草適量，搗爛擦患處。⑤疔瘡：瓶爾小草15克，水煎服，渣搗爛擦患處。

陰地蕨科

13 陰地蕨

Botrychium ternatum (Thunb.) Sw.

- **別　　名**　蛇不見、小春花、背蛇生。
- **藥用部位**　全草。
- **植物特徵與採製**　多年生草本。根狀莖短，生有一簇肉質粗根。葉二形，通常單生；3回羽狀分裂；羽片互生，具柄。孢子葉具長柄，孢子囊穗土黃色，2～3回羽狀，集成圓錐形。孢子囊群圓形，穗狀著生。11月至翌年1月生孢子。生於荒山、草坡或灌木叢下。分布於臺灣、中國浙江、江蘇、安徽、江西、福建、湖南、湖北、貴州、四川等地。冬、春季採收，可鮮用或晒乾後使用。
- **性味功用**　微甘、苦，涼。平肝，清熱，鎮咳。主治頭暈頭痛、咯血、驚癇、火眼、目翳、瘡瘍腫毒。9～15克，水煎服。

實用簡方　①癲癇：陰地蕨18克，蚱蜢乾3～5只，白芍15克，燈心草30克，石菖蒲4.5克，水煎服。②小兒高熱不退：陰地蕨10～15克，水煎，酌加冰糖調服。③小兒支氣管肺炎：陰地蕨、白英、綿毛鹿茸草、魚腥草、夏枯草、筋骨草各10～15克，水煎，少量多次分服。④百日咳：陰地蕨、黃花稔、毛大丁草各15克，水煎，酌加蜂蜜調服。⑤麻疹後發熱咳嗽：陰地蕨6～12克，水燉服。⑥風熱咳嗽：陰地蕨6～15克，白蘿蔔、冰糖各適量，水燉服。⑦虛咳：陰地蕨、淫羊藿、白薇各30克，水煎服。⑧肺熱咯血：鮮陰地蕨、鳳尾草、白茅根各30克，水煎服。⑨瘡毒、風毒證：陰地蕨10～15克，水煎服。

觀音座蓮科

14 福建觀音座蓮

Angiopteris fokiensis Hieron

- **別　　名**　福建蓮座蕨、觀音座蓮、山豬肝。
- **藥用部位**　帶葉柄的根莖。
- **植物特徵與採製**　多年生蕨類植物。根狀莖塊狀，外皮棕色或黑褐色，近肉質。葉簇生，寬卵形，2回羽狀；羽片長圓狀披針形；小羽片條狀披針形，下部漸縮小，先端長漸尖，基部近截形或近圓形，邊緣具疏圓齒，中脈明顯；總葉柄粗壯，肉質。孢子囊群由8～12個孢子囊組成。10月生孢子。生於林下溪邊或陰溼岩石間。分布於中國福建、湖北、貴州、廣東、廣西、香港等地。全年可採，鮮用或晒乾。
- **性味功用**　苦，寒。祛風止痛，清熱解毒。主治腸炎、風溼關節痛、跌打損傷、疔瘡癤腫、無名腫毒。15～30克，水煎服；外用鮮品適量，搗爛敷患處。

> **實用簡方**　①腸炎：鮮福建觀音座蓮30～60克，水煎，酌加冰糖調服。②異常子宮出血：福建觀音座蓮適量，研末，每次3克，溫開水沖服，每日3次。③痔瘡：鮮福建觀音座蓮15克，豬瘦肉適量，酒水各半燉服。④無名腫毒：福建觀音座蓮適量，磨白醋塗患處。⑤外傷出血：鮮福建觀音座蓮適量，搗爛敷或研末撒患處。

紫萁科

15 紫萁

Osmunda japonica Thunb.

- **別　　名**　貫眾、紫萁貫眾、大貫眾。
- **藥用部位**　根莖、嫩葉上的絨毛。
- **植物特徵與採製**　多年生草本。根狀莖粗短，斜生。葉二形，簇生，幼時被絨毛；營養葉三角狀廣卵形，2回羽狀複葉；羽片對生，長圓形，主脈明顯，側脈近平行，幾無柄。孢子囊圓形，沿中脈兩側密生。4～5月生孢子。生於林下或溪邊酸性土壤。分布於中國甘肅、山東、江蘇、安徽、福建、廣東、廣西、四川、雲南及華中等地。根莖春、秋季採收，鮮用或晒乾；絨毛於嫩葉初出時採收，晒乾。
- **性味功用**　苦，微寒。清熱解毒，止血殺蟲。根莖主治感冒、痢疾、白帶異常、崩漏，以及驅鉤蟲、蟯蟲；嫩葉上的絨毛主治創傷出血。根莖9～15克，水煎服；外用絨毛適量研粉，敷於患處。

實用簡方　①流行性感冒：紫萁30克，板藍根9克，水煎服。②白帶異常：幼嫩紫萁根莖（去鱗片）30克，水煎，沖白糖服。若白帶色黃有臭味者，加車前草、鳳尾草、扛板歸各15克，大棗5枚，水煎服。③蛔蟲病：紫萁30克，烏梅6克，大黃3克，水煎服，連服3劑。④鼻出血：紫萁適量，炒炭存性，研末，每服3克，每日2次。⑤外傷出血：紫萁嫩葉柄上的絨毛適量，烘乾，研末敷患處；或紫萁孢子葉上的幼芽適量，搗爛敷患處。⑥無名腫毒：鮮紫萁適量，酌加白糖，搗爛敷患處。

海金沙科

16 海金沙

Lygodium japonicum (Thunb.) Sw.

- **別　　名**　蝦蟆藤、左轉藤、海金沙藤。
- **藥用部位**　全草、孢子（藥材名海金沙）。
- **植物特徵與採製**　多年生草質藤本。根狀莖黑色，橫走，被有節的毛。葉1～3回羽狀，羽片對生於葉軸上的短枝兩側，二形，連同葉軸、羽軸疏生短毛，有短柄。孢子葉卵狀三角形；末回小羽片邊緣生流蘇狀的孢子囊穗。8月生孢子。生於山坡路旁或溪邊灌木叢中。分布於臺灣、中國江蘇、安徽南部、江西、浙江、福建、廣東、廣西、湖南、四川、雲南、陝西南部等地。全草全年可採；孢子於秋季成熟時，將藤採下，放在襯有紙的竹筐內晒，乾後將孢子打下，去葉和藤。
- **性味功用**　甘、鹹，寒。清利溼熱，通淋止痛。主治尿道感染、尿道結石、白濁、白帶異常、肝炎、腎炎性水腫、咽喉腫痛、疳腮、腸炎、痢疾、皮膚溼疹、燙傷。全草15～60克，海金沙10～15克，水煎服；外用適量，研末調敷患處。

> **實用簡方**　①肺炎：海金沙根、馬蘭根、忍冬藤、抱石蓮各15克，水煎服。②尿道炎：海金沙藤、天胡荽、車前草各30克，水煎服。③溼熱黃疸：海金沙藤、鳳尾草、地耳草、白英、兗州卷柏各15克，水煎服。④細菌性痢疾：海金沙藤、鐵莧菜、馬齒莧各30克，鳳尾草15克，水煎服用。⑤小便出血：海金沙藤30克，小薊15克，冰糖適量，水煎服用。

裏白科

17 芒萁

Dicranopteris dichotoma (Thunb.) Berhn.

- **別　　名**　狼萁蕨、鐵狼萁、鐵蕨雞。
- **藥用部位**　全草。
- **植物特徵與採製**　植株直立或蔓生。根狀莖棕褐色，橫走，被棕色鑽形鱗片。葉遠生，羽軸1～2回或多回假二歧分枝，邊緣羽狀深裂，葉面綠色，葉背灰白色；幼時基部有棕色星狀毛，後漸脫落。孢子囊群圓形。5月生孢子。多生於強酸性的紅壤土荒坡上。分布於臺灣、中國江蘇、安徽、湖北、四川、福建、廣東、香港、廣西、雲南等地。全年可採，鮮用或晒乾。
- **性味功用**　苦、澀、平。清熱利尿，化瘀，止血。**全草**主治皮膚搔癢；**根莖**主治淋病、咳嗽、血崩、虛火牙痛、跌打損傷；**葉柄髓心**主治鼻出血、淋病、尿道炎、遺精、白帶異常、血崩、燙傷；**嫩葉**主治咯血、血崩、白帶異常、痢疾、外傷出血、癰腫、燙傷、帶狀疱疹。根莖15～30克，葉柄髓心、嫩葉9～15克，水煎服；或取葉柄髓心、嫩葉研末，每次6～12克，開水沖服；外用鮮全草適量，水煎薰洗患處，或取鮮嫩葉適量，搗爛敷患處。

實用簡方　①尿道炎：芒萁15～30克，稍搗爛，水煎服。②關節炎：芒萁根、茜草根、鹽膚木根各30～50克，水煎，取煎出液燉豬腳，分2～3次服。③白帶異常：芒萁莖心9～12克，龍眼肉15～30克，冰糖30克，水煎服。④外傷出血：芒萁幼芽搗爛敷。⑤風疹搔癢：鮮芒萁，煎水洗。

蚌殼蕨科

18 金狗毛蕨

Cibotium barometz (L.) J. Sm.

- **別　　名**　狗脊、金狗頭、金狗脊、金毛狗脊。
- **藥用部位**　根莖（藥材名狗脊）、茸毛。
- **植物特徵與採製**　陸生蕨類植物。植株根狀莖粗壯，連同葉柄基部被金黃色有光澤的條形長茸毛。葉簇生，闊卵狀三角形，3回羽狀分裂，羽片互生。孢子囊群長圓形，位於裂片下部邊緣，形如蚌殼。4～8月生孢子。生於山坑溪邊和林下陰溼處。分布於中國雲南、貴州、四川南部、廣東、廣西、福建、海南、浙江和湖南等地。全年可採，但以秋、冬季採挖較佳，除去金黃色茸毛及鬚根，晒乾或切片後晒乾，稱「生狗脊」。用水煮或蒸後，晒至半乾時，切片晒乾，稱「熟狗脊」。茸毛晒乾用。
- **性味功用**　苦、甘、溫。**根莖**，補肝腎，強腰膝，祛風溼；主治風溼關節痛、腰膝痠痛、腰肌勞損、腎虛腰痛、坐骨神經痛。**茸毛**，止血；主治外傷出血。根莖9～15克，水煎服；外用茸毛適量，敷患處。

> **實用簡方**　①坐骨神經痛：狗脊15克，牛膝、木瓜、杜仲各9克，薏苡仁18克，水煎服。②腰膝痠痛：狗脊60克，黃酒250克，燉服。③腎虛腰痛：狗脊30克，豬尾巴1條，水燉服。④腰肌勞損：狗脊15～30克，南五味子根15克，豬排骨適量，水燉服。⑤關節炎：狗脊15克，石楠藤10克，酒水各半煎服。⑥風溼骨痛：狗脊15～30克，水煎服或浸酒服。⑦外傷出血：茸毛適量敷患處。

鱗始蕨科

19 烏蕨

Odontosoria chinensis J. Sm.

- **別　　名**　烏韭、土黃連、孔雀尾。
- **藥用部位**　全草。
- **植物特徵與採製**　多年生草本。根狀莖短，橫走，被棕褐色鑽形鱗片。葉柄棕褐色，除基部外均無毛；葉披針形至長圓狀披針形；羽片互生，卵狀披針形。孢子囊群近圓形。5月至翌年1月生孢子。生於較陰溼的山坡。分布於臺灣、中國浙江南部、福建、安徽南部、廣東、海南、香港、廣西、湖北、四川、貴州、雲南等地。全年可採，鮮用或晒乾。
- **性味功用**　苦，寒。清熱利溼，解毒。主治肝炎、痢疾、腸炎、急性胃腸炎、急性支氣管炎、吐血、尿道炎、白帶異常、急性結膜炎、溼疹、無名腫毒、毒蛇咬傷。15～30克，水煎服；外用適量，搗爛敷患處。

實用簡方　①急性病毒性肝炎：烏蕨、鳳尾草、繡花針根各30克，水煎服。②肝炎：烏蕨、繡花針、白馬骨、地耳草、兗州卷柏各30克，水煎服。③食物中毒：鮮烏蕨適量，搗汁灌服。④膀胱炎、尿道炎：烏蕨、白茅根各30克，海金沙藤20克，水煎服。⑤乳癰（乳腺炎）：烏蕨根莖30克，水煎，酌加黃酒沖服；另取鮮烏蕨葉適量，搗爛敷患處。⑥無名腫毒：鮮烏蕨葉、豆腐柴葉、糯米糰各適量，搗爛敷患處。⑦香港腳糜爛：鮮烏蕨適量，水煎薰洗患處。

17

骨碎補科

20 圓蓋陰石蕨

Humata tyermanni Moore

- **別　　名**　陰石蕨、白毛蛇。
- **藥用部位**　根莖。
- **植物特徵與採製**　小型附生草本。根狀莖圓形，橫走，密被白棕色狹鱗片。葉遠生；葉片長三角狀卵形，3～4回羽狀分裂。孢子囊群圓形，生於小脈先端；囊群蓋近圓形，僅基部一點附著。9月至翌年4月生孢子。附生於陰溼樹幹和岩石上。廣布於中國華東、華南等地。全年可採，鮮用或晒乾。
- **性味功用**　微苦，涼。清熱利溼，消腫止痛。主治咯血、扁桃腺炎、牙痛、尿道炎、膀胱炎、尿血、風溼關節痛、白帶異常、急性乳腺炎、痔瘡、骨折腫痛、帶狀疱疹、肺膿腫。15～30克，水煎服；外用鮮根莖適量，搗爛敷患處。

> **實用簡方**　①肺膿腫：鮮陰石蕨60克，冰糖少許，水燉服。②膝關節腫痛：陰石蕨90克，水煎去渣，加入豬腳1隻，燉至肉爛，吃肉喝湯。③風溼性關節炎：陰石蕨120克，白酒500克，浸泡15天，每日2～3次，每次15～30毫升。④腳跟疼痛：陰石蕨30克，老酒少許，水燉服。⑤淋濁、便血：鮮陰石蕨30～60克，冰糖15克，水煎服，每日1劑，分3次服。⑥帶狀疱疹：陰石蕨適量，燒灰存性，調茶油頻抹患處。⑦風火牙痛：鮮陰石蕨根莖30～60克，青殼鴨蛋1個，水煎服。⑧扭傷：陰石蕨根莖、虎杖各適量，泡白酒，塗擦患處。

腎蕨科

21 腎蕨

Nephrolepis auriculata (L.) Trimen

- **別　　名**　圓羊齒、鳳凰蛋、馬留蛋。
- **藥用部位**　全草。
- **植物特徵與採製**　多年生草本。根狀莖被淡棕色鑽形鱗片；匍匐莖褐色，鐵絲狀，疏生鱗片；塊莖生於匍匐莖上，圓形，半透明。葉簇生，窄披針形，1回羽狀；總葉柄暗褐色，略有光澤，連同葉軸具鱗片。孢子囊群腎形，有蓋。生於溪邊林下或石縫中。分布於臺灣、中國浙江、福建、湖南南部、廣東、海南、廣西、貴州、雲南、西藏等地。全年可採，鮮用或晒乾。
- **性味功用**　淡、微酸，涼。清熱利溼，消腫解毒。主治睪丸炎、痢疾、腸炎、黃疸、帶下病、乳癰、嘔逆、淋病、中耳炎、癰、疔、多發性膿腫。15～30克，水煎服；外用鮮全草或塊莖適量，搗爛敷患處。

實用簡方　①腸炎、腹瀉：鮮腎蕨全草、丁癸草、仙鶴草各30克，水煎，酌加食鹽調服。②痢疾：鮮腎蕨葉90克，搗爛取汁，酌加米泔水調服。③感冒發熱、慢性支氣管炎：腎蕨塊莖9～15克，水煎服。④蜈蚣咬傷：鮮腎蕨葉、紅薯葉各適量，紅糖少許，搗爛敷患處。⑤中耳炎：鮮腎蕨塊莖適量，虎耳草30克，搗爛取汁，滴耳內。⑥外傷出血：鮮嫩腎蕨葉適量，嚼爛敷患處。

鳳尾蕨科

22 井欄邊草

Pteris multifida Poir.

- **別　　名**　鳳尾草、雞腳草、鳳尾蕨。
- **藥用部位**　全草。
- **植物特徵與採製**　多年生草本植物。根狀莖短而直立，被棕褐色鑽形鱗片。葉二形，簇生。上部羽片單一，條狀披針形，先端漸尖，基部下延成翅；孢子葉除先端外均為全緣。孢子囊群條形，連續著生葉邊緣。8月生孢子。生於井邊、牆腳陰溼地。分布於中國華東、中南、西南及山西、陝西等地。全年可採，鮮用或晒乾。
- **性味功用**　微苦，涼。清熱利溼，解毒止痢，涼血止血。主治痢疾、肝炎、黃疸、胃腸炎、帶下病、乳癰、泌尿系統感染、感冒發熱、便血、鼻出血、咯血、蛔蟲性腸梗阻、風火牙痛、咽喉腫痛、口腔炎、疔瘡腫毒。15～30克，水煎服；外用鮮全草適量，搗爛敷患處。

> **實用簡方**　①急性細菌性痢疾：鮮鳳尾草、烏蕨各30克，水煎服。②急性病毒性肝炎、黃疸：鮮鳳尾草60克，鮮地耳草30克，水煎服。③白帶異常：鮮鳳尾草90克，鮮野苧麻根（去皮）25～30克，豬小肚或豬小腸適量，酌加食鹽，水燉服。④小兒夜啼：鮮鳳尾草30克，蟬蛻（去頭足）7只，水燉服。⑤咽喉炎、扁桃腺炎：鮮鳳尾草30～60克，水煎服。

23 野雉尾金粉蕨

中國蕨科

Onychium japonicum (Thunb.) Kze.

- **別　　名**　日本金粉蕨、野雉尾、野雞尾。
- **藥用部位**　全草。
- **植物特徵與採製**　多年生草本。根狀莖橫走，質硬；鱗片深綠色，披針形，全緣。葉近簇生，葉片卵狀披針形或三角狀披針形；羽片互生，3回羽狀，具短柄。12月至翌年5月生孢子。生溝沿或林下陰溼處。廣布於中國華東、華中、東南及西南等地。全年可採，可鮮用或晒乾。
- **性味功用**　苦，寒。清熱解毒，涼血止血。主治痢疾、泄瀉、高熱、諸出血證、無名腫毒、毒蛇咬傷。15～30克，水煎服；外用鮮葉適量，搗爛敷患處。

實用簡方　①肝炎：鮮野雉尾金粉蕨15～30克，水煎服。②痢疾、腸炎：野雉尾金粉蕨、鳳尾草各15克，半邊蓮30克，三椏苦20克，水煎服。③熱結小便不利或下血：鮮野雉尾金粉蕨適量，酌加米泔水同搗爛，取汁1杯，調蜜半杯，燉溫，飯前服，每日2次。④食物中毒：鮮野雉尾金粉蕨60～90克，水煎服；或鮮野雉尾金粉蕨90克，搗爛，加適量冷開水，絞汁服。⑤風火牙痛：野雉尾金粉蕨30～50克，鴨蛋1～2個，水燉服。⑥燙火傷：野雉尾金粉蕨適量，晒乾，研細末，調茶油塗搽患處。⑦外傷出血：鮮野雉尾金粉蕨葉適量，搗爛敷患處；或野雉尾金粉蕨適量，研末，外撒傷口。

鐵線蕨科

鐵線蕨

Adiantum capillus-veneris L.

- **別　　名**　烏腳芒、鐵絲草、鐵線草。
- **藥用部位**　全草。
- **植物特徵與採製**　多年生草本。根狀莖橫走，被棕色披針形鱗片。葉近生，2回羽狀分裂，基部1對羽片最大；小羽片互生，有柄，扇形或斜方形；總葉柄細弱，黑色有光澤。孢子囊群生於裂片上側邊緣。3～10月生孢子。生於陰溼的石灰岩或鈣質土上。分布於中國華東、中南、西南及河北、山西、陝西、甘肅等地。全年可採，鮮用或晒乾。
- **性味功用**　微苦，涼。清熱利溼。主治急性病毒性肝炎、膽囊炎、胃腸炎、泌尿系統感染、頸淋巴結核、乳腺炎、毒蛇咬傷。15～30克，水煎服。

> **實用簡方**　①急性病毒性肝炎：鐵線蕨、兗州卷柏、馬蘭、馬鞭草各15克，水煎服。②痢疾：鐵線蕨30克，水煎服。③前列腺炎、疔瘡：鐵線蕨30克，星宿菜、白絨草各20克，水煎服。④小便不利：鐵線蕨、三白草、海金沙藤各30克，水煎服。⑤風溼關節痠痛：鮮鐵線蕨30克，浸酒500克，每次1小杯（約60克），溫服。⑥跌打損傷：鐵線蕨30克，水煎服。⑦溼疹：鐵線蕨適量，水煎洗患處。⑧毒蛇咬傷：鮮鐵線蕨適量，搗爛絞汁服，渣敷患處。

鐵角蕨科

25 長葉鐵角蕨

Asplenium prolongatum Hook.

- **別　　名**　長生鐵角蕨、倒生蓮。
- **藥用部位**　全草。
- **植物特徵與採製**　多年生草本。根狀莖短，直立。葉近肉質，簇生，條狀披針形，2回羽狀深裂；羽片互生，長圓形；葉柄上面有1縱溝。孢子囊群條形，生於中脈向軸一側；囊群蓋膜質，全緣。11月生孢子。附生於山谷潮溼的岩石或樹幹上。分布於臺灣、中國甘肅、浙江、江西、福建、湖北、湖南、廣東、廣西、四川、貴州、雲南等地。春、夏、秋季均可採收，鮮用或晒乾。
- **性味功用**　辛、微苦，涼。清熱利溼，活血化瘀，止咳化痰。主治痢疾、腸炎、咳嗽、氣喘、風溼痹痛、尿道感染、吐血、外傷出血。9～30克，水煎或泡酒服；外用鮮全草適量，搗爛敷患處，或乾草研末，撒患處。

實用簡方　①咳嗽痰多：長葉鐵角蕨30克，水燉服。②急性胃腸炎：鮮長葉鐵角蕨30～50克，水煎服。③吐血：長葉鐵角蕨30～60克，水燉服。④風溼疼痛：長葉鐵角蕨30克，泡酒服。⑤跌打損傷、外傷出血：鮮長葉鐵角蕨適量，搗爛敷患處。⑥燙火傷：長葉鐵角蕨適量，研末，調麻油或老茶油，塗擦患處。

烏毛蕨科

26 烏毛蕨

Blechnum orientale L.

- **別　　名**　貫眾、龍船蕨、大鳳尾草。
- **藥用部位**　根莖。
- **植物特徵與採製**　多年生草本。根狀莖粗壯，直立。葉叢生，卵狀披針形，1回羽狀；總葉柄禾稈色，堅硬，上面有縱溝。孢子囊群條形，連續，沿葉背主脈兩側著生。11月至翌年3月生孢子。生於林下或溪邊溼地。分布於臺灣、中國廣東、廣西、海南、福建、四川、重慶、雲南、貴州、湖南、江西、浙江和西藏等地。春、秋季採挖，削去鬚根及葉柄，洗淨，可鮮用或晒乾。
- **性味功用**　苦、甘，微寒。清熱解毒，涼血止血。主治感冒、頭痛、盆腔炎、鼻出血、漆過敏。6～15克，水煎服。

實用簡方　①預防流行性感冒（簡稱「流感」，下同）、麻疹：烏毛蕨15克，水煎服。②流行性感冒：烏毛蕨、板藍根、藍花參各15克，苦參9克，水煎服。③赤痢（大便帶血的痢疾）不止：烏毛蕨15克，酒煎服。④蛔蟲病、鉤蟲病：烏毛蕨15克，使君子9克，水煎服。⑤腮腺炎：烏毛蕨、海金沙藤、大青葉各15克，水煎服。

槲蕨科

27 槲蕨

Drynaria roosii Nakaike

- **別　　名**　骨碎補、猴薑、申薑。
- **藥用部位**　根莖（藥材名骨碎補）、茸毛。
- **植物特徵與採製**　多年生附生草本。根狀莖粗壯，肉質，密生棕色鑽狀披針形鱗片。葉二形，葉面紅棕色，疏生短毛，葉背灰棕色，邊緣不規則淺裂；葉柄有翅。孢子囊群圓形，黃褐色，無蓋。12月至翌年5月生孢子。附生於樹幹或石壁上。分布於臺灣、中國江蘇、安徽、江西、浙江、福建、湖北、湖南及西南、華南等地。全年可採，將茸毛刮下，鮮用或晒乾。
- **性味功用**　骨碎補，苦，溫；祛風除溼，補腎壯骨，活血止痛；主治風溼關節痛、腎虛腰痛、久瀉、耳鳴耳聾、頭風痛、牙痛、跌打損傷、骨折、帶狀疱疹、脫髮、斑禿。茸毛，止血；主治創傷出血。骨碎補9～15克，水煎服；外用鮮骨碎補適量，搗爛敷患處，或水煎薰洗。茸毛外用適量，敷患處。

實用簡方　①腎虛腰痛、久瀉耳鳴：骨碎補10～15克，研末，納入豬腎中，水燉服。②風溼關節痛：骨碎補60克，水煎服；另取骨碎補適量，水煎薰洗患處。③跌打損傷、扭傷：鮮骨碎補適量，去毛，搗爛，炒熱，酌加松節油調勻，敷患處。④蛀牙痛：骨碎補30克，水煎服。⑤風火牙痛：骨碎補15克，大青根、梔子根各30克，水煎服。⑥腮腺炎：鮮骨碎補適量，酒糟少許，搗爛敷患處。

水龍骨科

28 抱石蓮

Lepidogrammitis drymoglossoides (Baker) Ching

- **別　　名**　抱樹蓮、瓜子金、魚鱉金星。
- **藥用部位**　全草。
- **植物特徵與採製**　多年生附生草本。根狀莖細弱，橫走；鱗片淡棕色，基部近圓形並呈星芒形，上部鑽形。葉2形，肉質，幾無柄。孢子囊群圓形，褐色，生於葉背中脈兩側各1行。11月至翌年3月生孢子。附生於山谷陰溼的樹幹或岩石上。廣布於中國長江流域各省及福建、廣東、廣西、貴州、陝西和甘肅等地。全年可採，鮮用或晒乾。
- **性味功用**　甘、苦，涼。清熱解毒，止血消腫。主治黃疸、淋巴結核、腮腺炎、肺結核咯血、血崩、乳腺癌、跌打損傷。15～30克，水煎服；外用鮮全草適量，搗爛敷患處。

實用簡方　①肺結核咳嗽、咯血、吐血、鼻出血：鮮抱石蓮30克，水煎服。②急性支氣管炎：鮮抱石蓮15克，連錢草、魚腥草、綿毛鹿茸草各12克，水煎服。③黃疸：鮮抱石蓮、無根藤、地耳草、鳳尾草各30克，水煎，調冰糖服。④淋巴結炎：鮮抱石蓮、鳳尾草各15克，水煎服。⑤陰囊水腫：抱石蓮、紅糖各60克，水煎，晚睡前服。⑥膝關節風溼痛：鮮抱石蓮30克，水煎，酌加黃酒兌服。

29 瓦葦

Lepisorus thunbergianus (Kaulf.) Ching

- **別　　名**　大金刀、骨牌草、七星劍。
- **藥用部位**　全草。
- **植物特徵與採製**　多年生附生草本。根狀莖橫走。葉革質，條狀披針形，先端漸尖，基部漸窄，邊緣反捲。孢子囊群圓形，黃色，幼時有盾狀隔絲覆蓋。12月至翌年4月生孢子。生於潮溼的石壁、樹幹、牆頭或瓦上。分布於臺灣、中國福建、江西、浙江、安徽、江蘇、湖南、湖北、北京、山西、甘肅、四川、貴州、雲南、西藏等地。全年可採，鮮用或晒乾。
- **性味功用**　苦，涼。清熱解毒，利尿消腫，止血，止咳。主治腎炎、尿道感染、痢疾、肝炎、胃腸炎、肺結核、咳嗽、咯血、尿血、口腔炎、咽喉腫痛、結膜炎。9～15克，水煎服。

實用簡方　①急性腎炎：瓦葦、魚腥草、兗州卷柏各15克，水煎服。②尿血：瓦葦15克，柳葉白前、燈心草、車前草各30克，水煎服。③咯血：瓦葦、白芨各15克，烏蘞莓藤30克，水煎服。④小便赤痛：瓦葦、大薊各15克，水煎服。⑤口腔炎：鮮瓦葦、異葉茴芹各15克，水煎服。⑥急性扁桃腺炎：瓦葦15克，水煎服。⑦小兒疳積：瓦葦30克，煮雞蛋服。⑧癰腫：鮮瓦葦適量，搗爛敷患處，乾則更換。

30 江南星蕨

- **別　　名**　大星蕨、福氏星蕨。
- **藥用部位**　全草。
- **植物特徵與採製**　多年生附生草本。根狀莖橫走。葉遠生，廣條狀披針形，全緣，兩面光滑無毛；葉柄基部疏生鱗片，有關節。孢子囊群圓形，黃棕色，無蓋。11月至翌年6月生孢子。附生於石壁或樹幹上。分布於中國長江流域及以南各省區，陝西和甘肅等地。全年可採，鮮用或晒乾。
- **性味功用**　甘、微苦，涼。清熱利溼，涼血解毒。主治痢疾、肝炎、腎盂腎炎、熱淋、小便不利、尿道炎、肺膿腫、支氣管炎、咯血、吐血、白帶異常、口腔炎、痔瘡出血、癰腫。15～30克，水煎服；外用鮮全草適量，搗爛敷患處。

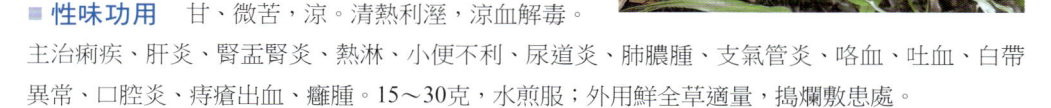

Microsorum fortunei (T. Moore) Ching

> **實用簡方**　①赤痢：鮮江南星蕨根60～90克，搗爛絞汁，早晚分服。②肺癰、肺炎：鮮江南星蕨60～120克，水煎，酌加冰糖調服。③感冒咳嗽：鮮江南星蕨、淡竹葉各30克，桔梗9克，水煎，酌加冰糖調服。④石淋、血淋：鮮江南星蕨60克，鮮金錢草30克，水煎，飯前服。⑤咯血、吐血、便血、鼻出血：鮮江南星蕨30～60克，水煎服。⑥黃疸：鮮江南星蕨120克，水煎，酌加黃酒、紅糖調服。⑦白濁：江南星蕨根30克，豬瘦肉適量，水燉服。

31 石葦

- **別　　名**　大金刀、金星草、石劍。
- **藥用部位**　全草。
- **植物特徵與採製**　多年生附生草本。根狀莖橫走。葉遠生，全緣，葉面無毛或疏生星芒狀鱗毛，葉背密被灰棕色星芒狀鱗毛；葉柄被星狀鱗毛。孢子囊群圓形或橢圓形，在葉背全面著生。10月生孢子。生於樹幹或陰溼的岩石上。分布於中國長江以南各省區。夏、秋季採收，鮮用或晒乾。
- **性味功用**　苦、甘，涼。利尿通淋，清熱止血。主治腎盂腎炎、水腫、淋病、小便不利、尿道炎、泌尿系統結石、膀胱炎、前列腺炎、痢疾、肺膿腫、氣喘、咳嗽、鼻出血、吐血、崩漏、尿血。9～15克，水煎服。

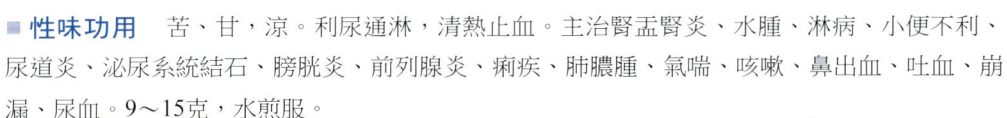

Pyrrosia lingua (Thunb.) Farwell

> **實用簡方**　①膀胱炎、尿血：石葦15～30克，連錢草9克，水煎服。②急慢性腎盂腎炎：石葦、旱蓮草、女貞子、車前草、爵床、海金沙藤各15克，水煎服。③痢疾：石葦30克，水煎，酌加冰糖調服。④肺熱咯血：鮮石葦60～90克，豬肺120克，水煎，飯後服，每日2～3次。⑤吐血、鼻出血：鮮石葦、白茅根各15克，水煎服。⑥血淋：鮮石葦60克，水煎服。⑦白濁：鮮石葦30～60克，冰糖適量，水煎，飯前服。

27

蘋科

32 蘋

Marsilea quadrifolia L.

- **別　　名**　田字草、蘋、大浮萍。
- **藥用部位**　全草。
- **植物特徵與採製**　水生草本。根狀莖細弱，長而橫走，節上生鬚根。葉由4枚小葉組成，十字形排列於葉柄頂端，浮於或伸出水面；葉脈扇形，分叉；葉柄自根狀莖的節上抽出。夏、秋季生孢子。生於水田、淺溝中。廣布於中國長江以南各省區，北達華北和遼寧，西到新疆。夏、秋季採收，鮮用或晒乾。
- **性味功用**　甘、淡，涼。清熱利溼，消腫解毒。主治肝炎、中暑、水腫、熱淋、小便不利、膀胱炎、尿道炎、尿血、神經衰弱、急性結膜炎、癰腫瘡毒、乳腺炎、毒蛇咬傷。15～30克，水煎服；外用鮮全草適量，搗爛敷患處。

> **實用簡方**　①肝炎：鮮蘋30克，切碎，與蛋調，煎熟，加入適量白米酒，煮沸，睡前服。②糖尿病：蘋、天花粉各等量，研末，人乳適量搗勻為丸，每次9克，每日3次。③感冒、咳嗽：蘋、淡竹葉、竹茹各6克，菖蒲葉10克，水煎服。④淋病：鮮蘋30克，水煎，酌加蜂蜜調服。⑤目赤腫痛：鮮蘋15克，桑葉6克，水煎服。⑥牙齦腫痛：鮮蘋30克，水煎服。⑦外傷腰痛：鮮蘋30克，用醋炒乾，水煎服。

槐葉蘋科

33 槐葉蘋

Salvinia natans (L.) All.

- **別　　名**　槐葉萍、蜈蚣萍。
- **藥用部位**　全草。
- **植物特徵與採製**　水生草本。莖橫走，被褐色柔毛。無根。葉二形，3枚輪生，上面2葉水準排列於莖的兩側，浮於水面，長圓形，全緣，葉面綠色，葉背褐色，密被柔毛，具短柄或幾無柄。4月生孢子。漂浮於水田或池塘中。廣布於中國長江流域和華北、東北等地區。全年可採，鮮用或晒乾。
- **性味功用**　苦，平。清熱解毒。主治風熱感冒、麻疹不透、骨蒸勞熱、腮腺炎、風火牙痛、痔瘡、癰腫疔瘡。15～30克，水煎服；外用鮮全草適量，搗爛敷患處。

實用簡方　①感冒：槐葉蘋5～6株，白茅根30克，枇杷葉9克，水煎服。②虛勞發熱：鮮槐葉蘋15～30克，冬瓜糖15克，水煎服。③溼疹：鮮槐葉蘋30～60克，水煎服；另取鮮槐葉蘋適量，水煎洗患處。④疔瘡癤腫：鮮槐葉蘋適量，搗爛敷患處。⑤燙火傷：槐葉蘋適量，研末，調老茶油塗擦患處。⑥眉疔：鮮槐葉蘋適量，冬蜜少許，搗爛敷患處。

滿江紅科

34 滿江紅

Azolla imbricata (Roxb.) Nakai

- **別　　名**　紅蘋、花萍、紅漂。
- **藥用部位**　全草。
- **植物特徵與採製**　漂浮植物。根狀莖橫走，鬚根叢生。葉互生，覆瓦狀排列，梨形、斜方形或卵形，全緣，通常分裂為上下兩片，上片肉質，綠色，秋後變紅。生於水田或池塘中。廣布於中國長江流域和南北各省區。夏、秋季採收，鮮用或晒乾。
- **性味功用**　甘、微辛，涼。解表透疹，祛風利溼。主治麻疹不透、急性淋巴管炎、頑癬、蕁麻疹、瘡瘍、丹毒、肛門搔癢。3～15克，水煎服；外用鮮全草適量，搗爛敷患處。

實用簡方　①麻疹不透：滿江紅9克，芫荽、椿根皮各6克，水煎服，藥渣外擦。②疔瘡癤腫：鮮滿江紅適量，搗爛敷患處。③燙火傷：滿江紅適量，焙乾，研末，調老茶油塗抹患處。④丹毒：滿江紅30克，水煎，加紅糖服。

蘇鐵科

35 蘇鐵

Cycas revoluta Thunb.

- **別　　名**　鐵樹、避火蕉。
- **藥用部位**　根、葉、花、種子。
- **植物特徵與採製**　常綠灌木。樹幹粗壯，常不分枝。羽狀複葉集生樹幹頂部；小羽片條形，革質，堅硬，先端刺尖，邊緣反捲，葉面濃綠色，有光澤，葉背黃綠色，中脈凸起。花雌雄異株；雄球花圓柱形；大孢子葉（雌花）密生淡黃色絨毛，上部寬卵形，扁平，羽狀分裂，下部成柄。種子數枚，卵圓形，略扁橙紅色。夏、秋季開花結果。中國南方各地區均有栽培。根、葉全年可採，花夏季採收，種子秋季採收；鮮用或晒乾。
- **性味功用**　甘、淡，平。種子有毒。清熱涼血，除溼止痛。根主治風溼疼痛、口瘡；葉主治閉經、跌打腫痛、創傷出血；花主治風溼痛、咯血、吐血、胃痛、白帶異常；種子主治肝炎、痢疾。根、葉10～15克，花15～30克，種子3～9克，水煎服；外用鮮葉適量，搗爛敷患處。

　　實用簡方　①勞傷吐血：蘇鐵根30克，豬瘦肉適量，水燉服。②閉經：蘇鐵葉（燒存性，研末），每次6克，用紅酒送下，每日服1次。③口瘡：蘇鐵根適量，水煎，含漱。④風溼痛：蘇鐵花18克，豬蹄1隻，水燉服。

銀杏科

36 銀杏

Ginkgo biloba L.

- **別　　名**　白果、公孫樹。
- **藥用部位**　葉、種子（藥材名白果）。
- **植物特徵與採製**　落葉大喬木。葉在長枝上散生，在短枝上簇生，扇形，上緣波狀或淺裂，葉脈細；葉柄細長。花單性，雌雄異株；雄花組成短葇荑花序，生於短枝上；雌花每2～3個聚生於短枝上。種子核果狀，球形或橢圓形，淡黃色。春、夏季開花，秋季結果。中國大部地區均有栽培。葉夏季採收，鮮用或晒乾；果實於秋季成熟時採下，搓去果皮及果肉，或將種子入沸水中稍蒸或稍煮，然後晒乾或烘乾。
- **性味功用**　白果，微甘、苦，平，有毒；斂肺定喘，澀精止帶；主治久咳氣喘、遺精、白帶異常、白濁、遺尿、小便頻數、無名腫毒。葉，苦、澀，平；斂肺平喘，活血止痛；主治肺虛咳喘、高血壓、冠心病。3～9克，水煎服；外用鮮葉適量，搗爛敷患處。

> **實用簡方**　①白帶異常：白果、雞冠花各30克，芡實15克，崗梅根15克，水煎服。②腎虛遺精：白果15克，芡實、金櫻子各12克，水煎服。③白果中毒：白果殼60克，水煎服。④小兒遺尿：白果7粒，淮山藥15克，益智仁6克，豬小肚1個，加水燉服，連服5～7日。⑤小兒腸炎：銀杏葉3～10克，水2碗，煎成1碗，擦洗小兒腳心、手心、心口（巨闕穴周圍），嚴重者擦洗頭頂，每日2次。⑥雀斑：鮮銀杏葉適量，搗爛搽患處。

松科

37 馬尾松

Pinus massoniana Lamb.

- **別　　名**　松樹、青松、山松。
- **藥用部位**　根、莖皮、葉、花粉（藥材名松花粉）、毬果、樹脂（藥材名松香）。
- **植物特徵與採製**　喬木。樹皮紅褐色，下部灰褐色，裂成不規則的鱗狀塊片；枝平展或斜展，樹冠寬塔形或傘形；冬芽卵狀圓柱形或圓柱形，褐色，頂端尖，芽鱗邊緣絲狀，先端尖或成漸尖的長尖頭，微反曲。針葉2針1束。雄球花淡紅褐色，圓柱形；雌球花單生或2～4個聚生於新枝近頂端，淡紫紅色。種子長卵圓形。花期4～5月，毬果第二年10～12月成熟。生於1500公尺以下山地。分布於中國大部分地區。根、莖皮、葉全年可採，花粉春、夏季收，毬果於秋、冬季成熟時採；鮮用或晒乾。樹脂選擇老松樹，刮去外皮或切成「V」形淺溝，裝上受脂器，隔一定時間，就可收集；所得樹脂經蒸餾除去松節油後，遺留下的殘渣即為松香。
- **性味功用**　**根**，苦，溫；祛風行氣；主治風溼痺痛、筋骨痛、跌打損傷。**葉**，微辛、甘、平；平肝明目，清熱利溼，殺蟲止癢；主治夜盲、神經衰弱、黃疸、痢疾、乳腺炎、溼疹、漆過敏、手足癬、蛀牙痛、外傷感染、風疹搔癢、坐骨神經痛、凍瘡。莖皮、花粉、果實，甘、涼；涼血止血，清熱瀉火。**莖皮**、**花粉**主治肺結核、創傷出血、燙火傷、癰瘡、溼疹溼瘡；**果實**主治燙火傷、支氣管炎、糖尿病、腹瀉。**樹脂**，辛，溫；祛風燥溼，排膿拔毒，生肌止痛；主治癰腫、疥癬、溼疹、扭傷、白禿、金瘡。根、葉、果30～60克，水煎服；根、葉外用適量，水煎薰洗患處或燒煙薰；葉、果、莖皮燒灰，研末，調茶油塗患處；鮮嫩果磨冷開水，塗患處；松脂（煮熟研末）、花粉調茶油塗或撒創口。

實用簡方　①外傷感染：鮮馬尾松葉、薄荷葉、蓖麻子各適量，共搗爛敷患處；如腐肉已淨，去蓖麻子入冰片少許。②癰腫：松香和銅青少許搗勻，攤在紙上，貼患處。③癰瘡：馬尾松老樹皮（研末）、冰片、茶油各適量，調塗。④膿腫：鮮馬尾松葉適量，搗爛敷患處。⑤疔瘡腫痛：松節適量，切碎，與少許冷飯共搗爛，外敷患處。⑥支氣管炎：馬尾松果實95克，紫蘇、陳皮各15克，水煎服。

柏科

38 側柏

Platycladus orientalis (L.) Franco

- **別　　名**　扁柏。
- **藥用部位**　帶葉枝梢（藥材名側柏葉）、種子（藥材名柏子仁）。
- **植物特徵與採製**　小喬木。樹冠塔形；帶葉小枝扁平，與地面相垂直，搗爛有香氣。葉小，鱗片狀，交互對生，緊密貼生在幼枝上，葉背中部有腺槽。花單性，雌雄同株，單生短枝頂端；雄球花黃色，卵圓形；雌球花藍綠色。毬果卵狀球形。種子狹卵形，無翅。5～9月開花，8～12月結果。多為栽培。分布於中國大部分地區。側柏葉全年可採，夏、秋季較好，剪下帶葉枝梢，去掉粗梗，鮮用或陰乾；種子秋、冬季採，去殼取出子仁。側柏炭：側柏葉放鍋中用微火炒至焦黑色，取出噴灑清水，晒乾。
- **性味功用**　側柏葉，苦、澀、微寒；涼血止血，清熱利溼，止咳祛痰；主治各種出血、腎盂腎炎、慢性支氣管炎、肺結核咳嗽、白帶異常、百日咳、癰腫、燙火傷、丹毒、帶狀疱疹、跌打損傷。柏子仁，甘、平；養心安神，潤燥通便；主治心悸、失眠、健忘、盜汗、遺精、腸燥便祕。側柏葉9～15克，柏子仁3～10克，水煎服；外用適量，搗爛或研末調敷患處。

> **實用簡方**　①鼻出血：側柏葉、石榴花等分，研細末，吹鼻中。②高血壓：側柏葉15克，切碎，水煎代茶飲，至血壓正常為度。③百日咳：側柏葉15～21克，百部、沙參各9克，冰糖適量，水燉服。④痔瘡出血：側柏葉炭10克，生地黃20克，槐花炭12克，水煎服。⑤腮腺炎：側柏葉、野菊花葉適量，洗淨後搗爛，加雞蛋白調成泥狀外敷，每日換藥2次。

三尖杉科

三尖杉

Cephalotaxus fortunei Hook.f.

- **別　　名**　白頭杉、蠶榧、山榧樹。
- **藥用部位**　根、莖、葉、種子。
- **植物特徵與採製**　常綠小喬木。葉螺旋狀著生，排成2列，條狀披針形，下面有2條白色氣孔帶。雌雄異株；雄球花8～10朵聚生成頭狀，腋生；雌球花由數對交互對生的苞片組成。種子卵圓形或橢圓狀卵形。4月開花，種子秋季成熟。生於溪谷、林下。分布於中國浙江、安徽、福建、江西、湖南、湖北、河南、陝西、甘肅、四川、雲南、貴州、廣西及廣東等地。根、莖、葉全年可採，種子秋季採收；鮮用或晒乾。
- **性味功用**　根、莖、葉，苦、澀，寒；有毒；抗癌；主治白血病、淋巴肉瘤、食管癌、胃癌、直腸癌、肺癌。種子，甘，溫；殺蟲、消積；主治食積、疳積、蛔蟲病。根、莖、葉10～60克，水煎服；一般多製成注射劑使用。種子9～15克，水煎服。

> **實用簡方**　①肺癌：三尖杉根40克，白花蛇舌草30克，魚腥草、牛白藤各20克，水煎服。②疳積、蛔蟲病：三尖杉種子15～18克，水煎服或炒熟服。③食積：三尖杉種子7枚，研粉，開水送服，每日1次，連服7天。

紅豆杉科

40 榧樹

Torreya grandis Fort. ex Lindl.

- **別　　名**　香榧、榧子。
- **藥用部位**　種子（藥材名榧子）。
- **植物特徵與採製**　喬木。幼枝綠色，平滑，後轉為黃綠色。葉螺旋狀著生，2列，條形，直而硬。花雌雄異株；雄球花單生葉腋；雌球花成對生於葉腋。種子橢圓形或倒卵形，假種皮淡紫紅色。4～5月開花，翌年10月種子成熟。生於雜木林中或林下陰溼地。分布於中國江蘇、浙江、福建、江西、安徽、湖南及貴州等地。冬季果實成熟時採收，剝去外種皮，洗淨晒乾。
- **性味功用**　甘、澀，平。驅蟲消積。主治蟲積腹痛、食積痞悶、小兒疳積、腸燥便祕、痔瘡。4.5～9克，水煎或研粉服。脾虛便溏者忌服。

實用簡方　①十二指腸鈎蟲、蛔蟲、蟯蟲：榧子、使君子仁、大蒜瓣各30克，切碎，水煎，飯前空腹服，每日3次。②條蟲病：榧子15～30克，檳榔、蕪荑各3～9克，水煎服；或每日服榧子7粒，連服7天。③鈎蟲病：每日空腹時，食榧子60～150克，食至蟲卵消失為止。④好食茶葉面黃者：每日食榧子7粒，以癒為度。

買麻藤科

41 小葉買麻藤

Gnetum parvifolium (Warb.) C. Y. Cheng ex Chun

- **別　　名**　買麻藤、大節藤。
- **藥用部位**　莖藤。
- **植物特徵與採製**　多年生木質大藤本。莖圓形，皮孔明顯，節膨大，橫斷面粗糙。葉對生，革質，多為橢圓形，全緣，葉面光滑，綠色。雌雄同株或異株，穗狀花序腋生或頂生；雄球花不分枝或1次分枝（3出或成對）；雌花序1次3出分枝。種子核果狀，長圓形，成熟時紅色。4～6月開花，9～11月結果。生於山谷、溪旁、林下。分布於中國福建、廣東、廣西及湖南等地。全年可採，鮮用或晒乾。
- **性味功用**　苦、澀，微溫。祛風除溼，活血散瘀，止咳化痰。主治慢性支氣管炎、胰腺炎、風溼痺痛、腰痛、跌打損傷。15～30克，水煎服。

實用簡方　①肺炎：小葉買麻藤15克，三椏苦根、梅葉冬青根各12克，水煎服，胃腸虛寒及腎炎者勿服。②腰痛：小葉買麻藤、龍鬚藤各60克，水煎服。③風溼關節痛：小葉買麻藤、三椏苦根各18克，雞血藤12克，水煎服。④筋骨痿軟：小葉買麻藤、五加皮各10克，蔓性千斤拔30克，水煎服。⑤糖尿病：小葉買麻藤根莖10～15克，牛肉適量，水燉服。

三白草科

42 蕺菜

Houttuynia cordata Thunb.

- **別　　名**　魚腥草、折耳根。
- **藥用部位**　全草（藥材名魚腥草）。
- **植物特徵與採製**　多年生草本，有魚腥味。莖直立，幼時常帶淡紅色。葉互生，心形，全緣；葉柄疏生毛。穗狀花序在莖頂與葉對生；總苞片倒卵形或長圓形，白色，花瓣狀；花小。5～8月開花，6～9月結果。生於山坡溼地、溝邊，或栽培。分布於中國中部、東南至西南部各地區。夏、秋季採收，鮮用或晒乾。
- **性味功用**　淡，涼。清熱解毒，利尿通淋，化痰止咳。主治肺膿腫、肺炎、百日咳、痢疾、腸炎、水腫、尿道感染、闌尾炎、尿道炎、小兒腹瀉、中暑、感冒、扁桃腺炎、膽囊炎、痔瘡腫痛、溼疹、癰腫、瘡癤、頑癬、毒蛇咬傷。30～60克，水煎或搗爛絞汁服；外用適量，搗爛敷患處。

實用簡方　①肺膿腫：鮮蕺菜、冬瓜仁各30克，敗醬草15克，桔梗、連翹各12克，水煎服。②風熱頭痛：鮮蕺菜90克，冰糖適量，水煎服。③扁桃腺炎：鮮蕺菜、蟛蜞菊各30克，搗爛絞汁，酌加蜂蜜調服。④小兒腹瀉：蕺菜15克，炒車前子9克，炒山藥12克，水煎服。⑤痔瘡：鮮蕺菜適量，水煎薰洗患處。

43 三白草

Saururus chinensis (Lour.) Baill.

- **別　　名**　塘邊藕、水木通、白面姑。
- **藥用部位**　全草。
- **植物特徵與採製**　多年生草本。根狀莖白色。莖中空，直立或下部伏地。葉互生，全緣，基出5脈，葉柄抱莖；莖頂端2～3片葉於開花時常為乳白色。總狀花序在莖頂與葉對生；花小，無花被。蒴果圓形。4～6月開花。生於村旁、水溝、沼澤地。分布於中國河北、山東、河南和長江流域及其以南地區。夏、秋季採收，鮮用或晒乾。
- **性味功用**　甘、辛，涼。清熱利溼，消腫解毒。主治風溼關節痛、坐骨神經痛、黃疸、腳氣、小便不利、白帶異常、淋濁、水腫、尿道感染、扁桃腺炎、淋巴管炎、癰腫疔瘡、乳腺炎。30～60克，水煎服；外用適量，搗爛敷患處。

實用簡方　①尿道炎：三白草、魚腥草、車前草各90克，海金沙15克，水煎服。②白帶異常：鮮三白草根莖、豬脊骨各60克，水煎服。③關節腫痛：鮮三白草根莖30克，鴨1隻，酒水各半燉2小時，飯前服。④坐骨神經痛：鮮三白草根莖120克，淡水鰻魚500克，酒水各半燉服。

胡椒科

44 風藤

Piper kadsura (Choisy) Ohwi

- **別　　名**　細葉青蔞藤、海風藤。
- **藥用部位**　全草。
- **植物特徵與採製**　木質藤本。全株有辛味。老莖灰色，小枝有條紋，有毛，節膨大，常生不定根。葉互生，長卵形至狹橢圓形，全緣，葉面有腺點，葉背疏生短毛。花單性，雌雄異株，穗狀花序與葉對生。漿果卵球形，黃褐色。4～5月開花，秋、冬季果成熟。生於山谷林下，常攀緣於樹上或石頭上。分布於臺灣、中國福建、浙江、廣東等地。秋季採收，可鮮用或晒乾。
- **性味功用**　辛，微溫。祛風溼，通經絡，止痺痛。主治風溼性關節炎、風溼腰痛、風寒感冒。15～30克，水煎服。

實用簡方　①風寒感冒：風藤、山雞椒根、大青根、變葉榕根、白杜各15克，兔子1隻，水燉至肉爛，吃肉喝湯。②腰腿痛：風藤30～60克，豬腳1隻，水燉，黃酒沖服。③肩關節周圍炎：風藤、三椏苦、地桃花、野木瓜各15克，兩面針10克，薑黃12克，水煎服。④四肢拘攣：風藤15克，豺皮樟20克，浸酒服。⑤跌打損傷：風藤15克，水煎服。⑥暑溼腹痛：鮮風藤30克，水煎服。

金粟蘭科

45 臺灣金粟蘭

- **別　　名**　東南金粟蘭、卵苞金粟蘭。
- **藥用部位**　全草。
- **植物特徵與採製**　多年生草本。莖直立，節明顯。葉對生，常4片生於莖上部，倒卵形或近菱形；葉無柄；托葉小。穗狀花序頂生，花小。春、夏季開花。生於山谷林下陰溼地。分布於臺灣、中國福建等地。夏季採收，鮮用或晒乾。
- **性味功用**　苦，平。活血散瘀，消腫解毒。主治胃痛、閉經、產後關節痛、風溼痛、蕁麻疹、口腔潰爛、背癰、多發性膿腫、跌打損傷、毒蛇咬傷。9～15克，水煎服；外用鮮根或葉適量，搗爛敷患處。孕婦忌服。

實用簡方　①胃痛：臺灣金粟蘭根6～10克，毛花獼猴桃15克，毛大丁草6克，白牛膽根30～50克，豬排骨適量，水燉服。②毒蛇咬傷：鮮臺灣金粟蘭葉、鮮菊花葉適量，搗爛敷患處。③胸部外傷瘀血疼痛：臺灣金粟蘭根6～15克，豬排骨適量（或雞蛋、鴨蛋各1個），食鹽少許，水燉，白米酒適量沖服。④口腔潰爛：臺灣金粟蘭全草適量，水煎，取液含漱，每日數次。

46 及己

- **別　　名**　四對葉、四塊瓦。
- **藥用部位**　全草。
- **植物特徵與採製**　多年生草本。根狀莖粗短，鬚根多。莖單一或叢生。葉對生，常4片生於莖頂，橢圓形或卵狀橢圓形，邊緣有鋸齒；托葉小。穗狀花序頂生，不分枝或2～3分枝；花小，無花被。春、夏季開花結果。生於山谷林緣陰溼地。分布於中國安徽、江蘇、浙江、江西、福建、廣東、廣西、湖南、湖北、四川等地。夏、秋季採收，鮮用或晒乾。
- **性味功用**　苦，平。有毒。舒筋活絡，祛風止痛，消腫解毒。主治跌打損傷、骨折、風溼痹痛、腰腿痛、疔瘡腫毒、皮膚搔癢、疥癬、毒蛇咬傷。外用鮮全草適量，搗爛敷患處。內服宜慎。孕婦忌服。

實用簡方　①背癰：鮮及己葉適量，浸醋（未潰者）或泡米湯（已潰者）外貼患處。②皮膚搔癢：及己、百部、羊蹄、扛板歸各適量，水煎洗患處。③跌打損傷：鮮及己根適量，食鹽少許，搗爛，烘熱敷患處；另取及己根0.6～0.9克，水煎，沖黃酒服。④疔瘡癤腫：鮮及己葉適量，酌加蜂蜜，搗爛敷患處。

47 草珊瑚

Sarcandra glabra (Thunb.) Nakai

- **別　　名**　九節茶、腫節風、接骨金粟蘭。
- **藥用部位**　全草。
- **植物特徵與採製**　亞灌木。根莖粗壯。莖多分枝，節膨大，有棱和溝。葉對生，卵狀披針形或橢圓形，邊緣有粗齒；葉柄短。穗狀花序頂生，通常有分枝。核果球形，紅色。夏季開花，秋、冬季果成熟。生於溪谷、林下，或栽培。分布於臺灣、中國安徽、浙江、江西、福建、廣東、廣西、湖南、四川、貴州和雲南等地。全年可採，鮮用或晒乾。
- **性味功用**　辛、苦，平。清熱解毒，活血消斑，祛風通絡。主治風溼痺痛、跌打損傷、腰腿痛、骨折、癌症、細菌性痢疾、膽囊炎、口腔炎、產後腹痛、月經不調、小兒腹瀉、燙火傷。15～30克，水煎服；葉外用適量，搗爛敷患處。孕婦忌服。

　　實用簡方　①預防中暑：草珊瑚葉適量，水煎代茶。②胃寒痛：草珊瑚根、多花勾兒茶各30克，山雞椒根15克，豬瘦肉適量，水燉服。③月經不調：草珊瑚根30克，酌加老酒，水煎服。④咽喉炎：草珊瑚30克，梅葉冬青20克，白絨草15克，水煎服。⑤外傷出血：鮮草珊瑚葉適量，嚼爛或搗爛敷患處。

楊柳科

48 垂柳

Salix babylonica L.

- **別　　名**　楊柳、柳樹。
- **藥用部位**　根、枝、葉、花。
- **植物特徵與採製**　落葉小喬木。小枝細長，下垂，褐色，幼時有毛，後漸脫落。葉互生，條狀披針形，邊緣有細齒，葉面綠色，葉背帶白色；葉柄有毛。花與葉同時開放，單性，雌雄異株，組成葇荑花序。3～4月開花。多栽培於池旁、湖邊、公園等處。分布於中國大部分地區。根全年可採，枝、葉3～8月採，花3～4月採；鮮用或晒乾。
- **性味功用**　苦，寒。根，利水通淋，瀉火解毒；主治尿道炎、膀胱炎、黃疸、水腫、氣喘、痔瘡瘺管。枝，利溼瀉火；主治黃疸、淋濁、癰疽疔癤、皮膚搔癢。葉，清熱利尿，消腫散結；主治尿道炎、膀胱炎、膀胱結石、白濁、癰疽疔癤、皮膚搔癢。花，清熱涼血；主治吐血、咯血、便血。根、枝、葉15～30克，水煎服；外用鮮葉適量，搗爛敷患處。花焙乾研末，每次3～6克，開水沖服。

> **實用簡方**　①小便淋濁不清：柳枝1握，甘草9克，水煎服。②熱鬱黃疸：垂柳花序適量，水煎代茶。③高血壓：鮮垂柳葉250克，水煎濃縮成100毫升，分2次服。④風火牙痛：垂柳根15～21克，豬瘦肉適量，水煎服。⑤中耳炎：垂柳樹皮（燒存性）6克，枯礬、冰片各3克，共研細末，吹耳。

楊梅科

49 楊梅

Myrica rubra (Lour.) S. et Zucc.

- **別　　名**　珠紅。
- **藥用部位**　根、莖皮、果實。
- **植物特徵與採製**　常綠小喬木。樹皮幼時平滑，老後灰褐色，縱殘裂。葉互生，倒披針形或倒卵狀披針形，全緣或上部有鈍齒，葉背灰綠色，有金黃色腺點。穗狀花序腋生；花單性，雌雄同株或異株；雄花序圓柱形，單生或數條叢生，雄花無花被。核果球形，外果皮成熟時紫紅色或白色，味酸甜。3月開花，5～6月結果。多生於山坡雜木林中或栽培。分布於臺灣、中國江蘇、浙江、福建、江西、湖南、貴州、四川、雲南、廣西和廣東等地。根、莖皮全年可採，果實5～6月成熟時採；鮮用或晒乾，或將果實鹽醃備用。
- **性味功用**　根、莖皮，苦，辛，溫；行氣活血，通關開竅，消腫解毒；主治氣喘、慢性支氣管炎、痢疾、泄瀉、跌打損傷、骨折、感冒、中暑發痧、腮腺炎、蛀牙痛、外傷出血、燙火傷、無名腫毒、瘡瘍腫痛、雷公藤中毒。果實，甘，酸，溫；消食和胃，解酒，解毒；主治痢疾、食積腹痛、食慾不振、飲酒過度、砒中毒、雷公藤中毒。15～30克，水煎服；外用研末，水調敷患處，或吹鼻，或煎湯薰洗。

　　實用簡方　①食積不化、腹脹：鹽醃楊梅果實數粒，開水沖泡服。②疥癬：楊梅樹皮或根皮適量，水煎薰洗患處。③燙火傷：楊梅燒灰為末，調茶油塗患處。

胡桃科

50 化香樹

Platycarya strobilacea Sieb. et Zucc.

■ 別　名　化香柳、栲香、山麻柳。
■ 藥用部位　葉、果。
■ 植物特徵與採製　落葉灌木或小喬木。單數羽狀複葉互生。花單性，雌雄同株；穗狀花序直立，數條聚生小枝頂端。果序呈長圓柱形；小堅果扁平，圓形，具2狹翅。夏、秋季開花結果。生於山坡灌木叢中。分布於臺灣、中國甘肅、陝西、廣東、廣西、四川、貴州、雲南及華東、華中等地。葉3～10月採，果秋季採，鮮用或晒乾。

■ 性味功用　辛，溫。有毒。葉，殺蟲止癢；主治瘡癰腫毒、頑癬、溼疹、癤腫。果，祛風行氣，消腫止痛；主治關節痛、牙痛、癰腫。葉外用適量，搗爛敷或水煎洗患處。果6～9克，水煎服；外用適量，研末調蜜敷患處。

實用簡方　①牙痛：化香樹果序數枚，水煎含漱。②頑癬：鮮化香樹嫩葉適量，搗爛擦患處。③稻田性皮炎：鮮化香樹嫩葉、烏桕嫩葉各等量，水煎濃汁，酌加白礬，擦敷患處。④癰疽疔毒類急性炎症：鮮化香樹葉、雷公藤葉、芹菜葉、大蒜各等分，搗爛敷患處。瘡瘍潰後不可使用。

51 楓楊

Pterocarya stenoptera C. DC.

■ 別　名　楓柳、麻柳、楓柳皮。
■ 藥用部位　根、樹皮、葉。
■ 植物特徵與採製　落葉高大喬木。幼枝呈灰褐色，有毛，後毛漸脫落，老時樹皮呈黑褐色。葉雙數或稀單數羽狀複葉，對生或近對生，橢圓形或長圓形，邊緣有細鋸齒。葇荑花序與葉同時開放；花單性，雌雄同株。果穗下垂；果翅長圓形或條狀長圓形。3～4月開花，夏、秋季結果。栽培於庭園和路旁。分布於臺灣、中國華東、中南、西南及陝西等地，華北和東北僅有栽培品種。根、樹皮全年可採，葉夏秋季採；可鮮用或晒乾。

■ 性味功用　辛、苦，溫。有毒。殺蟲止癢，收斂燥溼，祛風止痛。主治腳癬、皮膚溼疹、風溼疼痛、牙痛、蕁麻疹、過敏性皮炎、疥癬、贅疣、燙火傷。根、樹皮、葉適量，水煎洗患處，或搗爛敷患處。本品有毒，不宜內服。

實用簡方　①頭癬：楓楊樹皮、百部、苦楝皮各適量，水煎洗患處。②溼疹、皮炎：楓楊樹皮適量，水煎洗患處。③禿瘡：楓楊樹皮120克，皂莢子60克，搗碎水煎，趁熱洗頭。④蛀牙痛：鮮楓楊樹皮適量，搗爛，填入蛀洞內。

殼斗科

52 栗

Castanea mollissima Bl.

- **別　　名**　板栗、栗子。
- **藥用部位**　全株。
- **植物特徵與採製**　落葉喬木。幼枝有毛。葉互生，長圓形，邊緣有疏齒，齒端芒狀，葉背有灰色短絨毛。雄花序穗狀，直立；雌花生於枝條上部的雄花序基部。殼斗球形，多刺，成熟時開裂；堅果褐色。5～6月開花，10～11月果成熟。多栽培於山坡、村旁。除中國青海、寧夏、新疆、海南等外，廣布南北各地區。根、樹皮全年可採，葉夏、秋季採收，花春季採收，總苞（殼斗）、果實（栗子）秋季採收；鮮用或晒乾。
- **性味功用**　根、樹皮，微苦、澀，平；行氣除溼，止癢。葉、總苞、果殼，淡，平；祛風化痰，解毒消腫，鎮吐破積。根主治風溼關節痛、疝氣、牙痛；樹皮主治漆過敏、丹毒、瘡毒。葉主治漆過敏、咽喉腫痛、咳嗽、百日咳；總苞主治丹毒；果殼主治嘔逆、反胃、消渴、腸炎、痢疾、瘰癧。花，淡、澀，平；清熱燥溼；主治痢疾、腹瀉。栗子，甘，平；益氣健脾，補腎強筋；主治氣管炎、白帶異常、脾虛泄瀉、扭傷、腰背痠痛。根、葉、花15～30克，果殼、栗子30～60克，水煎服；外用適量，水煎薰洗患處。

實用簡方　①強身健體：栗子、豬排骨各適量，水燉常服。②白帶異常：栗子125克，紅糖30克，水燉服。③腎虛腰痛：栗子100克，大米50克，煮粥，酌加白糖調服，每日1～2次。④小兒瘦弱，行走乏力：栗子10克，枸杞子12克，豬排骨適量，水燉，酌加鹽或糖調味，食之。

榆科

53 樸樹

- **別　　名**　朴、樸子樹。
- **藥用部位**　根、葉。
- **植物特徵與採製**　落葉大喬木。樹皮灰色；幼枝略帶暗紅色，被短柔毛。葉卵形至狹卵形，邊緣中部以上具粗鋸齒，幼時兩面有毛，後漸無毛；葉柄與果梗近等長。花雜性同株。核果單生，球形，成熟時紅褐色；果核有穴和突肋。4～9月開花結果。生於山坡、村旁。分布於臺灣、中國山東、河南、江蘇、安徽、浙江、福建、江西、湖南、湖北、四川、貴州、廣西、廣東等地。根全年可採，葉夏季採收；鮮用或晒乾。

Celtis sinensis Pers.

- **性味功用**　根，苦、辛，平；消食止瀉，透疹；主治食積瀉痢、消化不良、疝氣。葉，微苦，涼；清熱涼血；主治漆過敏、蕁麻疹。根15～30克，水煎服；葉水煎薰洗患處，或搗爛取汁或研末撒、塗患處。

實用簡方　①扭傷：朴樹根適量，水煎薰洗患處，每日2次。②漆過敏、蕁麻疹：鮮樸樹葉適量，搗汁塗或揉碎擦患處。③麻疹、消化不良：朴樹樹皮或根皮15～30克，水煎服。④痔瘡下血、食滯腹瀉、久痢不止：朴樹根皮30克，水煎，酌加薑汁調服。

54 榔榆

- **別　　名**　榆樹、秋榆。
- **藥用部位**　根、樹皮、葉。
- **植物特徵與採製**　落葉小喬木。幼枝有毛，老後脫落。葉互生，橢圓形或卵圓形，邊緣有鋸齒，兩面粗糙；葉柄短。花小，淡黃色。果有翅，橢圓狀卵形，扁平，頂端凹。9～11月開花結果。生於溪谷林緣或栽培於庭園。分布於臺灣、中國華東、中南、西南及河北、陝西、西藏等地。根、樹皮全年可採，葉夏、秋季採；鮮用或晒乾。

Ulmus parvifolia Jacq.

- **性味功用**　甘、微苦，寒。清熱利水，消腫解毒。主治癰疽疔癤、背癰、風毒流注、痢疾、熱淋、小便不利、尿血、瘡瘍腫毒、小兒禿瘡、乳腺炎、白帶異常。根、樹皮15～30克，水煎服；葉外用適量，搗爛敷患處。

實用簡方　①腰背痠痛：榔榆莖30克，豬脊骨適量，酒、水各半燉服。②遺精、白帶異常：榔榆根30克，水煎服。③牙痛：鮮榔榆葉適量，水煎，酌加醋調勻，含漱。④癰疽疔癤：榔榆葉適量，初起未成膿者，加紅糖或酒糟，搗爛烤溫敷患處；已成膿者，搗爛調蜜敷。⑤無名腫毒：鮮榔榆葉適量，搗爛敷患處。⑥各種惡瘡膿腫：鮮榔榆葉適量，搗爛，酌加雞蛋清拌勻，敷患處。⑦多發性膿腫：榔榆根15克，水煎服。

桑科

55 構棘

- **別　　名**　葨芝、千層皮、穿破石。
- **藥用部位**　根、根皮、莖。
- **植物特徵與採製**　直立或攀緣狀灌木。根皮黃色，易層層剝落。枝有棘刺。葉倒卵狀橢圓形或橢圓形，全緣，主脈於葉背凸起。花單性，雌雄異株；頭狀花序單生或成對腋生。聚花果近球形，成熟時橙紅色。5～11月開花結果。生於荒坡灌叢中或林緣路邊。分布於中國東南部至西南部的亞熱帶地區。全年可採，鮮用或晒乾。
- **性味功用**　淡、微苦，平。清熱除溼，祛風通絡，消腫止痛。主治風溼痺痛、黃疸、膽道蛔蟲、肺結核、風溼腰痛、腰背扭傷、骨折、疔瘡癰腫。15～60克，水煎服；外用根皮適量，搗爛敷患處。

Cudrania cochinchinensis (Lour.) Kudo et Masam.

實用簡方　①急性病毒性肝炎：構棘根30～60克，水煎取汁，另取兔肉用茶油炒熟，加入煎出液及少許紅酒，燉至肉爛，吃肉喝湯。②韌帶拉傷：鮮構棘葉適量，酒糟少許，搗爛敷患處；另取構棘根、金錦香、草珊瑚根各30克，豬骨頭適量，水燉服。③疔瘡癰腫：鮮構棘根皮適量，搗爛敷患處。

56 無花果

- **別　　名**　奶漿果、蜜果。
- **藥用部位**　根、葉、果。
- **植物特徵與採製**　落葉大灌木或小喬木。葉互生，邊緣波狀或有粗齒，兩面疏生短毛。花序托梨形，肉質，成熟時深紅色；花雌雄同株，生於花序托內。5～10月開花結果。中國各地均有栽培。根全年可採，葉夏、秋季採收，果6～7月採收；鮮用或晒乾皆可。
- **性味功用**　根、葉，微辛，平；清熱解毒，消腫止痛。根主治咽喉腫痛、痔瘡；葉主治痔瘡發炎、帶下病。果，甘，涼；平肝潤腸，健脾開胃；主治聲嘶、食慾不振、消化不良、痔瘡、脫肛、大便祕結。根15～30克，水煎服；果5～10粒，鮮吃；外用鮮葉適量，搗爛敷，或水煎薰洗患處。

Ficus carica L.

實用簡方　①赤痢：鮮無花果60克，水煎服。②胃及十二指腸潰瘍：無花果適量，焙乾研末，每次6～9克，每日2～3次。③產後氣血不足、少乳：無花果60～120克，豬腳1隻，水燉，酌加食鹽調服。④風溼性關節炎：無花果根60克，豬腳1隻，水燉服。⑤痔瘡：無花果葉90克，豬瘦肉適量，水燉服；另取無花果葉適量，水煎薰洗患處。⑥脫肛：無花果7枚，豬大腸1段，水燉服；另取無花果葉適量，水煎薰洗患處。

47

57 構樹

- **別　　名**　楮、穀漿樹。
- **藥用部位**　根、莖皮、葉、乳汁。
- **植物特徵與採製**　落葉灌木或小喬木。有乳汁。樹皮平滑，灰色，纖維性韌，富拉力；幼枝密被短柔毛。葉邊緣有粗齒，葉面暗綠色，有短毛，粗糙，葉背灰白，密生絨毛；葉柄粗。花單性，雌雄異株。聚合果球形，肉質，成熟時橘紅色。3～7月開花。生於村旁荒地或小山坡。分布於中國南北各地。根、莖皮全年可採，鮮用或晒乾；葉夏、秋季採收，多為鮮用；刮破樹皮或葉柄取乳汁。

Broussonetia papyrifera (L.) L' Hér. ex Vent.

- **性味功用**　甘，涼。根，清熱利溼；主治痢疾、水腫、癰疽。葉，涼血止血；主治吐血、鼻出血、崩漏、刀傷出血。莖皮，去腐生肌；主治皮炎、痔瘡。乳汁，殺蟲解毒；主治蜂螫蟲傷、瘡癬。根30～60克，葉9～15克，水煎服；外用鮮莖皮、葉、乳汁適量，搗敷或塗抹患處。

> **實用簡方**　①蜂蟲螫傷：鮮構樹乳汁塗患處。②外傷出血：鮮構樹葉適量，搗爛敷患處。③痢疾：構樹根15～30克，水煎服。

58 天仙果

- **別　　名**　毛天仙果、大號牛奶仔。
- **藥用部位**　根。
- **植物特徵與採製**　落葉灌木或小喬木。有乳汁。小枝赤褐色，幼時有毛。葉互生，橢圓形或倒卵圓形，全緣或上半部有疏齒，葉面有短毛，粗糙，葉背被毛。花序托單生或成對生於葉腋，球形或近梨形，成熟時紫紅色。5～11月開花結果。生於山坡林下或山谷溪旁。分布於臺灣、中國廣東、廣西、貴州、湖北、湖南、江西、福建、浙江等地。根全年可採，鮮用或晒乾。

Ficus erecta Thunb.

- **性味功用**　甘、辛，溫。益氣健脾，祛風除溼。主治風溼關節痛、勞倦乏力、脫肛、月經不調、白帶異常、乳汁不下、頭風疼痛、跌打損傷。30～60克，水煎或加酒調服。

> **實用簡方**　①勞倦乏力：天仙果根30～60克，目魚乾適量，老酒少許，水燉服。②乳汁不下：天仙果根60克，豬蹄1隻，目魚乾適量，黃酒少許，水燉服。③月經不調、腹痛腰疼、帶下病：鮮天仙果根60克，雞蛋2個，紅酒1杯，冰糖適量，水燉服。④小兒發育遲緩：鮮天仙果根45克，小雄雞1隻（去頭、足），水燉服。

- **別　　名**　五指毛桃、佛掌榕。
- **藥用部位**　根、莖、果實。
- **植物特徵與採製**　落葉灌木，偶有小喬木。枝、花托均被金黃色長粗毛；小枝中空。葉多為橢圓形或長圓形，不裂或3～5半裂成掌狀，裂片披針形，邊緣有鋸齒，葉面粗糙有疏毛，葉背密生柔毛；托葉卵狀披針形，有粗長毛。花序托球形，成對腋生，無柄。7～10月開花結果。多生於山谷、溪旁等陰溼地。分布於中國雲南、貴州、廣西、海南、湖南、福建、江西等地。根、莖全年可採，果實夏、秋季採收；鮮用或晒乾。

Ficus hirta Vahl

- **性味功用**　甘、微苦，微溫。健脾化溼，行氣通絡，化痰止咳。主治風溼痺痛、胃痛、慢性支氣管炎、肺結核、勞力過度、食慾不振、閉經、產後瘀血痛、白帶異常、乳腺炎、乳少、睪丸炎、瘰癧、跌打損傷。根、莖30～60克，果30～45克，水煎服。

實用簡方　①勞力過度：粗葉榕根30～50克，帶骨目魚乾少許，酌加黃酒，水燉服。②產後缺乳：粗葉榕根30～50克，豬蹄1隻，目魚乾少許（或燉雞），酌加白米酒燉服。③白帶異常：鮮粗葉榕根60～90克，豬瘦肉適量，水燉服。④風溼關節痛、催乳：鮮粗葉榕根60克，豬蹄、黃酒各適量，水燉服。

59 粗葉榕

- **別　　名**　倒吊葫蘆、鐵牛入石。
- **藥用部位**　根、葉。
- **植物特徵與採製**　小灌木。小枝有毛，老後脫落。葉互生，提琴形，稍有倒卵形，葉面無毛，葉背有小凸點，脈上有疏毛；葉柄短。花序托腋生，近梨形。夏、秋季開花結果。喜生於山野灌木叢中或溪旁、路邊。分布於中國廣東、海南、廣西、福建、湖南、湖北、江西、安徽、浙江等地。根全年可採，秋、冬季為佳，葉夏、秋季採；鮮用或晒乾。

Ficus pandurata Hance

- **性味功用**　甘、微辛，溫。行氣活血，祛風除溼，舒筋通絡。根主治風溼痺痛、月經不調、痛經、閉經、白帶異常、乳汁不通、癥癖腫痛、跌打損傷。葉主治乳腺炎。15～45克，水煎服；外用鮮葉適量，搗爛敷患處。

實用簡方　①黃疸：琴葉榕根、勾兒茶根各30～60克，豬瘦肉適量，水燉服。②產後缺乳：琴葉榕根60～90克，豬蹄1隻，目魚乾適量，水燉服。③自汗、盜汗：琴葉榕根60克，黑棗7枚，水燉服。④勞傷乏力：琴葉榕根30～60克，水煎服。

60 琴葉榕

61 薜荔

Ficus pumila L.

- **別　　名**　涼粉果、風不動、木饅頭。
- **藥用部位**　全草。
- **植物特徵與採製**　常綠攀緣狀木質藤本。莖上生氣生根，匍匐於樹幹或牆壁上。結果枝直立粗壯，有點狀皮孔，無氣根。不育枝上的葉小而薄，卵狀心形或橢圓狀卵形；結果枝上的葉大，近革質。花小，單性，隱生於肉質的花序托內，花序腋生；花序托成熟時呈倒卵形或梨形。4～8月開花結果。多附生於樹幹、岩壁坡坎或牆壁上。分布於臺灣、中國陝西及長江以南等地。根、莖、葉全年可採，果（花序托）夏季採收，鮮用或晒乾；乳汁（折斷葉柄或果蒂的分泌液）隨用隨採。
- **性味功用**　根、莖，苦、澀，平；祛風除溼，舒筋通絡；主治風溼痺痛、坐骨神經痛、勞倦乏力、尿淋、水腫、子宮脫垂、閉經、產後瘀血痛、睾丸炎、脫肛、跌打損傷、扭傷。葉，微酸，平；消腫散結；主治漆過敏、溼疹、無名腫毒。果，甘，平；利溼通乳，補腎固精，活血通經；主治腎虛遺精、陽痿、閉經、乳汁不足、乳糜尿、淋濁、便血。根、莖15～30克，果2～6個，水煎服；外用葉適量，水煎洗或搗爛敷患處。

實用簡方　①感冒頭痛：小薜荔（不育枝）60克，生薑3片，水煎服。②頭暈頭痛：薜荔根、地桃花根各60克，川芎4.5克，青殼鴨蛋2個，水燉服。

62 珍珠蓮

Ficus sarmentosa Buch.-Ham. ex J. E. Sm. var. *henryi* (King ex Oliv.) Corner

- **別　　名**　崖石榴、爬岩香、山文頭。
- **藥用部位**　根。
- **植物特徵與採製**　攀緣藤本。幼枝、嫩葉有毛，老後脫落。葉互生，卵狀橢圓形，全緣，葉背網脈凸起，有細毛；葉柄密生細毛。花序托單生或成對腋生，卵圓形；雄花和癭花生於同一花序托內；雌花生另一花序托內。夏季開花結果。常攀於山谷陰溼處的老樹或岩石上。分布於臺灣、中國浙江、江西、福建、廣西、廣東、湖南、湖北、貴州、雲南、四川、陝西、甘肅等地。全年可採，鮮用或晒乾。
- **性味功用**　微辛，平。祛風除溼，行氣消腫，解毒殺蟲。主治風溼關節痛、脫臼、瘡癤、癬。30～60克，水煎服；外用適量，搗爛敷患處。

實用簡方　①風溼痺痛：珍珠蓮藤或根30～60克，牛膝、丹參各30克，水煎服。②乳腺炎：鮮珍珠蓮根30～60克，水煎服。

63 變葉榕

- **別　　名**　擊常木、牛奶仔。
- **藥用部位**　根。
- **植物特徵與採製**　灌木或小喬木。全株無毛，有乳汁。葉互生，橢圓狀倒披針形，全緣，略反捲。花序托腋生，球形；雄花、癭花同生於一花序托內；雌花生於另一花序托內。夏、秋季開花結果。生於山坡灌木叢中。分布於中國浙江、江西、福建、廣東、廣西、湖南、貴州、雲南等地。全年可採，可鮮用或晒乾後使用。

Ficus variolosa Lindl. ex Benth.

- **性味功用**　微苦、辛，微溫。祛風除溼，活血止痛，催乳。主治風溼痺痛、腰痛、胃及十二指腸潰瘍、中暑發痧、乳汁不下、跌打損傷、癰腫。30～60克，水煎服。孕婦忌服。

實用簡方　①體虛乏力：變葉榕、鹽膚木根各60克，水煎，取煎出液燉兔子服。②腰痛：變葉榕30克，豬脊骨適量，水燉服。③風溼關節痛：變葉榕、勾兒茶、半楓荷、山雞椒、樅木、草菝葜根各30克，水煎，取煎出液燉豬腳，酌加冰糖、酒調服。④扭傷：鮮變葉榕根皮適量，搗爛，酌加白酒燉熱，外擦患處。⑤催乳：變葉榕30克，豬蹄、目魚乾適量，水燉服。

64 葎草

- **別　　名**　勒草、拉拉藤、割人藤。
- **藥用部位**　全草。
- **植物特徵與採製**　一年生纏繞草本。莖、葉柄、花序柄均有細小的倒刺。葉心狀卵圓形，邊緣有鋸齒，兩面粗糙，疏生剛毛。花單性，雌雄異株；雄花小，淡黃色，組成圓錐花序；雌花10餘朵集成短穗狀花序。瘦果扁圓形。6～7月開花，7～10月結果。生於村旁、荒地。中國除新疆、青海外，南北各地均有分布。夏、秋季採收，鮮用或晒乾。

Humulus scandens (Lour.) Merr.

- **性味功用**　甘、苦，涼。清熱利溼，消腫解毒。主治痢疾、胃腸炎、中暑吐瀉、肺結核、血淋、水腫、小便不利、白帶異常、小兒疳積、痔瘡出血、瘰癧、皮膚搔癢、毒蛇咬傷。30～60克，水煎服；外用葉適量，搗爛敷患處。

實用簡方　①痢疾：葎草、馬齒莧、鐵莧菜、鬼針草、鳳尾草、金錦香各15克，水煎服。②虛勞潮熱：葎草果穗15克，烏豆30克，水煎，飯後服。③小兒夏季熱：鮮葎草適量，搗爛絞汁，每次1湯匙，每日3次。④中暑吐瀉：葎草葉30克，水煎服。⑤闌尾炎：葎草60克，白花蛇舌草45克，煎湯，多次分服，連服4～7日。⑥皮膚搔癢：葎草、扛板歸、辣蓼各適量，煎水洗患處。

桑

Morus alba L.

- ■ **別　　名**　桑樹、桑葉。
- ■ **藥用部位**　根、根皮（藥材名桑白皮）、枝（藥材名桑枝）、葉（藥材名桑葉）、果實（藥材名桑椹）、乳汁。
- ■ **植物特徵與採製**　喬木或灌木。樹皮厚，灰色，具不規則淺縱裂。葉卵形或廣卵形，邊緣鋸齒粗鈍，有時葉各種分裂，表面鮮綠色，無毛，背面沿脈有疏毛，脈腋有簇毛。花單性，腋生或生於芽鱗腋內，與葉同時生出。聚花果卵狀橢圓形，成熟時紅色或暗紫色。花期4～5月，果期5～8月。多為栽培。分布於中國大部分地區。根、根皮、枝、乳汁全年可採，桑椹於4～5月將成熟時採收；鮮用或晒乾。
- ■ **性味功用**　根，微苦，寒；清熱瀉火；主治赤眼、牙痛、腎盂腎炎、筋骨疼痛。**桑白皮**，甘，寒；清肺行水，止咳平喘；主治喘咳、水腫腹脹。**桑枝**，苦，平；祛風除溼；主治風溼痹痛。**桑葉**，微苦，涼；疏風清熱，涼血明目；主治感冒、赤眼、自汗、盜汗、背癰。**桑椹**，甘、酸，平；滋腎補肝；主治鬚髮早白、失眠、便祕等。**乳汁**，微澀，涼；清熱解毒；主治鵝口瘡。根30～60克，桑白皮、桑椹9～15克，桑葉3～9克，水煎服；外用乳汁適量，塗患處。

> **實用簡方**　①高血壓：桑葉18克，野菊花9克，夏枯草15克，水煎代茶。②風熱感冒：桑葉、菊花各9克，淡竹葉、白茅根各30克，薄荷6克，水煎，酌加糖調服。③肺熱咳喘：桑白皮、胡頹子葉各15克，桑葉、枇杷葉各10克，水煎服。④貧血：桑椹、龍眼肉、豬肝各適量，水燉服。⑤關節紅腫熱痛：桑枝、忍冬藤各15克，防風、秦艽各10克，水煎服。⑥皮膚搔癢：桑枝、柳枝、桃枝各適量，水煎外洗。

蕁麻科

66 苧麻

Boehmeria nivea (L.) Gaudich.

- **別　　名**　白麻、野麻、野苧麻。
- **藥用部位**　根（藥材名苧麻根）、莖皮、葉。
- **植物特徵與採製**　多年生亞灌木。根呈不規則的圓柱形，略彎曲，表皮灰棕色，有黏質。莖密生短毛，皮纖維長，拉力強。葉互生，卵形或卵圓形，邊緣有粗齒，葉面粗糙，有毛，葉背密被白色綿毛；葉柄長。圓錐花序腋生；花小，單性，雌雄同株。9～11月開花結果。生於山坡、山溝、路旁，也有栽培。分布於臺灣、中國長江以南及湖北、四川、甘肅、陝西、河南等地。根全年可採，莖、葉夏、秋季採，鮮用或晒乾。
- **性味功用**　甘，寒。清熱解毒，涼血止血，安胎。主治胎動不安、痢疾、咯血、吐血、熱淋、血淋、血崩、關節痛、疔瘡癰腫、跌打損傷、扭傷、癬、外傷出血、溼疹。根15～30克，水煎服；外用適量，搗爛或燒灰調茶油塗。

> **實用簡方**　①預防流產：鮮苧麻根30克，童雞1隻（去內臟），水燉服。②腰痛：苧麻根200～300克，水煎，取煎出液燉豬脊骨連尾巴1條，酌加老酒，分3～4次服，每日3次。③外傷出血：鮮苧麻葉適量，搗爛敷患處。

67 糯米糰

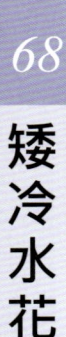

Gonostegia hirta (Bl.) Miq.

- **別　　名**　捆仙繩、糯米藤、紅石薯。
- **藥用部位**　全草。
- **植物特徵與採製**　多年生草本。莖纖細，多分枝，綠色或稍帶紫紅色，具細毛。葉對生，長卵形或卵狀披針形，全緣，兩面疏被短剛毛。花小，黃綠色，簇生於葉腋；單性，雌雄同株。瘦果小，三角狀卵形，有光澤。4～8月開花。生於林下陰溼地或路旁水邊。廣布於中國長江以南各地區。全年可採，鮮用或晒乾。
- **性味功用**　甘、微苦，涼。清熱解毒，健脾消積，散瘀止血。主治咯血、吐血、腎炎、白帶異常、消化不良、食積、疳積、結膜炎、乳腺炎、對口瘡、外傷出血、疔瘡癰腫。30～60克，水煎服；外用適量，搗爛敷患處。

實用簡方　①咯血：糯米糰30～60克，鮮橄欖12粒，豬瘦肉適量，水燉服。②熱型胃痛、腸炎、腹瀉：鮮糯米糰60克，積雪草、馬蘭各30克，水煎服。③白帶異常：鮮糯米糰30～60克，豬瘦肉適量，甜酒少許，水燉服。④乳癰：鮮糯米糰適量，紅糖少許，搗爛敷患處。⑤疔瘡癰腫：鮮糯米糰根適量，食鹽少許，搗爛敷患處。⑥對口瘡：鮮糯米糰根適量，糯米酒酒釀少許，搗爛敷患處。

68 矮冷水花

Pilea peploides (Gaudich.) Hook. et Arn.

- **別　　名**　地油仔、水石油菜、矮冷水麻。
- **藥用部位**　全草。
- **植物特徵與採製**　一年生矮小草本。莖直立，肉質，單一或分枝。葉對生，圓形、菱形或扇形。聚傘花序腋生；花小，單性，雌雄同株。果小，卵形。3～6月開花結果。生於陰溼的坡地、牆腳。分布於臺灣、中國浙江、江西、福建、湖南、廣東、廣西、貴州、雲南等地。春、夏季採收，可鮮用或晒乾。
- **性味功用**　淡，平。清熱解毒，祛瘀止痛，止咳化痰。主治咳嗽、氣喘、腎炎、水腫、淋濁、皮膚搔癢、毒蛇咬傷、癰腫、瘡癤、外傷出血、異物刺傷。6～9克，水煎服；外用適量，搗爛敷患處。

實用簡方　①肺熱咳嗽：鮮矮冷水花30克，冰糖15克，水煎服。②腎炎性水腫：鮮矮冷水花30～60克，豬骨頭適量，水燉服。③淋濁：鮮矮冷水花30克，水煎服。④跌打扭傷：鮮矮冷水花、酢漿草各適量，擂爛敷患處。⑤癰癤疔毒：鮮矮冷水花適量，搗爛敷患處。⑥外傷出血：鮮矮冷水花適量，搗爛敷患處。

馬兜鈴科

69 馬兜鈴

- **別　　名**　青木香、土木香、長痧藤。
- **藥用部位**　根（藥材名青木香）、莖藤（藥材名天仙藤）、葉、果（藥材名馬兜鈴）。
- **植物特徵與採製**　多年生草質藤本。全株無毛。根圓柱形，外皮黃褐色，有辛辣香味。莖纖細，幼苗直立，後纏繞狀。葉互生，三角狀長圓形或卵狀披針形。花單生於葉腋，喇叭狀。蒴果近球形或長圓形，成熟時黃綠色。種子扁，三角形，邊緣有膜翅。7～10月開花結果。生於山坡陰地、路邊或灌叢中。分布於中國長江流域以南各省區以及山東、河南等地。根秋末冬初採挖，葉、莖藤夏、秋季採收，果實9～10月由綠變黃時採收；鮮用或晒乾。

Aristolochia debilis Sieb. et Zucc.

- **性味功用**　**青木香**，辛、苦，寒；行氣止痛，消腫解毒；主治中暑腹痛、脘腹疼痛、膽囊炎、高血壓、疝痛、蛇蟲咬傷。**天仙藤**，苦，平；理氣活血，消腫止痛；主治風溼痺痛、胸腹痛、瘰癧、蛇蟲咬傷。**葉**，苦，平；解毒消腫；主治毒蛇咬傷、疔瘡癤腫。**馬兜鈴**，苦、微辛，寒；清熱化痰，止咳降氣；主治氣管炎、咳嗽。3～9克，水煎服；外用鮮根、葉適量，搗爛後敷患處。

實用簡方　①脘腹疼痛：青木香3克，嚼爛，溫開水送服。②咳嗽氣喘：馬兜鈴3～9克，水煎服。③咽喉腫痛：青木香3克，磨成濃汁，以適量溫開水調勻，頻頻含咽。

70 尾花細辛

- **別　　名**　土細辛、馬蹄香。
- **藥用部位**　全草。
- **植物特徵與採製**　多年生草本。全株具分節狀長毛。根狀莖粗壯，具多數纖細的鬚根。葉數片生於短莖上，卵狀心形或三角狀卵形，葉面沿中脈有毛，葉背毛較密。花單朵，綠色，出自靠近地面的葉腋。蒴果近球形，有疏毛。3～4月開花。生於林下陰溼地。分布於臺灣、中國浙江、江西、福建、湖北、湖南、廣東、廣西、四川、貴州、雲南等地。秋季採收，鮮用或陰乾。

Asarum caudigerum Hance

- **性味功用**　辛、微苦，溫。有小毒。溫經散寒，活血止痛，解毒消腫。主治感冒、喘咳、頭痛、牙痛、風溼痺痛、跌打損傷、口舌生瘡、無名腫毒、毒蛇咬傷。3～6克，水煎服；外用鮮草適量，搗爛敷患處。孕婦忌服。

實用簡方　①跌打損傷：尾花細辛根50克，高粱酒500毫升，浸泡7天，每晚睡前服1湯匙，並取藥液擦患處。②急性乳腺炎：鮮尾花細辛全草、白米酒各適量，水煎，趁熱薰洗患乳。③毒蛇咬傷：鮮尾花細辛適量，米醋少許，搗爛敷患處。

蓼科

71 金線草

Antenoron filiforme (Thunb.) Rob. et Vaut.

- **別　　名**　大葉辣蓼、毛蓼、天蓼。
- **藥用部位**　全草。
- **植物特徵與採製**　多年生草本。塊根呈不規則的結節狀，暗棕色。莖中空，有粗毛；節膨大。葉橢圓形，全緣，葉面常有「人」字形斑紋，兩面密被長糙伏毛；葉柄短；托葉鞘狀。稀疏的穗狀花序頂生或腋生；花被淡紅色。瘦果卵形，暗褐色。7～12月開花結果。生於山坡陰溼地或溝邊。分布於中國陝西、甘肅及華東、華中、華南、西南等地。夏、秋季採收，鮮用或晒乾。
- **性味功用**　辛、苦，涼。疏風解表，清熱利溼，散瘀止痛。主治風溼痺痛、關節痛、中暑、感冒、痢疾、月經不調、痛經、跌打損傷、癰腫。15～30克，水煎服；外用適量，搗爛敷患處。孕婦慎服。

實用簡方　①風溼關節痠痛：金線草根、樹參根、變葉榕根各15克，熱者燉豬腳服，寒者燉冰糖服。②四肢神經麻痺（風溼性）：金線草根30克，水煎，酌加米酒、白糖調服。③肺結核咯血：金線草30克，千日紅、苧麻根各15克，筋骨草9克，水煎服。④月經不調、痛經：金線草30克，酒水各半煎服。⑤咯血：金線草30克，水煎服。

72 金蕎麥

Fagopyrum dibotrys (D. Don) Hara

- **別　　名**　野蕎麥、苦蕎麥、開金鎖。
- **藥用部位**　根莖。
- **植物特徵與採製**　多年生宿根草本。根粗狀，呈不規則節節狀，質硬，外表棕紅色。莖略叢生，直立，有分枝，綠色或淡紅色。葉互生，戟狀三角形，全緣；葉柄長，綠色或呈淡紫紅色；托葉鞘抱莖，膜質。花序傘房狀，頂生或腋生。瘦果卵狀三棱形。7～11月開花結果。生於較陰溼的山坡、溝沿。分布於中國陝西及華東、華中、華南、西南等地。夏、秋季採收，鮮用或晒乾。
- **性味功用**　辛、苦，涼。祛風除溼，清熱解毒，活血消癰。主治肺癰、肺膿腫、肺炎、咽喉腫痛、癰腫瘡毒。15～30克，水煎服；外用適量，搗爛敷患處。

實用簡方　①肺癰、咯吐膿痰：金蕎麥、魚腥草各30克，甘草6克，水煎服。②關節腫脹疼痛：鮮金蕎麥60～90克，水煎，飯後服。③脫肛：鮮金蕎麥、苦參各300克，水煎薰洗患處。④咽喉腫痛：金蕎麥適量，水煎含漱。

73 火炭母

- **別　　名**　赤地利、暈藥、白飯藤。
- **藥用部位**　全草。
- **植物特徵與採製**　多年生草本。莖多分枝，直立，嫩莖常微帶紅色。葉互生，卵形或長圓狀卵形，全緣；托葉膜質，鞘狀。聚傘花序頂生或腋生。堅果三角狀菱形，黑色，包存於稍膨大的宿存花被內，外表藍紫色。幾乎全年均有花果。生於村旁、河沿溼地。分布於中國陝西、甘肅及華東、華中、華南和西南等地。全年可採，鮮用或晒乾。

Polygonum chinense L.

- **性味功用**　苦、辛，平。清熱利溼，消腫解毒。主治痢疾、腸炎、肝炎、肺熱咳嗽、百日咳、白帶異常、乳腺炎、扁桃腺炎、中耳炎、溼疹、癰瘡癤腫、跌打損傷。15～30克，水煎服；外用鮮草適量，搗爛敷患處。

實用簡方　①肝炎：鮮火炭母、虎杖各30克，積雪草、山梔子各15克，水煎服。②白帶異常：鮮火炭母30～45克，水煎服。③小兒夏季熱：鮮火炭母、豬血各30克，水2碗煎至半碗服（為3～6歲1次量），連服2～3次。④腰閃挫疼痛：鮮火炭母適量，搗爛絞汁，酌加黃酒沖服。

74 虎杖

- **別　　名**　斑杖、土大黃、大葉蛇總管。
- **藥用部位**　根及根莖（藥材名虎杖）。
- **植物特徵與採製**　多年生灌木狀草本。根狀莖木質，粗壯，外皮黑棕色，斷面黃色，放射狀，質較鬆。莖圓柱形，中空，散生紫紅色斑點。葉互生，闊卵形或卵圓形，全緣或有小齒；葉柄短。圓錐花序腋生或頂生；花單性，雌雄異株。瘦果卵狀橢圓形，黑色。夏季開花。喜生於土層深厚的山坡、溪旁、田埂等溼地。分布於中國陝西、甘肅、四川、雲南、貴州及華東、華中、華南等地。全年可採，鮮用或晒乾。

Reynouria japonica Houtt.

- **性味功用**　苦、酸，微寒。清熱利溼，散瘀解毒。主治肝炎、便祕、閉經、痛經、風溼痺痛、燙火傷、溼疹、帶狀疱疹、瘡瘍腫毒、外傷感染、跌打損傷。30～60克，水煎服；外用鮮品適量，搗爛敷患處。孕婦忌服。

實用簡方　①急性腎炎：虎杖、車前草、萹蓄各30克，水煎服。②風溼性關節炎：虎杖30克，豬腳1隻，水燉，酌加酒調服。③坐骨神經痛：虎杖60克，雞（去腸雜）1隻，酒水各半燉2小時，分2～3次服，每日1劑。

57

75 萹蓄

- **別　　名**　扁竹、萹蓄蓼。
- **藥用部位**　全草。
- **植物特徵與採製**　一年生草本。莖臥地或斜上。葉互生，橢圓狀披針形或狹橢圓形，全緣，兩面無毛；近無柄；托葉膜質，抱莖。花小，一至數朵腋生。瘦果卵狀三棱形。3～9月開花結果。生於田野草地。分布於中國各地。夏季採收，鮮用或晒乾。

Polygonum aviculare L.

- **性味功用**　苦，平。清熱利溼，利尿通淋，殺蟲止癢。主治痢疾、腸炎、腹瀉、黃疸、尿道炎、膀胱炎、小便不利、淋證、帶下病、乳糜尿、蛔蟲病、小兒夜啼、疳積、溼疹、皮膚搔癢、疔瘡癰腫。15～30克，水煎服；外用適量，水煎薰洗，或搗爛敷患處。

實用簡方　①痢疾：鮮萹蓄120～180克，水煎1小時，分2次於早晚飯前服。②小兒夜啼：鮮萹蓄15～21克，蟬蛻3～5個，水煎沖糖服。③蛔蟲病：鮮萹蓄60克，水煎服。④溼疹：鮮萹蓄、馬齒莧、刺蓼各適量，水煎洗患。

76 何首烏

- **別　　名**　首烏、夜交藤。
- **藥用部位**　塊根（藥材名何首烏）、莖藤（藥材名夜交藤）、葉。
- **植物特徵與採製**　多年生草質藤本。根細長，或膨大成塊狀，外表紅褐色。莖細長，多分枝。葉互生，卵形，全緣，葉面綠色或有斑紋；托葉膜質，褐色。圓錐花序鬆散；花小，淡綠色。10～12月開花結果。喜生於陰溼的石隙或牆腳或林緣灌叢中。分布於中國陝西、甘肅、貴州、四川、雲南及華東、華中、華南等地。何首烏秋季採挖為佳，鮮用或煮後晒乾；烏首藤、葉秋季採收，鮮用或晒乾。

Fallopia multiflora (Thunb.) Harald.

- **性味功用**　何首烏，苦、甘、澀，微溫；補肝腎，斂精氣，壯筋骨，養氣血，烏鬚髮，消腫毒；主治貧血、神經衰弱、失眠、遺精、陽痿、腰膝痠軟、頭暈、鬚髮早白、白帶異常。生首烏主治癰腫、腮腺炎。夜交藤，甘、微苦，平；安神，止汗，祛風，通絡；主治失眠、多汗、肌膚麻木、風溼痺痛。葉，苦、澀，平；解毒消腫；主治癰腫、瘡瘍、瘰癧。9～15克，水煎服；外用鮮首烏適量，磨水或燒酒塗患處；鮮葉搗爛敷患處。

實用簡方　①血虛頭暈：何首烏45克，豬骨頭適量，水燉服。②胃及十二指腸潰瘍：何首烏60克，小茴香30克（炒），置豬肚內燉至肉爛，1日分3次服用，連服12日為1個療程。③疥癬、皮膚搔癢：何首烏葉、艾葉各適量，水煎洗浴。

77 紅蓼

- **別　　名**　葒草、東方蓼、水紅花子。
- **藥用部位**　全草、果實(藥材名水紅花子)。
- **植物特徵與採製**　一年生草本。莖粗壯，多分枝，中空，密生長毛；節膨大。葉卵形或長卵形，全緣；葉柄長；托葉鞘狀。總狀花序腋生或頂生；花被淡紅色。瘦果扁圓形，黑色。4～10月開花結果。栽培或野生於山谷林蔭及池邊潮溼處。除西藏外，廣布於中國各地。全年可採，鮮用或晒乾。

Polygonum orientale L.

- **性味功用**　苦、鹹，微溫。有小毒。活血化瘀，利溼祛風，消腫解毒。主治風溼痺痛、蕁麻疹、水腫、丹毒、膿腫、跌打損傷。15～60克，水煎服；外用適量，水煎薰洗患處。孕婦不可服用。

實用簡方　①風寒感冒：鮮紅蓼果實、牡荊子、青蒿、海金沙葉、連錢草各適量，擂爛，沖入開水，過濾後服。②勞倦乏力：紅蓼、辣蓼、葛藤、石菖蒲各適量，水煎沐浴。③風溼關節痛、膝關節腫大：紅蓼45～60克，白苞蒿、山雞椒根各50克，老母雞1隻，或豬骨頭適量，水燉服。④蕁麻疹、丹毒：鮮紅蓼適量，水煎薰洗患處。⑤痞塊：紅蓼果實125克，酒500克，浸1週後，每晚服1杯。

78 杠板歸

- **別　　名**　扛板歸、犁頭刺、刺犁頭。
- **藥用部位**　全草。
- **植物特徵與採製**　一年生草本。莖蔓生，帶紅色，有稜，稜上有倒鉤刺。葉三角形；葉柄盾狀著生，具倒刺；托葉葉狀，圓而貫莖，中部鞘狀。花序短，穗狀；花被白色或淡紅色。瘦果球形。5～8月開花，9～10月結果。生於村旁荒地。分布於全國各地。夏、秋季採收，可鮮用或晒乾。

Polygonum perfoliatum L.

- **性味功用**　苦、酸，涼。清熱解毒，利溼消腫。主治感冒、肺熱咳嗽、腸炎、痢疾、血淋、腎炎性水腫、腮腺炎、扁桃腺炎、百日咳、白帶異常、溼疹、帶狀疱疹、癰疽腫毒、痔瘡、便血、毒蛇咬傷、中耳炎。15～30克，水煎服；外用適量，搗爛敷患處。

實用簡方　①溼熱帶下：扛板歸90克，冰糖30克，水燉服。②百日咳：扛板歸15克，水煎代茶。③帶狀疱疹：鮮扛板歸適量，搗汁，調雄黃末少許，敷患處。④痔瘡：扛板歸60克，豬大腸250克，將草藥納入腸內燉服。⑤小兒頭部溼疹、皮炎：鮮扛板歸適量，搗汁塗患處。⑥溼疹：鮮扛板歸適量，搗爛取汁，調三黃末塗抹患處。

羊蹄

Rumex japonicus Houtt.

- **別　　名**　金不換、土大黃。
- **藥用部位**　根。
- **植物特徵與採製**　多年生宿根草本。根粗壯，淡黃色。莖數枝叢生，直立，中空。基生葉叢生，長圓形，邊緣微波狀；葉柄長；托葉鞘狀，膜質；莖生葉較小。花兩性。3～7月開花結果。常生於村邊、路旁溼地或田埂。分布於中國東北、華北、華東、華中、華南及陝西、四川、貴州等地。夏、秋季採收，多鮮用。
- **性味功用**　苦，寒。有小毒。清熱解毒，涼血止血，殺蟲止癢。主治血小板減少性紫癜、鼻出血、腸風便血、大便祕結、閉經、疥癬、溼疹、汗斑、癤腫、牙痛。6～12克，水煎服；外用適量，搗爛敷患處。孕婦忌服。

實用簡方　①閉經：鮮羊蹄葉15克，豬瘦肉適量，酒水各半燉服，隔日1劑。②大便祕結：鮮羊蹄根15克，水煎服。③風火牙痛、牙齦腫痛：鮮羊蹄根60克，水煎濃汁，候冷含漱。④跌打損傷：鮮羊蹄根適量，搗爛，用酒炒熱，敷患處。⑤汗斑：鮮羊蹄根適量，搗爛絞汁，酌加白醋調勻，塗患處。⑥禿瘡：鮮羊蹄根適量，酌加老醋搗成泥狀，用消毒紗布蘸藥汁擦患處。

藜科

80 土荊芥

Chenopodium ambrosioides L.

- **別　　名**　臭草、臭荊芥。
- **藥用部位**　全草。
- **植物特徵與採製**　一年生或多年生草本。全草有強烈的氣味。莖直立，多分枝，有縱棱，具柔毛。葉橢圓形或橢圓狀披針形，葉面疏生柔毛，葉背密生金黃色腺點和柔毛，邊緣有不整齊的波狀齒。穗狀花序腋生或頂生；通常3～5朵簇生於葉狀苞腋內。胞果扁球形。夏、秋季開花結果。生於村旁曠野、溝邊。分布於中國華東、中南、西南等地，北方各地常有栽培。夏至冬初採收，鮮用或晒乾。
- **性味功用**　辛、苦，微溫。有毒。祛風除溼，殺蟲止癢。主治溼疹、疥癬、鉤蟲病、蛔蟲病、蟯蟲病、感冒、咽喉腫痛、痢疾、風溼痺痛、白帶異常、產後血暈、跌打損傷、扭傷、外傷出血、蛇蟲咬傷。3～9克，水煎服；外用適量，搗爛敷或煎湯薰洗患處。孕婦忌用。

實用簡方　①白帶異常：土荊芥根15克，豬瘦肉適量，水燉服。②腳癬：鮮土荊芥適量，水煎洗患處。③稻田性皮炎：土荊芥、薄荷各適量，水煎洗患處。④疥瘡：土荊芥根15克，豬五花肉150克，食鹽少許，水燉服；另取鮮土荊芥適量，煎水洗浴。⑤蜈蚣咬傷：鮮土荊芥葉適量，酌加雄黃末，搗爛敷患處。

81 地膚

Kochia scoparia (L.) Schrad.

- **別　　名**　掃帚菜、地火草。
- **藥用部位**　莖、葉、果實（藥材名地膚子）。
- **植物特徵與採製**　一年生草本。莖直立，多分枝，具縱條紋，幼時有軟毛。葉互生，橢圓狀披針形，兩面無毛或具稀短毛；葉無柄。花單生或2朵生於葉腋，集成具葉的穗狀花序。胞果扁球形。種子卵圓形，形似芝麻。8～10月開花結果。多栽培於宅旁、園旁隙地。廣布於中國各地。莖、葉夏秋季採，鮮用或晒乾；種子於秋末成熟時，割取地上部分，晒乾，打下，簸淨。
- **性味功用**　苦，寒。清熱利溼，祛風止癢。地膚子主治溼疹、皮膚搔癢、蕁麻疹、疥癬、腳氣、小便不利、淋濁、過敏性紫癜、風火赤眼、痔瘡；莖、葉主治痢疾、泄瀉、惡瘡疥癬。莖、葉30～60克，地膚子15～30克，水煎服；外用適量，煎湯薰洗。

實用簡方　①溼熱淋證、小便不利：地膚子、豬苓、萹蓄各9克，木通6克，水煎服。②蕁麻疹：地膚子、茵陳各30克，黃柏15克，甘草12克，水煎溫洗，每日1～2次。③丹毒：地膚子、金銀花、菊花各30克，荊芥、防風各15克，水煎服。④溼疹：地膚子、苦參、扛板歸、一枝黃花各適量，煎水洗患。

82 菠菜

Spinacia oleracea L.

- **別　　名**　紅根菜、菠薐菜。
- **藥用部位**　全草。
- **植物特徵與採製**　根圓錐狀，帶紅色，較少為白色。莖直立，中空，脆弱多汁，不分枝或有少數分枝。葉戟形至卵形，鮮綠色，柔嫩多汁，稍有光澤，全緣或有少數牙齒狀裂片。雄花集成球形團傘花序，再於枝和莖的上部排列成有間斷的穗狀圓錐花序。胞果卵形或近圓形；果皮褐色。多為栽培。分布於中國大部分地區。冬、春季採收，多為鮮用。
- **性味功用**　甘，平。平肝明目，下氣調中，止渴潤燥。主治夜盲、風火赤眼、高血壓、糖尿病、便祕、脾虛腹脹。內服適量，水煎或搗汁服。

實用簡方　①糖尿病：鮮菠菜根60～120克，雞內金15克，水煎服。②便祕：菠菜250克，入沸水中燙熟，香油拌食。③便血：菠菜200克，酌加食鹽煮湯服。④夜盲：菠菜500克，搗爛絞汁，分2次服，每日1劑，須常服。⑤風火赤眼：菠菜子、野菊花各15～30克，水煎服。

莧科

83 土牛膝

- **別　名**　倒扣草、白牛膝。
- **藥用部位**　全草。
- **植物特徵與採製**　一年生或二年生草本。全株具毛。根淡黃色，稍木質。莖直立或披散，近四方形；節膨大。葉對生，橢圓形、卵形或倒卵形，全緣。穗狀花序頂生；花小，兩性。胞果小，卵形。夏、秋季開花結果。生於曠野、路旁。分布於中國長江以南等地。春至秋季採收，鮮用或晒乾。

Achyranthes aspera L.

- **性味功用**　苦、酸，平。活血祛瘀，利尿通淋。主治風溼關節痛、腰腿痠痛、痢疾、淋病、尿道炎、腎炎、扁桃腺炎、白喉、閉經、痛經、白帶異常、跌打損傷、癰疽腫毒。15～30克，水煎服；外用鮮葉適量，搗爛敷患處。孕婦忌用。

實用簡方　①風溼關節痛：鮮土牛膝根30～90克，豬腳1隻，或目魚（帶骨）1只，酒水各半燉服。②月經不調、痛經：鮮土牛膝根、月季花根各60克，小薊根30克，水煎，沖紅糖服。③閉經：土牛膝根9克，積雪草6克，紅糖少許，水煎服。④腹股溝淋巴結炎：鮮土牛膝、爵床、木芙蓉各適量，糯米飯少許，搗爛敷患處。⑤高血壓：土牛膝、薺菜、夏枯草各15克，水煎服。

84 空心蓮子草

- **別　名**　喜旱蓮子草、空心莧。
- **藥用部位**　全草。
- **植物特徵與採製**　多年生草本。莖中空，基部匍匐，上部上升；節著地生根。葉對生，長圓形、倒卵形或倒卵狀披針形。頭狀花序，單生葉腋；花白色。5～10月開花。生於曠野、水溝或池塘邊。分布於中國河北、江蘇、安徽、浙江、江西、湖南、湖北、福建、廣西等地。全年可採，鮮用或晒乾。

Alternanthera philoxeroides (Mart.) Griseb.

- **性味功用**　苦、甘，寒。清熱利水，涼血解毒。主治咯血、黃疸、淋濁、尿血、尿道感染、帶狀疱疹、痄腮、溼疹、疔瘡、毒蛇咬傷。15～30克，水煎服；外用適量，搗爛敷患處。

實用簡方　①急性病毒性肝炎：空心蓮子草、白英、積雪草、狗肝菜各15克，水煎服。②感冒發熱：鮮空心蓮子草30～60克，水煎服。③肺結核咯血：鮮空心蓮子草120克，冰糖15克，水燉服。④帶狀疱疹、溼疹：鮮空心蓮子草適量，酌加米泔水搗爛，取汁塗患處。⑤毒蛇咬傷：鮮空心蓮子草120～240克，搗爛絞汁服，藥渣敷傷處。

85 蓮子草

Alternanthera sessilis (L.) DC.

- **別　　名**　蝦鉗菜、節節花。
- **藥用部位**　全草。
- **植物特徵與採製**　多年生草本。莖細長，匍匐或上舉。葉對生，橢圓狀披針形或倒卵形，全緣或具不明顯的鋸齒。頭狀花序1～4個密生於葉腋。花期5～7月，果期7～9月。生於村野、田間等潮溼地。分布於中國華東、中南和西南等地。夏、秋季採收，鮮用或晒乾。
- **性味功用**　微甘、淡、涼。清熱涼血，除溼通淋，消腫解毒。主治痢疾、泄瀉、黃疸、肺結核、咯血、吐血、胃潰瘍出血、尿道炎、小便不利、淋證、喉炎、牙痛、跌打損傷、乳癰、溼疹、腮腺炎、癰疽疔癤、蛇傷。15～30克，水煎服；外用適量，搗爛敷患處。

實用簡方　①黃疸型肝炎：鮮蓮子草30克，兗州卷柏15～30克，木香4.5克，水煎，酌加白糖調服。②尿道炎、小便刺痛：鮮蓮子草30克，搗爛絞汁，燉熱，調黑糖少許服。③胃出血：鮮蓮子草60～90克，搗爛取汁，和豆油1杯加水燉，冷服。④便祕、便血：蓮子草30～60克，水煎服。⑤風溼性關節炎：鮮蓮子草60～90克，豬腳1隻，水燉服。

86 青葙

Celosia argentea L.

- **別　　名**　野雞冠花、雞冠莧。
- **藥用部位**　全草、種子（藥材名青葙子）。
- **植物特徵與採製**　一年生草本。莖直立，常帶淡紅色。葉互生，卵形、橢圓狀披針形或披針形，全緣。穗狀花序頂生；花被白色或粉紅色。胞果卵形。種子扁圓形，黑色有光澤。夏、秋季開花結果。生於曠野、旱地或栽培。廣布於中國各地。全草夏、秋季採收，鮮用或晒乾；種子於成熟時，剪下花序，晒乾，收下種子。
- **性味功用**　微苦，涼。清熱利溼，平肝明目。<u>種子</u>主治多淚、夜盲、目翳；<u>全草</u>主治痢疾、小便不利、尿道感染。全草30～60克，種子9～15克，水煎服。

實用簡方　①風熱目痛：青葙子15克，酌加冰糖，水煎服。②視網膜出血：青葙花適量，水煎洗眼。③高血壓：青葙子、薺菜、夏枯草各15克，水煎服。④白帶異常：青葙全草24克，水煎，調白糖服，每日3次。⑤痔瘡：青葙莖葉30克，豬大腸頭1段，水煎服；另取青葙莖葉、爵床、鬼針草各適量，水煎薰洗患處。

87 千日紅

- **別　　名**　百日紅、千年紅。
- **藥用部位**　花序（藥材名千日紅）。
- **植物特徵與採製**　一年生草本。全株有白色長毛。莖直立，節部稍膨大。葉對生，長圓形，全緣。頭狀花序頂生，球形，白色或紅色。胞果近球形。夏、秋季開花結果。中國各地均有栽培。5～9月採，鮮用或晒乾。
- **性味功用**　甘、淡、平。平肝息風，清熱明目。主治頭痛、支氣管炎、小兒肝熱、夜啼。花7～14朵，水煎服。

Gomphrena globosa L.

實用簡方　①小兒受驚後腹脹、小便不利：千日紅7～10朵，鮮燈心草15克，水煎服。②小兒受驚後黃疸：千日紅10朵，白英6～9克，水燉1小時，分2次服。③頭風痛：千日紅6克，馬鞭草21～23克，水煎，早晚飯前分服。④急慢性支氣管炎：千日紅根9～15克，或千日紅9克，水煎服。

88 血莧

- **別　　名**　紅葉莧、紅洋莧、紅木耳。
- **藥用部位**　莖、葉。
- **植物特徵與採製**　多年生草本。幼嫩時全株具短毛。莖紫紅色。葉對生，闊卵形或近圓形，近全緣，兩面紫紅色或綠黃色；具柄。穗狀花序排列成頂生或腋生的圓錐花序；雌雄異株；花被白色或淡黃色。9月至翌年3月開花。中國上海、福建、江蘇、廣東、海南、廣西、雲南等地有栽培。夏、秋季採收，多鮮用。
- **性味功用**　甘、微苦，涼。清熱利溼，涼血止血。主治咯血、吐血、鼻出血、血崩、痢疾、便血、尿血、白帶異常、癰腫。15～30克，水煎服；外用適量，搗爛敷患處。

Iresine herbstii Hook. f.

實用簡方　①痢疾：鮮血莧30克，搗爛絞汁，酌加紅糖調服。②急性病毒性肝炎：血莧、板藍根、金錢草、金銀花各15克，龍膽草9克，水煎服。③咳嗽：鮮血莧60～100克，酌加冰糖，水煎服。④鼻出血：鮮血莧60克，水煎服。⑤皮膚搔癢：血莧全草或葉60克，酌加豬肚油，燉服。

雞冠花

Celosia cristata L.

- **別　　名**　大雞公莧、海冠花、紅雞冠。
- **藥用部位**　花序。
- **植物特徵與採製**　一年生草本。莖直立，粗壯，綠色或帶紅色，有縱棱。葉互生，卵形、卵狀披針形或長圓形，全緣，具柄。花序頂生，扁平，呈雞冠狀，有時有分枝，呈圓錐花序式；花兩性；有紫色、紅色、黃色、淡黃色、淡紅色或雜色等。胞果卵形。夏、秋季開花結果。中國南北各地均有栽培。夏、秋季採收，鮮用或晒乾。
- **性味功用**　甘、澀，涼。清熱除溼，涼血止血。主治赤白帶下、遺精、痢疾、泄瀉、諸出血證、乳糜尿、痔瘡。15～30克，水煎服；外用適量，煎水洗患處。

實用簡方　①崩漏：雞冠花15克，椿根皮12克，白果15粒（去殼），納入去腸雜並洗淨的雄小雞（重約500克）腹中，水燉2小時，分2～3次飯前服。②咯血、吐血：鮮雞冠花15～18克，未下水豬肺適量，水燉，飯後服。③風疹：雞冠花、向日葵各9克，冰糖適量，水煎服。④關節炎、神經痛：雞冠花根60～120克，豬脊骨適量，水燉服。⑤痔瘡：雞冠花60克，冰糖少許，水燉服；另取雞冠花全草適量，水煎薰洗患處。

紫茉莉科

90 紫茉莉

Mirabilis jalapa L.

- **別　　名**　胭脂花、白粉花、朝來花。
- **藥用部位**　根、葉、花、果。
- **植物特徵與採製**　多年生草本。莖直立，上部多分枝，綠色；節膨大。葉對生，卵形或卵狀三角形，全緣，葉面有細毛，葉背無毛或僅脈上有毛。花單生或3～5朵集生葉腋或頂生；花被漏斗狀，白色、黃色、紅色或紫色。果實近球形，成熟時黑色。夏至秋季開花結果。多栽培於庭園、村旁，或野生。中國南北各地常見栽培。根、葉夏、秋季採，果實秋冬季採，鮮用或晒乾。
- **性味功用**　微甘、淡，涼。清熱解毒，利溼消腫，活血調經。**根**主治關節炎、尿道感染、尿血、熱淋、白濁、小便不利、糖尿病、乳糜尿、白帶異常、癰疽腫毒、乳癰、跌打損傷；**葉**主治疔瘡、無名腫毒；花主治咯血；**果**主治膿皰瘡。根30～60克，水煎服；外用根、葉適量，搗爛敷患處；花搗汁調蜜服；果實去外殼，研粉撒患處。孕婦慎用。

> **實用簡方**　①急性關節炎：鮮紫茉莉根90克，體熱加豆腐，體寒加豬蹄，水燉服。②瘡癤、無名腫毒：鮮紫茉莉葉適量，搗爛敷患處。

商陸科

91 商陸

Phytolacca acinosa Roxb.

- **別　　名**　山蘿蔔、水蘿蔔。
- **藥用部位**　根。
- **植物特徵與採製**　多年生草本。根肉質，圓錐形，表面淡黃色，斷面白色，有同心環紋理。莖粗壯，肉質。葉互生，橢圓形，全緣。總狀花序頂生或側生；花被白色或帶粉紅色。果穗直立，果扁球形，紫黑色。4～11月開花結果。生於林緣溼地、荒野、村莊周圍。中國除東北、內蒙古、青海、新疆外，皆有分布。全年可挖，秋、冬季為佳，鮮用或晒乾。
- **性味功用**　辛、微苦，寒。有毒。瀉下逐水，消腫解毒。主治腹水、水腫、小便不利、二便不通、腎炎、腳氣、肺癰、風溼關節痛、瘰癧、癥瘕、癰腫瘡毒。3～10克，水煎服；外用適量，搗爛敷患處。孕婦禁用。

> **實用簡方**　①急慢性腎炎：商陸9克，豬瘦肉適量，水煎，每日分3次服。急性1日服1劑，慢性2日服1劑。②腹水：商陸6克，赤小豆、冬瓜皮、車前草各30克，水煎服。③前列腺炎：商陸3克，十大功勞20克，鬼針草10克，車前草15克，水煎服，連服7日。④肺膿腫：商陸15克，冰糖適量，水煎代茶。⑤關節炎：鮮商陸24～30克，豬蹄適量，水燉，分2～3次服。⑥刀傷、鋤頭傷：鮮商陸適量，糯米酒糟少許，搗爛敷患處。

馬齒莧科

92 馬齒莧

- **別　　名**　長壽菜、豬母菜、五行菜。
- **藥用部位**　全草。
- **植物特徵與採製**　一年生肉質草本。莖多分枝，伏地，常帶暗紅色。葉倒卵形，形似「馬齒」，全緣。花簇生於枝端的葉腋；花瓣5，黃色，倒卵形，先端微凹。蒴果圓錐形。種子多數。5～10月開花結果。生於村旁、路邊溼地。中國南北各地均產。夏、秋季採收，鮮用或用開水燙軟後，晒乾。

Portulaca oleracea L.

- **性味功用**　酸，寒。清熱利溼，解毒消腫。主治痢疾、腸炎、闌尾炎、肺結核、糖尿病、熱淋、便血、白帶異常、百日咳、腮腺炎、扁桃腺炎、疔瘡癰腫、蛇蟲咬傷、丹毒、瘰癧、溼疹、皮膚搔癢。30～60克，水煎服；外用適量，搗爛敷患處。本品有滑胎作用，孕婦慎用。

實用簡方　①糖尿病：鮮馬齒莧適量，水煎代茶。②乳腺小葉增生：馬齒莧50克，豬殃殃30克，一點紅15克，水煎服。③外陰腫癢：鮮馬齒莧適量，搗爛取汁，酌加青黛末調塗。④蜈蚣咬傷：鮮馬齒莧適量，搗爛擦傷口3～4次。

93 土人參

- **別　　名**　櫨蘭、假人參、土高麗參。
- **藥用部位**　根、葉。
- **植物特徵與採製**　多年生肉質草本。主根粗壯，有少數分枝，表面棕褐色，斷面乳白色。葉稍肉質，倒卵狀橢圓形，全緣；葉柄短。圓錐花序頂生。蒴果球形。種子多數，黑色。5～10月開花，9～11月結果。栽培或生於陰溼地。分布於中國江蘇、福建、河南、廣東、廣西、四川、雲南等地。根全年可採，刮去表皮，蒸熟，晒乾；葉夏、秋季採，多鮮用。

Talinum paniculatum (Jacq.) Gaertn.

- **性味功用**　甘，平。**根**，補中益氣，潤肺生津；主治咳嗽、勞倦乏力、食少、泄瀉、神經衰弱、盜汗、自汗、潮熱、眩暈、遺精、多尿、白帶異常、月經不調、乳汁稀少、小兒虛熱。**葉**，通乳汁，消腫毒；主治乳汁不足、疔瘡癰腫。15～60克，水煎服；外用鮮葉適量，搗爛敷患處。

實用簡方　①氣虛小腸疝氣：土人參根30克，雞1隻（去頭、足、翅膀及內臟），酌加酒水，燉服。②小兒虛熱：土人參根15克，冰糖少許，水燉服。③高血壓：鮮土人參葉適量，當菜炒著吃；另取土人參適量，水煎代茶。

69

落葵科

落葵

Basella alba L.

- **別　　名**　木耳菜、胭脂豆、籬笆菜。
- **藥用部位**　全草、葉。
- **植物特徵與採製**　纏繞肉質草本。莖綠色或淡紫色。葉互生，卵形或卵圓形，全緣；葉柄上有凹槽。穗狀花序腋生；花萼淡紅色，肉質。果卵形或球形，成熟時暗紫色，多汁。5～9月開花，7～10月結果。栽培或逸為野生。中國南北各地多有種植。夏、秋季採收，鮮用或晒乾。
- **性味功用**　甘、微酸，寒。祛風利溼，清熱滑腸，涼血解毒。主治闌尾炎、咳嗽、痢疾、膀胱炎、小便短澀、便祕、跌打損傷、乳腺炎、疔瘡癰腫、熱毒瘡瘍、外傷出血、皮膚溼疹。30～60克，水煎服；外用葉適量，搗爛敷患處。

實用簡方　①痢疾：鮮落葵 30～60克，水煎服。②年久下血（便血）：落葵、白扁豆根各30克，老母雞1隻，水燉服。③小便短澀：鮮落葵60克，水煎代茶，頻飲。④闌尾炎：鮮落葵60～120克，水煎服。⑤疔瘡：鮮落葵葉適量，搗爛敷患處。⑥外傷出血：鮮落葵葉適量，冰糖少許，搗爛敷患處。

石竹科

95 瞿麥

- **別　　名**　大石竹、巨句麥、山瞿麥。
- **藥用部位**　莖、葉。
- **植物特徵與採製**　多年生草本。莖叢生，光滑無毛。葉對生，條狀披針形。花單生或成稀疏的2叉式分枝的聚傘花序；花瓣5片，淡紫紅色或白色，先端細裂成細條狀。蒴果長筒形。種子扁卵圓形。8～9月開花。生於山坡林下，或栽培於庭園。分布於中國大部分地區。夏、秋季採收，鮮用或晒乾。
- **性味功用**　苦，寒。清熱利尿，活血通經。主治尿道炎、膀胱炎、熱淋、血淋、石淋、腎盂腎炎、高血壓、閉經、咽喉炎、結膜炎。15～30克，水煎服。孕婦忌服。

Dianthus superbus L.

> **實用簡方**　①急性尿道感染、小便不利：瞿麥、赤芍各9克，白茅根30克，生地黃18克，水煎服。②膀胱結石：瞿麥12克，海金沙、滑石粉各9克，金錢草30克，生甘草4.5克，水煎服。③血瘀經閉：瞿麥、丹參、赤芍各9克，益母草15克，紅花6克，水煎服。④血淋：鮮瞿麥30克，仙鶴草15克，炒梔子9克，甘草梢6克，水煎服。⑤目赤腫痛：瞿麥、菊花各9克，水煎服。⑥外陰糜爛：瞿麥適量，水煎薰洗患處。

96 荷蓮豆草

- **別　　名**　荷蓮豆、穿線蛇、地花生。
- **藥用部位**　全草。
- **植物特徵與採製**　一年生草本。莖多分枝，柔弱，披散；節著地生根。葉對生，闊卵形或近圓形，全緣；具短柄；托葉針形。聚傘花序腋生或頂生；花瓣5，綠色。蒴果卵圓形。花期4～10月，果期6～12月。生於低山的溪谷、溝旁和林緣等溼地。分布於臺灣、中國浙江、福建、廣東、海南、廣西、貴州、四川、湖南、雲南、西藏等地。夏、秋季採收，鮮用或晒乾。

Drymaria diandra Bl.

- **性味功用**　苦，涼。平肝利溼，清熱解毒。主治黃疸、水腫、高血壓、膀胱炎、白帶異常、小兒急驚風、漆過敏、帶狀疱疹、瘡癤腫毒、蛇傷。鮮全草30～60克，水煎或搗爛絞汁服；外用適量，搗爛或取汁塗敷患處。

> **實用簡方**　①急性肝炎、急性腎炎：鮮荷蓮豆草30～60克，水煎服。②黃疸：荷蓮豆草30克，馬蹄金20克，水煎服。③感冒發熱咳嗽：鮮荷蓮豆草30克，水煎服。④白帶異常：荷蓮豆草30～60克，水煎，酌加冰糖調服。⑤風溼腳氣（足脛麻木、痠痛、軟弱無力）：鮮荷蓮豆草30克，搗爛絞汁，沖酒服。

97 漆姑草

- **別　　名**　波斯草、大龍葉、瓜槌草。
- **藥用部位**　全草。
- **植物特徵與採製**　一年生矮小草本。莖叢生，多分枝，直立或披散。葉對生，條形，細小。花小，白色，單生於枝頂葉腋。蒴果廣橢圓狀卵球形。春、夏季開花結果。生於山坡、原野、路旁等陰溼地。分布於中國大部分地區。春至秋季採收，鮮用或晒乾。
- **性味功用**　苦、辛，涼。清熱利溼，解毒消腫。主治痢疾、淋病、癰腫疔瘡、漆過敏、蛀齒痛、溼疹、無名腫毒、蛇傷。30～60克，水煎服；外用適量，搗爛敷患處。

實用簡方　①慢性鼻炎、鼻竇炎：鮮漆姑草適量，揉爛塞鼻孔內，每日1次，連用7日。②目有星翳：鮮漆姑草加韭菜根搗爛，用紗布包裹塞鼻。③蛀牙痛：鮮漆姑草適量，搗爛塞入蛀牙洞。④痔瘡：鮮漆姑草、爵床、無花果葉各適量，水煎，趁熱薰洗患處。⑤癰瘡腫痛：鮮漆姑草適量，搗爛敷患處。⑥漆過敏：鮮漆姑草適量，搗汁塗患處，每日2～3次。⑦毒蛇咬傷：鮮漆姑草適量，雄黃末少許，搗爛敷患處。

98 雀舌草

- **別　　名**　天蓬草、濱繁縷。
- **藥用部位**　全草。
- **植物特徵與採製**　一年生草本。莖纖細，下部平鋪地面，上部有稀疏分枝。葉對生，長圓形或卵狀披針形，全緣，無柄。稀疏的聚傘花序頂生或單花腋生；花白色。蒴果。4～9月開花結果。生於田埂、路旁等溼地。分布於中國東北、華東、華中、西南及陝西、甘肅、青海等地。春至秋初採，鮮用或晒乾。
- **性味功用**　辛，平。清熱解毒。主治感冒、痢疾、疔瘡、痔漏、蛇傷。30～60克，水煎服；外用適量，搗爛敷患處。

實用簡方　①傷風感冒：雀舌草60克，紅糖15克，水煎熱服，服藥後蓋被令出微汗。②冷痢（脾胃虛寒痢疾）：雀舌草60克，水煎服。③痔瘡：雀舌草適量，研末，調麻油搽患處。④疔瘡：鮮雀舌草適量，食鹽少許，搗爛敷患處。⑤跌打損傷：雀舌草30克，酌加黃酒，水煎服。⑥毒蛇咬傷：雀舌草30～60克，水煎服；另取鮮雀舌草適量，搗爛敷患處。

99 繁縷

Stellaria media (L.) Cyr.

- **別　　名**　鵝腸草、雞腸草。
- **藥用部位**　全草。
- **植物特徵與採製**　一年生草本。莖纖細，綠色，基部多分枝。葉對生，卵形；莖下部葉具長柄，上部葉無柄。花單生葉腋或集成頂生的聚傘花序；花瓣5，白色；花柱3枚，偶有4枚。蒴果卵形。2～4月開花結果。生於田野、路旁、溪邊草地。分布於中國大部分地區。春至秋季採收，鮮用或晒乾。
- **性味功用**　微苦、甘、酸，涼。清熱利溼，消腫解毒。主治痢疾、腸癰、肺癰、小便淋痛、痔瘡、乳汁不下、乳腺炎、疔瘡癰癤、毒蛇咬傷。30～60克，水煎服；外用適量，搗爛敷患處。

實用簡方　①痢疾：鮮繁縷、馬齒莧各60克，紅痢加白糖，白痢加紅糖，水煎服。②急慢性闌尾炎、闌尾周圍炎：繁縷120克，大血藤30克，冬瓜仁18克，水煎服。③子宮內膜炎、子宮頸炎、附件炎：鮮繁縷60～90克，桃仁12克，丹皮9克，水煎服。④經期腹痛：鮮繁縷60克，酌加紅糖，水煎服。⑤乳汁不下：鮮繁縷45～90克，豬蹄1隻，目魚乾少許，水燉服。⑥跌打損傷：鮮繁縷90克，瓜子金根10克，酌加甜酒，水煎服；另取鮮繁縷適量，酌加甜酒釀，搗爛敷患處。⑦乳腺炎：繁縷、蒲公英各30克，水煎服。⑧癤腫：鮮繁縷、一點紅各適量，搗爛敷患處。

睡蓮科

芡實

Euryale ferox Salisb.

- **別　　名** 雞頭米、刺荷葉。
- **藥用部位** 種子（藥材名芡實）。
- **植物特徵與採製** 一年生水生草本。葉脈分叉處、葉柄、花梗、花萼、果實均被刺。葉漂浮水面，盾狀圓形或稍帶圓形，葉面綠色，葉背紫色；葉柄細長。花單生於花梗頂端，花梗粗長，部分伸出水面，花蕾似雞頭狀，花晝開夜閉；花瓣多數，紫紅色。漿果球形，海綿質，暗紅色。種子球形，呈棕紫色；種子打碎後，內面為白色的胚乳，多粉質，質堅實。6～10月開花結果。常栽培於池塘中。分布於中國南北各地。冬初成熟時採收，除去硬殼晒乾。
- **性味功用** 甘、澀，平。補脾益腎，澀精止瀉。主治小兒營養不良、食慾不振、脾虛泄瀉、夢遺滑精、尿頻、遺尿、帶下病、淋濁。9～15克，水煎服。

實用簡方 ①脾虛消化不良、慢性泄瀉：芡實、淮山、蓮子各9～15克，煮食。②白帶異常、白濁：芡實100～200克，燉雞服。③慢性腎炎：芡實30克，大棗18克，豬腰1對，水煮食。④麻疹不透：芡實根15～18克，荔枝殼6～7個，水煎服。忌食蔥、韭、大蒜。⑤無名腫毒：鮮芡實根適量，搗爛敷患處。

101 蓮

- **別　　名**　荷、荷花、芙蓉。
- **藥用部位**　全株。
- **植物特徵與採製**　多年生水生草本。根莖（藕）多節，粗長而橫走，外表白色或淡黃色，折斷有絲，斷面白色，並有中空的蜂窩狀縱行管；節（藕節）明顯緊縮，生有鱗片及不定定根。葉（荷葉）盾狀圓形，全緣或稍呈波狀；葉柄（荷梗）長，中空，有倒生小刺。花（荷花）單生於長而有倒生小刺的花梗頂端，白色、淡紅色或紫紅色；雄蕊（蓮鬚）多數，黃色；花托（蓮蓬）倒圓錐形，果後增大，呈海綿狀。堅果橢圓形，熟時黑褐色。種子（蓮子）橢圓形，種皮紅色；胚芽（蓮子心）綠色。6～8月開花，8～11月結果。野生或栽培於池塘或水田內。分布於中國南北各地。根莖（藕、藕節）全年可採，鮮用或晒乾；荷葉、荷蒂、荷梗均夏、秋季採，鮮用或晒乾；荷花夏季採，與蓮鬚分別陰乾；蓮房和蓮子於7～8月成熟時採，剝出蓮子，趁鮮抽取蓮子心，分別晒乾。

Nelumbo nucifera Gaertn.

- **性味功用**　**藕節**，甘，涼；散瘀止血；主治吐血、咯血、尿血、鼻出血、血痢、崩漏、腳氣水腫。**荷葉、荷蒂、荷梗**，微苦，平；清熱解暑，寬中解鬱；主治中暑煩渴、胸悶、痢疾、泄瀉、蕁麻疹。**荷花**，微苦、甘，微溫；散瘀止血，拔膿生肌；主治暑熱、血淋、崩漏、疥瘡、瘡瘍潰爛。**蓮鬚**，甘、澀，微溫；固精益腎；主治夢遺滑精、尿頻、遺尿、帶下病、鼻息肉。**蓮房**，苦，微溫；止血止帶；主治白帶異常、月經過多、崩漏、胎衣不下。**蓮子**，甘，平；補脾益腎，養心安神，安胎；主治久瀉久痢、心神不寧、失眠、驚悸、胎動不安、白帶異常、遺尿。**蓮子心**，苦，寒；平肝火，瀉心火；主治煩躁不眠、遺精、吐血、高血壓。藕節、荷葉、荷蒂、荷花、蓮子15～30克，蓮鬚、蓮子心3～9克，水煎服；外用適量，搗爛敷於患處或水煎洗患處。

- **實用簡方**　①傷暑：鮮蓮葉、蘆根各30克，扁豆花6克，水煎服。②中暑腹瀉：蓮葉30克，食鹽少許，水煎服。③久痢不止：老蓮子（去心）研末，每服3克，陳米湯調下。④反胃：石蓮肉研為末，入些許豆蔻末，米湯趁熱調服。⑤心煩不眠：蓮子心適量，水煎代茶。⑥遺精：蓮鬚、金櫻子各9克，水煎服。⑦腳氣水腫：藕節、紫蘇各21克，生薑、白茅根各9克，水煎沖酒服。⑧乳結（相當於西醫的乳腺炎、乳腺小葉增生）：蓮蓬秤一把，煎湯薰洗數次。⑨天皰溼瘡：以蓮花瓣貼患處。

毛茛科

102 威靈仙

- **別　　名**　靈仙、鐵腳威靈仙。
- **藥用部位**　根（藥材名威靈仙）、葉。
- **植物特徵與採製**　多年生藤本。主根呈不規則塊狀，鬚根多而細長，叢生，表皮黑褐色，斷面白色。葉對生，1～2回羽狀複葉；小葉通常5片，狹卵形或三角狀卵形，全緣。圓錐花序腋生或頂生，白色或淡綠色。瘦果寬卵形，扁而偏斜，疏生短柔毛。6～11月開花結果。生於偏陰的山坡灌木叢中或林緣。分布於臺灣、中國雲南、貴州、四川、陝西、湖北、河南、福建、江蘇、安徽等地。全年可採，鮮用或晒乾。
- **性味功用**　辛、鹹，溫。祛風除溼，通絡止痛，化結軟堅。根主治諸骨鯁喉、風溼痺痛、關節不利、四肢麻木、反胃膈食、產後水腫、月內風、慢性盆腔炎、瘧疾、牙痛；葉主治咽喉腫痛、喉痺、腮腺炎、眼翳、結膜炎、角膜潰瘍、麥粒腫、乳腺炎、跌打損傷、竹葉青蛇咬傷。9～30克，水煎服；外用鮮草適量，搗爛敷患處。孕婦慎服。

實用簡方　①乳腺炎：威靈仙15克，水煎，去渣，打入雞蛋1～2個，酌加白糖，煮熟，吃蛋喝湯。②腮腺炎：威靈仙30克，搗爛，加醋30克浸3夜，取汁塗患處。

Clematis chinensis Osbeck

103 還亮草

- **別　　名**　臭芹菜、魚燈蘇。
- **藥用部位**　全草。
- **植物特徵與採製**　一年生草本。莖直立，上部叉狀分枝，疏生柔毛。葉互生，葉片輪廓菱狀卵形，2～3回羽狀全裂，末回小裂片狹卵形或披針形，邊緣淺缺裂或不裂，葉面疏生短毛，葉背幾無毛；葉柄疏生短毛。總狀花序生於莖或分枝頂端；花藍紫色。蓇葖果先端具彎鉤狀喙。3～5月開花結果。生於林下或陰溼地草叢中。分布於中國廣東、廣西、貴州、湖南、江西、福建、浙江、江蘇、安徽、河南、山西等地。夏、秋季採收，鮮用或晒乾。
- **性味功用**　辛、苦，溫。有毒。祛風除溼，通絡止痛。主治風溼痺痛、半身不遂、瘡癤、蕁麻疹、癰、癬。3～6克，水煎服；外用鮮草適量，搗爛敷或絞汁塗患處，亦可水煎薰洗。

實用簡方　①蕁麻疹：還亮草適量，水煎薰洗。②癰瘡癬癩：鮮還亮草適量，搗爛取汁，搽患處。③瘡癤：鮮還亮草適量，搗爛敷患處。

Delphinium anthriscifolium Hance

104 芍藥

- **別　　名**　白芍、將離。
- **藥用部位**　根（藥材名白芍）。
- **植物特徵與採製**　多年生草本。根粗壯，圓柱形。莖淡綠色，微帶淡紅色。葉互生，2回3出複葉。花頂生或腋生；花瓣多為重瓣，白色或粉紅色。蓇葖果卵圓狀錐形。4～6月開花。生於山坡草地及林下。分布於中國東北、華北及陝西、甘肅等地。秋季採挖3～4年粗壯的根，洗淨，入鍋中煮透，再用冷水浸後，刮去外皮，晒乾。用時水浸悶透，切片晾乾。【酒白芍】每5000克白芍片用黃酒500克噴灑，文火炒乾，放涼。【炒白芍】白芍片入鍋中炒至微黃色。【焦白芍】白芍片入鍋中炒至黑黃色。

Paeonia lactiflora Pall.

- **性味功用**　酸、苦、微寒。**生白芍**，養血和營，柔肝止痛；**酒白芍**，通血脈；**炒白芍**，止下痢腹痛。主治小兒肝熱、四肢攣急、自汗、盜汗、血崩、白帶異常、月經不調、經行腹痛、癲癇、腸炎。9～15克，水煎服或用開水磨服。

實用簡方　①陰虛發熱：白芍、黃耆、甘草、青蒿各45克，研粗末，每次15克，水2碗，煎至1碗，溫服。②瀉痢腹痛：白芍、黃芩各30克，甘草15克，研為粗末，每次15克，水煎服。③消渴引飲：白芍、甘草等分，研為末，每次3克，水煎服，每日3次。

105 牡丹

- **別　　名**　百兩金、洛陽花。
- **藥用部位**　根皮（藥材名牡丹皮）。
- **植物特徵與採製**　落葉小灌木。根圓柱狀，外皮紅棕色。莖多分枝，短而粗壯。2回羽狀複葉互生；小葉卵形或披針形，葉面深綠色，無毛，葉背淡綠色，有白粉，脈上疏生長毛。花大，單生枝頂；花瓣5或重瓣，白色、紫紅色或黃色。蓇葖果卵圓形，密被黃褐色毛。5～7月開花。中國各地多有栽培，供觀賞。選3～5年生，根部粗壯的植株，秋分至白露採挖，洗淨泥土之後，去掉鬚根，用刀縱剖，抽去木質部，晒乾備用。

Paeonia suffruticosa Andr.

- **性味功用**　辛、苦、微寒。清熱涼血，活血散瘀。主治血熱發斑、吐血、鼻出血、血暈、痛經、閉經、腸癰。6～9克，水煎服。孕婦及月經過多者忌服。

實用簡方　①痛經：牡丹皮6～9克，仙鶴草、六月雪、槐花各9～12克，水煎，酌加黃酒、紅糖，經行時早晚空腹服。②虛勞潮熱：牡丹皮、地骨皮、青蒿、知母各9克，水煎服。③高血壓、血管硬化：牡丹皮30克，水煎服。

106 石龍芮

- **別　　名**　野芹菜、鬼見愁、胡椒菜。
- **藥用部位**　全草。
- **植物特徵與採製**　一年生草本。莖直立，多分枝，中空，疏生短毛，後變無毛，有光澤。基生葉和莖下部葉近腎形至近圓形，3深裂，裂片菱形或狹倒卵形。花序頂生；花黃色。聚合果長圓形；瘦果寬卵形。3～5月開花結果。多生於溝邊等溼地。中國各地均有分布。夏、秋季採收，鮮用或晒乾。

Ranunculus sceleratus L.

- **性味功用**　辛、苦，溫。有毒。祛風除溼，解毒消腫。主治風溼關節痛、胃痛、癰癤腫毒、瘧疾。3～9克，水煎服；外用適量，搗爛敷患處。本品有毒，內服宜慎。

實用簡方　①風寒溼痺、關節腫痛：石龍芮60克，石南藤、八角楓根各30克，水煎薰洗患處。②腱鞘炎：鮮石龍芮適量，搗爛敷於最痛處，6小時後將藥取下，局部出現水泡，將泡刺破，塗上龍膽紫（俗名紫藥水），外用紗布包紮。③蛇咬傷：鮮石龍芮適量，搗爛取汁塗。

107 天葵

- **別　　名**　千年老鼠屎、紫背天葵。
- **藥用部位**　全草、塊根（藥材名天葵子）。
- **植物特徵與採製**　多年生草本。塊根紡錘形，皮黑褐色，斷面白色。莖叢生，有細縱棱，疏生柔毛。3出複葉；基生葉叢生；小葉寬卵狀菱形或扇狀圓形，葉面綠色，葉背常紫紅色。花序頂生或腋生。蓇葖果先端有小針尖。3～5月開花結果。生於較陰溼的溪谷、山坡、路旁石縫中。分布於中國四川、貴州、湖北、湖南、廣西、江西、福建、浙江、江蘇、安徽、陝西等地。春季採收，鮮用或晒乾。

Semiaquilegia adoxoides (DC.) Makino

- **性味功用**　甘、苦，微涼。清熱解毒，利水通淋。主治疔瘡癤腫、瘰癧、熱淋、砂淋、乳癰、閉經、小兒驚風、跌打損傷、皮膚搔癢、蛇傷。6～15克，水煎服；外用鮮草適量，搗爛敷患處。

實用簡方　①腎結核：天葵子12克，金櫻子根、大薊根各30克，水煎服。②尿道結石：鮮天葵草、天胡荽各30克，雞內金9克，水煎服。③粉刺：天葵草15克，薏苡仁30克，米泔水煎，分3次服，隔日1劑，同時取藥液適量，擦洗患處。④毒蛇咬傷：鮮天葵子適量，嚼爛敷患處。

木通科

108 三葉木通

- **別　　名**　八月箚、三葉拿藤。
- **藥用部位**　根、莖（藥材名木通）、果實（藥材名八月箚）。
- **植物特徵與採製**　落葉木質藤本。3出複葉；小葉卵圓形或長卵形，全緣或呈不規則波狀淺裂。總狀花序腋生；花單性，雌雄同株。果肉質，成熟時橘黃色。種子卵形，黑色。春末開花。生於山坡灌木叢中。分於中國河北、山西、山東、河南、陝西、甘肅及長江流域等地。根、莖全年可採，鮮用或晒乾；果8～10月採，切片晒乾。

Akebia trifoliata (Thunb.) Koidz.

- **性味功用**　根，苦，微寒；清心火，祛風除溼，活血行氣；主治風溼痺痛、睪丸炎、疝氣、小便不利、閉經、帶下病。莖，微苦，涼；利尿通淋，通經止痛；主治小便不利、淋濁、閉經、乳汁稀少、風溼痺痛、水腫。果實，苦，平；疏肝和胃，清熱利尿；主治胃痛、腹痛、肝胃氣滯、痛經、痢疾、疝氣痛、腰痛、遺精。6～15克，水煎服。孕婦慎服。

> **實用簡方**　①小便不利：三葉木通果實或根、莖各30～60克，水煎服。②中寒腹痛、疝痛：三葉木通果實30克，小茴香12克，水煎服。③睪丸腫痛：三葉木通根30～60克，枸骨根60克，雞蛋1個，水煎服。④牙痛：鮮三葉木通根適量，搗爛絞汁，取汁抹痛處。

109 大血藤

- **別　　名**　紅藤、大活血。
- **藥用部位**　根、莖。
- **植物特徵與採製**　落葉木質藤本。莖圓柱形，外皮褐色，砍斷時有紅色樹液流出，斷面木質部淺黃色，具棕色菊花狀的射線。葉為3出複葉；中央小葉橢圓形，有短柄；側生小葉斜卵形，基部偏斜，幾無柄。總狀花序下垂；花黃綠色，雌雄異株。漿果卵形。4～6月開花，8～9月結果。生於雜木林中。分布於中國陝西、四川、湖北、雲南、廣西、廣東、海南、福建、安徽等地。全年均可採收，鮮用或晒乾。

Sargentodoxa cuneata (Oliv.) Rehd. et Wils.

- **性味功用**　苦，平。活血祛瘀，通經活絡，解毒消癰。主治風溼痺痛、中暑腹痛、痢疾、闌尾炎、月經不調、痛經、閉經、乳癰、跌打損傷。15～30克，水煎服。孕婦慎服。

> **實用簡方**　①風溼關節痛：大血藤30～50克，燉豬蹄或公雞服。②閉經：大血藤30克，益母草9克，一點紅12克，香附6克，水煎，酌加紅糖調服。③痛經：大血藤、益母草、龍芽草各9～15克，水煎服。

小蘗科

110 六角蓮

Dysosma pleiantha (Hance) Woods.

- **別　　名**　山荷葉、獨腳蓮、八角金盤、鬼臼。
- **藥用部位**　根、莖、葉。
- **植物特徵與採製**　多年生草本。根莖橫走，粗壯，結節狀。莖直立。莖生葉1～2枚，盾狀，近圓形，葉面光滑無毛。花4～8朵簇生於兩葉柄的交叉處；花瓣6，紫紅色。漿果近球形，黑色。3～6月開花。生於山谷林下陰溼處。分布於臺灣、中國浙江、福建、安徽、江西、湖北、湖南、廣東、廣西、四川、河南等地。夏、秋季採收，鮮用或晒乾。
- **性味功用**　苦、辛，涼。有毒。化痰散結，清熱解毒。主治氣喘、咳嗽、膽囊炎、膽石症、小兒驚風、癲癇、無名腫毒、疔瘡、蛇傷、咽喉腫痛、瘦瘤。根、莖3～9克，水煎服；外用適量，磨醋塗或鮮葉搗爛敷患處。孕婦忌服。

實用簡方　①咳痰：六角蓮12克，豬肺適量，糖少許，水燉服。②毒蛇咬傷：六角蓮、七葉一枝花、三椏苦、鬼針草各9克，水煎服。③腮腺炎：鮮六角蓮適量，磨燒酒塗患處。④帶狀疱疹：鮮六角蓮適量，磨醋塗患處。

111 三枝九葉草

Epimedium sagittatum (Sieb. et Zucc.) Maxim.

- **別　　名**　仙靈脾、淫羊藿、箭葉淫羊藿。
- **藥用部位**　全草（藥材名淫羊藿）。
- **植物特徵與採製**　多年生草本。根狀莖略呈結節狀，堅硬，外皮褐色，斷面白色。基生葉1～3枚，3出複葉；葉柄細；小葉卵狀披針形，呈箭狀心形，邊緣有針刺狀細齒，葉背疏生伏貼的短細毛。圓錐花序或總狀花序頂生；花瓣黃色。蒴果近卵形。2～5月開花結果。生於山坡林下或路旁岩石縫中。分布於浙江、安徽、福建、江西、湖北、湖南、廣東、廣西、四川、陝西、甘肅等地。夏、秋季採收，鮮用或晒乾。
- **性味功用**　辛、甘，溫。壯陽益腎，強筋健骨，祛風勝溼。主治勞倦乏力、陽痿、遺精、腰膝酸軟、風溼痺痛、神經衰弱、耳源性眩暈。15～30克，水煎服。

實用簡方　①男性不育、精子少：淫羊藿10克，枸杞子15～30克，乳鴿1隻，水燉，吃肉喝湯，服時沖服鹿茸粉0.1克（手腳冰涼者可增至 0.3克），每日1次，連服60日。②腰腿疼痛：淫羊藿20克，草菝葜25克，鈎藤根15克，豬脊骨適量，水燉服。③勞力身痛：淫羊藿45克，黃花稔30克，水煎服。④牙痛：淫羊藿適量，水煎漱口。

112 闊葉十大功勞

- **別　　名**　土黃柏、十大功勞。
- **藥用部位**　根、莖。
- **植物特徵與採製**　常綠灌木。根、莖粗壯，斷面黃色。單數羽狀複葉；總葉柄基部略擴大成鞘狀抱莖；小葉卵形至菱形，葉面深綠色，葉背帶灰白色。總狀花序頂生，直立；花密集，黃綠色。漿果卵形，藍黑色，被白粉。冬、春季開花。多生於較高的山坡灌木叢中和林蔭下。分布於中國浙江、安徽、江西、福建、陝西、廣東、廣西、四川及華中等地。根、莖全年可採，鮮用或晒乾。

Mahonia bealei (Fort.) Carr.

- **性味功用**　苦，寒。清熱燥溼，消腫解毒。主治黃疸、腸炎、痢疾、肺結核、肺炎、肺熱咳嗽、膽囊炎、高血壓、盆腔炎、陰道炎、目赤腫痛、中耳炎、牙齦炎、口腔炎、咽喉腫痛、風溼關節痛、皮炎、溼疹、瘡瘍、燙傷。15～60克，水煎服；外用適量，可搗爛或研粉後、調茶油敷。

實用簡方　痢疾、腸炎：闊葉十大功勞、鳳尾草、鐵莧菜各15克，水煎服。

113 十大功勞

- **別　　名**　細葉十大功勞、狹葉十大功勞、土黃柏。
- **藥用部位**　根、莖或莖皮。
- **植物特徵與採製**　常綠灌木。莖皮褐色，老莖有栓皮，斷面黃色。單數羽狀複葉互生；小葉3～9枚，橢圓狀披針形，有刺狀銳齒。總狀花序直立；花黃色。漿果卵圓形，成熟時藍黑色，外被白粉。9～10月開花。多栽培培於庭園。分布於中國廣西、四川、貴州、湖北、江西、浙江等地。全年可採，先將莖外層粗皮刮掉，然後剝取莖皮，鮮用或晒乾。

Mahonia fortunei (Lindl.) Fedde

- **性味功用**　苦，寒。清熱燥溼，解毒消腫。主治肺結核、支氣管炎、溼熱黃疸、風溼關節痛、頭痛、痢疾、淋濁、白帶異常、咽喉腫痛、風火赤眼、牙痛、癰腫、瘡瘍、溼疹、臁瘡。15～30克，水煎服；外用適量，煎水洗，或研末調敷患處。

實用簡方　①慢性肝炎：十大功勞9克，甘草3克，水煎服。②咽喉腫痛：十大功勞根、土牛膝根各6克，水煎服。③風火牙痛：十大功勞葉10克，水煎服。④急性結膜炎：十大功勞葉適量，用人乳浸泡數小時，取乳汁滴眼。⑤臁瘡：十大功勞根外皮適量，研末，和豆腐搗勻，敷患處。

81

南天竹

Nandina domestica Thunb.

- **別　　名**　南天燭、南竹子。
- **藥用部位**　根、果實。
- **植物特徵與採製**　常綠灌木。根和莖的斷面黃色。葉常集生於莖梢，2～3回羽狀複葉；小葉橢圓形，全緣，葉片深綠色，冬季常變紅色。圓錐花序頂生；花小，白色。漿果球形，成熟時呈紅色。夏、秋季開花，冬季結果。生於溪谷、林下、灌木叢中或栽培於庭園。分布於中國福建、浙江、山東、江蘇、江西、安徽、湖南、湖北、廣西、廣東、四川、雲南、貴州、陝西、河南等地。根全年可採，果實秋後採，鮮用或晒乾。
- **性味功用**　根，苦，寒；祛風除溼；主治溼熱黃疸、痢疾、風溼關節痛、坐骨神經痛、咳嗽、牙痛、跌打腫痛。果實，酸，平；有毒；斂肺鎮咳；主治久咳、氣喘、百日咳。根30～60克，果3～15克，水煎服。孕婦忌服。

實用簡方　①溼熱黃疸：鮮南天竹根30～60克，水煎服。②上肢麻痺：南天竹根60克，芙蓉菊、地桃花各30克，水3碗煎至八分碗，每日服2次。③肩周炎：南天竹根、萱草根、桑寄生各30克，鯉魚1尾，酒水各半燉服。④坐骨神經痛：南天竹根、土牛膝各30克，水煎或調酒服。⑤百日咳：南天竹果實12克，冰糖酌量，水煎服。

防己科

115 木防己

Cocculus orbiculatus (L.) DC.

- **別　　名**　土木香、打鼓藤、青藤根。
- **藥用部位**　根。
- **植物特徵與採製**　纏繞藤木。全株有毛。根呈不規則的圓柱狀，表面灰褐色，斷面具淡棕色和白色相間的放射狀紋理。葉互生，闊卵形或卵狀橢圓形，形狀多變，全緣。聚傘花序單生或作圓錐花序式排列；花單性，雌雄異株。果球形，藍黑色，表面有白粉。5～9月開花結果。生於山坡矮灌木叢中。中國大部分地區都有分布，以長江流域中下游及其以南各地區常見。夏、秋季採挖，鮮用或晒乾。
- **性味功用**　苦、辛，涼。祛風止痛，消腫解毒。主治中暑腹痛、咽喉腫痛、胃痛、水腫、血淋、風溼痹痛、癰腫疔癤、蛇傷。15～30克，水煎服；外用適量，搗爛敷患處。孕婦慎服。

> **實用簡方**　①風溼痛、肋間神經痛：木防己、牛膝各15克，水煎服。②胃痛、中暑腹痛：木防己8克，青木香6克，水煎服。③腎炎性水腫、心源性水腫：木防己21克，車前草、薏苡仁各30克，瞿麥15克，水煎服。④水腫：木防己、黃耆、茯苓各9克，桂枝6克，甘草3克，水煎服。⑤咽喉腫痛：木防己15克，水煎含漱。⑥尿道感染：木防己15克，車前草、海金沙藤各30克，水煎服。

116 金線吊烏龜

Stephania cepharantha Hayata

- **別　　名**　倒地拱、金線吊鱉。
- **藥用部位**　塊根。
- **植物特徵與採製**　纏繞藤本。塊根橢圓形，表面灰褐色。莖常呈紫色。葉互生，近腎狀圓形或三角狀圓形，全緣或微波狀，葉面綠色，葉背粉白色；葉柄盾狀著生。花單性，雌雄異株；花序腋生。核果球形，成熟時紫紅色。夏季開花。生於山坡、路旁、林緣陰溼地。分布於臺灣、中國陝西、浙江、江蘇、福建、四川、貴州、廣西、廣東等地。夏、秋季採挖，鮮用或晒乾。
- **性味功用**　苦，寒。清熱燥溼，消腫解毒。主治咽喉腫痛、風溼痺痛、蛇傷、痢疾、癰腫、瘰癧、帶狀疱疹。9～15克，水煎服；外用適量，搗爛或磨塗患處。

實用簡方　①咽喉腫痛：鮮金線吊烏龜15～30克，水煎，頻頻含咽。②喉中熱盛腫痛：金線吊烏龜、樸硝各適量，研末，以小管吹入喉。③乳汁缺少：金線吊烏龜適量，研末，每服3克，豬蹄湯送服。④流行性腮腺炎：金線吊烏龜適量，磨醋塗患處。⑤鶴膝風：鮮金線吊烏龜120克，大蒜1個，蔥30根，韭菜荄7個，搗爛敷患處。⑥無名腫毒：金線吊烏龜適量，磨米泔水（或醋）塗患處。

117 糞箕篤

Stephania longa Lour.

- **別　　名**　犁壁藤、鯉子藤。
- **藥用部位**　全株。
- **植物特徵與採製**　纏繞藤本。莖有細縱紋，無毛。葉互生，長卵形或三角狀卵形，全緣，葉面綠色，葉背粉綠色；葉柄盾狀著生。花單性，雌雄異株；花序腋生，傘形花序狀。核果扁球形，成熟時紅色。生於村旁或曠野石縫中。分布於臺灣、中國雲南東南部、廣西、廣東、海南、福建等地。全年可採，通常鮮用。
- **性味功用**　苦，寒。清熱瀉火，利溼解毒，祛風活絡。主治痢疾、黃疸、咽喉腫痛、風溼痺痛、坐骨神經痛、小便不利、水腫、眼翳、結膜炎、癰疽發背、乳腺炎、中耳炎、毒蛇咬傷。30～60克，水煎服；外用鮮葉適量，搗爛敷患處。孕婦忌服。

實用簡方　①溼熱淋濁：鮮糞箕篤根30克，水煎服。②毒蛇咬傷：鮮糞箕篤全株適量，搗爛取汁，加酒少許沖服，渣外敷傷口周圍。③咽喉腫痛：鮮糞箕篤根30克，水煎服。④脫肛：糞箕篤、腎蕨塊莖各15克，豬大腸1節，水燉服。⑤小便不利：糞箕篤30克，車前草15克，水煎，飯後服用。

五味子科

118 南五味子

Kadsura longipedunculata Finet et Gagnep.

- **別　　名**　紅木香、長梗南五味子。
- **藥用部位**　根、莖、葉、果實（藥材名南五味子）。
- **植物特徵與採製**　藤本。根外皮褐色，斷面紅色，有香氣。老藤有較厚的栓皮，表皮灰黃色或淡褐色；小枝圓柱形，紫褐色，有皮孔。葉互生，橢圓形或橢圓狀披針形，邊緣有疏鋸齒，葉面綠色，有光澤，葉背淡綠色。花黃綠色，單性，雌雄異株，單生於葉腋。聚合果近球形，成熟時深紅紫色。7～9月開花，8～10月結果。生於雜木林下或灌木叢中。分布於中國華東及湖北、湖南、廣東、廣西、四川、雲南等地。根全年可採，葉夏、秋季採，果秋季採，鮮用或晒乾。
- **性味功用**　**根、莖**，辛、苦，溫；溫中行氣，祛風通絡；主治風溼痺痛、胃痛、中暑腹痛、痛經、月經不調、睾丸炎、咽喉腫痛、中耳炎、無名腫毒、跌打損傷。**葉**，微辛，平；解毒消腫，去腐生肌；主治癰疽、疔瘡、骨折、乳腺炎。**果**，酸、甘，溫；斂肺益腎；主治咳嗽、月經不調。根15～30克，果9～15克，水煎服；外用根皮、葉適量，搗爛敷患處。

實用簡方　①頭風疼痛：鮮南五味子根60克，老母雞1隻，酒水各半燉服。②腰扭傷：南五味子根15～30克，豬排骨適量，酌加食鹽，水燉服，每日2～3次。③乳腺炎：鮮南五味子葉適量，黃酒少許，搗爛敷患處。

木蘭科

119 紫玉蘭

Magnolia liliflora Desr.

- **別　　名**　木筆、木筆花。
- **藥用部位**　根、花蕾。
- **植物特徵與採製**　落葉灌木或小喬木。小枝紫褐色，平滑無毛；冬芽被淡黃色絹毛。葉互生，倒卵形或橢圓形，全緣。花先葉開放或與葉同時開放；花瓣6，外面紫色，內面白色。聚合果長圓形，淡褐色。春季開花。多為栽培。中國各地皆有分布。根全年可採，鮮用或晒乾；花於早春含苞時採，晒乾用。
- **性味功用**　根，苦、辛，溫；疏肝理氣；主治肝硬化腹水。花蕾，辛，溫；散風寒，通鼻竅；主治鼻淵、鼻塞、鼻流濁涕、頭痛。根6～15克，花蕾3～9克，水煎服；外用花蕾塞鼻孔，每日用1～2朵。

實用簡方　鼻炎、鼻竇炎：紫玉蘭花蕾9克，大血藤30克，水煎服。

120 凹葉厚朴

Magnolia officinalis Rehd. et Wils. subsp. *biloba* (Rehd. et Wils.) Law

- **別　　名**　厚朴、廬山厚朴。
- **藥用部位**　樹皮（藥材名厚朴）、花（藥材名厚朴花）。
- **植物特徵與採製**　落葉喬木。樹皮厚，灰褐色，具辛辣味。葉互生，密集小枝頂端，狹倒卵形或狹倒卵狀橢圓形，全緣。花與葉同時開放，單生枝頂，白色，芳香。聚合果圓柱狀卵形，成熟時木質。4～5月開花，9～10月結果。喜生於溼潤、土壤肥沃的坡地，或栽培。分布於中國陝西、甘肅、河南、湖北、湖南、四川、貴州、福建等地。厚朴於5～6月剝取15年以上的樹皮，鋸成每段長20～45公分，放土坑中，上面用稻草覆蓋，使其發汗，3～4日後取出，卷成單筒或雙筒，晒乾；厚朴花於春季採收，晒乾。
- **性味功用**　苦、辛，溫。溫中下氣，破積除滿，燥溼消痰。主治食積氣滯、腹脹、脘痞吐瀉、腸炎、痢疾。厚朴9～15克，厚朴花3～9克，水煎服。孕婦慎服。

實用簡方　①食積腹脹：厚朴9克，枳殼3克，炒萊菔子9克，水煎服。②梅核氣：厚朴花10克，玫瑰花6克，沸水沖泡代茶。③咳喘多痰：厚朴10克，杏仁、半夏、陳皮各9克，水煎服。④蟲積：厚朴、檳榔各6克，烏梅2個，水煎服。⑤冷積嘔吐：厚朴9～15克，生薑3片，水煎服。

121 木蓮

- **別　　名**　山厚朴、木蓮果。
- **藥用部位**　果實。
- **植物特徵與採製**　常綠喬木。小枝具橢圓形或近圓形的葉痕、圓形小皮孔及環狀紋。葉互生，長圓形或長圓狀披針形，全緣，葉背有時具白粉。花大，單生枝頂，白色。聚合果近球形，成熟時木質，呈紫紅色。種子紅色。4～10月開花結果。生於山坡、山谷林中。分布於中國福建、廣東、廣西、貴州、雲南等地。果實8月採集，晒乾。

Manglietia fordiana Oliv.

- **性味功用**　辛，涼。止咳，通便。主治便祕、咳嗽。15～30克，水煎服。

實用簡方　①實火便祕：木蓮果30克，煎汁，沖白糖服，早晚飯前各1次。②老人乾咳：木蓮果12～15克，煎汁代茶飲。

122 白蘭

- **別　　名**　白蘭花、白玉蘭、玉蘭花。
- **藥用部位**　葉、花。
- **植物特徵與採製**　常綠喬木。樹皮灰色。葉互生，長圓形，全緣，兩面無毛或下面脈上疏生柔毛。花單生於葉腋，白色，芳香。夏、秋季開花。中國福建、廣東、廣西、雲南等地多有栽培。葉全年可採，花夏、秋季含苞未開放時採；鮮用或晒乾。

Michelia alba DC.

- **性味功用**　苦、辛，平。芳香辟穢，開胸散鬱，除溼止咳。葉主治尿道感染、小便不利、慢性支氣管炎；花主治咳嗽、百日咳、鼻炎、中暑頭暈胸悶、前列腺炎、白帶異常、體氣（又稱狐臭、腋臭）。葉15～30克，花6～15克，水煎服用。

實用簡方　①溼阻中焦、氣滯腹脹：白蘭花、陳皮各5克，厚朴10克，水煎服。②泌尿系統感染：白蘭葉30克，水煎服。③白帶異常（脾虛溼盛）：白玉蘭花10克，薏苡仁、白扁豆各30克，車前子5克，水煎服。④鼻炎流涕、鼻塞不通：白蘭花、蒼耳子、黃芩、薄荷各10克，防風5克，水煎服。⑤體氣：白蘭花15克，冰糖30克，水燉，飯後服。⑥痱子：鮮白蘭花適量，浸75%酒精中，取液塗患處。

蠟梅科

123 蠟梅

Chimonanthus praecox (L.) Link

- **別　　名**　蠟木、臘梅花、大葉蠟梅。
- **藥用部位**　花、根。
- **植物特徵與採製**　落葉大灌木。葉對生，卵形或卵狀披針形，全緣，具短柄。花芳香，先葉開放；花被多層，中層純黃色，內層的較短，有紫色條紋，最外層呈鱗片狀，位於花的基腳處，淡褐色，膜質；花托隨果增大而增大，半木質化。11月至翌年春季開花。多為栽培。分布於中國山東、江蘇、安徽、浙江、福建、江西、湖南、湖北、河南、陝西、四川、貴州、雲南、廣東、廣西等地。1～2月含苞時採，晒乾或烘乾。
- **性味功用**　甘、辛，涼。清熱解暑，理氣開鬱。主治暑熱煩渴、頭痛、嘔吐、咽喉痛、燙火傷。9～15克，水煎服；外用適量，搗爛絞汁抹患處。孕婦慎服。

實用簡方　①暑熱心煩頭昏：蠟梅花6克，扁豆花、鮮荷葉各9克，水煎服。②暑熱頭暈、嘔吐、胃脹氣鬱：蠟梅花9克，水燉服。③婦女腹內血塊：蠟梅花9克，紅浮萍、薄荷各3克，紅花6克，水煎服。④燙火傷：蠟梅花適量，浸茶油或花生油中，取油塗於患處。⑤久咳：蠟梅花9克，泡開水服用。⑥風寒感冒、風溼性關節炎：蠟梅根15克，水煎服。

番荔枝科

124 瓜馥木

Fissistigma oldhamii (Hemsl.) Merr.

- **別　　名**　鑽山風、廣香藤、降香藤。
- **藥用部位**　根、莖、葉。
- **植物特徵與採製**　攀緣灌木。小枝、葉背、葉柄、花梗、花及果實均被黃褐色絨毛。葉互生，長圓形或倒卵狀橢圓形，全緣；葉柄稍膨大。花1～3朵排成傘形花序；花瓣6，2輪。果球形。4～10月開花結果。生於山谷、溪旁灌木叢中。分布於臺灣、中國浙江、江西、福建、湖南、廣東、廣西、雲南等地。全年可採，鮮用或晒乾。
- **性味功用**　微辛，溫。祛風除溼，活血止痛。主治風溼痺痛、坐骨神經痛、產後關節痛、腰膝痠痛、腰扭傷、跌打損傷。30～60克，水煎服；外用適量，水煎洗患處。

實用簡方　①預防產後風：瓜馥木藤莖500克，野艾根、柚子皮各適量，蒜梗5～6株，水煎沐浴。一般產後3～4日即可使用，月內洗3～4次即可。②產後關節痛：瓜馥木根、野鴉椿、鉤藤根各15克，同雞燉服。③腰扭傷：瓜馥木根120克，刀豆根30～60克，水煎服。④腰痛：鮮瓜馥木根60克，鮮南蛇藤、繡花針、馬蘭各30克，鮮七層樓、牛膝各15克，水煎，加入雞蛋，煮熟，吃蛋喝湯。⑤坐骨神經痛：瓜馥木根60克，豬骨頭適量，水燉服。⑥關節炎：鮮瓜馥木根、樹參各60克，鮮五加皮、千斤拔各30克，豬蹄1隻，水燉服。

樟科

125 無根藤

Cassytha filiformis L.

- **別　　名**　無根草、青絲藤、無爺藤。
- **藥用部位**　全草。
- **植物特徵與採製**　寄生纏繞草本。莖線形，綠色或綠褐色，無毛或稍有毛。葉退化為微小的鱗片。短穗狀花序生於鱗片葉腋內。漿果球形，肉質，包存於宿存的肉質花被管內。7～12月開花結果。生於山地灌木叢中，借盤狀吸根攀附其他植物上。分布於臺灣、中國雲南、貴州、廣西、廣東、湖南、江西、浙江、福建等地。夏、秋季採收，鮮用或晒乾。
- **性味功用**　甘、微苦，平。有小毒。清熱利溼，涼血解毒。主治肝炎、痢疾、腎炎、尿道炎、夢遺滑精、陰囊腫大、糖尿病、急性胃腸炎、白帶異常、咯血、鼻出血、風火赤眼、跌打損傷。30～60克，水煎服。孕婦慎服。

實用簡方　①黃疸：無根藤、綿茵陳各15克，水煎服。②遺精：無根藤、酸棗仁各15克，豬心1個，水燉服。③淋濁：鮮無根藤60克，水煎服。④頭風痛：無根藤30克，豬腦適量，酒燉服。

126 肉桂

Cinnamomum cassia Presl

- **別　　名**　玉桂、牡桂、官桂。
- **藥用部位**　樹皮（藥材名肉桂）、幼枝（藥材名桂枝）、未成熟果實（藥材名桂丁）。
- **植物特徵與採製**　喬木。樹幹外皮灰褐色，內皮紅棕色，芳香。幼枝略具棱；幼枝、芽、花序、葉柄均被褐色茸毛。葉互生，長圓形或披針形，全緣，葉面綠色，有光澤，葉背灰綠色。圓錐花序腋生或近頂生。漿果橢圓形，暗紫色。5～9月開花結果。臺灣、中國廣東、廣西、福建、雲南等地的熱帶及亞熱帶地區廣為栽培。選擇10年以上樹齡的肉桂植株，於春、秋季剝取樹皮，以秋季採剝的品質為優。剝取樹皮後，用地坑悶油法或籮筐外罩薄膜燜製法進行加工。樹皮晒乾後稱「桂皮」，加工產品有桂通、板桂、企邊桂和油桂。
- **性味功用**　**肉桂**，辛、甘，熱；溫中補陽，引火歸原，溫經通脈，散寒止痛；主治命門火衰、腰膝痠軟、陽痿遺精、短氣喘促、腎虛腰痛、關節疼痛、脘腹冷痛、腹瀉、寒疝痛、宮冷不孕。**桂枝**，辛，溫；溫中散寒，通陽化氣；主治風寒表證、寒溼痺痛、胸痺、閉經、痛經、小便不利。**桂丁**，甘、辛，溫；溫中散寒，止痛，止呃；主治心胸疼痛、胃腹冷痛、肺寒喘咳、呃逆、噁心嘔吐、凍瘡。

實用簡方　①胃脘冷痛、風溼身痛：肉桂3克，生薑9克，酌加紅糖，水煎服。②感冒風寒、表虛有汗：桂枝、白芍、生薑各6克，大棗2枚，炙甘草3克，水煎服。③夏季受暑煩渴：肉桂3克（去粗皮研細末），蜂蜜30克，冷開水250毫升，於瓶內密閉浸，每日搖動數分鐘，7日後分服。④小兒遺尿：雄雞肝1具，切片，與官桂末1克拌勻，蒸熟，酌加食鹽調味，食之。⑤凍瘡：桂枝60克，水煎薰洗患處並略加按摩，每次10～15分鐘，早晚各1次。藥渣及藥液可複煎使用。

127 烏藥

Lindera aggregata (Sims) Kosterm

- **別　　名**　台烏、矮樟、銅錢柴。
- **藥用部位**　根（藥材名烏藥）、葉。
- **植物特徵與採製**　常綠灌木或小喬木。根紡錘形，有結節狀膨大，外皮淡紫色，內部灰白色。葉橢圓形至卵形或近圓形，全緣，葉面綠色有光澤，葉背粉綠色，有毛。雌雄異株；傘形花序腋生。果橢圓形，成熟時黑色。3～4月開花，9～10月結果。多生於向陽山坡灌木林中，或林緣、路旁。分布於臺灣、中國浙江、江西、福建、安徽、湖南、廣東、廣西等地。全年可採，鮮用或晒乾。
- **性味功用**　辛，溫。溫中調氣，散寒止痛。主治脘腹脹痛、寒積瀉痢、疝氣、風溼痺痛、月經不調、痛經、尿頻、遺尿、跌打損傷、乳腺炎、無名腫毒、癬。烏藥9～15克，水煎或磨酒溫服；外用鮮葉適量，搗爛敷患處。孕婦慎服。

實用簡方　①受涼腹痛：烏藥、石菖蒲各10克，山雞椒根、老薑各30克，水煎，飯前服，每日3次。②食積腹痛：鮮烏藥適量磨開水，每次服2湯匙。孕婦忌服。

128 山胡椒

Lindera glauca (Sieb. et Zucc.) Bl.

- **別　　名**　牛筋樹、野胡椒、假死柴。
- **藥用部位**　根、葉、果（藥材名山胡椒）。
- **植物特徵與採製**　落葉灌木或小喬木。樹皮灰白色，嫩枝初時有淺褐色長柔毛。葉互生或近對生，長圓形或倒卵形，全緣，葉面深綠色，脈上有柔毛，葉背蒼白色，被白色短柔毛。雌雄異株；傘形花序腋生。果球形，成熟時暗紫色。春季開花，9月果成熟。生於山坡灌叢中。分布於臺灣、中國陝西、甘肅、山西、廣東、廣西、四川及華中、華東等地。根、葉全年可採，果秋季採；鮮用或晒乾。
- **性味功用**　根、果，苦，辛，溫。根，化痰鎮咳，袪風化溼；主治支氣管炎、胃脘疼痛、風溼痺痛、產後傷風、腰扭傷。果，溫中化氣；主治氣喘、脘腹冷痛。葉，苦，寒；消腫止痛，止血；主治中暑、外傷出血、疔、瘡。根、葉15～30克，果6～15克，水煎服；外用葉適量，搗爛敷患處。

實用簡方　①氣喘：山胡椒果實60克，豬肺1副，酌加黃酒，水燉，1～2次吃完。②胃氣痛：山胡椒根適量，研末，每次3克，白酒少許或溫開水送服。③風溼關節痛：山胡椒根、樹參根、草菝葜根各30克，五加皮根15克，水煎，兌豬蹄湯服。

129 山雞椒

- **別　　名**　山蒼樹、山蒼子、山薑子。
- **藥用部位**　根、葉、果實。
- **植物特徵與採製**　落葉灌木或小喬木。樹皮幼時綠色，光滑，老時灰褐色。根外皮淡黃色。葉互生，有香氣，披針形，全緣。花單性，雌雄異株；傘形花序先葉開放；總苞片4，淡黃色。果近球形，成熟時黑色，芳香。冬、春季開花，夏、秋季結果。生於疏林、灌木叢中。分布於中國西藏、長江流域及其以南等地。根全年可採，鮮用或晒乾；葉多鮮用；果實7～8月採，晒乾或榨油。

  Litsea cubeba (Lour.) Pers.

- **性味功用**　辛、苦，溫。祛風散寒，溫中理氣，殺蟲解毒。**根、果**主治胃及十二指腸潰瘍、胃腸炎、中暑腹痛、脘腹冷痛、食積氣脹、感冒；**根**並治風溼痺痛、勞倦乏力、產後瘀血痛。**葉**主治急性乳腺炎、蛇蟲咬傷、癰疽腫痛、疔瘡。根15～30克，果6～9克，水煎服；外用鮮葉、果適量，搗爛敷患處。

實用簡方　①胃脘痛：山雞椒根30～60克，大棗15～30克，水煎，早晚分服。②乳癰：鮮山雞椒葉適量，米泔水少許，搗爛敷患處。

130 豹皮樟

- **別　　名**　白柴、白葉仔、紅頂雲。
- **藥用部位**　根、樹皮。
- **植物特徵與採製**　常綠灌木或小喬木。葉互生，倒卵狀長圓形，全緣，葉面綠色有光澤，葉背灰綠色；葉柄密生柔毛。花單性，雌雄異株，聚生於葉腋。核果球形，近無柄。7～10月開花結果。生於山坡林緣。分布於臺灣、中國廣東、廣西、湖南、江西、福建、浙江等地。全年可採，鮮用或陰乾。

  Litsea rotundifolia Hemsl. var. *oblongifolia* (Nees) Allen

- **性味功用**　辛，溫。祛風除溼，行氣止痛，活血通經。主治風溼痺痛、風溼腰痛、胃痛、痢疾、腹瀉、水腫、痛經、跌打損傷。15～30克，水煎服。孕婦慎服。

實用簡方　①寒溼重、腰痠痛：豹皮樟、巴戟天、橄欖根各30克，狗脊、土牛膝各25克，水煎服。②關節痛：豹皮樟根30克，鴨1隻，水燉服。③腎炎性水腫：豹皮樟根30克，豬瘦肉120克，酒水各半燉服。④胃潰瘍：豹皮樟根30克，羊耳菊根、南五味子根各20克，水煎服。⑤胃冷作痛：豹皮樟根15克，酒水各半煎服。⑥產後瘀血腹痛：豹皮樟全草適量，研末，每次6克，熱酒沖服。

131 刨花潤楠

- **別　　名**　白楠木、刨花楠、羅楠紫。
- **藥用部位**　莖。
- **植物特徵與採製**　常綠喬木。葉互生，披針形或長圓狀披針形，全緣，葉背粉綠色，葉脈羽狀。總狀花序由新枝基部抽出。漿果球形，成熟時黑色。4～5月開花，7月結果。生於山谷疏林中。分布於中國浙江、福建、江西、湖南、廣東、廣西等地。全年可採，用寬刨刀刨成薄片（刨花）備用。
- **性味功用**　甘、微辛，涼。清熱潤燥。主治燙火傷、大便祕結。外用適量，冷開水浸泡5～20分鐘，取黏液塗患處，每日數次；或用浸泡液灌腸通便。

Machilus pauhoi Kanehira

132 絨毛潤楠

- **別　　名**　絨楠、猴高鐵、江南香。
- **藥用部位**　根、樹皮、葉。
- **植物特徵與採製**　常綠灌木或喬木。枝、芽、葉背、花序均密被鏽色絨毛。葉互生，橢圓形或倒卵狀長圓形，全緣。圓錐花序短，密集在小枝頂端成傘房花序狀；花被片6，淡黃色。核果球形，成熟時藍黑色，有白粉。2～3月開花，4～5月結果。生於山谷溪旁雜木林中。分布於中國廣東、廣西、福建、江西、浙江等地。全年可採，鮮用或晒乾。
- **性味功用**　辛、苦，涼。行氣活血，散結消腫。主治骨折、癰癤瘡腫、外傷出血、燙火傷、扭傷、跌打損傷。外用鮮根或葉適量，搗爛敷患處；或研末調敷患處。

Machilus velutina Champ. ex Benth.

> **實用簡方**　①支氣管炎：絨毛潤楠葉（去毛）、桑葉、野菊花葉各9克，水煎服。②燙火傷：絨毛潤楠葉或根適量，研末，調麻油擦患處。③外傷出血：絨毛潤楠根皮適量，搗爛，調茶油或冷開水厚塗患處，每日2次。④癰腫：絨毛潤楠根皮適量，研末，調冷開水敷患處，每日數次。

Sassafras tzumu (Hemsl.) Hemsl.

133 檫木

- **別　　名**　檫樹、青檫、半楓樟。
- **藥用部位**　根、莖。
- **植物特徵與採製**　落葉大喬木。幼時樹皮黃綠色，平滑，老時變灰褐色，成不規則的縱裂。葉互生或聚生於新枝的頂部，全緣或上部2～3裂，具羽狀脈或3出脈。總狀花序頂生；花小，先葉開放，黃綠色。核果球形，呈藍黑色，被白蠟狀粉末。3月開花。生於闊葉林中，亦有零星栽培。分布於中國浙江、江蘇、安徽、江西、福建、廣東、廣西、湖南、湖北、四川、貴州、雲南等地。冬、春季採收，鮮用或晒乾。
- **性味功用**　甘、溫。祛風除溼，舒筋活絡。主治風溼痺痛、半身不遂、腰肌勞損、跌打損傷。9～15克，水煎服。外用適量，搗爛敷患處。孕婦忌服。

實用簡方　①腰肌勞損、腰腿痛、風溼性關節炎：檫樹根或樹皮15～30克，水煎服或浸酒服。②半身不遂：檫樹根皮（去栓皮）30克，加酒炒熱，水煎服。③扭挫傷：鮮檫樹樹皮、根皮或葉，加蛇葡萄根搗爛，拌酒糟做成餅塊，外敷患處。

罌粟科

134 刻葉紫菫

Corydalis incisa (Thunb.) Pers.

- **別　　名**　紫花魚燈草、天奎草。
- **藥用部位**　全草。
- **植物特徵與採製**　一年生直立草本。全株有臭味。塊莖狹橢圓形，具多數鬚根。葉2～3回3出全裂；小裂片上緣多缺刻，下緣全緣，葉背有時稍帶紫色。總狀花序頂生；花瓣4，紫紅色。蒴果長圓形。種子黑色，有光澤。3～5月開花結果。生於林下、溝沿多石處。分布於臺灣、中國河北、山西、河南、陝西、甘肅、四川、湖北、湖南、廣西、安徽、江蘇、浙江、福建等地。春、夏季採收，多為鮮用。
- **性味功用**　苦、辛，涼。有毒。殺蟲，止癢，消腫解毒。主治溼疹、頑癬、瘡癰腫毒、毒蛇咬傷。外用搗爛敷患處。

> **實用簡方**　①頑癬：鮮刻葉紫菫適量，搗爛敷患處，或磨酒醋擦患處。②瘡毒：鮮刻葉紫菫適量，水煎洗患處。③脫肛：鮮刻葉紫菫葉及花適量，煎汁作罨包。④慢性化膿性中耳炎：鮮刻葉紫菫適量，搗爛絞汁，洗淨患耳後滴入。⑤毒蛇咬傷：鮮刻葉紫菫塊莖適量，搗爛敷患處。

135 血水草

- **別　　名**　水黃連、土黃連。
- **藥用部位**　全草。
- **植物特徵與採製**　多年生草本。全株無毛，被白粉，含有金黃色汁液。根狀莖粗壯，橫生，外皮黃色，折斷面橙黃色。莖紫色。葉基生，卵狀心形，邊緣有波狀粗齒。花莖從葉叢中抽出；聚傘花序傘房狀，有花3～5朵；花瓣4，白色。蒴果長圓形。夏季開花結果。生於高山林下陰溼地。分布於中國安徽、福建、廣東、廣西、湖南、湖北、四川、貴州、雲南等地。夏、秋季採收，鮮用或晒乾。

Eomecon chionantha Hance

- **性味功用**　苦，寒。有小毒。清熱解毒，散瘀止痛。主治支氣管炎、咽喉腫痛、結膜炎、疔瘡癤腫、溼疹、毒蛇咬傷、跌打損傷。6～15克，水煎服；外用適量，搗爛敷患處。

實用簡方　①溼疹搔癢：鮮血水草莖葉適量，搗爛搽患處。②無名腫毒：鮮血水草適量，甜酒糟少許，搗爛擦患處。③癬瘡：血水草適量研末，調菜油搽患處。④口腔潰瘍：鮮血水草適量，搗爛，絞汁漱口。⑤毒蛇咬傷：鮮血水草根適量，搗爛敷患處，每日換藥1次。⑥咽喉腫痛：血水草根5克，山豆根10克，水煎服。

136 博落迴

- **別　　名**　號筒杆、三錢三、喇叭筒。
- **藥用部位**　全草。
- **植物特徵與採製**　多年生草本。全株光滑，被白粉，含橙色液汁。根莖粗大，橘黃色。莖圓柱形，中空，綠色或微帶紅色。葉互生，近圓形或寬卵形，邊緣具波狀齒，葉背粉白色。圓錐花序大型，頂生。蒴果下垂，狹倒卵形，扁平。6～8月開花，9～10月結果。生於山坡灌木叢中或林緣。中國長江以南、南嶺以北的大部分地區均有分布。夏、秋季採收，鮮用或晒乾。

Macleaya cordata (Willd.) R. Br.

- **性味功用**　苦，辛，寒。有大毒。散瘀消腫，殺蟲止癢。主治乳腺炎、蛇頭疔、無名腫毒、癬、臁瘡、跌打腫痛、瘰癧、蛇蟲咬傷。鮮全草適量，搗爛或絞汁塗患處。本品有大毒，不可內服。

實用簡方　①癬、小腿潰瘍：博落迴葉浸入醋中7日，搗爛塗患處。②蜈蚣咬傷、黃蜂螫傷：將鮮博落迴莖折斷，取黃色汁液搽患處。③背癰：鮮博落迴葉適量，白糖少許，搗爛敷患處。④膿腫：鮮博落迴根適量，酒糟少許，搗爛敷患處。

十字花科

137 薺

Capsella bursa-pastoris (L.) Medic.

- **別　　名**　薺菜、上巳菜、護生草。
- **藥用部位**　全草（藥材名薺菜）。
- **植物特徵與採製**　二年生草本。基生葉倒卵狀披針形，羽狀深裂，頂生裂片最大，三角形，邊緣有不規則的粗齒。總狀花序頂生或腋生；花白色。短角果倒三角形，側扁。春、夏季開花結果。生於田野、荒地，或栽培。分布於中國大部分地區。冬末至夏初採收，鮮用或晒乾。
- **性味功用**　甘，涼。清熱解毒，涼血止血。主治麻疹、水腫、乳糜尿、尿血、吐血、痢疾、高血壓、小兒疳熱。15～30克，水煎服；外用適量，搗爛敷患處。

實用簡方　①血淋、石淋：鮮薺菜90克，冬蜜30毫升，水燉，飯前服。②腎炎：薺菜30克，馬蹄金、白茅根、車前草、地膽草各15克，水煎服。③高血壓：薺菜20克，夏枯草、野菊花各15克，水煎服。④溼熱泄瀉：薺菜30克，馬齒莧、鐵莧菜、地錦草各15克，水煎服。⑤小兒疳熱：鮮薺菜60克，冬瓜糖30克，水燉，早晚服。⑥關節炎：薺菜60克，鬼針草30克，雞屎藤20克，水煎服。⑦尿血：鮮薺菜60克，鮮白茅根、旱蓮草各30克，水煎服。

138 碎米薺

- **別　　名**　白帶草、野薺菜、雀兒菜。
- **藥用部位**　全草。
- **植物特徵與採製**　一年生草本。莖基部多分枝。羽狀複葉互生；小葉9～13片，卵圓形至條形，具緣毛。總狀花序頂生；花白色。長角果條形。種子褐色。2～5月開花結果。生於田野、路旁等陰溼地。分布於中國大部分地區。2～5月採，鮮用或晒乾。

Cardamine hirsuta L.

- **性味功用**　甘、淡，平。清熱利溼，養心寧神。主治痢疾、尿道炎、膀胱炎、心悸、失眠、白帶異常、吐血、便血、疔瘡癤腫。15～30克，水煎服；外用適量，搗爛敷患處。

實用簡方　①溼熱瀉痢、小便短赤：碎米薺、火炭母各15克，車前子30克，水煎服。②痢疾：碎米薺30～45克，水煎服。③肝炎：鮮碎米薺30～60克，水煎服。④失眠：碎米薺30～45克，水煎，濃縮至30～50毫升，睡前服。⑤痛風：碎米薺60克，牛白藤30克，車前草20克，水煎服，渣敷患處。⑥淋證：碎米薺30克，冰糖適量，水煎，飯前服。⑦熱閉膀胱、小便不通：碎米薺30克，水煎，飯前服。⑧風溼性心臟病：鮮碎米薺30～60克，豆腐或豬瘦肉適量，水燉服。⑨白帶異常：鮮碎米薺、三白草各30克，水煎服。⑩疔瘡：鮮碎米薺適量，食鹽少許，搗爛敷患處。

139 北美獨行菜

- **別　　名**　琴葉葶藶、大葉香薺菜、獨行菜。
- **藥用部位**　全草、種子。
- **植物特徵與採製**　二年生草本。莖上部分枝，疏生短毛。基生葉有長柄，倒披針形，邊緣羽狀分裂。總狀花序生於莖頂；花瓣4，白色。短角果扁圓形，先端微缺。種子倒卵形，扁平，棕色。春、夏季開花結果。生於田野、草地、林旁。分布於中國山東、河南、安徽、江蘇、浙江、福建、湖北、江西、廣西等地。全草春、夏季採收，鮮用或晒乾；種子夏季成熟時，將全草晒乾，篩出備用。

Lepidium virginicum L.

- **性味功用**　**全草**，辛，平，驅蟲消積；主治小兒蟲積腹脹。**種子**，苦、辛，寒；祛痰定喘、瀉肺利水；主治水腫、痰喘、咳嗽。全草6～9克，種子3～9克，水煎服。

實用簡方　①慢性肺源性心臟病併發心力衰竭：北美獨行菜種子，研末，每日3～6克，分3次食後服。②小兒白禿：北美獨行菜種子適量，研末，湯洗去痂，塗患處。

140 葶菜

- **別　　名**　印度葶菜、辣米菜、塘葛菜。
- **藥用部位**　全草。
- **植物特徵與採製**　一年生草本。莖上部葉無柄，卵形或菱狀披針形；莖下部葉有柄，長圓形或長倒卵形。花黃色。長角果圓柱形，纖細。種子三角狀卵形，褐色。春至秋季開花結果。生於田野、荒地。分布於臺灣、中國山東、河南、江蘇、福建、湖南、廣東、陝西、甘肅、四川、雲南等地。全年可採，鮮用或曬乾。

Rorippa indica (L.) Hiern.

- **性味功用**　辛、甘，平。疏風透表，化痰止咳，消腫解毒。主治麻疹、感冒、咳嗽痰喘、咽喉炎、黃疸、熱毒瘡瘍、疔瘡、癰腫、漆過敏、蛇傷。15～30克，水煎或搗爛絞汁服；外用適量，搗爛敷患處。

實用簡方　①肺熱咳嗽：葶菜45克，水煎服。②酒後傷風：鮮葶菜、馬蹄金各30克，搗爛絞汁，食鹽少許調服。③眩暈：鮮葶菜適量，切碎調雞蛋，油煎炒吃。④扁桃腺炎、咽喉腫痛：鮮葶菜60克，搗爛絞汁，含咽。

141 蘿蔔

- **別　　名**　萊菔。
- **藥用部位**　根、老乾根（藥材名地骷髏）、葉、種子（藥材名萊菔子）。
- **植物特徵與採製**　一年生或二年生草本。直根肉質，長圓形、球形或圓錐形。基生葉和下部莖生葉大頭羽狀半裂，有鋸齒或近全緣。總狀花序頂生及腋生；花白色或粉紅色。長角果圓柱形。花期4～5月，果期5～6月。多為栽培。分布於中國大部分地區。根、葉10月至翌年2月採，老根及種子5～6月採；鮮用或曬乾。

Raphanus sativus L.

- **性味功用**　蘿蔔，辛、微甘，涼（煮熟甘，平）；清熱解毒，消食化痰；主治鼻出血、咯血、便血、百日咳、食積腹脹、痰熱咳嗽、腸梗阻、煤氣中毒、滴蟲陰道炎、疔瘡癰腫、痢疾。地骷髏，辛、微甘，平；利水消腫；主治食積氣滯、腳氣、水腫、痢疾。葉，辛、苦，平；消食止痢；主治白喉、痢疾。萊菔子，辛、甘，平；消食，下氣，化痰；主治咳嗽、痰喘、食積、脘腹脹滿、便祕、痢疾。蘿蔔30～60克，地骷髏9～30克，葉15～30克，萊菔子（鹽炒）3～9克，水煎服；外用適量，搗爛敷患處。

實用簡方　①偏正頭痛：鮮蘿蔔汁緩緩注入鼻孔，左痛注右，右痛注左。②老年頭暈：白蘿蔔、生薑、大蔥各30克，共搗如泥，敷額部，每日1次，每次約半小時。

茅膏菜科

142 茅膏菜

Drosera peltata Smith var. *multisepala* Y. Z. Ruan

- **別　　名**　蒼蠅網、捕蟲草、盾葉茅膏菜。
- **藥用部位**　全草。
- **植物特徵與採製**　多年生矮小草本。莖直立。基生葉小，圓形，花時枯萎；莖生葉互生，半圓形，邊緣密生紅紫色腺睫毛，能分泌黏液，藉以捕食昆蟲；葉柄盾狀著生。蠍尾狀聚傘花序近頂生；花白色。蒴果小，球形。春、夏季開花結果。生於山坡潮溼地。分布於中國雲南、四川、貴州、福建、西藏等地。春、夏季採收，鮮用或晒乾。
- **性味功用**　甘，微溫。有小毒。活血通絡，祛風止痛。主治痢疾、風溼痹痛、腰肌勞損、感冒、咽喉腫痛、疳積、溼疹、癬、神經性皮炎、疥瘡、跌打損傷、瘰癧。3～9克，水煎服；外用適量，搗爛或研末敷撒患處。孕婦忌服。

> **實用簡方**　①跌打損傷：茅膏菜、金毛耳草各15克，水煎服。②新傷、跌打損傷：茅膏菜、地耳草各15克，豬瘦肉45克，水燉服。③痢疾：茅膏菜3～6克，水煎服。④胃脘痛：茅膏菜9～15克，豬肚1個，水燉服。⑤喉痛：鮮茅膏菜9～15克，冰糖適量，水煎服。⑥感冒發熱：茅膏菜10克，水煎服。⑦瘰癧：鮮茅膏菜適量，搗爛敷患處。

景天科

143 落地生根

Bryophyllum pinnatum (L. f.) Oken

- **別　　名**　土三七、打不死、大疔癀。
- **藥用部位**　全草。
- **植物特徵與採製**　多年生肉質草本。莖常直立，中空。多為單葉，或上部為3出複葉，肉質，黃綠色，有時稍帶紅紫色；小葉長圓形，邊緣具圓齒，落地生新株。大型圓錐花序頂生，花倒垂；花萼鐘形，綠白色或草黃色；花冠淡紅色。蓇葖果4枚。2～4月開花結果。多為栽培。分布於臺灣、中國雲南、廣西、廣東、福建等地。全年可採，多鮮用。
- **性味功用**　甘、酸，涼。清熱解毒，涼血止血。主治咯血、吐血、牙齦出血、肺熱咳嗽、咽喉腫痛、扁桃腺炎、乳腺炎、疔瘡癤腫、燙火傷、跌打損傷、創傷出血。30～60克，水煎或搗爛絞汁服；外用適量，搗爛敷患處。

實用簡方　①咯血、吐血、牙齦出血：鮮落地生根60～100克，水煎服。②癔症、心悸、失眠、煩躁驚狂：鮮落地生根60～100克，豬心1個，水燉服。③熱性胃痛：鮮落地生根葉5片，搗爛絞汁，酌加食鹽調服。④咽喉腫痛：鮮落地生根葉5～10片，搗爛取汁，含漱口內。⑤乳腺炎：鮮落地生根葉適量，搗爛敷患處。

144 費菜

Sedum aizoon L.

- **別　　名**　養心菜、土三七、景天三七。
- **藥用部位**　全草。
- **植物特徵與採製**　多年生肉質草本。莖直立，不叢生。葉互生，廣卵形或窄倒披針形，邊緣具粗齒；葉無柄。聚傘花序頂生；花瓣5，黃色。蓇葖果5，呈星芒狀排列，黃色或紅色。夏、秋季開花。中國大部分地區均有零星栽培。夏、秋季採收，通常鮮用，或用開水焯後晒乾。
- **性味功用**　甘、微酸，平。涼血止血，寧心安神。主治吐血、咯血、便血、癔症、心悸、失眠、癰腫、跌打損傷。30～60克，水煎服。

實用簡方　①心悸：費菜60克，蜂蜜30克，水煎服。②眩暈：費菜、球蘭各30克，水燉服。③吐血：費菜30克，抱石蓮15克，白糖30克，水煎服。④肺結核咯血不止：鮮費菜葉7片，冰糖30克，放在口內咀嚼，開水送下。⑤血小板減少症：鮮費菜50克，生地黃、虎杖各15克，當歸25克，水煎服。⑥心肌供血不足：鮮費菜50克，西洋參10克，豬心1個，水燉服。⑦冠心病引起胸悶、胸痛：費菜、星宿菜根、毛冬青根各30克，水煎服。⑧扭挫傷：鮮費菜、酢漿草各適量，黃酒少許，搗爛敷患處。

145 佛甲草

- **別　　名**　鼠牙半支蓮、佛指甲。
- **藥用部位**　全草。
- **植物特徵與採製**　多年生肉質草本。莖匍匐，上部和側枝直立。葉輪生，少有對生，半圓柱狀條形。聚傘花序頂生；花黃色。蓇葖果5枚。4～5月開花。生於低山石縫中或陰溼地，或栽培。分布於臺灣、中國雲南、四川、貴州、廣東、湖南、湖北、甘肅、陝西、河南、安徽、江蘇、浙江、福建、江西等地。夏、秋季採收，可鮮用或晒乾。

Sedum lineare Thunb.

- **性味功用**　甘、淡，寒。清熱解毒，消腫止痛。主治黃疸、溼熱瀉痢、膽囊炎、咽喉炎、乳腺炎、燙火傷、帶狀疱疹、甲溝炎、丹毒、創傷出血、疔瘡腫毒、毒蛇咬傷。30～60克，水煎服；外用鮮全草適量，搗爛敷患處。

實用簡方　①肝炎：鮮佛甲草60～100克，水煎代茶。②高血壓：鮮佛甲草125克，冰糖適量，水燉服。③咽喉腫痛：鮮佛甲草60克，搗爛絞汁，酌加米醋，與適量冷開水調勻，含漱。④壯熱煩渴：鮮佛甲草60克，酌加蜂蜜，水煎服。

146 垂盆草

- **別　　名**　狗牙齒、瓜子草、爬景天。
- **藥用部位**　全草。
- **植物特徵與採製**　多年生肉質草本。莖匍匐，著地生根。葉3枚輪生，倒披針形或長圓狀匙形。聚傘花序頂生；花黃色。蓇葖果5枚，上部略叉開。4～5月開花。生於山地陰溼石上，也有栽培。分布於中國貴州、四川、甘肅、陝西、山西、河北、遼寧、吉林、北京及華中、華東等地。春至秋季採收，通常鮮用；或用開水燙後，晒乾。

Sedum sarmentosum Bunge

- **性味功用**　甘、淡、微酸，涼。清熱利溼，解毒消腫。主治肝炎、痢疾、肺癰、腸癰、淋病、癰腫疔瘡、帶狀疱疹、溼疹、燙火傷、咽喉炎。30～60克，水煎服；外用鮮全草適量，搗爛敷患處。

實用簡方　①慢性肝炎：垂盆草、白花蛇舌草各20克，地耳草、馬蘭、馬蹄金、積雪草、旱蓮草各15克，水煎服。②甲型肝炎：鮮垂盆草50克，綿茵陳30克，水煎服。③急性腎炎：鮮垂盆草60克，薺菜30克，水煎服。

103

虎耳草科

147 常山

Dichroa febrifuga Lour.

- **別　　名**　黃常山、擺子藥、雞骨常山。
- **藥用部位**　根（藥材名常山）、莖、葉。
- **植物特徵與採製**　亞灌木。主根木質化，斷面黃色。小枝乾後帶紫色，無毛或僅疏生灰色細柔毛。葉對生，長圓形，邊緣有鋸齒，葉背淡綠色。傘房狀圓錐花序頂生或小枝上部腋生；花藍色或青紫色。漿果藍色。6～11月開花結果。生於山地林下或路旁陰溼處。分布於臺灣、中國陝西、甘肅、江蘇、安徽、浙江、江西、福建、湖北、湖南、廣東、廣西、四川、貴州、雲南、西藏等地。根、莖全年可採，葉夏、秋季採收，鮮用或晒乾。
- **性味功用**　苦、辛、寒。有小毒。截瘧，袪痰。主治瘧疾、咳嗽。9～15克，水煎服；外用鮮葉適量，搗爛敷手腕處。生用湧吐，酒炒截瘧。孕婦慎服。

148 繡球

Hydrangea macrophylla (Thunb.) Ser.

- **別　　名**　八仙花、粉團花、繡球花。
- **藥用部位**　根、莖、葉。
- **植物特徵與採製**　亞灌木。葉對生，橢圓形至寬卵形，邊緣除基部外均有粗鋸齒；葉柄粗壯。傘房花序頂生，圓球形，花梗有柔毛；花初開時白色，後轉變成藍色或粉紅色。5月開花。多栽培於庭園。分布於中國山東、江蘇、安徽、浙江、福建、河南、湖北、湖南、廣東、廣西、四川、貴州、雲南等地。春、夏季採收，鮮用或晒乾。
- **性味功用**　苦、微辛，涼。有小毒。截瘧，清熱，殺蟲止癢。主治瘧疾、胸悶、心悸、煩躁、高血壓、溼疹、疥癩、跌打損傷。10～15克，水煎服。

實用簡方　①咳嗽：繡球根莖二重皮15～30克，水煎服。②瘧疾：繡球莖葉適量，研末，用水調和做成黃豆大的丸子，每次14～21粒。③急性扁桃腺炎：繡球根磨醋，以毛筆蘸塗患處，口涎出而癒。④陰囊溼疹：繡球花（或葉）焙燥研末，麻油調塗患處。

149 虎耳草

- **別　　名**　老虎耳、豬耳草、耳朵紅。
- **藥用部位**　全草。
- **植物特徵與採製**　多年生草本。葡匐莖細長，著地生新株。葉基生，圓形或腎狀圓形，葉面綠色，常具白斑，葉背淡綠色或呈紫紅色。圓錐花序頂生；花白色帶紅斑點。蒴果卵形。春、夏季開花。生於山谷岩壁上及陰溼石縫間，或盆栽。分布於臺灣、中國河北、陝西、甘肅、廣東、廣西、四川、貴州、雲南及華東、華中等地。全年可採，鮮用或晒乾。

Saxifraga stolonifera Curt.

- **性味功用**　苦、辛，寒。有小毒。疏風，清熱，涼血，解毒。主治咳嗽、中耳炎、牙痛、口腔潰瘍、痔瘡、丹毒。9～15克，水煎服；外用鮮葉適量，搗爛敷患處。孕婦慎服。

實用簡方　①肺熱咳嗽、口腔潰爛、闌尾炎：鮮虎耳草30～60克，冰糖適量，水煎服。②溼熱帶下：虎耳草30克，冰糖適量，水煎服。③崩漏：虎耳草9～15克，炒黑存性，水煎服。④風火牙痛：虎耳草30～60克，水煎，去渣，加雞蛋1個，同煮服。⑤口腔潰瘍：鮮虎耳草適量，水煎濃液搽患處。

150 黃水枝

- **別　　名**　博落、水前胡、高腳銅告碑。
- **藥用部位**　全草。
- **植物特徵與採製**　多年生草本。根狀莖橫走，鬚根多數。莖被柔毛。基生葉數片，寬卵形或心形，邊緣有淺牙齒，兩面疏生粗伏毛，葉背通常紫紅色。總狀花序頂生；花萼白色，鐘形；花瓣5，不顯著，呈針狀。蒴果。4～7月開花結果。生於山坡林下陰溼處及溝旁或陰溼的石壁上。分布於臺灣、中國陝西、甘肅、江西、湖北、湖南、福建、廣東、廣西、四川、貴州、雲南、西藏等地。夏、秋季採收，鮮用或晒乾。

Tiarella polyphylla D. Don

- **性味功用**　苦、辛，寒。清熱解毒，活血祛瘀，消腫止痛。主治氣喘、咳嗽、無名腫毒、癰、瘡癤。6～15克，水煎服；外用鮮全草適量，搗爛敷患處。

實用簡方　①咳嗽氣急：黃水枝30克，芫荽12克，水煎，沖紅糖服，早晚飯前各1次。②無名腫毒、瘡癤：黃水枝、野菊花、蒲公英、夏枯草、忍冬藤各15克，水煎服；另取鮮黃水枝適量，搗爛敷患處。

金縷梅科

151 檵木

Loropetalum chinense (R. Br.) Oliv.

- **別　　名**　檵柴、堅漆、山漆柴。
- **藥用部位**　根、葉、花、果。
- **植物特徵與採製**　灌木或小喬木狀。全株被褐鏽色星狀毛。根斷面土黃色。葉互生，卵形，全緣。花3～8朵簇生；花瓣白色，條形，細長。蒴果倒卵形，木質。3～5月開花，7～8月結果。生於山坡灌木叢中或林緣陰溼地。分布於中國中部、南部及西南等地。根全年可採，葉夏、秋季採，花清明前後採，果實秋季採，鮮用或晒乾。
- **性味功用**　**根**，微苦、澀，溫；溫中燥溼，澀精止血；主治風溼痺痛、消化不良、遺精、白帶異常、月經過多、血崩、痢疾。**葉**，微苦，涼；**花**，甘、澀，平；**果**，甘、微酸，溫；清暑化溼，涼血止血；主治中暑腹痛、感冒、痢疾、腹瀉、鼻出血、咳嗽、咯血、吐血、血崩、燙火傷、跌打損傷。根30～40克，花、葉、果9～15克，水煎服；外用葉、花適量，研末撒創口或調茶油塗患處。

> **實用簡方**　①痢疾、腹瀉：檵木根或葉、楓樹根各30克，石榴根12克，水煎服。②遺精、崩漏：檵木花15克，豬瘦肉適量，水燉服。③異常子宮出血：鮮檵木根120克，置童母雞（去頭、足、內臟）腹內，水燉服。④產後惡露不下：檵木根30～60克，水煎，酌加紅酒、紅糖調服。⑤小兒感冒：檵木花、金銀花、爵床各9克，甘草3克，水煎服用。

152 楓香樹

- **別　　名**　楓樹。
- **藥用部位**　根、莖二重皮，葉、果實（藥材名路路通）、樹脂（藥材名楓香脂）。
- **植物特徵與採製**　落葉大喬木。樹幹直，外皮灰褐色，呈不規則開裂，小枝有毛。葉三角狀寬卵形，常掌狀3裂，裂片卵形，先端尾狀銳尖，邊緣有細銳齒，葉片基部常呈心形，葉背有褐色毛或脫落。花單性，雌雄同株。果序球形，具針刺狀宿存的花柱和萼齒。春季開花，5～11月結果。多生於山野林緣。分布於中國大部分地區。根、莖二重皮全年可採，葉夏季採，果實秋季採。樹脂選取大樹，於7～8月自根部以上每隔15公分交錯鑿洞，使其分泌樹脂，到11月至翌年3月採收，鮮用或晒乾。
- **性味功用**　微辛、苦，平。**根**、**果實**，祛風解毒，行痺利溼。根主治風溼痺痛、癰疽疔瘡、乳腺炎；果實主治風溼痺痛、胃痛、乳汁稀少、牙痛、蕁麻疹、漆過敏、胎毒。**莖皮**、**葉**，健脾和胃，調氣止痛，疏風除溼；主治細菌性痢疾、泄瀉、單純性消化不良、燙火傷，葉還可治胃腸炎、中暑腹痛、感冒、吐血、咯血、癰腫、腳癬。**樹脂**，止血止痛，消腫生肌；主治吐血、咯血、鼻出血、頭暈、頭痛、牙痛、皮膚皸裂、外傷出血、癰腫疼痛。根、莖皮、葉、果15～30克，水煎服；外用適量，水煎洗，或搗爛敷或絞汁塗患處。樹脂1.5～3克，研末開水送服；外用研末撒創口或用鮮樹脂塗患處。**樹脂、路路通，孕婦忌服**。

實用簡方　①小兒腹瀉：鮮楓樹嫩葉、菝葜嫩葉，共搗爛絞汁50毫升，燉溫服。②消化不良：楓樹葉、積雪草、魚腥草各等量，晒乾研末，每次4～5克，開水送服。③風火牙痛、蛀牙痛：路路通10～20克，水煎取汁，加入青皮鴨蛋1～2個，燉熟，吃蛋喝湯。④頭風痛、視物模糊、流淚、眼紅：路路通20個，水煎，趁熱薰眼。⑤野外接觸性皮膚搔癢：鮮楓樹嫩葉適量，揉爛，塗擦患處。⑥過敏性鼻炎：路路通12克，蒼耳子、防風各9克，辛夷、白芷各6克，水煎服。⑦癰疔：鮮楓樹根皮60克，紅糖、酒糟少許，搗爛敷患處。⑧臁瘡：楓香脂、黃柏、軟石膏各30克，青黛、龍骨各15克，研末，麻油調敷患處。

杜仲科

153 杜仲

Eucommia ulmoides Oliv.

- **別　　名**　思仙、木棉、絲連皮。
- **藥用部位**　樹皮。
- **植物特徵與採製**　落葉喬木。樹皮灰色，表面粗糙，連同果皮、葉折斷均有銀白色細絲。葉互生，橢圓形或橢圓狀卵形，邊緣具細鋸齒。花單性，雌雄異株；花先葉開放或與葉同時開放。翅果長圓形，扁而薄，中央稍凸起，四周具薄翅。4～5月開花，7～8月結果。栽培於陽光充足、潮溼的環境中。分布於中國陝西、甘肅、河南、湖北、四川、雲南、貴州、湖南、浙江、福建等地。樹皮春、夏季採收，以內皮相對合疊壓緊，外周以稻草或麻袋包圍，使「發汗」，經一星期後取出壓平，晒乾，再削去外層部分的糙皮，切塊。
- **性味功用**　甘、微辛，溫。補肝腎，強筋骨，安胎。主治腰膝痠痛、陽痿、風溼痹痛、高血壓、腎炎、習慣性流產、胎動不安。6～15克，水煎服。

實用簡方　①高血壓：杜仲15克，水煎服。②腎虛腰痛：炒杜仲15克，黑豆100克，水燉至豆爛熟，取出杜仲，加入鯽魚1條（約300克）燉熟，酌加薑、鹽等調味，吃豆，喝魚湯。③習慣性流產：杜仲15克，紫蘇梗9克，艾梗6克，水煎半小時，加入雞蛋1個煮熟，吃蛋喝湯，每日1劑，連服3～5日。④乳腺增生：杜仲50克，黃鱔3條（去內臟），水煎，酌加調料，分次服。

薔薇科

154 龍芽草

Agrimonia pilosa Ldb.

- **別　　名**　仙鶴草、龍牙草、金頂龍芽。
- **藥用部位**　全草（藥材名仙鶴草）。
- **植物特徵與採製**　多年生草本。全株密生長毛。主根黑褐色，圓柱形。羽狀複葉互生；小葉5～11枚，橢圓狀卵形或倒卵形，邊緣有鋸齒。總狀花序生於莖頂或上部葉腋；花小，黃色。瘦果倒卵狀圓錐形，具宿存萼片。8～9月開花結果。生於山坡、路旁、田野較潮溼地。中國南北各地均產。夏、秋季採收，鮮用或晒乾。
- **性味功用**　苦、澀，微溫。收斂止血，殺蟲，止痢，解毒。主治鼻出血、咯血、消化道出血、傷風感冒、痢疾、急性胃腸炎、脫力勞傷、崩漏、月經不調、產後腹痛、痔瘡出血、外傷出血、指頭炎、腰扭傷、條蟲病、滴蟲陰道炎。15～30克，水煎服；外用適量，搗爛或研末敷患處。

實用簡方　①B型肝炎：龍芽草20克，排錢草、白英、敗醬草、葉下珠、朱砂根各15克，水煎服。②脫力勞倦：龍芽草30克，大棗7枚，水燉服。③頭風、偏頭痛：鮮龍芽草30～60克，豆腐1～2塊，水燉服。④月經不調：龍芽草30克，炒焦，燉老酒服。⑤便血、脫肛：鮮龍芽草60～90克，水煎，調冰糖服。⑥外傷出血：鮮龍芽草嫩葉適量，嚼爛或搗爛敷患處。

155 蛇莓

- **別　　名**　蛇泡草、蠶莓、長蛇泡。
- **藥用部位**　全草。
- **植物特徵與採製**　多年生草本。莖纖細，匍匐地上。3出複葉互生；小葉菱狀卵形或倒卵形，邊緣具鈍鋸齒；托葉廣披針形。花單生於葉腋；花瓣5，黃色。聚合果球形，紅色。2～5月開花結果。生於山坡、田邊、溝沿、路旁潮溼地。分布於中國遼寧以南各地區。夏、秋季採收，鮮用或晒乾。

Duchesnea indica (Andr.) Focke

- **性味功用**　淡，涼。清熱解毒，涼血止血，散瘀消腫。主治吐血、咯血、感冒、咽喉腫痛、中暑、痢疾、子宮內膜炎、崩漏、月經不調、乳腺炎、對口瘡、疔瘡腫毒、帶狀疱疹、毒蛇咬傷。30～60克，水煎服；外用適量，搗爛敷患處。

實用簡方　①月經不調：蛇莓、雞冠花各15克，一點紅30克，水煎服。②乳腺炎：蛇莓30克，星宿菜60克，燉地瓜酒服。③喉炎：鮮蛇莓30克，鮮馬鞭草24克，鮮射干15克，搗爛絞汁，加食鹽少許頻服。④風火牙痛：鮮蛇莓60克，水煎去渣，加入青殼鴨蛋1～2個（稍打裂）燉熟，吃蛋喝湯。

156 翻白草

- **別　　名**　鬱蘇參、白頭翁、天青地白。
- **藥用部位**　全草。
- **植物特徵與採製**　多年生草本。根稍粗壯，有分枝；根莖極短而不明顯。羽狀複葉；小葉長圓形，邊緣具粗齒，葉面有疏毛或近無毛，葉背密生白色綿毛。聚傘花序多分枝；花黃色。聚合果球形。4～5月開花。生於向陽山坡、路旁草叢或石縫中。分布於臺灣、中國黑龍江、遼寧、內蒙古、河北、山西、陝西、山東、河南、江西、湖南、四川、福建、廣東等地。夏、秋季採收，鮮用或晒乾。

Potentilla discolor Bge.

- **性味功用**　甘，平。清熱解毒，涼血止血。主治肺熱咳喘、肺炎、支氣管炎、痢疾、咯血、吐血、鼻出血、腮腺炎、百日咳、小兒夏季熱、瘰癧、癰腫瘡毒、創傷出血。9～15克，水煎服；外用適量，搗爛敷或研末撒患處。

實用簡方　①肺膿腫：鮮翻白草根、魚腥草各30克，水煎服。②肺痿氣喘：鮮翻白草根90克，冬蜜60克，豬肺1副，水燉服。③吐血：鮮翻白草、八角蓮根各30克，藕節10克，水煎服。④痢疾：鮮翻白草、野莧菜各30克，水煎服。

157 蛇含委陵菜

- **別　　名**　蛇含、五爪龍、五葉蛇莓。
- **藥用部位**　全草。
- **植物特徵與採製**　多年生草本。莖纖細，多分枝，匍匐，綠色或紫紅色。掌狀複葉互生；小葉5枚或3枚，倒卵形或橢圓形，邊緣有粗鋸齒。傘房狀聚傘花序頂生或腋生；花黃色。瘦果寬卵形。2～5月開花結果。生於田邊、溝旁等溼地。分布於中國華東、中南、西南及遼寧、陝西等地。夏、秋季採收，鮮用或曬乾。

Potentilla kleiniana Wight et Arn.

- **性味功用**　苦，涼。清熱涼血，止咳化痰，消腫解毒。主治咳嗽、百日咳、胃痛、小兒口瘡、乳腺炎、腮腺炎、風火牙痛、瘡癤腫毒、帶狀疱疹、頑癬、跌打損傷、毒蛇咬傷。15～30克，水煎服；外用適量，搗爛敷患處。

實用簡方　①百日咳：蛇含委陵菜15克，枇杷葉、桑白皮各9克，生薑1片，水煎服。②咽喉腫痛：鮮蛇含委陵菜、天胡荽各適量，搗汁含漱。

158 火棘

- **別　　名**　火把果、救兵糧、救軍糧、赤陽子。
- **藥用部位**　根、葉、果（藥材名火棘）。
- **植物特徵與採製**　常綠灌木。側枝短，先端成刺狀；嫩枝被鏽色短柔毛，老枝暗褐色，無毛。葉互生或簇生於短枝頂端，長倒卵形，邊緣具鈍鋸齒。複傘房花序；花瓣5，白色，圓形。梨果近球形，成熟時橘紅色或深紅色。3～11月開花結果。生於荒山灌木叢中，或栽培於庭園。分布於中國陝西、河南、江蘇、浙江、福建、湖北、湖南、廣西、貴州、雲南、四川、西藏等地。根全年可採，冬季為佳，葉隨時可採，果實秋季成熟時採收，鮮用或曬乾。

Pyracantha fortuneana (Maxim.) Li

- **性味功用**　甘、酸，平。**根**，清熱涼血，祛瘀止痛；主治跌打損傷、風溼痺痛、腰痛、白帶異常、月經不調、便血、牙痛。**葉**，消腫止痛；主治瘡瘍腫痛、癰、癤。**果**，健脾和胃，活血止血；主治消化不良、痢疾、泄瀉、崩漏、白帶異常、跌打損傷。根、果15～30克，水煎服；外用葉適量，搗爛敷患處。

實用簡方　①水瀉：火棘果30克，水煎服。②白帶異常、痢疾：火棘果15～30克，水煎服。③骨蒸潮熱：火棘根皮30克，地骨皮15克，青蒿12克，水煎服。

111

159 豆梨

- **別　　名**　鹿梨、山梨、樹梨、野梨。
- **藥用部位**　根、葉、果。
- **植物特徵與採製**　落葉喬木。小枝褐色，幼嫩時被絨毛。葉互生或簇生於短枝頂端，寬卵形至卵形，邊緣有圓鈍鋸齒；托葉條狀披針形。傘形總狀花序頂生；花瓣5，白色。梨果球形，黑褐色，具淡色的皮孔，果梗細長。4～9月開花結果。生於山坡灌木叢中。分布於中國山東、河南、江蘇、浙江、江西、安徽、湖北、湖南、福建、廣東、廣西等地。根全年可挖，葉夏、秋季採，果實9～10月成熟時採；鮮用或晒乾。

Pyrus calleryana Dcne.

- **性味功用**　根、葉，微甘，涼；清熱解毒，潤肺止咳。根主治咳嗽、瘡瘍；葉主治肺燥咳嗽、急性結膜炎。果實，酸、澀，寒；消食，止痢；主治飲食積滯、痢疾。15～30克，水煎服；葉適量，搗爛絞汁服或外塗患處。

實用簡方　①急性結膜炎：豆梨葉、蒲公英各30克，車前子15克，水煎薰洗患眼。②鬧羊花中毒：鮮豆梨葉或花，搗汁30～60克，吞服。

160 石斑木

- **別　　名**　白杏花、車輪梅、春花木。
- **藥用部位**　根、葉。
- **植物特徵與採製**　灌木。幼枝紫褐色，有鏽色毛。葉互生，橢圓形或橢圓狀披針形，邊緣有鋸齒，葉面光滑或有不明顯的脈紋。總狀花序或圓錐花序頂生；花稠密，白色或粉紅色。果球形，熟時藍黑色。4～5月開花，9～10月結果。生於向陽山坡灌木叢中。分布於中國山東、河南、江蘇、浙江、江西、安徽、湖北、湖南、福建、廣東、廣西等地。全年可採，鮮用或晒乾。

Rhaphiolepis indica (L.) Lindl. ex Ker

- **性味功用**　根、葉，微苦、澀，涼；活血消腫，清熱解毒。根主治水腫、關節炎、跌打損傷；葉主治無名腫毒、創傷出血、燙火傷、骨髓炎、毒蛇咬傷。根15～30克，水煎服；外用葉適量，搗爛敷或研末調茶油塗患處。

實用簡方　①跌打損傷：石斑木根10克，水煎服；另取鮮石斑木葉適量，搗爛敷患處。②骨髓炎：石斑木葉適量，研末敷患處。③燙傷：石斑木葉適量，研末，調老茶油塗患處。

161 碩苞薔薇

- **別　　名**　白薔薇、苞薔薇、琉球野薔薇。
- **藥用部位**　根、葉、花、果。
- **植物特徵與採製**　常綠灌木。莖蔓生，具紅褐色鉤刺。羽狀複葉互生；小葉5～9枚，倒卵形或長圓形，邊緣有細齒。花單生枝頂，白色。果扁球形，紅棕色。2～5月開花，8～11月結果。生於山坡、田野、路旁等向陽處。分布於臺灣、中國江蘇、浙江、福建、江西、湖南、貴州、雲南等地。根、葉全年可採，春、夏季採含苞的花，秋季採果實；鮮用或晒乾。

  Rosa bracteata Wendl.

- **性味功用**　**根**，苦、澀，溫；補脾益腎；主治胃潰瘍、盜汗、久瀉、白帶異常、月經不調、閉經、遺精、睪丸炎、脫肛、風溼痺痛。**葉**，苦，溫；消腫解毒；主治對口瘡、疔瘡腫毒、燙火傷。**花**，甘，平；潤肺止咳；主治久咳。**果**，甘，酸，溫；補脾益腎，澀腸止瀉；主治腹瀉、痢疾、風溼痺痛、月經不調。根15～30克，花6～15克，果15～60克，水煎服；外用鮮葉適量，搗爛敷患處。

  實用簡方　①胃潰瘍：鮮碩苞薔薇根100克，豬瘦肉適量，水燉服。②虛勞咳嗽：鮮碩苞薔薇花6克，水煎，調冰糖服。

162 小果薔薇

- **別　　名**　小金櫻、白花刺、白花七葉樹。
- **藥用部位**　全株。
- **植物特徵與採製**　落葉蔓生灌木。小枝倒生銳刺。奇數羽狀複葉互生；小葉卵狀披針形、橢圓形或長卵形，邊緣具向上內彎的銳齒。傘房花序頂生；花冠白色，花瓣5。果近球形，成熟時紅色。4～6月開花，秋季果成熟。生於山坡灌木叢中。分布於臺灣、中國江西、江蘇、浙江、湖南、四川、雲南、福建、廣東、等地。根、莖、葉、果夏、秋季採，花4～6月採；可鮮用或晒乾後使用。

  Rosa cymosa Tratt.

- **性味功用**　根、莖、葉，微苦、酸，平。**根、莖**，固澀益腎；主治痢疾、胃痛、風溼痺痛、遺尿、月經不調、痛經、脫肛。**葉**，消腫解毒；主治癰、癤、疔。**花**，甘、酸，平；清涼解暑；主治暑熱口渴。**果**，甘、酸，平；固澀益腎；主治遺精、遺尿、白帶異常、疳積。根、莖30～60克，花、果15～30克，水煎服；外用鮮葉適量，搗爛敷患處。

  實用簡方　①遺尿：小果薔薇、石決明各60克，益智仁、黃耆各20克，水煎服。②陽痿：小果薔薇根60克，豬尾巴2條，水燉服。

163 金櫻子

- **別　　名**　糖罐、刺梨子、金罌子。
- **藥用部位**　根、葉、花、果(藥材名金櫻子)。
- **植物特徵與採製**　攀緣狀灌木。有鉤狀皮刺和刺毛。羽狀複葉互生；小葉橢圓形或卵狀披針形，邊緣具細齒；葉柄及葉軸具少數皮刺和刺毛。花單生枝頂，白色，大形。果倒卵形，成熟時橙黃色，有刺。3～5月開花，8～11月結果。生於山坡、路旁灌木叢中。分布於中國陝西、湖北、四川及長江以南等地。根全年可採，葉春至秋季採，花春季採收，金櫻子秋後採，去皮刺及種子，鮮用或晒乾。
- **性味功用**　金櫻子，甘、酸，平；益腎固攝，澀腸止瀉；主治腰痛、遺精、遺尿、多尿、腎炎、久痢脫肛、久瀉、子宮脫垂、白帶異常、白濁。花，甘，平；澀腸，止帶；主治久痢久瀉、白帶異常。葉，微苦，平；清熱解毒；主治急性喉炎、疔瘡癰腫、外傷出血、燙火傷。根30～60克，花、金櫻子15～30克，水煎服；外用鮮葉適量，搗爛敷患處。

實用簡方　①遺精：金櫻子30克，煅龍骨、煅牡蠣各18克，桂枝6克，水煎服。②腎虛多尿：金櫻子60克，益智仁10克，石菖蒲6克，水煎服。③脾虛腹瀉：金櫻子根60克，仙鶴草30克，水煎服。

164 粗葉懸鉤子

- **別　　名**　流蘇莓、羽萼懸鉤子、大烏泡。
- **藥用部位**　根、葉。
- **植物特徵與採製**　攀緣灌木。小枝、葉柄及花序上密被黃褐色絨毛，具小鉤刺。葉互生，心狀卵形或心狀圓形，邊緣有不規則的細圓齒，葉面有粗毛及囊泡狀小凸起或平坦，葉背密生灰色綿毛。頂生和腋生的圓錐花序或總狀花序，有時腋生成頭狀花束；花白色。聚合果球形，成熟時紅色。7～12月開花結果。生於村邊、路旁灌木叢中。分布於臺灣、中國江西、湖南、江蘇、福建、廣東、廣西、貴州、雲南等地。全年可採，鮮用或晒乾。
- **性味功用**　甘、淡，平。清熱利溼，活血祛瘀。主治肝炎、痢疾、腸炎、肝脾腫大、口腔炎、風溼骨痛、乳腺炎、外傷出血、跌打損傷。根15～30克，水煎服；外用鮮葉適量，搗爛外敷或晒乾研末，撒患處。

實用簡方　①嗜鹽菌食物中毒：粗葉懸鉤子45克，生薑15克，水煎服，同時飲淡鹽糖水。②口腔炎：粗葉懸鉤子適量，水煎含漱。

165 茅莓

- **別　　名**　草楊梅、三月泡、蒔田藨、紅梅。
- **藥用部位**　根、葉。
- **植物特徵與採製**　灌木。枝、葉柄有短毛和倒鉤刺。羽狀複葉互生；小葉3片，頂生小葉較大，闊倒卵形，兩側小葉橢圓形，葉面疏生柔毛，葉背密生白色短絨毛，脈上有小倒鉤刺。花序柄與花萼有刺和柔毛；花瓣5，粉紅色。聚合果球形，成熟時鮮紅色。8月開花結果。生於山坡、路旁、田邊、灌木叢中。分布於中國大部分地區。全年可採，鮮用或晒乾。

Rubus parvifolius L.

- **性味功用**　微苦，涼。清熱涼血，散結止痛，利尿消腫。主治泌尿系統結石、痢疾、感冒、咳嗽、糖尿病、白帶異常、產後腹痛、乳腺炎、風溼關節痛、瘰癧、皮炎、溼疹、疥瘡、汗斑、痔瘡。根30～60克，水煎服；外用鮮葉適量，搗爛敷或煎湯洗患處。

實用簡方　①白帶異常：茅莓根30克，豬瘦肉適量，或雞蛋1～2個，水燉服，每3日服1次，3次為1療程。②風溼性關節炎：鮮茅莓根125克，豬蹄（或老母雞）1隻，水燉服。③頸淋巴結核：茅莓根30～60克，豬瘦肉適量，水燉服。

166 掌葉覆盆子

- **別　　名**　覆盆子、牛奶母、華東覆盆子。
- **藥用部位**　根、果實（藥材名覆盆子）。
- **植物特徵與採製**　落葉灌木。枝略帶紫褐色，被白粉，有少數倒刺。葉互生，近圓形，掌狀5～7深裂，邊緣有細重鋸齒，兩面有稀毛。花單生於短枝上；花瓣5，白色。聚合果球形，成熟時紅色。4～5月開花結果。生於山坡疏林或灌木叢中，或栽培。分布於中國江蘇、安徽、浙江、江西、福建、廣西等地。根全年可採，鮮用或晒乾；果實4～6月半成熟時採收，置沸水中稍泡後，於烈日下晒乾。

Rubus chingii Hu

- **性味功用**　**根**，苦，平；清熱利溼；主治風溼痹痛、痢疾、白帶異常。**覆盆子**，甘、酸、溫；補肝明目，固精縮尿；主治遺精、陽痿、早洩、乳糜尿、小便頻數、遺尿、帶下清稀、視力減退。根15～30克，覆盆子9～15克，水煎服。

實用簡方　①腎虛遺精、陽痿、早洩：覆盆子、菟絲子、枸杞子、五味子、車前子各適量，研末，每次6克，每日2次，開水送服。②尿崩症、年老體虛小便失禁：覆盆子9克，山藥、益智仁、烏梅各6克，炙甘草4.5克，水煎服。

167 山莓

Rubus corchorifolius L. f.

- **別　　名**　樹莓、插秧泡、刺葫蘆。
- **藥用部位**　根、葉、果。
- **植物特徵與採製**　落葉灌木。莖直立，具刺。幼枝密被柔毛和少數腺毛。葉互生，卵形或卵狀披針形，邊緣具細齒，葉面稍有毛，葉背及葉柄被灰色毛。花單生於葉腋，或數朵聚生短枝上；花瓣5，白色。聚合果球形，紅色。2～5月開花結果。生於向陽的山坡灌木叢中。除東北、甘肅、青海、新疆、西藏外，全中國均有分布。根全年可採，葉3～10月採，果夏、秋季採，鮮用或晒乾。
- **性味功用**　根，微苦、辛，平；祛風除溼，活血調經；主治痢疾、腹瀉、風溼腰痛、感冒、閉經、痛經、白帶異常、疳積。果，微甘、酸，溫；澀精益腎；主治遺精、遺尿。葉，微苦，平；消腫解毒；主治多發性膿腫、瘡癤癰腫、溼疹、乳腺炎。根15～60克，果9～15克，水煎服；外用鮮葉適量，搗爛敷患處。

實用簡方　①泄瀉、久痢：鮮山莓根30克，水煎服。②遺精：山莓果實15克，水煎服。③腰痛、腰扭傷：山莓、茅莓、蓬虆、高粱泡根各30克，豬尾巴1根，水燉，黃酒兌服。④風溼關節痛：山莓根30克，豬蹄1隻，水燉服。

168 蓬虆

Rubus hirsutus Thunb.

- **別　　名**　蓬虆、地苗、飯消扭、託盤。
- **藥用部位**　全草。
- **植物特徵與採製**　小灌木。莖、葉柄、花梗被柔毛和腺毛，並散生鉤刺。羽狀複葉；小葉3～5枚，卵狀披針形，邊緣有不整齊鋸齒。花單生於短枝頂端，白色。聚合果球形，成熟時鮮紅色。2～5月開花結果。生於山野路旁、溪邊和疏林中。分布於臺灣、中國河南、江西、安徽、江蘇、浙江、福建、廣東等地。夏、秋季採收，鮮用或晒乾。
- **性味功用**　微苦，平。清熱止血，祛風除溼。全草主治黃疸、風溼關節痛、暑癤；根主治感冒、咽喉腫痛、牙痛、瘰癧；葉主治牙齦腫痛、創傷出血。15～30克，水煎服；外用鮮葉適量，搗爛或研末敷患處。

實用簡方　①肺病咯血：鮮蓬虆葉、冰糖各30克，水煎服。②胃痛吐酸水：鮮蓬虆根30～60克，雞1隻（去頭、足、內臟），酒水各半燉，分3次服完。③風寒感冒、咳嗽無痰：鮮蓬虆120克，水煎沖紅糖，早晚飯前各服1次。

169 高粱泡

- **別　　名**　高粱藨、包穀泡、冬菠。
- **藥用部位**　根、葉。
- **植物特徵與採製**　常綠蔓生灌木。莖有棱，散生倒生皮刺。葉互生，闊卵形，邊緣波狀淺裂並具細銳齒；葉柄被毛並散生皮刺。圓錐花序頂生或腋生；花瓣5，白色。8～11月開花結果。生於溝邊、路旁及灌木叢中。分布於臺灣、中國河南、湖北、湖南、安徽、江西、江蘇、浙江、福建、廣東、廣西、雲南等地。夏、秋季採收，鮮用或晒乾。

Rubus lambertianus Ser.

- **性味功用**　根，微苦，平；祛風活血；主治風濕痺痛、半身不遂、感冒、前列腺炎、閉經、痛經、產後瘀血痛。葉，止血，解毒，消腫；主治感冒、咯血、便血、血崩、外傷出血、口腔炎、毒蛇咬傷。15～30克，水煎服；外用鮮葉適量，搗爛敷或研末撒創口。

實用簡方　①風濕關節痛：高粱泡根、鹽膚木根各30～60克，算盤子根30克，水煎取汁，加入豬蹄1隻或母雞1隻，水酒適量，燉熟，吃肉喝湯。②坐骨神經痛：高粱泡根、絡石藤各30克，朱砂根15克，土牛膝根、南五味子根各9克，水煎服。

170 地榆

- **別　　名**　黃瓜香、白地榆、西地榆。
- **藥用部位**　根（藥材名地榆）。
- **植物特徵與採製**　多年生草本。根粗壯，外表暗棕色。莖有棱。單數羽狀複葉互生；小葉長圓形，邊緣具圓銳齒。穗狀花序頂生，圓柱形。瘦果圓球形，褐色，有縱棱和細毛。8～9月開花。生於山坡草地上。分布於中國東北、華東、華中及內蒙古、河北、甘肅、青海、新疆、廣西、四川、雲南等地。全年可採，鮮用或晒乾。【黑地榆】地榆切片，文火炒至焦黑色，噴灑少許清水，放涼即成。

Sanguisorba officinalis L.

- **性味功用**　苦，微寒。涼血止血，清熱解毒。主治崩漏、吐血、赤痢、咯血、尿血、鼻出血、痔瘡出血、外傷出血、濕疹、燙火傷、瘡癰腫痛、蛇蟲咬傷。15～30克，水煎服；外用適量，研末敷患處。

實用簡方　①血小板減少性紫癜：生地榆、太子參各50克，水煎，分2次服，每日1劑，連服2個月。②燙火傷：黑地榆、寒水石各等量，研末，調茶油或蛋清塗患處。③白帶異常：生地榆、鴨跖草各60克，大薊30克，車前草15克，水煎服。

171 枇杷

Eriobotrya japonica (Thunb.) Lindl.

- **別　　名**　盧橘。
- **藥用部位**　葉（藥材名枇杷葉）、果肉。
- **植物特徵與採製**　常綠小喬木。小枝密生銹色或灰棕色絨毛。葉片披針形、倒披針形、倒卵形或橢圓狀長圓形，上部邊緣有疏鋸齒，上面光亮，下面密生灰棕色絨毛。圓錐花序頂生；花白色。果實球形或長圓形，黃色或橘黃色。花期10～12月，果期5～6月。多為栽培。分布於臺灣、中國甘肅、陝西及華中、西南、華東等地。葉秋、冬季採，去毛，鮮用或陰乾；果3～4月成熟時採，鮮用。
- **性味功用**　葉，苦，平；清肺止咳，降逆止嘔；主治肺熱咳嗽、氣管炎、胃熱嘔噦、妊娠惡阻。果肉，甘、酸，平；潤肺止咳；主治肺熱咳喘、吐逆、煩渴。葉9～30克，果肉30～60克，水煎服。

實用簡方　①氣管炎：枇杷葉、葫蘆茶各9克，海金沙、陳皮各6克，水煎服。②肺熱咳嗽：鮮枇杷肉60克，冰糖30克，水煎服。③百日咳：枇杷葉、桑白皮各15克，地骨皮9克，甘草3克，水煎服。④瘰癧：乾枇杷種子研為末，調熱酒敷患處。

172 梅

Armeniaca mume Sieb.

- **別　　名**　梅子、烏梅。
- **藥用部位**　根、花、果實（藥材名烏梅）。
- **植物特徵與採製**　小喬木。葉片卵形或橢圓形，葉邊常具小銳鋸齒，灰綠色。花單生或有時2朵同生於1芽內，香味濃，先於葉開放。果實近球形，黃色或綠白色，味酸；果肉與核黏貼；核橢圓形。花期冬、春季，果期5～6月。多為栽培。分布於中國大部分地區。根全年可採，花含苞待放時採，果實半青半黃時採；晒乾用。【白梅】果用糖醃鹽浸，晒乾。【烏梅】果用煙燻，晒乾。
- **性味功用**　根，微苦，平；活血祛瘀；主治瘰癧、膽囊炎、肝腫大。花，酸、淡，平；疏肝解鬱，生津止渴；主治肝胃氣痛、食慾不振、梅核氣。果實（烏梅），酸，溫；收斂止瀉，解渴，殺蟲；主治痢疾、蛔蟲病、胃腸炎、虛熱煩渴、胬肉（良性角膜病變）。根、果實15～30克，花3～9克，水煎服；外用烏梅肉研末或浸醋敷患處。

實用簡方　①咽喉異物感、上部食管痙攣：梅花、玫瑰花各3克，開水沖泡，代茶常飲。②雞眼：烏梅肉、荔枝肉各等分，搗膏敷貼。③瘰癧：鮮梅根30～60克，酒水煎服。④妊娠嘔吐：梅花6克，開水沖泡代茶。

173 桃

Amygdalus persica L.

- **別　　名**　桃子、毛桃。
- **藥用部位**　根、莖皮、幼枝、葉、花、果、核仁（藥材名桃仁）、樹膠。
- **植物特徵與採製**：喬木。葉片長圓狀披針形、橢圓狀披針形或倒卵狀披針形，葉邊具細鋸齒或粗鋸齒。花單生，先於葉開放；花瓣長圓狀橢圓形至寬倒卵形，粉紅色，罕為白色。果實形狀和大小均有變異，卵形、寬橢圓形或扁圓形；核大，離核或黏核，橢圓形或近圓形，兩側扁平，頂端漸尖。花期3～4月，果實成熟期因品種而異，通常為8～9月。多為栽培。分布於中國大部分地區。根、莖皮全年可採，刮去粗皮；葉夏、秋季採，多鮮用；花春季採，陰乾；桃仁夏、秋季果實成熟時收取，晒乾；樹膠夏季採收，晒乾。
- **性味功用**　苦，平。根、莖皮、幼枝、葉，殺蟲止癢，破血止痛；**根、莖皮、幼枝**主治風溼痺痛、肋間神經痛、腰痛、痛經、跌打損傷；**葉**主治滴蟲陰道炎、癬瘡、溼疹、皮膚搔癢、疔瘡癤腫、狗咬傷。**花**，逐水消腫；主治水腫、腹水、小便不利。**桃仁**，活血破瘀，潤燥滑腸；主治閉經、痛經、癥瘕、腸癰、便祕、跌打血瘀。**樹膠**，和血益氣；主治痢疾、尿道感染、乳糜尿、糖尿病。根、莖皮15～30克，葉、花3～6克，桃仁6～9克，樹膠9～15克，水煎服；外用適量，水煎薰洗或鮮葉搗爛敷患處。桃根、桃葉、桃枝、桃花、桃仁孕婦忌服。

實用簡方　①虛勞咳喘：鮮桃3個，去皮，加冰糖30克，燉爛食，每日1次。②降血脂：桃膠50克，水燉，酌加白糖調服，每日1次，1個月為1療程。③糖尿病：桃膠15～24克，玉米鬚、枸杞根各30～48克，水煎服。④產後小便不利：桃仁20克，蔥白2根，冰片3克，搗爛，用紗布包好蒸熱，趁溫填入臍部固定，患者覺有熱氣入腹，即有便意。若一次不通，可重複使用。⑤軟組織挫傷：桃仁、梔子各等量，搗爛，調雞蛋清敷患處，每日換藥1次。⑥扭挫傷：鮮桃樹根二重皮、楊梅根二重皮、骨碎補各適量，搗爛敷患處，每日換藥1次。⑦痔瘡：鮮桃葉、爵床各適量，煎水薰洗患處，每日2次。⑧慢性鼻炎：嫩桃葉適量揉碎塞鼻，每日3次。⑨頭面癬瘡：鮮桃葉搗汁敷之。

豆科

174 合萌

- **別　　名**　田皂角、夜關門、海柳。
- **藥用部位**　全株。
- **植物特徵與採製**　灌木狀草本。幼枝、葉軸、總花梗有乳頭狀刺毛。單數羽狀複葉互生；小葉長圓形。總狀花序腋生；花冠黃色，有紫色條紋。莢果伸出花萼之外，條形，微彎。8～9月開花結果。生於田野、路旁。中國各地均有分布。秋季採收，鮮用或晒乾。

Aeschynomene indica L.

- **性味功用**　淡，涼。清熱利溼，祛風明目，通乳。主治泌尿系統感染、痢疾、泄瀉、疳積、膽囊炎、乳癰、瘡癤、夜盲、產後乳汁不足。15～30克，水煎服；外用鮮全草適量，搗爛敷患處。

實用簡方　①血淋：鮮合萌根、車前草各30克，水煎服。②夜盲：合萌種子或全草30克，豬肝適量，水燉服。③小便不利：合萌15～30克，水煎服。④癰疽腫毒：合萌葉適量，焙乾，研末，用茶葉水調勻，敷患處。⑤蕁麻疹：合萌適量，煎湯外洗。

175 合歡

- **別　　名**　絨花樹、馬纓花、蓉花樹。
- **藥用部位**　樹皮（藥材名合歡皮）、花（藥材名合歡花）。
- **植物特徵與採製**　落葉喬木。樹皮灰黑色，平滑，具灰白色皮孔。幼枝、花序、總葉柄被毛。2回羽狀複葉互生；小葉刀狀長圓形或條形。頭狀花序成傘房狀排列，頂生或腋生；花淡紅色，花絲細長，遠超出花冠。莢果條形，扁平，黃褐色。夏季開花，秋、冬季結果。常栽培於路旁、庭園。分布於中國東北至華南及西南部各地區。全年可採，夏、秋季為佳，剝取樹皮，晒乾。

Albizia julibrissin Durazz.

- **性味功用**　甘，平。**合歡皮**，安神定志，活血止痛；主治心神不安、失眠、憂鬱、肺癰、跌打損傷、骨折、癰疽。**合歡花**，解鬱安神，理氣開胃，消風明目；主治憂鬱失眠、胸悶不舒、納呆食少、風火眼疾、視物不清。合歡皮15～30克，合歡花3～9克，水煎服；外用鮮樹皮適量，搗爛敷患處。

實用簡方　①失眠：合歡皮15克，酸棗仁30克，知母、川芎、茯神各9克，水煎服。②心煩不寐：合歡皮、鮮費菜各15克，夜交藤30克，水煎服。③肺癰：合歡皮30克，魚腥草15克，水煎服。

176 紫雲英

- **別　　名**　翹搖、紅花菜、米布袋。
- **藥用部位**　全草。
- **植物特徵與採製**　二年生草本。多分枝，匍匐，被白色疏柔毛。奇數羽狀複葉；小葉7～13枚，倒卵形。總狀花序近傘形，腋生；花冠紫紅色或橙黃色。莢果線狀長圓形。花期2～6月，果期3～7月。生於山坡、溪邊等潮溼處或栽培。分布於中國長江流域各地區。春季採收，可鮮用或晒乾。

Astragalus sinicus L.

- **性味功用**　微辛，涼。清熱利溼，涼血止血，消腫解毒。主治黃疸、咽喉腫痛、淋病、神經痛、白帶異常、月經不調、小兒支氣管炎、膿腫、疔瘡、外傷出血。9～30克，水煎服；外用鮮全草適量，搗爛敷患處。

實用簡方　①肝炎：鮮紫雲英60克，搗汁溫服。②淋病：鮮紫雲英根60～90克，水煎服。③白帶異常：鮮紫雲英根30克，水煎服。④咽喉腫痛：鮮紫雲英、酢漿草各適量，水煎代茶。⑤瘡癤癰腫、帶狀疱疹：鮮紫雲英適量，搗爛敷患處。

177 龍鬚藤

- **別　　名**　梅花入骨丹、九龍藤、五花血藤、菊花木。
- **藥用部位**　根、莖藤。
- **植物特徵與採製**　藤本。嫩枝、葉背、花序、萼片均具淡棕色短毛。莖棕色，斷面有菊花狀紋理。卷鬚不分枝，1或2條與葉對生。葉寬卵形，先端2裂，全緣。總狀花序腋生或與葉對生，或數條生於枝條上部；花冠白色。莢果扁條形，頂端有短彎喙。8～9月開花，10～11月結果。生於山坡、溪旁、疏林或灌木叢中。分布於臺灣、中國浙江、福建、廣東、廣西、江西、湖南、湖北、貴州等地。全年可採，鮮用或晒乾。

Bauhinia championii (Benth.) Benth.

- **性味功用**　微苦、澀，溫。祛風除溼，通經活絡。主治風溼痺痛、偏癱、腰腿痛、胃痛、痢疾、骨折、跌打損傷。15～30克，水煎服。

實用簡方　①風溼關節痛：龍鬚藤30克，水煎服；或龍鬚藤30克，野木瓜、雞血藤各15克，豬蹄或墨魚乾適量，水燉服。②偏癱：龍鬚藤根30克，黃酒、豬肉各適量，水燉服。③腰痛：龍鬚藤、大血藤、飛龍掌血、淫羊藿、巴戟天各20克，水燉，老酒兌服。

121

178 雲實

- **別　　名**　藥王子、杉刺、倒掛刺。
- **藥用部位**　根、莖、葉、種子。
- **植物特徵與採製**　落葉攀緣狀灌木。枝及葉軸具倒鉤狀刺。2回雙數羽狀複葉互生，羽片對生；小葉對生，長圓形。總狀花序頂生；花冠假蝶形，黃色。莢果長圓形，扁平。4～10月開花結果。生於山坡岩旁或灌木叢中。分布於中國華東、中南、西南及河北、陝西、甘肅等地。根、莖、葉夏、秋季採，果實成熟時採；鮮用或晒乾。

Caesalpinia decapetala (Roth) Alston

- **性味功用**　根、莖，微苦，溫；疏肝行氣，祛風除溼；主治淋證、肝炎、肝硬化腹水、咽喉腫痛、胃痛、風溼痺痛、跌打損傷、乳腺炎、癰疽腫毒、皮膚搔癢、癤腫、瘰癧、毒蛇咬傷。葉，苦、辛，平；消腫散結；主治瘰癧、乳腺炎、皮膚搔癢、膿腫。種子，辛，溫；有毒；除溼、截瘧；主治痢疾、泄瀉、瘧疾。根、莖15～30克，種子3～9克，水煎服；外用葉適量，搗爛敷患處。

實用簡方　①急性肝炎：雲實根60克，地耳草、虎杖根、車前草各30克，水煎，調白糖服。②乳腺炎、腮腺炎：雲實根60克，雞蛋1個，水燉服；外用雲實根適量，磨燒酒塗，或用鮮葉和紅糖搗爛，敷患處。

179 錦雞兒

- **別　　名**　金雀花、黃雀花、斧頭花。
- **藥用部位**　根、花。
- **植物特徵與採製**　落葉灌木。根圓柱形，外皮紅棕色。小枝有棱，灰黑褐色。羽狀複葉簇生短枝上，或在幼枝上互生；托葉和宿存葉軸先端常硬化成針刺；小葉4枚，頂端一對較大，倒卵形，全緣，無柄。花單生短枝上；花冠蝶形，黃色稍帶紅。莢果條形。4～5月開花。生於山坡、路旁灌木叢中或栽培。分布於中國河北、陝西、江蘇、江西、浙江、福建、河南、湖北、湖南、廣西北部、四川、貴州、雲南等地。根全年可採，花春、夏季採；鮮用或晒乾。

Caragana sinica (Buc'hoz) Rehd.

- **性味功用**　微甘、辛，平。根，滋補強壯，活血調經，祛風利溼；主治勞倦乏力、高血壓、頭暈耳鳴、月經不調、風溼疼痛、跌打損傷。花，和血祛風，止咳化痰；主治頭痛、眩暈、咳嗽。根30～60克，花15～24克，水煎服。

實用簡方　①體虛乏力、腰膝痠軟、乳汁不足：錦雞兒根60克，豬蹄1隻，水燉服。②頭暈、頭痛、高血壓：錦雞兒根30～60克，或錦雞兒花10～20克，水煎服。

180 望江南

- **別　　名**　假決明、羊角豆、望江南決明。
- **藥用部位**　全草、種子。
- **植物特徵與採製**　直立半灌木。雙數羽狀複葉互生；小葉橢圓形或卵狀披針形。傘房狀總狀花序頂生或腋生；花黃色，蝶形。莢果扁平，帶狀鐮刀形，淡黃色，中央棕色。種子寬卵形，扁，灰棕色。9～12月開花結果。生於沙質土的向陽山坡或河邊。分布於中國東南部、南部及西南部各地。全草夏季採收，種子10～11月採收；鮮用或晒乾。

Cassia occidentalis L.

- **性味功用**　苦，平。有小毒。全草，清肝，利尿，消腫解毒；主治頭痛、咳嗽、尿血、毒蛇咬傷。種子，清肝明目，健胃潤腸；主治高血壓、目赤腫痛、頭痛、痢疾、便祕、瘧疾。9～15克，水煎服；外用鮮葉適量，搗爛敷患處。

> **實用簡方**　①頑固性頭痛：望江南葉30克，豬瘦肉適量，酌加食鹽，水燉服。②坐骨神經痛：望江南30克，三椏苦、土牛膝各20克，水煎服。③痢疾：望江南種子9克，水煎服。④毒蛇咬傷、蜈蚣咬傷、蜂螫傷：鮮望江南葉適量，搗爛敷患處。

181 決明

- **別　　名**　草決明、決明子。
- **藥用部位**　全草、種子（藥材名決明子）。
- **植物特徵與採製**　一年生半灌木狀草本。雙數羽狀複葉互生；小葉通常3對，倒卵狀長圓形，偏斜，全緣，幼時兩面生疏柔毛。花通常成對生於葉腋；花瓣倒卵形，黃色。莢果圓角形，微彎。種子多數，近菱形。6～10月開花結果。多栽培或逸為野生。中國長江以南各地區普遍分布。全草夏、秋季採；9～11月採成熟果實，晒乾，打落種子。

Cassia tora L.

- **性味功用**　鹹、微苦，平。全草，清熱利溼，解毒消腫；主治感冒、腎炎、黃疸、白帶異常、瘰癧、瘡癰癤腫。決明子，清熱平肝，祛風明目，調腸通便；主治目赤腫痛、視物昏暗、高血壓、小便不利、便祕。全草15～30克，決明子3～9克，水煎服。

> **實用簡方**　①角膜炎：決明子15克，水煎服。②高血壓：決明子15克，炒黃，水煎代茶。③白帶異常：決明根30克，豬小腸適量，水燉服。④小兒疳積：決明子9克，研末，雞肝1個，搗爛，酌加白酒，調和成餅，蒸熟服。

182 紫荊

- **別　　名**　紫花樹、籮筐樹、滿條紅。
- **藥用部位**　根皮、樹皮（藥材名紫荊皮）、葉、花。
- **植物特徵與採製**　落葉小喬木。樹皮暗灰色，密布暗褐色橫長的皮孔，老時呈片狀剝落；小枝綠色。葉互生，近圓形，全緣。花先葉開放，數朵生於短的總花梗上；花瓣不等大，紫紅色。莢果條形，扁。春季開花。常栽培於庭園。分布於中國華北、華東、中南、西南地區及陝西、甘肅等地。根皮、樹皮、葉夏、秋季採，花春季採；鮮用或晒乾。
- **性味功用**　苦，平。活血通經，消腫止痛，通淋，解毒。主治跌打腫痛、中暑腹痛、月經不調、瘀滯腹痛、小便淋痛、喉痺、癰疽瘡腫、漆過敏、蛇蟲咬傷、狂犬咬傷。9～15克，水煎服；外用鮮品適量，搗爛敷患處。

實用簡方　①痛經：紫荊皮15克，香附10克，延胡索8克，水煎服。②喉痺：紫荊皮適量，研末，每次2克，開水調，含咽。③背癰初起：鮮紫荊葉適量，酌加紅糖，搗爛敷患處。④痔瘡腫痛：紫荊皮15克，水煎服。

Cercis chinensis Bge.

183 舖地蝙蝠草

- **別　　名**　半邊錢、蝴蝶草、羅薑草。
- **藥用部位**　全草。
- **植物特徵與採製**　一年生草本。莖纖細，基部多分枝，平臥地上。小葉3枚，頂生小葉闊倒三角形或腎形，全緣；側生小葉較小，長圓形或倒卵形。總狀花序頂生或腋生；花小，疏生；花冠藍色。莢果小。5～7月開花結果。生於曠野山坡草叢中。分布於臺灣、中國福建、廣東、海南、廣西等地。全年可採，鮮用或晒乾。
- **性味功用**　苦，平。清熱利尿，散瘀止血。主治腎盂腎炎、小便不利、水腫、白帶異常、吐血、咯血、血崩、急性胃腸炎、乳腺炎、跌打損傷。15～30克，水煎服。孕婦慎服。

實用簡方　①白帶異常：鮮舖地蝙蝠草30～60克，青蛙肉適量，水燉服。②乳腺炎：舖地蝙蝠草15～30克，水煎服；另取鮮舖地蝙蝠草適量，搗爛敷患處。③腎炎：鮮舖地蝙蝠草全草適量，海參適量，水燉服。

Christia obcordata (Poir.) Bahn. f.

184 豬屎豆

- **別　　名**　白豬屎豆、響鈴草、三圓葉豬屎豆。
- **藥用部位**　全草、根、種子（藥材名豬屎豆）。
- **植物特徵與採製**　半灌木狀草本。莖圓柱形，具縱溝紋，被緊貼的細毛。3出複葉互生；總葉柄被緊貼的細毛；小葉倒卵形至倒卵狀長圓形，全緣，葉背有緊貼的細毛。總狀花序頂生；花冠黃色。莢果圓柱形，成熟時淡棕色，下垂，搖之會響。種子棕色，近方形。8～11月開花結果。生於荒野、路旁。分布於臺灣、中國福建、廣東、廣西、四川、雲南、山東、浙江、湖南等地。夏、秋季採收，鮮用或晒乾。

Crotalaria pallida Ait.

- **性味功用**　全草、根，辛、苦，平；清熱利溼，解毒散結；全草主治溼熱腹瀉、痢疾、遺精、淋病、乳癰；根主治腰膝痠痛、淋巴結核、乳癰。種子，甘、辛，涼；平肝明目；主治結膜炎。9～15克，水煎服。孕婦慎服。

實用簡方　①淋巴結核：豬屎豆根、鳳尾草根、過壇龍根各15克，水煎，酌加陳酒兌服。②乳腺炎：鮮豬屎豆全草適量，酌加酒糟，搗爛敷患處；並可取莖葉濃煎，於換藥時薰洗患處。

185 農吉利

- **別　　名**　野百合、狗鈴草、狸豆。
- **藥用部位**　全草。
- **植物特徵與採製**　直立草本。莖被平伏毛。葉條形或條狀披針形，全緣，葉背被絲光質平伏毛。總狀花序頂生或腋生，結果時下垂；花冠淡藍色。莢果長圓柱形。種子熟時搖之會響。7～11月開花結果。生於山坡草叢中。分布於東北、華東、中南及西南等地。夏、秋季採收，鮮用或晒乾。

Crotalaria sessiliflora L.

- **性味功用**　微苦，平。有毒。祛風利溼。主治痢疾、遺尿、風溼關節痛、腫瘤、疔瘡癰腫。9～15克，水煎服。

實用簡方　①細菌性痢疾：鮮農吉利30克，冰糖15克，水燉服。②慢性支氣管炎：農吉利、蒲公英各15克，紫金牛30克，水煎服。③久咳、痰稠：農吉利15克，藍花參30克，百合20克，枇杷葉9克（去毛），水煎，分2～3次服。④皮膚癌：鮮農吉利適量，搗成糊狀敷患處，每日換藥2～3次；或研粉，消毒後用生理鹽水調敷。⑤毒蛇咬傷：鮮農吉利適量，搗爛敷患處。

186 小槐花

Desmodium caudatum (Thunb.) DC.

- **別　　名**　清酒缸、山螞蟥、拿身草。
- **藥用部位**　根、葉。
- **植物特徵與採製**　小灌木。小葉3枚，披針形或菱狀披針形，全緣，葉面幾無毛，葉背疏被緊貼的短毛；葉柄扁，有狹翼。總狀花序腋生；花綠白色，蝶形。莢果扁條形，被棕色鉤狀毛。6～12月開花結果。生於山坡、林緣或路旁草叢中。分布於臺灣，長江以南各地，西至喜馬拉雅山。夏、秋季採收，鮮用或晒乾。
- **性味功用**　微苦、辛，微溫。祛風利溼，解毒消腫。主治風溼痺痛、腎炎、黃疸、膽囊炎、胃痛、小兒疳積、淋巴結炎、癰瘡潰瘍、多發性膿腫、跌打損傷、神經性皮炎、漆瘡、毒蛇咬傷。15～30克，水煎服；外用鮮葉適量，搗爛敷患處。根，孕婦忌服。

實用簡方　①感冒寒熱、四肢關節痠痛：鮮小槐花根30～60克，豆腐適量，水燉服。②腎盂腎炎：小槐花根30克，豬瘦肉適量，水燉服。③癰瘡發背：鮮小槐花根30～60克，水煎服；另取鮮小槐花葉適量，搗爛敷患處。④瘧疾：小槐花根、一枝黃花各30克，水煎服。

187 廣東金錢草

Desmodium styracifolium (Osbeck) Merr.

- **別　　名**　金錢草、落地金錢、廣金錢草。
- **藥用部位**　全草。
- **植物特徵與採製**　半灌木狀草本。小枝密生黃色柔毛。葉互生；小葉通常1枚，有時3枚，近圓形，先端微缺，葉背密生平貼的絹質絨毛；葉柄被柔毛。總狀花序頂生和腋生；花小；花冠蝶形，紫紅色。莢果有短柔毛及鉤狀毛。9～10月開花。生於山坡、草地或灌木叢中。分布於中國廣東、海南、廣西、福建、雲南等地。夏、秋季採收，鮮用或晒乾。
- **性味功用**　甘、淡，平。清熱除溼，通淋排石。主治泌尿系統結石、尿道炎、膽囊炎、膽石症。15～30克，水煎服。

實用簡方　①泌尿系統結石、血淋：鮮廣金錢草30克，水煎服，或調蜂蜜、冰糖服。②膀胱結石：廣金錢草60克，海金沙藤30克，水煎服。③泌尿系統感染：廣金錢草24克，車前草、海金沙藤、金銀花各15克，水煎服。④風溼性關節炎：鮮廣金錢草30克，忍冬藤、雞矢藤各20克，水煎服。

188 皂莢

- **別　　名**　皂角、豬牙皂、扁皂角。
- **藥用部位**　莢果（藥材名皂莢）、莖上刺（藥材名皂角刺）。
- **植物特徵與採製**　喬木。刺粗壯，紅褐色，圓柱形，常分枝。雙數羽狀複葉互生；小葉長卵形，邊緣有細鋸齒。總狀花序腋生；花瓣4。莢果條形，直而扁，兩面凸起，黑棕色，有白色粉霜。春季開花。生於山坡林中或谷地、路旁。分布於中國東北、華北、華東、華南及四川、貴州等地。皂角刺全年可採，趁鮮切晒；皂莢9～10月間成熟時採，陰乾。

Gleditsia sinensis Lam.

- **性味功用**　**皂莢**，辛、鹹，溫；有小毒；祛痰止咳，開竅通閉；主治痰咳喘滿、中風口噤、二便不通。**皂角刺**，辛，溫；破結、散瘀，消腫；主治癰疽腫毒、產後缺乳。皂莢，1～3克，多入丸、散；皂角刺3～9克，水煎服。孕婦忌服。

實用簡方　①小兒厭食症：皂莢適量，煅存性，研末，每次1克，拌糖吞服，每日2次。②促生髮：鮮皂莢葉適量，揉搓，水煎洗頭。③中風昏迷、口噤不開：皂莢、半夏各4.5克，細辛1.5克，研細末，吹鼻內取嚏，促使甦醒。④魚骨鯁喉：以皂莢末少許吹鼻中，使得嚏，鯁出。⑤頑癬：嫩皂角刺適量，加醋熬汁，外塗患處。

189 雞眼草

- **別　　名**　掐不齊、人字草、三葉人字草。
- **藥用部位**　全草。
- **植物特徵與採製**　一年生草本。莖多分枝，平臥，疏生有白色向下的長毛。葉互生；小葉3枚，倒卵形或倒卵狀長圓形，葉面無毛，葉背主脈和葉緣有疏白毛。花1～3朵簇生於葉腋；花冠淡紅色。莢果卵狀菱形，疏生毛。7～10月開花結果。生於山坡、路旁、田邊等地。分布於中國東北、華北、華東、中南、西南等地。夏、秋季採收，鮮用或晒乾。

Kummerowia striata (Thunb.) Schindl.

- **性味功用**　甘，平。清熱解毒，活血止血，利溼健脾。主治感冒、痢疾、胃腸炎、中暑發痧、夜盲、淋病、肝炎、疳積、帶下病、小兒陰莖包皮炎。30～60克，水煎服。

實用簡方　①肝炎：雞眼草30～60克，水煎，兌小母雞湯服；另取雞眼草適量，水煎代茶。②溼熱黃疸：雞眼草、虎杖各30克，水煎服。③急慢性腎炎全身浮腫：鮮雞眼草30～90克，酒水各半燉服。④尿道炎：鮮雞眼草30～60克，水煎服。⑤吐血：鮮雞眼草60克，水煎，酌加冬蜜調服。

190 截葉鐵掃帚

- **別　　名**　鐵掃帚、關門草、千里光。
- **藥用部位**　全草。
- **植物特徵與採製**　小灌木。莖直立，有細棱，棱上有毛。3出複葉螺旋狀互生或簇生於短枝上；小葉3枚，條狀長圓形，全緣，葉面疏生短伏毛，葉背密生白毛。總狀花序腋生；花冠蝶形，白色。果小，長圓形。9～11月開花結果。生於山坡、路旁雜草叢中。分布於中國華東、中南、西南及陝西等地。夏、秋季採收，可鮮用或晒乾。

Lespedeza cuneata G. Don

- **性味功用**　微甘，平。平肝明目，袪痰利溼。主治夜盲、角膜潰瘍、急性結膜炎、糖尿病、痢疾、肝炎、腎炎、支氣管炎、小兒疳熱、疳積、消化不良、白帶異常、白濁、乳腺炎、風溼性關節炎、癰腫瘡毒。15～30克，水煎服。

實用簡方　①夜盲、急性結膜炎：截葉鐵掃帚15克，白菊花、穀精草、枸杞子各12克，水煎服。②肝炎：截葉鐵掃帚30克，豬瘦肉適量，水燉服。③糖尿病：截葉鐵掃帚根60～120克，冰糖15克，水燉服。

191 美麗胡枝子

- **別　　名**　胡枝子、馬掃帚。
- **藥用部位**　根、莖、葉、花。
- **植物特徵與採製**　灌木。小葉3枚，中央小葉卵狀橢圓形或卵形，全緣，葉面無毛，葉背被灰色短毛。總狀花序腋生；花冠紫紅色或白色，蝶形。莢果，卵形、長圓形或披針形，稍偏斜，被毛。5～10月開花結果。生於山坡灌木叢中。分布於臺灣、中國華北、華東、西南及湖南、廣東、廣西等地。根全年可採，莖、葉春至秋季採，花秋季採；鮮用或晒乾。

Lespedeza formosa (Vog.) Koehne

- **性味功用**　根，苦，平；清熱解毒，活血止痛；主治肺癰、乳癰、風溼痺痛、扭傷、脫臼、骨折。莖、葉，苦，平；清熱利尿；主治便血、尿血、熱淋、小便不利、中暑發痧、蛇傷。花，甘，平；清熱涼血，利水通淋；主治咯血、咳嗽、尿血、便血。30～60克，水煎服；外用根皮、葉適量，搗爛敷患處。

實用簡方　①中暑：鮮美麗胡枝子嫩葉15～30克，嚼爛，泉水送服。②咳嗽：美麗胡枝子花15～30克，雞蛋1個，水煎服。③風溼疼痛：美麗胡枝子根50～100克，水煎，兌豬蹄湯服。

192 天藍苜蓿

- **別　　名**　黑莢苜蓿、雜花苜蓿、野花生。
- **藥用部位**　全草。
- **植物特徵與採製**　一年生草本。伏臥或斜升，疏生黃褐色柔毛。3出複葉互生；小葉倒卵形至菱形，中部以上邊緣有細鋸齒，初時兩面均被柔毛；小葉柄被毛。頭狀花序；花冠蝶形，黃色。莢果彎曲，略呈腎形，成熟時黑色。3～4月開花結果。生於田野或栽培。分布於中國南北各地，以及青藏高原。夏、秋季採收，可鮮用或晒乾後使用。

Medicago lupulina L.

- **性味功用**　甘、澀，平。清熱利濕，止咳平喘，涼血解毒。主治肝炎、痔血、氣喘、熱淋、石淋、蛇頭疔、蜂螫傷。15～30克，水煎服；外用鮮草適量，搗爛敷患處。

實用簡方　①急性病毒性肝炎：天藍苜蓿60克，水煎服。②濕熱黃疸：天藍苜蓿、虎杖各30克，蒲公英25克，虎刺15克，水煎服。③痔血、便血：天藍苜蓿、側柏葉各30克，黃芩9克，水煎服。④指頭炎：鮮天藍苜蓿適量，鹽滷少許，搗爛敷患處，每日換藥1～2次。⑤蜈蚣、毒蛇咬傷及黃蜂螫傷：鮮天藍苜蓿適量，搗爛取汁，塗敷患處。

193 草木犀

- **別　　名**　黃香草木犀、黃零陵香、金花草。
- **藥用部位**　全草。
- **植物特徵與採製**　一年生或二年生草本。3出複葉互生；小葉倒卵狀披針形至寬倒卵形，邊緣有疏鋸齒，葉脈羽狀。總狀花序腋生；花黃色，旗瓣較翼瓣等長。莢果卵圓形。12月開花。生於山坡、田邊或路旁。分布於中國東北、華北、華南、西南等地。夏、秋季採收，鮮用或晒乾。

Melilotus officinalis (L.) Pall.

- **性味功用**　微辛、甘，平。有小毒。除濕截瘧，健胃和中，消腫止痛。主治痢疾、淋證、帶下病、瘧疾、暑濕胸悶、脘腹不適、癤、瘡毒。6～15克，水煎服；外用鮮全草適量，搗爛敷於患處。

實用簡方　①暑熱暑濕：草木犀、藿香、通草各9～15克，水煎服。②瘧疾：草木犀15克，水煎，於瘧疾發作前4小時服。

129

194 香花雞血藤

- **別　　名**　香花崖豆藤、雞血藤。
- **藥用部位**　根、藤莖。
- **植物特徵與採製**　攀緣灌木。小枝被毛或近無毛。奇數羽狀複葉互生；小葉長圓形、披針形或卵形，葉面無毛，葉背略被短柔毛或無毛。圓錐花序頂生，密生黃褐色絨毛；花紫色，旗瓣外面白色，密生銹色細毛。莢果條形，木質，密生黃褐色絨毛。8月開花。生於山坡疏林或灌木叢中。分布於中國中南、西南及陝西、甘肅、浙江、江西、福建等地。全年可採，切片鮮用或晒乾。

Millettia dielsiana Harms

- **性味功用**　微苦、澀，微溫。補血行氣，通經活絡。主治貧血、風溼痺痛、腰痛、閉經、月經不調、白帶異常、跌打損傷。15～30克，水煎服。孕婦忌服。

實用簡方　①腰痛：香花雞血藤根30～60克，豬蹄1隻，黃酒少許，水燉服，吃肉喝湯。②風溼痺痛：香花雞血藤、山薑、勾兒茶、穗序鵝掌柴、五加皮、半楓荷、胡頹子、枳椇子、鉤藤、紅蔘根各30克，水煎，去渣，加入豬蹄1隻（素體畏熱的加老母雞1隻），燉熟，吃肉喝湯。③勞傷：香花雞血藤60克，白酒100毫升，浸泡3日，每日服2次，每次10毫升。

195 含羞草

- **別　　名**　怕羞草、怕醜草、感應草。
- **藥用部位**　全草。
- **植物特徵與採製**　半灌木狀草本。全株有剛毛，莖上有銳刺。2回羽狀複葉；小葉觸之閉合，下垂，小葉片長圓形。頭狀花序長圓形；花冠綠白色；雄蕊4枚，花絲極長，伸出花冠外，粉紅色。莢果扁。5～10月開花結果。栽培或逸為野生。分布於臺灣、中國福建、廣東、廣西、雲南等地。夏、秋季採收，鮮用或晒乾。

Mimosa pudica L.

- **性味功用**　微苦、澀，寒，有小毒。清熱利尿，化痰止咳，安神止痛。主治感冒、肝炎、神經衰弱、小兒高熱、結膜炎、支氣管炎、腸炎、疝氣、疳積、無名腫毒、帶狀疱疹。6～15克，水煎服；外用適量，搗爛敷患處。孕婦忌服。

實用簡方　①病毒性肝炎：含羞草根15克，水煎服。②腸炎：鮮含羞草60克，水煎服。③胃腸炎、泌尿系統結石：含羞草、車前草各15克，木通、海金沙各10克，水煎服。④無名腫毒、帶狀疱疹：鮮含羞草（或鮮葉）適量，搗爛敷患處。

196 常春油麻藤

- **別　　名**　牛馬藤、過山龍、常綠黎豆。
- **藥用部位**　根、莖或莖皮。
- **植物特徵與採製**　藤本。莖斷面淡紅磚色，乾時有數層紅褐色同心環圈。3出複葉；中央小葉卵狀橢圓形或卵狀長圓形，全緣，兩面無毛；側生小葉斜卵形。總狀花序生於老莖上；花冠暗紫色，蝶形。莢果木質，條形，被鏽色長毛。種子扁長圓形，棕色。春、夏季開花結果。生於高山林緣、灌木叢中。分布於中國四川、貴州、雲南、陝西、湖北、浙江、江西、湖南、福建、廣東、廣西等地。夏、秋季採收，切片鮮用或晒乾。

Mucuna sempervirens Hemsl.

- **性味功用**　甘、微苦，微溫。活血通經，補血舒筋，祛風行氣。主治閉經、月經不調、痛經、產後氣血不足、貧血、風溼痺痛、四肢麻木、跌打損傷。根、莖30～60克，水煎服（宜久煎）；外用莖皮適量，搗爛調酒敷患處。

> **實用簡方**　①再生障礙性貧血：常春油麻藤莖30～60克，黃耆30克，龜甲、鱉甲各9～15克，水煎，每日分3次服。②風溼關節痛：常春油麻藤莖30克，穿根藤、白筋花根、鏈珠藤各15克，水煎，酌加黃酒服。

197 花櫚木

- **別　　名**　花梨木、臭桐柴、紅豆樹。
- **藥用部位**　根、葉。
- **植物特徵與採製**　小喬木。幼枝、葉軸、花序軸、花萼均密被灰黃色茸毛。單數羽狀複葉互生；小葉長圓形，邊緣乾時皺波狀，葉背被灰黃色茸毛。圓錐花序或總狀花序腋生或頂生；花冠黃白色，蝶形。莢果扁平，長圓形或近菱形。種子紅色。夏、秋季開花結果。生於山坡、溪谷旁雜木林中。分布於中國安徽、浙江、福建、江西、湖南、湖北、廣東、四川、貴州、雲南等地。全年可採，鮮用或晒乾。

Ormosia henryi Prain

- **性味功用**　苦、辛，平。有毒。活血化瘀，祛風除溼。主治跌打損傷、腰肌勞損、風溼痺痛、無名腫毒、燙火傷。1.5～3克，水煎服；外用適量，搗爛敷患處。孕婦忌服。

> **實用簡方**　①跌打損傷：花櫚木根皮9克，水煎，沖黃酒服；另取鮮花櫚木根皮適量，甜酒糟少許，搗爛敷患處。②流行性腮腺炎：花櫚木根30克，青木香12克，研末，酌加白酒調塗患處。

131

198 沙葛

- **別　　名**　涼薯、豆薯、貧人果。
- **藥用部位**　塊根、種子。
- **植物特徵與採製**　草質藤本。全株稍被毛。塊根紡錘形或扁球形，肉質，白色，味甜。3出複葉互生；頂生小葉菱形或卵狀腺形；側生小葉斜卵形，較小。總狀花序腋生；花冠蝶形，紫堇色。莢果帶狀，稍膨脹，有毛。種子近方形，黃色。7～11月開花結果。多為栽培。分布於臺灣、中國福建、廣東、海南、廣西、雲南、四川、貴州、湖南、湖北等地。塊根夏、秋季採挖，通常鮮用；種子冬季成熟時採，可鮮用或晒乾後使用。

Pachyrhizus erosus (L.) Urb.

- **性味功用**　塊根，甘，涼；清肺生津，利尿，醒酒；主治熱渴、中暑、小便不利、酒精中毒。種子，微辛，涼；有大毒；殺蟲止癢；主治疥瘡、皮膚搔癢、癬。鮮塊根切片嚼吃或搗爛絞汁服；種子禁內服，外用搗爛醋浸塗。

實用簡方　①傷暑煩熱口渴：鮮沙葛塊根適量，去皮生吃。②感冒發熱、頭痛、煩渴：鮮沙葛塊根9～15克，水煎服。③高血壓、頭昏目赤、顏面潮紅、大便乾結：鮮沙葛塊根適量，去皮搗爛，絞汁30毫升，以涼開水沖服，每日2～3次。

199 排錢草

- **別　　名**　疊錢草、雙排錢、排錢樹。
- **藥用部位**　全株。
- **植物特徵與採製**　半灌木。小枝有棱，具毛。3出複葉；頂生小葉較大，長圓形或長卵形，邊緣微波狀，兩面有疏毛。總狀花序腋生或頂生；花冠白色。莢果條形，扁，兩側縫線略隘縮，先端有喙，有緣毛。8～10月開花結果。生於荒地、路旁、山坡等疏林下。分布於臺灣、中國福建、江西、廣東、廣西、雲南等地。

Phyllodium pulchellum (L.) Desv.

根、莖全年可採，葉夏、秋季採；鮮用或晒乾。

- **性味功用**　淡、澀，涼。有小毒。清熱解毒，祛風利水，散瘀消腫。主治感冒、咽喉腫痛、水腫臌脹、肝脾腫大、肺結核、風溼痹痛、急性腰扭傷、脫肛、血崩、月經不調、閉經、子宮脫垂、跌打腫痛。15～30克，水煎服。孕婦慎服。

實用簡方　①胃潰瘍：排錢草30克，山臘梅根20克，燉雞或羊肉服。②乏力勞傷作痛：排錢草30克，酒水各半燉服。③腰背痠痛：鮮排錢草根15～30克，豬尾巴1條，水燉服。④月經不調：排錢草根30克，老母雞1隻，酒水各半燉服。

200 猴耳環

- **別　　名**　雞心樹、圍誕樹、圍涎樹。
- **藥用部位**　葉、果實。
- **植物特徵與採製**　常綠喬木。2回雙數羽狀複葉互生；小葉近不等的四邊形，偏斜，全緣，兩面被短毛。頭狀花序排列成聚傘狀圓錐花序，腋生或頂生；花具柄，淡黃色或白色。莢果條形，捲曲呈環狀，外緣波狀。種子橢圓形，黑色，具細長臍帶，成熟時露出莢果外。4月開花。生於山谷林下。分布於臺灣、中國浙江、福建、廣東、廣西、雲南等地。夏、秋季採收，鮮用或晒乾。

Pithecellobium clypearia (Jack) Benth.

- **性味功用**　微苦、澀、涼。有小毒。解毒消腫。主治燙火傷、癰腫、溼疹、疔瘡。外用適量，研末，調茶油塗，或鮮葉搗爛敷患處。

201 亮葉猴耳環

- **別　　名**　亮葉圍涎樹、亮葉牛蹄豆、雷公鑿樹。
- **藥用部位**　枝、葉。
- **植物特徵與採製**　常綠喬木。小枝圓柱形，具不明顯的棱，連同花序軸密生鐵銹色短柔毛。2回雙數羽狀複葉互生；小葉互生，倒卵狀披針形或斜卵形，基部楔形，全緣，兩面主脈上具柔毛；葉柄、葉軸、小葉柄均被短柔毛。頭狀花序排成圓錐狀；花冠白色。莢果條形，捲曲呈環狀，外緣呈波狀。種子球形，黑色，具細長臍帶，成熟時露出莢果外。5～8月開花，8～11月結果。生於林緣或灌木叢中。分布於臺灣、中國浙江、福建、廣東、廣西、雲南、四川等地。全年可採，鮮用或晒乾。

Pithecellobium lucidum Benth.

- **性味功用**　微苦、辛，涼。有小毒。祛風除溼，化瘀消腫，涼血解毒。主治燙火傷、風溼骨痛、關節炎、跌打損傷。外用鮮葉搗爛敷或水煎薰洗患處，或研末調茶油塗。

202 野葛

Pueraria lobata (Wild.) Ohwi

- **別　　名**　葛、乾葛、甘葛。
- **藥用部位**　根（藥材名葛根）、藤、葉、花（藥材名葛花）。
- **植物特徵與採製**　藤本。全株被黃色長硬毛。塊根圓柱狀，外皮灰黃色，內白色，粉質，纖維性強。小葉3枚，中央小葉菱狀卵圓形，邊緣波狀，葉背灰白色，有粉霜。總狀花序腋生，花密集；花冠蝶形，紫紅色。莢果條形，扁平，密被褐色長毛。3～9月開花，9～12月結果。生於山坡草叢或灌叢中。除新疆、青海及西藏外，分布幾遍中國。根春末或冬初採挖，刮去外皮，切片；藤、葉春、夏季採收，花立秋後採收；鮮用或晒乾。【葛粉】將鮮葛根洗淨，搗爛後，放缸內加水攪拌，按製澱粉工序製粉。
- **性味功用**　根，辛、甘，平；解表透疹，生津止瀉；主治感冒、頭項強痛、麻疹、高血壓、冠心病、腹瀉、痢疾。葉、粉、藤，甘，涼；清熱解毒，葉主治毒蛇咬傷、外傷出血，葛粉主治煩熱口渴；藤主治瘡癰癤腫、尿瀦留。花，甘，平；解酒毒，清胃熱；主治醉酒、腸風下血、咯血。葛根4.5～9克，藤、葉15～60克，水煎，或搗爛絞汁服；葛粉10～30克，開水泡熟服；葛花3～9克，水煎服。外用鮮葛根、葉適量，搗爛敷患處。

實用簡方　①冠心病：葛根50克，栝蔞皮20克，延胡索、鬱金各15克，川芎6克，水煎服。②口渴：葛根、白茅根各適量，水煎代茶。

203 鹿藿

Rhynchosia volubilis Lour.

- **別　　名**　老鼠眼、野黃豆、老鼠豆。
- **藥用部位**　全草、根。
- **植物特徵與採製**　草質藤本。全株各部均被淡黃色毛。小葉3枚，頂生小葉卵狀菱形或近圓形，兩面有毛和金黃色腺點。總狀花序腋生；花冠黃色，蝶形。莢果長圓形，紅褐色，有毛和腺點。種子2粒，扁球形，黑色。6～9月開花結果。生於山坡和雜草叢中。分布於中國長江以南各地。夏、秋季採收，鮮用或晒乾。
- **性味功用**　微辛，平。祛風除溼，消積散結，消腫止痛。主治風溼痺痛、感冒、小兒疳積、牙痛、神經性頭痛、頸淋巴結核、產後瘀血痛、痔瘡、跌打損傷、癰腫瘡毒、燙火傷。全草15～30克，根9～15克，水煎服；外用鮮全草適量，搗爛敷患處。

實用簡方　①傷風感冒：鹿藿適量，水煎代茶；或鹿藿30克，水煎，酌加白糖調服。②牙痛：鹿藿根30～45克，水煎服。③蛇咬傷：鮮鹿藿根適量，搗爛敷患處。

204 田菁

- **別　　名**　向天蜈蚣、城菁、田菁麻。
- **藥用部位**　全草、根。
- **植物特徵與採製**　亞灌木。羽狀複葉互生；小葉長圓形，幼葉有毛，後僅葉背有疏毛。總狀花序腋生；花冠黃色。莢果圓柱狀條形。8～9月開花結果。生於田野、路旁潮溼地。分布於中國海南、江蘇、浙江、江西、福建、廣西、雲南等地。夏、秋季採收，鮮用或晒乾。

Sesbania cannabina (Retz.) Poir.

- **性味功用**　甘、微苦，平。全草，清熱涼血，解毒利尿；主治小便澀痛、尿血、目赤腫痛、蛇傷。根，澀精止滯，縮尿；主治糖尿病、陽痿、遺精、赤白帶下、子宮下垂。15～30克，水煎服；葉搗爛絞汁服，渣外敷患處。

實用簡方　①尿道炎、尿血：鮮田菁葉60～120克，搗爛絞汁，酌加冰糖燉服。②男子遺尿、婦女赤白帶下：鮮田菁根30克，白果14粒，冰糖30克，水煎服。③毒蛇咬傷：鮮田菁葉60克，搗爛絞汁，入黃酒60克，燉服，渣敷患處。④糖尿病：鮮田菁根15～30克，淮山藥30克，豬小肚1個，水煎飯前服。

205 苦參

- **別　　名**　地槐、苦骨、山槐子。
- **藥用部位**　根（藥材名苦參）、葉。
- **植物特徵與採製**　灌木。主根圓柱形，外皮淡黃色。幼枝有疏毛，後變無毛。單數羽狀複葉互生；小葉長圓狀披針形或長圓形，全緣，兩面疏生伏毛。總狀花序頂生；花冠蝶形，黃色。莢果圓筒形，稍扁。種子長圓形。4～5月開花。生於沙土山地和山坡陰溼地的灌木叢中。分布於中國南北各地區。根全年可採，葉夏、秋季採，鮮用或晒乾。

Sophora flavescens Ait.

- **性味功用**　苦，寒。清熱燥溼，祛風殺蟲。主治熱痢、腸風便血、黃疸、小便不利、赤白帶下、腸癌、滴蟲陰道炎、溼疹、麻風、皮癬、皮膚搔癢、耳道炎、燙火傷、跌打損傷。9～15克，水煎服；外用鮮品適量，搗爛敷患處。

實用簡方　①細菌性痢疾、阿米巴痢疾、急性胃腸炎：鮮苦參30克，冰糖15克，水煎服。②泌尿系統感染、白帶異常：苦參、吊竹梅各30克，水煎服。③滴蟲陰道炎：苦參30克，甘草、蛇床子各15克，明礬6克，水煎，薰洗陰道。④跌打損傷：苦參適量，磨白酒敷患處。

135

206 葫蘆茶

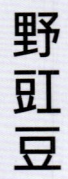

- **別　　名**　金劍草、金腰帶、牛蟲草。
- **藥用部位**　全草。
- **植物特徵與採製**　直立半灌木。枝四棱形，疏生毛。單葉互生，狹披針形至卵狀披針形，全緣。總狀花序頂生或腋生；花冠藍紫色，蝶形。莢果扁條形，莢節6～7個，密生柔毛。7～10月開花結果。生於山坡灌木叢中或田野路邊。分布於中國福建、江西、廣東、海南、廣西、貴州、雲南等地。夏、秋季採，鮮用或晒乾。

Tadehagi triquetrum (L.) Ohashi

- **性味功用**　枝葉，苦、澀、涼；清熱解毒，消積利溼，殺蟲防腐；主治中暑、感冒、咽喉腫痛、肺結核、痢疾、黃疸、胃痛、腎炎、小兒疳積、乳腺炎、牙齦炎、風溼疼痛、腮腺炎、多發性膿腫。根，微苦、辛、平；清熱止咳，解毒散結；主治風熱咳嗽、肺癰、瘰癧、癰腫。15～30克，水煎服；外用適量，搗爛敷或煎水洗患處。

實用簡方　①腎炎：葫蘆茶30克，烏豆100克，水煎服；或加雞蛋1～2個，黃酒少許，水燉服。②蕁麻疹：鮮葫蘆茶30克，水煎服；另取鮮葫蘆茶適量，水煎薰洗患處。③小兒疳積：葫蘆茶、獨腳金各15克，燉動物肝臟服。

207 野豇豆

- **別　　名**　山土瓜、三葉參、豆角參。
- **藥用部位**　根。
- **植物特徵與採製**　多年生纏繞草本。主根圓錐形，外皮橙黃色。莖上被棕色粗毛，後漸脫落。三出複葉互生；小葉卵形或菱狀卵形。總狀花序腋生；花梗有棕褐色毛；花冠淡紅紫色。莢果圓柱形，頂端有喙。種子橢圓形，黑色。夏、秋季開花結果。生於山坡草叢中。分布於中國華東、華南至西南各地區。夏、秋季採收，鮮用或晒乾。

Vigna vexillata (L.) Rich.

- **性味功用**　苦，寒。清熱解毒，益氣生津。主治風火牙痛、咽喉腫痛、暑熱煩渴、腮腺炎。10～15克，水煎服。

實用簡方　①神經衰弱、血虛頭暈：野豇豆根15克，女貞子、丹參、何首烏各12克，五味子6克，水煎服。②氣虛脫肛：野豇豆根9～15克，豬骨頭適量，水燉服。③遺尿：野豇豆根15克，金櫻子根、糯米各60克，裝入豬膀胱內，水燉服。

208 貓尾草

- **別　　名**　貓尾射、虎尾輪、千斤筆。
- **藥用部位**　全草。
- **植物特徵與採製**　半灌木。莖被短毛。單數羽狀複葉互生；小葉長圓形或卵狀披針形，全緣，葉面無毛或脈上有疏毛，葉背有短毛。總狀花序貓尾狀，挺直，頂生；花冠紫色，蝶形。莢果有3～7節，節間隘縮，折疊。7～9月開花結果。生於山坡、林緣或路邊灌木叢中。分布於中國福建、江西、廣東、海南、廣西、雲南等地。夏、秋季採收，鮮用或晒乾。

Uraria crinita (L.) Desv. ex DC.

- **性味功用**　甘，平。清肺止咳，溫腎健腰，行氣止痛。主治胃及十二指腸潰瘍、胃脘痛、胃炎、肺結核、肺癰、氣管炎、痰飲喘咳、小兒疳積、白帶異常、腰脊痠痛、風溼疼痛。15～30克，水煎服。孕婦慎服。

> **實用簡方**　①胃及十二指腸潰瘍：貓尾草根、地榆各30克，水煎服。②腰脊痠痛：鮮貓尾草根30～60克，酒水各半燉服。③便血：貓尾草根30克，水煎服，或酌加豬大腸燉服用。

209 丁癸草

- **別　　名**　蠅翼、人字草、二葉丁癸草。
- **藥用部位**　全草。
- **植物特徵與採製**　多年生矮小草本。莖叢生，多分枝，披散。小葉2枚，人字形著生於葉軸頂端，故有「人字草」之稱；葉片狹披針形，全緣。總狀花序極短，腋生；花冠黃色，蝶形。莢果有明顯的網紋和刺。4～8月開花結果。生於山坡、草地上。分布於中國江南各地。夏、秋季採收，鮮用或晒乾。

Zornia gibbosa Spanog.

- **性味功用**　微甘，平。清熱解毒，涼血消腫。主治感冒、咽喉炎、黃疸、尿血、痢疾、泄瀉、胃腸炎、小便不利、淋濁、白帶異常、乳腺炎、疳積、頸淋巴結炎、癰腫、痔瘡、蛇傷、跌打損傷、結膜炎。15～30克，水煎服；外用鮮全草適量，搗爛敷患處。

> **實用簡方**　①黃疸：丁癸草60克，地耳草30克，水煎服。②急性胃腸炎：鮮丁癸草18克，鮮積雪草15克，鮮白花蛇舌草60克，搗爛絞汁，加食鹽少許衝開水，每2小時服1杯。③中暑或食物中毒引起的腹瀉：鮮丁癸草30～60克，水煎，加糖適量調服。④小兒疳積：丁癸草6～12克，水煎服。

137

210 扁豆

Lablab purpureus (L.) Sweet

- **別　　名**　藊豆、蛾眉豆、白扁豆、鵲豆。
- **藥用部位**　根根、葉、花、種子（藥材名白扁豆）、種皮（藥材名扁豆衣）。
- **植物特徵與採製**　多年生纏繞藤本。羽狀複葉具3小葉。總狀花序直立；花冠白色或紫色。莢果長圓狀鐮形，近頂端最闊，扁平，直或稍向背彎曲，頂端有彎曲的尖喙，基部漸狹。種子扁平，長橢圓形，白色或紫黑色。花期4～12月。多為栽培。分布於中國大部分地區。根莖冬初採收，葉夏末秋初採收，花（扁豆花）7～8月採收，種子（白扁豆）、種皮（扁豆衣）9～10月採收；鮮用或晒乾。
- **性味功用**　根，微苦，平；消暑，化溼；主治風溼關節痛、暑溼泄瀉。葉，淡，平；清熱利溼；主治癰腫、蛇蟲咬傷。花、白扁豆，甘，平；消暑解毒，健脾化溼；主治淋濁、暑溼吐瀉、食少便溏、慢性腎炎、貧血、糖尿病。扁豆衣主治暑瀉、腳氣浮腫。根、葉、花、白扁豆、扁豆衣通治中暑、痢疾、白帶異常。根15～30克，花、白扁豆、扁豆衣9～15克，水煎服；外用鮮葉適量，搗爛敷患處。

實用簡方　①脾虛泄瀉：白扁豆、蓮子、山藥、粳米各適量，煮粥服。②脾胃溼困、不思飲食：扁豆衣、茯苓、炒白朮、神麴各9克，藿香、佩蘭各6克，水煎服。③食物中毒：鮮扁豆花或葉，搗爛絞汁，多量灌服。

酢漿草科

211 楊桃

Averrhoa carambola L.

- **別　　名**　陽桃、五斂子。
- **藥用部位**　根、葉、花、果。
- **植物特徵與採製**　常綠喬木。單數羽狀複葉互生；小葉卵形至橢圓形。圓錐狀花序腋生；花小，近鐘形；花瓣5，白色或淡紫色。漿果肉質，呈長圓形，通常5稜，綠色或蠟黃色。4～8月開花，8～12月果成熟。多栽培於村旁及庭園。分布於臺灣、中國廣東、廣西、福建、雲南等地。根、葉全年採，花剛開時採，鮮用或晒乾；果秋、冬季採，通常鮮用。
- **性味功用**　甘、酸，微涼。根，祛風止痛，澀精止帶；主治關節痛、頭痛、胃氣痛、遺精、帶下病。葉，清熱解毒；主治風熱感冒、小便不利、皮膚搔癢、癰疽腫毒、蜘蛛咬傷。花，截瘧，殺蟲；主治瘧疾、漆過敏、疥癬。果，生津化痰，軟堅消積；主治咳嗽、咽痛、酒精中毒、瘧母、肉食中毒。15～30克，水煎服；外用鮮葉適量，搗爛敷患處。

實用簡方　①熱病口渴、醉酒：鮮楊桃15～60克，水煎服，或吃鮮楊桃適量。②慢性頭痛：楊桃根30～45克，豆腐120克，水燉服。③遺精、白帶異常：楊桃根二重皮60～90克，豬骨頭適量，水燉服。④百日咳：楊桃嫩葉或葉芽（酸味者較好）30～60克，水煎分4次服，每日1劑，連服3日。⑤石淋、小便短澀：鮮楊桃葉60克，水煎代茶。

212 酢漿草

- **別　　名**　鹹酸草、三葉酸、斑鳩酸。
- **藥用部位**　全草。
- **植物特徵與採製**　多年生小草本。全株具鹹酸味，故稱「鹹酸草」。莖匍匐或斜舉。3出複葉互生；小葉倒心形，全緣。傘形花序腋生；花瓣5，黃色。蒴果近圓柱形，5棱。4～10月開花結果。生於路旁、村邊、田園、曠野、山坡等地。中國廣布。全年可採，鮮用或晒乾。
- **性味功用**　鹹、酸，涼。清熱利溼，解毒消腫。主治咽喉腫痛、扁桃腺炎、白喉、口腔炎、牙齦炎、尿道感染、小兒夜啼、月經不調、帶下病、痔瘡、溼疹、癰腫疔瘡、帶狀疱疹、無名腫毒、乳腺炎、砷中毒、燙火傷、扭傷、跌打損傷。30～60克，水煎或搗爛絞汁服；外用鮮全草適量，搗爛敷或揉擦患處。

Oxalis corniculata L.

實用簡方　①口腔炎：酢漿草、鼠麴草各30克，水煎服。②膽道蛔蟲病：酢漿草30克，鳳尾草、魚腥草各15克，搗爛絞汁，沖蜂蜜少許服。③小兒急驚風：鮮酢漿草、積雪草、生艾葉各15克，搗爛絞汁，分3次服，每日1劑。④乳腺炎：酢漿草30克，水煎服，渣搗爛敷患處。

213 紅花酢漿草

- **別　　名**　銅錘草、大酸味草、大花酢醬草。
- **藥用部位**　全草。
- **植物特徵與採製**　多年生草本。主根粗壯，白色。地下小鱗莖多數。葉根生，3出複葉；小葉生於葉柄頂端，闊倒心形，先端凹缺，全緣。傘房花序基生；花瓣5，紫紅色。4～9月開花結果。生於路旁、田埂、曠野等溼地。分布於中國河北、陝西、四川、雲南及華東、華中、華南等地。全年可採，鮮用或晒乾。

Oxalis corymbosa DC.

- **性味功用**　酸、甘、鹹，平。清熱解毒，散瘀消腫。主治腎盂腎炎、扁桃腺炎、膽囊炎、失眠、尿道結石、月經不調、帶下病、咽喉腫痛、燙火傷、蛇頭疔、跌打損傷。15～30克，水煎服；外用適量，搗爛敷患處。孕婦忌服。

實用簡方　①溼熱型帶下病：紅花酢漿草30～60克，水煎服。②月經不調：鮮紅花酢漿草30克，水煎，酌加酒兌服。③小兒肝熱、骨蒸：鮮紅花酢漿草根15克，水煎服。④小兒肝風：鮮紅花酢漿草根磨開水服，每次3克。

蒺藜科

214 蒺藜

Tribulus terrestris L.

- **別　　名**　蒺藜子、白蒺藜、刺蒺藜。
- **藥用部位**　果實（藥材名蒺藜）。
- **植物特徵與採製**　一年生草本。莖基部分枝，平臥，具縱棱，被毛。雙數羽狀複葉對生；小葉對生，長圓形，全緣。花單生於葉腋；花瓣5，黃色。果為5個分果瓣組成，每果瓣具長短棘刺各1對，背面有短硬毛及瘤狀突起。5～10月開花結果。生於路旁、河邊或田間草叢中。分布於中國大部分地區。夏、秋季果實成熟時採收，晒乾，碾去硬刺，簸除雜質。
- **性味功用**　苦、辛，溫。祛風止癢，疏肝解鬱，通絡散結。主治頭痛、頭暈、乳房脹痛、閉經、風火赤眼、咽喉腫痛、目赤翳障、風疹搔癢、瘰癧、癰、疽。6～15克，水煎服；外用適量，研末，調麻油塗患處。孕婦慎服。

實用簡方　①肝旺頭暈頭痛：蒺藜、杭菊花、鉤藤各9克，水煎服。②咽喉腫痛、牙周病：蒺藜適量，水煎含漱。③老年慢性支氣管炎：蒺藜全草及果實（炒微黃後碾碎）30克，水煎3次，合併濾液並濃縮至100毫升，每日分2次服。④風火赤眼：蒺藜9克，草決明、杭菊花各6克，水煎服。

芸香科

215 臭節草

Boenninghausenia albiflora (Hook.) Reichb. ex Meisn.

- **別　　名** 松風草、岩椒草、臭草。
- **藥用部位** 全草。
- **植物特徵與採製** 多年生草本。全株有強烈的氣味。主根不明顯，具多數鬚根。莖基部略木質，嫩枝髓部大，常中空。葉互生，2～3回羽狀複葉；小葉倒卵形或橢圓形，全緣，葉面深綠色，葉背灰綠色，有腺點。聚傘花序生於枝頂；花瓣4，白色。蒴果表面有腺點。種子腎形，黑色。6～11月開花結果。生於石灰岩山地的林下及灌木叢中。分布於中國長江以南各地。夏、秋季採收，鮮用或陰乾。
- **性味功用** 辛、苦，涼。清熱解表，舒筋活血，解毒消腫。主治感冒、咽喉炎、支氣管炎、瘧疾、鼻出血、胃腸炎、腰痛、跌打損傷、燙火傷、癰疽瘡腫。9～15克，水煎或研末泡酒服；外用鮮葉適量，搗爛敷患處。

實用簡方 ①急性胃腸炎：臭節草15克，厚朴、龍芽草各9克，水煎服。②跌打損傷：臭節草60克，白酒500克，浸泡1週，每次飯前服30毫升，每日2次；另取藥液擦患處。③水火燙傷：鮮臭節草適量，搗爛絞汁，塗患處。

216 三椏苦

Evodia lepta (Spreng.) Merr.

- **別　　名** 三丫苦、三叉苦、三叉虎。
- **藥用部位** 根、葉。
- **植物特徵與採製** 灌木，少為小喬木。樹皮灰白色或青灰色。指狀複葉對生；小葉3枚，狹橢圓形或長圓狀披針形，全緣或不規則淺波狀。圓錐花序腋生；花小，單性；花瓣4，黃綠色。果小。5～7月開花，9～11月結果。生於山坡灌木叢中。分布於臺灣、中國福建、江西、廣東、海南、廣西、貴州、雲南等地。全年可採，鮮用或晒乾。
- **性味功用** 苦，微寒。祛痰止咳，清熱利濕，消腫解毒。主治感冒、日本腦炎、肺膿腫、肺炎、支氣管炎、胃痛、黃疸、小兒夏季熱、咽喉炎、風濕痺痛、坐骨神經痛、跌打損傷、腰腿痛、蕁麻疹、溼疹、癤腫、燙火傷。9～15克，水煎服；外用鮮葉適量，搗爛敷患處。

實用簡方 ①支氣管炎：三椏苦、麻黃各9克，球蘭24克，水煎服。②流感：三椏苦15克，買麻藤12克，一枝黃花9克，水煎服。③風濕腰痛：三椏苦30克，薏苡仁15克，枸杞子6克，水煎服。

217 吳茱萸

- **別　　名**　吳萸、茶辣。
- **藥用部位**　果實（藥材名吳茱萸）。
- **植物特徵與採製**　落葉灌木或小喬木。幼枝、葉軸及花序軸均被褐色毛。單數羽狀複葉對生；小葉對生，橢圓形或卵形，全緣或具不明顯的鋸齒。聚傘狀圓錐花序頂生；花小，單性，雌雄異株。果暗紫紅色，有大油點。種子卵圓形，黑色。6～8月開花，9～11月結果。栽培或生於曠野疏林中。分布於中國秦嶺以南各地。果實於秋季黃綠時採收，去枝葉、雜質，陰乾。每50千克果實，用生薑、甘草各3.2千克，煎湯，沖泡，悶至果實開裂，撈出晒乾；或加鹽水炒用。

Evodia rutaecarpa (Juss.) Benth.

- **性味功用**　辛、苦，溫。有小毒。溫中散寒，疏肝下氣，開鬱止痛。主治頭痛、脘腹冷痛、嘔吐吞酸、疝痛、高血壓、坐骨神經痛、脂溢性脫髮、風火牙痛、口舌生瘡。3～9克，水煎服；外用適量，水煎洗或搗爛敷患處。

實用簡方　①飲食生冷引起脘腹脹痛、嘔吐、泄瀉：吳茱萸、肉桂各3克，煨木香4.5克，水煎服。②高血壓、脂溢性脫髮、風火牙痛：吳茱萸適量，研末，調醋，睡前敷腳心。

218 九里香

- **別　　名**　千里香、過山香、滿山香、月橘。
- **藥用部位**　根、莖、葉、花。
- **植物特徵與採製**　灌木。單數羽狀複葉互生；小葉互生，卵形、倒卵形、橢圓形或菱形，全緣，具透明油點。聚傘花序腋生或頂生；花瓣5，白色。漿果卵狀紡錘形或球形，熟時紅色。4～8月開花，8～9月結果。多栽培於庭園。分布於臺灣、中國福建、廣東、海南、廣西等地。根、莖、葉隨時可採，花於夏、秋季含苞時採，鮮用或晒乾。

Murraya exotica L.

- **性味功用**　辛、微苦，溫。根，祛風行氣，通經活絡；主治風溼痺痛、腰腿痛、睪丸炎、跌打損傷、牙痛、溼疹、疥癬。莖、葉、花，理氣止痛；莖、葉主治胃潰瘍、胃痛、風溼痺痛、毒蛇咬傷；花主治氣滯胃痛。根15～30克，莖、葉6～12克，花3～6克，水煎服。孕婦忌服。

實用簡方　①胃痛：九里香花3克，砂仁6克，水煎服。②睪丸腫大：鮮九里香根60克，青殼鴨蛋2個，酒水各半燉服。③溼疹：鮮九里香葉適量，水煎洗患處。

219 芸香

- **別　　名**　小香草、臭艾、臭草。
- **藥用部位**　全草。
- **植物特徵與採製**　多年生草本。有強烈氣味。葉互生，2～3回羽狀全裂或深裂，裂片長圓形至匙形，全緣或微有鋸齒。聚傘花序頂生；花瓣4～5，黃色。蒴果成熟時上部開裂。4～7月開花，5～8月結果。多栽培於庭園。分布於中國南北各地。全年可採，鮮用或晒乾。
- **性味功用**　辛、微苦，寒。祛風清熱，通經活絡，解毒消腫。主治感冒發熱、小便不利、腹脹、白帶異常、月經不調、閉經、痛經、跌打損傷、蛇蟲咬傷、溼疹。6～15克，水煎服；外用鮮葉適量，搗爛敷或擦患處。孕婦慎服。

Ruta graveolens L.

實用簡方　①感冒發熱、中暑腹瀉：鮮芸香15～20克，搗爛，衝開水取汁服。②鼻出血：鮮芸香葉適量，揉爛塞鼻孔。③跌打損傷：芸香15克，搗爛，沖酒溫服；另取鮮芸香葉適量，搗爛，推擦患處。④溼疹：芸香6～12克，紅豆9克，開水泡服。

220 飛龍掌血

- **別　　名**　三百棒、散血丹、見血飛。
- **藥用部位**　根、莖、葉。
- **植物特徵與採製**　藤本。根粗壯，皮褐黃色。枝常有向下彎的皮刺，小枝常有白色圓形皮孔。3出複葉互生；小葉倒卵形或橢圓形，邊緣具鈍齒，齒縫間及葉片上有透明腺點。花單性；雄花成傘房狀圓錐花序；雌花為聚傘狀圓錐花序。核果近球形，成熟時橙黃色至朱紅色，有明顯的腺點。果皮肉質。4～6月開花，11月至翌年2月果成熟。生於山坡或山谷叢林中。分布於中國秦嶺南坡以南各地。全年可採，鮮用或晒乾。

Toddalia asiatica (L.) Lam.

- **性味功用**　辛，微溫。散瘀止血，祛風除溼，消腫解毒。主治胃痛、腰腿痛、風溼痺痛、肋間神經痛、痛經、閉經、跌打損傷、瘡癰腫毒。15～30克，水煎服；外用適量，磨醋敷患處。孕婦忌服。

實用簡方　①勞傷：飛龍掌血30～60克，水煎代茶或浸酒服。②閉經：飛龍掌血、白花益母草、雞血藤各15克，水煎服。③風寒感冒：飛龍掌血15～30克，水煎服。④瘡癤腫痛：鮮飛龍掌血葉適量，搗爛敷患處。

221 竹葉花椒

- **別　　名**　竹葉椒、土花椒、野花椒。
- **藥用部位**　根、葉、果實。
- **植物特徵與採製**　灌木。枝、葉柄、葉軸和中脈上有紫紅色扁平的皮刺。單數羽狀複葉互生；葉軸上有翼；小葉披針形或橢圓狀披針形，邊緣具細小鈍齒，齒間有透明腺點。圓錐花序腋生；花小，淡黃綠色。果實成熟時紅色，表面有粗大而凸起的腺點。種子球形，黑色。3～5月開花，6～8月結果。生於山坡偏陰的灌木叢中。分布於臺灣、中國華東、中南、西南以及陝西、甘肅等地。根、葉隨時可採，鮮用或晒乾；果實夏、秋季採，多晒乾用。

    Zanthoxylum armatum DC.

- **性味功用**　辛、微苦，溫。有小毒。溫中理氣，祛風除溼，活血止痛。根主治風溼痹痛、腰痛、跌打損傷、閉經、痢疾、泄瀉。葉主治脘腹脹痛、胃痛、乳腺炎、皮膚搔癢。果實主治牙痛、脘腹冷痛、膽道蛔蟲病、腎盂腎炎、溼疹、溼毒癰瘡。根30～60克，果實6～9克，水煎服；外用適量，搗爛敷患處。根，孕婦忌服。

- **實用簡方**　①消化不良、腹脹：竹葉花椒果殼3～6克，吳茱萸1～3克，油豆腐絲、食鹽適量，水煎服。②受寒引起的腰痛：雞蛋1～2個，煎成荷包蛋，酌加清水，再加入竹葉花椒果實5～10克，生薑30克，冰糖適量，煮沸，吃蛋喝湯，每日清晨空腹時服。

222 簕欓花椒

- **別　　名**　簕欓、鷹不泊、鳥不宿、狗花椒。
- **藥用部位**　根、葉、果。
- **植物特徵與採製**　常綠大灌木或喬木。根橫走，外皮黃色。樹幹上的皮刺大，三角形，枝上皮刺較小。單數羽狀複葉互生；小葉對生，斜方狀倒卵形或斜長圓形，全緣或沿中部以上有不明顯的淺鈍鋸齒。圓錐花序頂生；花通常單性。蓇葖果紫紅色。種子黑色有光澤。4～6月開花，9～12月結果。生於路旁、溪邊、丘陵等灌木叢中。分布於臺灣、中國福建、廣東、海南、廣西、雲南等地。根、葉全年可採，果冬季成熟時採；鮮用或晒乾。

    Zanthoxylum avicennae (Lam.) DC.

- **性味功用**　辛，微溫。有小毒。祛風除溼，行氣活血，消腫止痛。主治白帶異常、胃痛、腹痛、感冒、肝炎、腎炎、水腫、風溼痹痛、腰痛、闌尾炎、小兒腹脹、痔瘡、跌打腫痛。根、葉30～60克，果3～6克，水煎服。孕期、經期慎服。

- **實用簡方**　①慢性肝炎：簕欓花椒根、地耳草、茵陳蒿、白花蛇舌草各15克，水煎服。②闌尾炎：簕欓花椒根30克，水煎服。

223 兩面針

Zanthoxylum nitidum (Roxb.) DC.

- **別　　名**　光葉花椒、入地金牛、雙面刺。
- **藥用部位**　全草。
- **植物特徵與採製**　木質藤木。根皮淡黃色。莖、枝、葉柄、葉軸及小葉中脈上有鉤狀小刺。單數羽狀複葉互生；小葉對生，卵形、卵狀長圓形或橢圓形，近全緣或具微波狀疏齒。圓錐花序腋生；花瓣4枚，白色。果實成熟時紫紅色。3～5月開花，6～8月結果。生於山坡灌木叢中。分布於臺灣、中國福建、廣東、海南、廣西、貴州、雲南等地。全年可採，鮮用或晒乾。
- **性味功用**　辛、苦，溫。有小毒。行氣止痛，活血化瘀，祛風通絡。主治胃及十二指腸潰瘍、胃痛、中暑腹痛、疝痛、扁桃腺炎、風溼痺痛、腰肌勞損、肋間神經痛、膽道蛔蟲病、乳腺炎、閉經、跌打損傷、無名腫毒、毒蛇咬傷、蛀牙痛。根9～30克，水煎服；外用適量，搗爛敷患處。孕婦忌服。

實用簡方　①跌打損傷：鮮兩面針根30克，鮮朱砂根15～30克，豬蹄1隻，酌加酒水燉服。②風溼痺痛：兩面針根15克，地桃花根30克，水煎服。

224 柚

Citrus maxima (Burm.) Merr.

- **別　　名**　文旦、柚子、拋。
- **藥用部位**　根、葉、果實、果皮（藥材名化橘紅）。
- **植物特徵與採製**　喬木。嫩枝、葉背、花梗、花萼及子房均被柔毛。單生複葉，互生；葉片闊卵形或橢圓形，有半透明油腺點。總狀花序，有時兼有腋生單花；花蕾淡紫紅色，稀乳白色。果圓球形、扁圓形、梨形或闊圓錐狀，淡黃色或黃綠色，果皮甚厚或薄，海綿質，油胞大、凸起，果心實但鬆軟。花期4～5月，果期9～12月。多為栽培。分布於中國南方各地。根、葉隨時可採；果實、果皮於9～10月成熟時採。果按5個等分切開，剝去果肉，削掉內瓤，晒乾或陰乾，即為中藥的「大五爪皮」。
- **性味功用**　根，苦、辛，微溫；化氣，降逆，止痛；主治胃痛、胃脘脹痛、疝痛、年久傷痛。葉，辛、苦，平；調氣降逆，解毒消腫；主治食滯腹痛、胃痛、痢疾、中耳炎、乳腺炎。果肉，甘、酸，微溫；止咳定喘；主治食滯、醉酒。果皮，辛、苦，溫；理氣降逆，燥溼化痰；主治氣鬱胸悶、腹脹、食積、瀉痢、腎炎、妊娠嘔吐。根、葉、果實、果皮通治支氣管炎、氣喘。15～30克，水煎服。外用適量，水煎薰洗患處。

實用簡方　①胃寒痛：柚根30克，山雞椒根15克，砂仁3克，水煎服。②醉酒頭暈：鮮柚葉10克，雞聆花20克，水煎服。

苦木科

225 臭椿

Ailanthus altissima (Mill.) Swingle

- **別　　名** 樗樹、山椿。
- **藥用部位** 根、莖皮（藥材名樗白皮）、葉、果實（藥材名鳳眼草）。
- **植物特徵與採製** 落葉喬木。樹皮灰色，有縱裂紋。單數羽狀複葉互生；小葉13～25枚，揉搓後有臭味，小葉卵狀披針形，葉緣僅基部有少數粗齒，葉背齒端有1腺體。圓錐花序頂生，花小，白色，雜性。翅果長圓形。4～5月開花，8～9月果成熟。多生於山野林緣或栽培於路旁。分布於中國大部分地區。根全年可採；莖（根）皮（樗白皮）宜於春、秋季剝取，刮去外表粗皮；葉夏季採收；果實（鳳眼草）6～9月成熟時採，鮮用或晒乾。
- **性味功用** 根、莖皮，苦、澀，寒；清熱燥溼，澀腸止帶。葉、果實，苦，涼；清熱利溼，涼血止痛。主治白帶異常、痢疾、泄瀉、肺癰、血淋、便血、尿血、遺精、關節疼痛、跌打損傷、瘰癧、溼疹、瘡疥、癤腫。6～15克，水煎服；外用適量，煎水洗患處。
- **實用簡方** ①白帶異常：鮮臭椿根皮、香椿根皮各25克，水煎服。②關節疼痛：臭椿根皮30克，酒水各半，豬蹄1隻，同燉服。③陰癢：臭椿皮、荊芥穗、藿香各適量，煎水薰洗。④股癬：鳳眼草15克，水煎服，並取藥汁外洗患處。

橄欖科

226 橄欖

Canarium album (Lour.) Raeusch.

- **別　　名**　白欖、黃欖、青果、青橄欖。
- **藥用部位**　根、葉、果（藥材名青果）。
- **植物特徵與採製**　常綠喬木。單數羽狀複葉互生；小葉9～15片，橢圓形，全緣，葉面深綠色，葉背網脈上有窩點。圓錐花序頂生或腋生。核果紡錘形或卵狀長圓形，綠色或黃綠色，有皺紋；核木質，堅硬，兩端尖。5～6月開花，8～12月結果。栽培於山坡、路旁。分布於臺灣、中國福建、廣東、廣西、雲南等地。根、葉全年可採，鮮用或晒乾；橄欖於秋、冬季成熟時採，鮮用或鹽醃，晒乾。
- **性味功用**　**根**，微苦，平；祛風溼，舒筋絡；主治風溼痺痛、腰腿痛、關節痛、腳氣、氣喘。**果實**，微酸、辛、甘，平；清熱解毒，生津止渴，鹽製品消食降氣；主治白喉、咽喉腫痛、暑熱煩渴、醉酒、癲癇、痢疾、魚蟹中毒、魚骨鯁喉。**葉**主治漆過敏。果實5～7枚，水煎、搗汁或嚼服；根15～30克，水煎服；葉適量，水煎洗。

實用簡方　①咽喉腫痛：鮮橄欖60～125克（去核）搗爛絞汁，頻頻咽服。②風溼痺痛：鮮橄欖根50～125克，鹽膚木根30克，豬蹄1隻，水燉服。③鼻疔：橄欖核數粒，以木炭火煆存性，研末，調茶油塗患處。④諸骨鯁喉：橄欖核適量，煆存性，研末，衝開水徐徐服下。⑤漆過敏：橄欖葉適量，水煎薰洗患處。⑥凍瘡：橄欖適量，煆炭存性，研末，調麻油塗患處。

楝科

227 香椿

- **別　　名**　椿芽樹、椿、紅椿。
- **藥用部位**　根皮（藥材名椿白皮）、葉、種子。
- **植物特徵與採製**　落葉喬木。樹皮赭褐色，成狹片狀剝落；小枝幼時具柔毛。雙數羽狀複葉互生，揉之有特殊香味；小葉對生，卵狀披針形或卵狀長圓形。圓錐花序頂生，花白色，芳香。種子具翅。5～6月開花，7～9月結果。生於林緣或栽培於屋旁、路邊、山坡。分布於中國華北、華東及西南等地。根全年可採，去木質，取根皮；葉、果夏、秋季採摘；鮮用或晒乾。

Toona sinensis (A. Juss.) Roem.

- **性味功用**　苦，溫。葉有小毒。清熱燥溼，澀腸止血。通治痢疾。根皮主治白帶異常、小便渾濁、脫肛、腸風便血、痔瘡、肝炎、坐骨神經痛、視力減退、瘡疥癬癩；葉主治暑溼傷中、食慾不振、小兒驚風、漆過敏；種子主治風溼痺痛、胃痛、百日咳。根皮、種子6～15克，鮮葉30～60克，水煎服；外用適量，搗爛敷或煎水洗患處。

> **實用簡方**　①風溼引起的半身不遂、肢體麻木：香椿根、樹參各50克，豬蹄1隻，或豬骨頭適量，水燉，酌加白酒兌服。②風溼關節痛：鮮香椿根150克，豬蹄1隻，紅酒適量，水燉服。

228 楝

- **別　　名**　苦楝、楝樹、楝棗子。
- **藥用部位**　根或莖二重皮（藥材名苦楝皮）、葉、果實（藥材名苦楝子）。
- **植物特徵與採製**　落葉喬木。2～3回單數羽狀複葉互生；小葉卵形或橢圓形，邊緣有不規則圓齒。圓錐花序腋生；花淡紫色。核果球形至橢圓形，淡黃色。4～5月開花，10～11月果成熟。常栽培於路邊、村旁等地。廣布於中國黃河以南各地區。根、莖二重皮全年可採，夏、秋季採為佳，葉秋前採，果實秋冬季成熟時採，鮮用或晒乾。

Melia azedarach L.

- **性味功用**　苦，寒。有毒。根、莖二重皮，殺蟲；主治蛔蟲病、蟯蟲病、鉤蟲病、疥瘡、溼疹、禿瘡。葉，燥溼，殺蟲；主治癬、癤腫、皮膚搔癢。果實，除溼，止痛；主治腹痛、疝氣、痢疾、癬。根、莖二重皮6～15克，果實3～9克，水煎服；外用適量，水煎薰洗或搗爛敷患處。孕婦慎服。

> **實用簡方**　①蛔蟲病：楝根二重皮12克，水煎，或和豬小腸酌量燉服。②禿瘡、頭癬：苦楝子或楝根二重皮適量，研末，調豬板油或茶油或醋或松油，敷患處。

遠志科

229 華南遠志

Polygala glomerata Lour.

- **別　　名**　金不換、大金不換、小花遠志。
- **藥用部位**　全草。
- **植物特徵與採製**　一年生直立草本。葉互生，長圓形至橢圓狀披針形，全緣，略反捲，無毛或近無毛，葉背通常帶紫紅色。總狀花序腋生或側生；花淡黃色，花瓣3。蒴果扁圓形，頂端有缺刻，邊緣有緣毛。10～11月開花結果。多生於山坡、路旁草地上。分布於中國福建、廣東、海南、廣西和雲南等地。夏、秋季採收，鮮用或晒乾。
- **性味功用**　辛、甘、平。清熱解毒，祛痰止咳，活血散瘀。主治咳嗽、支氣管炎、咯血、百日咳、咽炎、黃疸、產後瘀血痛、小兒疳積、癲癇、癰疽、跌打損傷、毒蛇咬傷、砒霜或鉤吻中毒。9～30克，水煎服；外用鮮全草適量，搗爛敷患處。

> **實用簡方**　①癲癇：鮮華南遠志60～125克，搗爛絞汁，加人乳或牛乳1小杯，燉服。②咯血：華南遠志30克，冰糖適量，水煎服。③小兒疳積：華南遠志適量，研末，每次3克，調熱粥或蒸豬肝服。④跌打損傷：華南遠志9～15克，水煎服；另取鮮華南遠志適量，搗爛敷患處。

230 黃花倒水蓮

- **別　　名**　觀音串、倒吊黃、黃花遠志。
- **藥用部位**　根或莖、葉。
- **植物特徵與採製**　落葉灌木。根稍肉質，淡黃色。葉互生，橢圓形，全緣。總狀花序與上部葉對生；花各部黃色，花瓣3枚，龍骨瓣明顯。蒴果圓腎形。夏、秋季開花結果。生於坑溝邊或林蔭下，或栽培。分布於中國江西、福建、湖南、廣東、廣西和雲南等地。全年可採，鮮用或晒乾。

Polygala fallax Hemsl.

- **性味功用**　甘、微苦，平。補脾益腎，滋陰降火，散瘀通絡。主治勞倦乏力、風溼痺痛、腎虛多尿、陽痿、黃疸、脾虛水腫、慢性腎炎、肺結核潮熱、子宮脫垂、月經不調、產後腰痛、白帶異常、小兒疳積、遺尿、風火牙痛。15～30克，水煎服。

> **實用簡方**　①勞倦乏力、腰背痠痛：黃花倒水蓮根50克，墨魚乾1只，酒水燉服。②陽痿：黃花倒水蓮根60克，菟絲子30克，豬腰子1副，酒水燉服。③急性病毒性肝炎：黃花倒水蓮根、白馬骨根、茅莓根、兗州卷柏、虎刺根、石仙桃各15克，水煎服。④產後腰痛：黃花倒水蓮根30克，野花生根15克，水煎，調紅糖服。

231 瓜子金

- **別　　名**　金牛草、辰砂草、卵葉遠志。
- **藥用部位**　全草。
- **植物特徵與採製**　多年生草本。莖叢生，直立或斜舉，通常不分枝，綠褐色或綠紫色，有灰色柔毛。葉互生，卵形或卵狀披針形，形似瓜子，全緣，有毛。總狀花序腋生；花瓣淡紫色。蒴果廣卵形而扁。3～5月開花，4～6月結果。生於山坡、田埂、路旁向陽草叢中。分布於中國大部分地區。夏、秋季採收，鮮用或晒乾。

Polygala japonica Houtt.

- **性味功用**　微甘、辛，微溫。祛痰寧神，消腫止痛，散瘀止血。主治扁桃腺炎、咽喉腫痛、咳嗽、神經衰弱、心悸、健忘、疳積、驚風、麻疹不透、月經不調、乳腺炎初起、吐血、便血、腸風下血、溼疹、癰腫瘡瘍、跌打損傷、蛇咬傷。6～15克，水煎服；外用適量，搗爛敷患處。

> **實用簡方**　①扁桃腺炎：瓜子金、金瘡小草各12克，水煎，加冰糖少許服。②急性咽炎：鮮瓜子金、土牛膝各30克，水煎服。③急性支氣管炎：鮮瓜子金30～60克，冰糖適量，水燉服。

151

大戟科

232 鐵莧菜

Acalypha australis L.

- **別　　名**　人莧、野麻草、海蚌含珠。
- **藥用部位**　全草。
- **植物特徵與採製**　一年生草本。葉互生，卵形或卵狀菱形，邊緣有鋸齒。花單性，雌雄同株；雄花序穗狀，生於葉狀苞一側；雌花序存於葉狀苞內，此苞開展時呈心狀卵形，合時如蚌。蒴果三角狀半圓形，被粗毛。5～9月開花，6～10月結果。生於荒地、路旁、田邊、曠野、草叢中。中國除西部高原或乾燥地區外，大部分地區均有分布。夏、秋季採收，鮮用或晒乾。
- **性味功用**　苦、澀，涼。清熱利溼，收斂止血。主治腸炎、痢疾、腹瀉、小兒疳積、吐血、鼻出血、便血、尿血、崩漏、皮炎、癰癤瘡瘍、溼疹。15～30克，水煎服；外用鮮葉適量，搗爛敷患處。孕婦忌服。

實用簡方　①細菌性痢疾：鮮鐵莧菜30～60克，烏蕨、白糖各30克，水煎服。②急性胃腸炎：鮮鐵莧菜30～60克，長蒴母草30克，飛揚草45克，水煎，分3次服。③吐血、鼻出血、便血：鐵莧菜30～60克，水煎服。④小兒疳積：鮮鐵莧菜15～30克，豬肝適量，水煎服。⑤毒蛇咬傷：鐵莧菜、半邊蓮、大青葉各30克，水煎服。

233 金邊紅桑

- **別　　名**　金邊桑、金邊蓮、威氏鐵莧。
- **藥用部位**　葉。
- **植物特徵與採製**　灌木。葉互生，闊卵形至卵形，常雜有紅色或紫色斑塊，邊緣有不規則的鋸齒，常帶紅邊，兩面有疏毛；葉柄被毛。穗狀花序腋生；花單性，雌雄同株；花小，無花瓣。5～11月開花結果。為庭園賞葉植物。臺灣、中國福建、廣東、海南、廣西、雲南等地均有栽培。全年可採，鮮用或晒乾。

Acalypha wilkesiana Muell.-Arg. cv. *Marginata*

- **性味功用**　苦、辛，涼。清熱，涼血，止血。主治紫癜、牙齦出血、再生障礙性貧血、咳嗽。15～30克，水煎服。

實用簡方　①過敏性紫癜：金邊紅桑6～15片，花生30～60克，大棗7～10枚，冰糖適量，水煎服。②咽喉腫痛：金邊紅桑20克，水煎，頻頻含咽。

234 紅背山麻桿

- **別　　名**　紅帽頂樹、紅背麻桿。
- **藥用部位**　根、葉。
- **植物特徵與採製**　灌木或小喬木。葉互生，卵圓形或闊心形，葉面近無毛，葉背淺綠色而帶紅色，沿脈被疏毛，邊緣具不規則鋸齒，基出3脈。花單性，雌雄同株。蒴果球形，被白毛。3～8月開花結果。生於山坡、荒地、路旁灌木叢中。分布於中國福建、江西、湖南、廣東、廣西、海南等地。夏、秋季採收，鮮用或晒乾。

Alchornea trewioides (Benth.) Muell. Arg.

- **性味功用**　甘，涼。清熱利溼，涼血止血。主治痢疾、支氣管炎、泌尿系統結石、尿血、血崩、白帶異常、風疹、關節痛、蛀牙痛、創傷出血、溼疹、腳癬、疥癬。15～30克，水煎服；外用鮮葉適量，搗爛敷患處。

實用簡方　①痢疾、尿道結石：紅背山麻桿根15～30克，水煎服。②齲齒痛：鮮紅背山麻桿葉適量，酌加食鹽，搗爛，塞齲洞內。③溼疹、腳癬：紅背山麻桿葉適量，水煎洗患處。④外傷出血：鮮紅背山麻桿葉適量，搗爛敷患處。

235 巴豆

Croton tiglium L.

- **別　　名**　江子、猛子樹、巴果。
- **藥用部位**　果實（藥材名巴豆）。
- **植物特徵與採製**　灌木或小喬木。幼枝疏被星狀毛。葉互生，卵形或橢圓狀卵形，邊緣具疏鋸齒，兩面疏被星狀毛。總狀花序頂生；花小，單性，雌雄同株。蒴果橢圓形或卵圓形，近無毛或被星狀毛。種子橢圓形，稍扁，背面稍凸。5～8月開花，6～11月結果。常栽培於山坡、路旁等處。分布於中國浙江、福建、江西、湖南、廣東、海南、廣西、貴州、四川、雲南等地。秋季果實成熟時採摘，晒乾，除去果殼，收集種子。【巴豆霜】果仁搗爛，用多層吸水紙包裹加壓，吸去油即成。
- **性味功用**　辛，熱。有大毒。峻瀉寒積，逐痰行水，蝕瘡殺蟲。主治喉風喉痹、寒積便祕、腹水膨脹、面癱、惡瘡腫毒。內服巴豆霜0.1～0.3克，多入丸、散；外用適量。孕婦忌服。

實用簡方　①面癱：巴豆去殼3～6克，研粉，茶油適量，調成軟膏，貼於面癱對側的掌心，每2日1次，至恢復正常為止。②腹脹、腹痛：巴豆殼1～2粒，研碎，香菸一支，先拿掉半支菸絲，將巴豆殼填充進去，再填入菸絲，燃火抽吸。③小兒痰喘：巴豆1粒，杵爛，綿裹塞鼻，痰即自下。

236 澤漆

Euphorbia helioscopia L.

- **別　　名**　五朵雲、五鳳草、貓眼草。
- **藥用部位**　全草。
- **植物特徵與採製**　一年生草本。具乳汁。莖下部淡紫紅色，上部淡綠色。葉互生，匙形或倒卵形，邊緣中部以上具細鋸齒。多歧聚傘花序頂生；杯狀聚傘花序鐘形。蒴果表面平滑無毛。4～9月開花結果。生於路旁、田野、園邊等溼地。除西藏外，中國各地均有分布。夏、秋季採收，鮮用或晒乾。
- **性味功用**　苦，寒。有小毒。利水消腫，化痰散結，殺蟲。主治諸癬、神經性皮炎、瘰癧、水腫、臌脹、痰飲喘咳、瘻管。3～9克，水煎服；外用適量，搗爛敷患處。

實用簡方　①癬、神經性皮炎：鮮澤漆搗爛絞汁或晒乾研粉，調凡士林，塗抹患處。②癬瘡：澤漆適量，研末，調茶油塗患處。③臌脹：鮮澤漆搗汁，以文火熬膏，酌加茯苓粉製成丸，如桐子大，飯後2小時服10粒，每日2次，續服15～30日。④牙痛：澤漆研為末，水煎漱口。

237 飛揚草

- **別　　名**　飛揚、大飛揚、大飛揚草。
- **藥用部位**　全草。
- **植物特徵與採製**　一年生草本。具乳汁。莖基部多分枝，伏地而生，上部直立，淡紅色或淡紫色，被粗毛。葉對生，卵形或卵狀披針形，邊緣具細鋸齒，兩面有毛，常有紫斑。杯狀聚傘花序組成具短柄頭狀花序，腋生。蒴果三角狀闊卵形，被毛。5～12月開花結果。生於路旁、菜園、荒地、山坡草叢中。分布於臺灣、中國江西、湖南、福建、廣東、廣西、海南、四川、貴州、雲南等地。夏、秋季採收，可鮮用或晒乾後使用。

Euphorbia hirta L.

- **性味功用**　微苦，寒。清熱利溼，祛風止癢，消腫解毒。主治痢疾、泄瀉、胃腸炎、乳汁稀少、熱淋、尿血、溼疹、黃水瘡、皮炎、皮膚搔癢、疔瘡腫毒、瞼腺炎。15～30克，水煎或搗爛絞汁服；外用適量，水煎薰洗患處。

實用簡方　①痢疾：飛揚草、鐵莧菜各25克，水煎，沖白糖服。②乳汁不通、乳房脹痛：鮮飛揚草、王不留行各30克，蔥根6克，豬小腸1段，水燉服。③小兒疳積：飛揚草15克，豬肝125克，冰糖15克，水燉服。

238 算盤子

- **別　　名**　野南瓜、算盤珠、紅毛饅頭果。
- **藥用部位**　根、葉。
- **植物特徵與採製**　灌木。葉互生，橢圓形或長圓形，全緣，葉面有疏毛或幾無毛，葉背毛較密。花小，黃綠色，雌雄同株或異株；無花瓣。蒴果扁球形，形似算盤珠，外被柔毛。6～10月開花，7～10月結果。生於山坡灌木叢或疏林中。分布於中國長江流域以南各地。夏、秋季採收，鮮用或晒乾；葉多鮮用。

Glochidion puberum (L.) Hutch.

- **性味功用**　微苦，涼。有小毒。祛瘀活血，消腫解毒。主治痢疾、腸炎、風溼痺痛、黃疸、咽喉腫痛、淋濁、白帶異常、血崩、痛經、閉經、癱腫、瘰癧、蛇蟲咬傷、多發性膿腫、癬腫、漆過敏、溼疹。15～30克，水煎服；外用適量，搗爛敷患處。孕婦忌服。

實用簡方　①扁桃腺炎：算盤子根30～45克，玉葉金花根30克，水煎服。②牙槽膿腫：鮮算盤子根15克，兩面針根12克，青殼鴨蛋1個，水燉服。③口腔炎、咽喉炎、牙齦炎：鮮算盤子根30～60克，水煎服；另取鮮算盤子葉適量，搗汁調醋含漱。

239 白背葉

Mallotus apelta (Lour.) Muell.-Arg.

- **別　　名**　白背木、白面風、白葉野桐。
- **藥用部位**　根、莖、葉。
- **植物特徵與採製**　灌木或小喬木。莖皮纖維韌。小枝、葉柄、花序、花均被星狀毛。葉互生，闊卵形，全緣或不規則3淺裂。穗狀花序；花單性，雌雄異株；無花瓣。蒴果近球形，密生軟刺及星狀毛。7～9月開花，8～10月結果。生於山坡灌木叢中。分布於中國雲南、廣西、湖南、江西、福建、廣東、海南等地。夏、秋季採收，鮮用或晒乾。
- **性味功用**　苦，平。**根、莖**，清熱利溼；主治肝炎、腸炎、淋濁、胃痛、肝脾腫大、風溼關節痛、腮腺炎、白帶異常、產後風、結膜炎、目翳、跌打損傷。**葉**，解毒，止血；主治蜂窩性組織炎、外傷出血、中耳炎、溼疹。根、莖15～30克，水煎服；外用鮮葉適量，搗爛敷，或水煎洗患處。

實用簡方　①預防病毒性肝炎：白背葉根15克，積雪草、白英、梔子根、鬼針草、茵陳蒿各9克，水煎服。②夜盲、角膜軟化症：鮮白背葉根60克，鴨肝1個，水燉服。③急性結膜炎：鮮白背葉根90克，葉下珠、截葉鐵掃帚各15克，水煎服。

240 粗糠柴

Mallotus philippensis (Lam.) Muell.-Arg.

- **別　　名**　紅果果、香桂樹。
- **藥用部位**　根、葉、果實表面的毛茸。
- **植物特徵與採製**　常綠喬木。小枝、葉柄及花序密被鏽褐色星狀毛。葉互生，卵狀披針形至長圓形，全緣或呈不明顯波狀，葉面無毛，葉背密被短星狀毛及紅色腺點。花序頂生或腋生；花單性，雌雄同株。蒴果球形，密被鮮紅色腺點及星狀毛。3～4月開花。生於低山雜木林或灌木叢中。分布於臺灣、中國四川、雲南、貴州、湖北、江西、安徽、江蘇、浙江、福建、湖南、廣東、廣西、海南等地。根、葉全年可採；毛茸於秋季果實成熟時採收，裝入袋中抖動、搓揉，揀去果實，收集晒乾。
- **性味功用**　根、葉，微苦、微澀，涼；有毒；清熱利溼。**根**主治痢疾、咽喉腫痛，**葉**主治胃腸炎、風溼痹痛、燙火傷。**毛茸**，淡，平；有毒；驅蟲；主治條蟲病、蟯蟲病、蛔蟲病。根、葉3～6克，水煎服；外用適量，水煎洗患處。毛茸1～3克，裝入膠囊中口服。

實用簡方　①瘡瘍潰爛，久不收口：粗糠柴葉適量，水煎洗患處；另取粗糠柴葉適量，研末撒患處。②外傷出血：鮮粗糠柴葉適量，搗爛敷患處。

241 石岩楓

- **別　　名**　扛香藤、萬子藤、大力王。
- **藥用部位**　根、葉。
- **植物特徵與採製**　攀緣狀灌木。小枝、葉背、葉柄被黃色星狀毛。葉互生，卵形或三角狀卵形，全緣或稍波浪形，葉背密生金黃色腺點。花單性，雌雄異株。蒴果球形，被褐色星狀毛。種子球形，黑色。5～9月開花結果。生於山坡、林緣。分布於臺灣、中國廣西、廣東、湖南、福建、海南等地。根全年可採，葉夏、秋季採，鮮用或晒乾。

Mallotus repandus (Willd.) Muell. Arg.

- **性味功用**　微苦，平。祛風除溼，解毒消腫，殺蟲止癢。主治溼疹、皮膚潰瘍、過敏性皮炎、風溼痺痛、腰腿痛、喉炎、癰疽癤瘡、乳癰。根30～60克，水煎服；鮮葉適量，搗爛敷於患處。

實用簡方　①手風溼痛：石岩楓根、鹽膚木根各60克，豬蹄、酒少許，燉服。②過敏性皮炎：石岩楓葉60克（酒炒），煅牡蠣30克，共研末，調麻油塗患處。③下肢慢性潰瘍：石岩楓根20克，研末，酌加凡士林配成軟膏，敷患處。④急性皮膚潰瘍：石岩楓葉適量，晒乾，炒黃，噴酒少許，研細末撒患處。⑤驅條蟲：石岩楓根和葉9克，水煎服。

242 紅雀珊瑚

- **別　　名**　珊瑚枝、洋珊瑚、紅雀掌。
- **藥用部位**　全草。
- **植物特徵與採製**　多年生亞灌木。莖肉質，直立，多分枝，常作「Z」字形。葉互生，質厚，卵形或卵圓形，全緣。聚傘花序頂生；總苞鮮紅色或紫色。蒴果。5～11月開花結果。多為栽培。分布於中國雲南、廣西、廣東、福建等地，北方溫室亦有栽培。隨時採摘，鮮用。

Pedilanthus tithymaloides (L.) Poit.

- **性味功用**　苦，寒。有小毒。止血生肌。主治毒蟲或魟魚骨刺傷、無名腫毒、瘡瘍腫毒、跌打腫痛、刀傷出血。外用鮮葉適量，搗爛敷患處。孕婦忌服。

實用簡方　①外傷出血：鮮紅雀珊瑚葉、飯粒各適量，搗爛敷患處。②蜈蚣咬傷：鮮紅雀珊瑚葉適量，食鹽少許，搗爛敷患處。③目赤腫痛：鮮紅雀珊瑚全草適量，冰片少許，搗爛敷患眼。

243 餘甘子

- **別　　名**　油甘子、庵摩勒、喉甘子。
- **藥用部位**　根、葉、果實(藥材名餘甘子)。
- **植物特徵與採製**　落葉灌木或小喬木。葉互生於小枝兩側，極似複葉，長圓形。花單性，雌雄同株；花小，淡黃色，無花瓣。蒴果扁球形，外果皮肉質，黃綠色。3～6月開花，7～11月結果。生於乾旱的山坡、曠野等地，或栽培於果園。分於臺灣、中國江西、福建、廣東、海南、廣西、四川、貴州、雲南等地。根全年可採，葉夏、秋季採，鮮用或晒乾；果實秋、冬季成熟時採，鮮用，或鹽水浸漬，密裝於瓶子內，越久越好。

Phyllanthus emblica L.

- **性味功用**　根，微苦，涼；祛痰散結，清熱利溼；主治瘰癧、痢疾、泄瀉、黃疸。葉，微苦，涼；清熱解毒；主治皮炎、口瘡、疔瘡、溼疹。果實，酸、甘、涼；消食，生津，止瀉；主治食積、腹痛、泄瀉、咳嗽、咽痛、口渴。根、葉、果實通治高血壓。15～30克，水煎服；外用葉適量，水煎薰洗患處。

實用簡方　①高血壓：鮮餘甘子5～8枚生食，每日2次。②喉頭炎、暑熱口渴、風火牙痛、風熱咳嗽：鮮餘甘子或鹽漬果5～7枚，嚼食。

244 葉下珠

- **別　　名**　真珠草、夜合草、珍珠草。
- **藥用部位**　全草。
- **植物特徵與採製**　一年生草本。莖直立，常帶淡紅色。葉互生，排成兩列，外形似複葉，長圓形，全緣，僅葉背邊緣有毛。花小，腋生；雌雄同株。蒴果扁球形，幾無柄，似貼生於葉下面。生於路旁、荒地、田邊、園地等草叢溼地。分布於中國河北、山西、陝西及華東、華中、華南、西南等地。夏、秋季採收，鮮用或晒乾。

Phyllanthus urinaria L.

- **性味功用**　微苦、甘，涼。清熱平肝，解毒消腫。主治目赤、夜盲、疳積、肝炎、痢疾、腸炎腹瀉、腎炎性水腫、尿道感染、竹葉青蛇咬傷。15～30克，水煎服；外用適量，搗爛後，敷於患處。

實用簡方　①肝炎：鮮葉下珠、馬蹄金各60克，水燉服。②腎炎性水腫：鮮葉下珠60克，貓鬚草15克，水煎服。③風熱感冒、腸炎腹瀉：葉下珠15～30克，水煎服。④夜盲：鮮葉下珠30～60克，動物肝臟120克，蒼朮12克，水燉服。

蓖麻

Ricinus communis L.

- **別　　名**　紅蓖麻、巴麻子、草麻。
- **藥用部位**　根、葉、種子（藥材名蓖麻子）。
- **植物特徵與採製**　灌木或小喬木。具乳汁。莖綠色或淡紫色，中空。葉互生，盾形，掌狀深裂，裂片卵狀披針形，邊緣具鋸齒。總狀花序或圓錐式花序與葉對生；花單性，雌雄同株。蒴果球形或橢圓形，外被軟刺。種子長圓形而略扁，具褐白色或灰色的斑紋。4～5月開花，5～10月結果。中國各地多有栽培。根、莖、葉夏、秋季採，鮮用或晒乾；果實秋後成熟時採下，晒乾，除去果殼，收集種子。
- **性味功用**　根，淡、微辛，平；有小毒；祛風活血，消腫拔毒。蓖麻子，甘、辛，平；有小毒；潤腸通便，消腫排膿。根、蓖麻子主治子宮脫垂、口眼歪斜、便祕、脫肛、瘰癧、癰腫、膿腫、異物入肉、扭傷、跌打損傷。葉，苦、微辛，平；有小毒；祛風散腫；主治風溼痺痛、乳腺炎、癰瘡腫毒、疥癬。根15～30克，水煎服；葉、蓖麻子外用適量，搗爛敷，或水煎薰洗患處。孕婦忌服。

> **實用簡方**　①異物入肉：蓖麻子和蛇油同搗爛敷傷處。②風溼腫痛、乳腺炎初起：鮮蓖麻葉塗麻油，炭火烘熱擦患處。③關節扭傷：蓖麻子49粒，馬錢子、枇杷核各14粒（均去殼），研末，酌加蛋清、麵粉，調如泥，敷患處。④癰疽腫毒：鮮蓖麻葉適量，食鹽少許，搗爛敷患處。⑤癰腫初起：鮮蓖麻葉適量，酌加紅糖，搗爛敷患處。

246 山烏桕

- **別　　名**　紅心烏桕、山柳烏桕。
- **藥用部位**　根、根皮、葉。
- **植物特徵與採製**　落葉喬木。有乳汁。幼枝、嫩葉常帶紅色。葉互生，長圓形或卵狀橢圓形，全緣，葉背粉綠色。穗狀花序頂生；花單性，雌雄同株；花淡黃綠色。蒴果近球形。種子近球形，外被蠟層。5～10月開花結果。生於雜木林中。分布於臺灣、中國雲南、四川、貴州、湖南、廣西、廣東、江西、安徽、福建、浙江等地。根、根皮全年可採，葉於夏、秋季採，鮮用或晒乾。

Sapium discolor (Champ. ex Benth.) Muell. Arg.

- **性味功用**　苦，寒，有小毒。根、根皮，瀉下逐水，散瘀消腫；主治腎炎性水腫、腹水、二便不通、白濁、痔瘡、蛇傷、瘡癰。葉，散瘀消腫，祛風止癢；主治跌打損傷、皮炎、溼疹、帶狀疱疹、蛇傷、乳腺炎。根、根皮3～9克，水煎服；外用葉適量，搗爛敷或水煎洗患處。孕婦忌用。

實用簡方　①便祕：山烏桕根15～30克，水煎服。②乳腺炎：鮮山烏桕葉適量，砂糖少許，搗爛敷患處。③婦人陰部作癢：山烏桕枝葉適量，水煎薰洗患處。

247 烏桕

- **別　　名**　蠟子樹、桕子樹、虹樹。
- **藥用部位**　根、葉、種子。
- **植物特徵與採製**　落葉喬木。有乳汁。葉互生，菱形或闊菱形，全緣。花小，黃綠色；花單性，雌雄同株。蒴果近球形。種子近球形，黑色，外被白蠟層。5～6月開花，8～12月結果。野生或栽培於山坡、路旁或河岸上。主要分布於中國黃河以南各地區，北達陝西、甘肅等地。根、枝全年可採，或剝二重皮，鮮用或晒乾；種子於秋末冬初採摘，晒乾；葉多鮮用。

Sapium sebiferum (L.) Roxb.

- **性味功用**　根、葉，有毒，苦、辛，微溫；攻下逐水，破結消腫。根主治水腫、腹水、二便不通、肝炎、瘰癧、癰腫疔毒、毒蛇咬傷、癥瘕積聚、跌打損傷；葉主治水腫、腹水、疔瘡癤腫、腳癬、溼疹、毒蛇咬傷。種子，苦、微辛、甘，涼；有毒；殺蟲止癢，拔毒散腫；主治腳癬、溼疹、手足皸裂。根9～15克，水煎服；外用葉、果適量，水煎薰洗或搗爛敷患處。

實用簡方　①水腫：鮮烏桕根二重皮20克，冰糖15克，水燉服。②跌打損傷：烏桕根、積雪草各30克，鹽膚木根12克，酒燉服。

漆樹科

248 南酸棗

- **別　　名**　酸棗、醋酸樹、酸棗樹。
- **藥用部位**　樹皮、果核。
- **植物特徵與採製**　落葉喬木。單數羽狀複葉互生；小葉7～9片，對生，卵狀披針形或披針形，全緣。花雜性，異株；雄花和假兩性花淡紫色，成圓錐花序腋生。核果橢圓形或卵形，黃色，味酸；核堅硬，近先端有5個孔（眼點）。3～5月開花，8～10月結果。生於山谷林中、村旁，或栽培。分布於中國西藏、雲南、貴州、廣西、廣東、湖南、湖北、江西、福建、浙江、安徽等地。樹皮秋、冬季採，刮去表皮；果核於秋季成熟時採，去皮取核，晒乾備用。

Choerospondias axillaris (Roxb.) Burtt et Hill.

- **性味功用**　甘、酸，平。樹皮，清熱解毒，殺蟲收斂；主治燙火傷、痢疾、腹瀉、胃下垂、白帶異常、溼疹、瘡瘍。果核，行氣活血，養心安神，消積；主治氣滯血瘀、神經衰弱、失眠、食滯腹滿。15～30克，水煎服；外用適量，煎水洗或熬膏塗患處。

> **實用簡方**　①心煩鬱悶：南酸棗果核5～6粒，搗裂，水煎代茶。②食滯腹脹：南酸棗果實連皮帶肉，於飯前半小時嚼服，連服6～10粒，每日2～3次，或服用酸棗糕。

249 鹽膚木

- **別　　名**　五倍子樹、鹽麩樹、鹽霜柏。
- **藥用部位**　根、根皮、葉、花、果實、蟲癭（藥材名五倍子）。
- **植物特徵與採製**　落葉灌木或小喬木。單數羽狀複葉互生，葉軸有翅；小葉橢圓形或卵狀橢圓形，邊緣具鈍齒或鋸齒。圓錐花序頂生，花序軸被褐色毛；花瓣5，淡黃色。核果扁圓形，橙紅色。7～9月開花，8～11月結果。生於路旁、山坡灌木叢中。中國除東北、內蒙古和新疆外，其餘地區均有分布。根全年可採，葉初夏至秋季採，果實9～10月採；鮮用或晒乾。

Rhus chinensis Mill.

- **性味功用**　根、根皮，微苦、酸，微溫；化痰定喘，祛風除溼，補中益氣。根主治支氣管炎、咳嗽、冠心病、勞倦乏力、風溼痺痛、坐骨神經痛、腰肌勞損、扭傷、跌打損傷；根皮主治黃疸、食慾不振、疳積、產後子宮收縮不良。葉，微苦，微溫；消腫解毒；主治蜂螫傷、溼疹、皮炎、對口瘡。花、果、五倍子，鹹、微酸，平；斂肺固腸，滋腎澀精，止血，止汗；主治肺虛咳嗽、自汗、盜汗、遺精、臁瘡、久瀉脫肛、外傷出血。根、根皮15～30克，五倍子3～6克，花、果9～15克，水煎服；外用適量，水煎洗或搗爛、研粉撒敷患處。

> **實用簡方**　①盜汗、遺精：五倍子研末5克，溫開水或香醋調勻，臨睡前貼臍部。②白帶異常、下消：鮮鹽膚木根15～30克，豬小腸1段，水燉服（不加鹽）。

冬青科

秤星樹

Ilex asprella (Hook. et Arn.) Champ. ex Benth.

- **別　　名**　崗梅、點秤星、梅葉冬青、燈稱花。
- **藥用部位**　根、葉。
- **植物特徵與採製**　落葉灌木。幼枝表面散生多數白色皮孔。葉互生，卵形或卵狀橢圓形，邊緣有細鋸齒，葉面脈上常有微毛。花單性，雌雄異株；花白色或黃綠色。果球形，成熟時黑色，有縱棱。4～6月開花，10～11月結果。生於山坡灌木叢中。分布於臺灣、中國浙江、江西、福建、湖南、廣東、廣西、香港等地。夏、秋季採收，鮮用或晒乾。
- **性味功用**　微苦、甘、涼。清熱解毒，消腫止痛。主治感冒、頭痛、熱病煩渴、痢疾、肺癰、氣管炎、百日咳、扁桃腺炎、咽喉腫痛、淋濁、風火牙痛、瘰癧、癰疽瘡腫、過敏性皮炎、疔瘡、痔瘡、蛇傷、跌打損傷。根30～60克，水煎服；外用鮮葉適量，搗爛敷患處。

> **實用簡方**　①扁桃腺炎、咽喉炎：秤星樹30克，扛板歸適量，水煎服。②慢性盆腔炎（輕型）：秤星樹根、紫金牛、野菊花各15克，水煎服。③小兒感冒、高熱不退：秤星樹根、地膽草、丁癸草各9克，積雪草15克，水煎服。④過敏性皮炎：秤星樹葉、食鹽各適量，揉爛後擦患處。⑤痔瘡：鮮秤星樹根60～120克，去皮切碎，酌加豬肉，水燉服。

251 枸骨

- **別　　名**　貓兒刺、老虎刺、八角刺。
- **藥用部位**　根、莖皮、葉。
- **植物特徵與採製**　常綠灌木或小喬木。葉互生，長圓狀四方形，先端寬，具3個三角形硬而尖刺齒，基部平截，兩側各有1～2個三角形硬而尖刺齒，葉面暗綠色，光亮，葉背淡綠色。花雌雄異株，成簇腋生於二年生的枝上；花冠4裂，黃綠色。果球形，成熟時深紅色或黃色。4～5月開花，8～10月結果。多為栽培。分布於中國江蘇、上海、安徽、浙江、福建、江西、湖北、湖南等地。全年可採，鮮用或晒乾。

Ilex cornuta Lindl. et Paxt.

- **性味功用**　苦，涼。根、莖皮，補肝益腎，祛風清熱；主治肝腎不足、腰膝痿弱、腰肌勞損、瘰癧、絲蟲病淋巴管炎、關節炎、臁瘡。葉，清熱解毒，祛風除溼；主治痢疾、乳腺炎、白癜風、無名腫毒、風溼痺痛、跌打損傷。9～15克，水煎服；外用適量，水煎洗或搗爛敷於患處。

實用簡方　①神經性頭痛：枸骨根30～60克，紅棗30克，水煎服。②肝腎陰虛、頭暈耳鳴、腰膝痠痛：枸骨葉、枸杞子、女貞子、旱蓮草各9～15克，水煎服。

252 毛冬青

- **別　　名**　茶葉冬青、喉毒藥、細葉冬青。
- **藥用部位**　根、葉。
- **植物特徵與採製**　常綠灌木。根淡黃色。小枝有稜，和葉柄、葉脈均被短柔毛。葉互生，卵形或橢圓形，通常具細鋸齒，揉碎有黏性。花單性，雌雄異株。果球形，成熟時紅色。5～6月開花，10～11月結果。生於山坡、溝谷灌木叢中。分布於臺灣、中國安徽、浙江、江西、福建、湖南、廣東、海南、香港、廣西、貴州等地。全年可採，鮮用或晒乾。

Ilex pubescens Hook. et Arn.

- **性味功用**　苦、澀，涼。清熱涼血，通絡止痛，消腫解毒。根主治高血壓、血栓閉塞性脈管炎、冠心病、咽喉腫痛、燙火傷。葉主治外傷出血、乳癰、瘡瘍、無名腫毒。根30～45克，水煎服；外用適量，搗爛敷患處。孕婦慎服。

實用簡方　①高血壓：毛冬青根30～60克，酌加白糖或雞蛋燉服，亦可水煎代茶常服。②血栓閉塞性脈管炎：毛冬青根、竹葉榕根、大通筋莖各30克，水煎服。

163

衛矛科

253 大芽南蛇藤

Celastrus gemmatus Loes.

- **別　　名**　哥蘭葉、穿山龍、南蛇藤。
- **藥用部位**　根、莖、葉。
- **植物特徵與採製**　攀緣狀灌木。小枝圓柱形，具條紋，多皮孔；冬芽大，圓錐形。單葉互生，闊卵圓形或橢圓狀卵形。聚傘花序頂生及腋生；花黃綠色。蒴果球狀。5～6月開花。生於山坡灌木叢中。分布於臺灣、中國河南、陝西、甘肅、安徽、浙江、江西、湖北、湖南、貴州、四川、福建、廣東、廣西、雲南等地。夏、秋季採收，鮮用或晒乾。
- **性味功用**　苦，辛，溫。祛風溼，行氣血，壯筋骨，消癰毒。主治風溼痺痛、坐骨神經痛、腰腿痛、胃痛、疝氣、閉經、月經不調、產後瘀血痛、蕁麻疹、溼疹、帶狀疱疹、風疹、骨髓炎、癰腫疔瘡、跌打損傷、骨折。10～30克，水煎服；外用適量，搗爛或調茶油敷患處。孕婦慎服。

實用簡方　①風溼痺痛：南蛇藤根、菝葜根、買麻藤根各30克，桑寄生12克，酒水燉服。②腰痛：南蛇藤根30克，雞蛋1個，水燉，兌老酒少許，晚睡前溫服。

254 雷公藤

Tripterygium wilfordii Hook. f.

- **別　　名**　菜蟲藥、山砒霜、斷腸草。
- **藥用部位**　根的木質部。
- **植物特徵與採製**　蔓性落葉灌木。根的內皮呈柑色。小枝紅棕色，密生小瘤狀突起和鏽色毛。葉互生，橢圓形或闊卵形，邊緣具細鋸齒。聚傘狀圓錐花序頂生或腋生；花小，花瓣5，綠白色。蒴果具3片膜質翅。5～6月開花，9～10月結果。生於向陽山坡灌木叢中。分布於臺灣、中國福建、江蘇、浙江、安徽、湖北、湖南、廣西等地。全年可採，去淨根皮，晒乾。
- **性味功用**　辛，微苦，涼。有大毒。祛風除溼，活血通絡，解毒殺蟲。主治類風溼關節炎、風溼性關節炎、坐骨神經痛、末梢神經炎、腎病症候群、紅斑狼瘡、腎小球腎炎、銀屑病、頑癬、麻風、骨髓炎、瘰疬（一種疔瘡）。6～12克，水煎服（宜久煎）。孕婦及患有心、肝、腎病者慎用。服藥期禁酸、辣、油炸等食物。莖、葉有劇毒，不可內服。

實用簡方　①慢性風溼痛：雷公藤根木質部10克，文火久煎，加入雞蛋1～2個，燉熟，吃蛋喝湯。②麻風：雷公藤根木質部6克，金銀花15克，黃柏12克，玄參9克，當歸4.5克，每日1劑，水燉，分2次服。

省沽油科

255

野鴉椿

Euscaphis japonica (Thunb.) Dippel

- **別　　名**　野椿子樹、雞肫柴、雞腎樹。
- **藥用部位**　根、果。
- **植物特徵與採製**　落葉大灌木或小喬木。單數羽狀複葉對生；小葉對生，卵形或卵狀披針形，邊緣具細鋸齒。圓錐花序頂生；花冠綠色。蓇葖果成熟時鮮紅色。種子近球形，黑色，外包有鮮紅色假種皮。5～6月開花，9～12月結果。生於雜木林中，或栽培。分布於臺灣、中國華東、中南、西南及山西等地。根夏、秋季採，果秋、冬季採；鮮用或晒乾。
- **性味功用**　**根**，微苦、甘，平；祛風，利溼；主治外感頭痛、風溼腰痛、痢疾、泄瀉、胃痛、產後風。**果**，辛，溫；行氣止痛，祛風利溼；主治頭痛、眩暈、感冒、痢疾、泄瀉、月經不調、蕁麻疹、漆過敏、疝氣。15～30克，水煎服；外用適量，水煎薰洗患處。

實用簡方　①風寒感冒、酒後傷風：野鴉椿果實30～60克，橘餅1塊，水煎服。②解酒：野鴉椿果實30～50克，水煎代茶。③風溼腰痛、產後風：鮮野鴉椿根30～90克，水煎調酒服。④漆過敏：患處先用韭菜水煎洗後，再將研細的野鴉椿果實撒敷患處。

無患子科

256 倒地鈴

Cardiospermum halicacabum L.

- **別　　名**　金絲苦楝、小果倒地鈴。
- **藥用部位**　全草。
- **植物特徵與採製**　攀緣狀草本。2～3出複葉互生；小葉長卵形或披針形，邊緣淺裂或深裂。聚繖花序腋生；花瓣4枚，白色。蒴果三棱狀倒卵形，囊狀，膜質。種子球形。6～12月開花結果。生於山坡矮灌木叢中，或栽培。中國東部、南部和西南部很常見，北部較少。夏秋季採收，鮮用或晒乾。
- **性味功用**　辛，涼。清熱利溼，散瘀消腫，涼血解毒。主治各種淋證、黃疸、糖尿病、百日咳、咽喉炎、溼疹、癰腫、疔瘡腫毒、對口瘡、跌打損傷。9～15克，水煎服；外用適量，水煎洗或搗爛敷患處。

實用簡方　①各種淋證：倒地鈴15克，金錢草12克，海金沙6克，水煎服。②糖尿病：倒地鈴60克，豬瘦肉適量，水燉服。③癰疽腫毒、溼疹：鮮倒地鈴適量，紅糖少許，搗爛敷患處；或鮮倒地鈴適量，水煎洗患處。④毒蛇咬傷：鮮倒地鈴適量，搗爛敷患處。⑤溼疹：倒地鈴90克，蛇床子30克，水煎洗患處。

257 車桑子

- **別　　名**　坡柳、鐵掃把、車桑仔。
- **藥用部位**　根、葉。
- **植物特徵與採製**　常綠灌木。葉互生，倒披針形或條狀披針形，全緣，稍反捲；葉柄短或幾無柄。圓錐花序頂生，短；花小，無花瓣。蒴果有3片膜翅，形似團扇。7～11月開花，8～12月結果。生於溪岸、山坡等沙質荒地，或栽培。分布於中國西南部、南部至東南部。全年可採，鮮用或晒乾。

Dodonaea viscosa (L.) Jacq.

- **性味功用**　淡，平。清熱利溼，消腫解毒。根主治風火牙痛、風毒流注；葉主治淋證、燙火傷、肩胛部漫腫、騎馬癰、皮膚搔癢、疔瘡。15～30克，水煎服；外用葉適量，搗爛敷患處。

實用簡方　①肝硬化腹水：鮮車桑子葉、燈心草根各60克，水煎，酌加紅糖調勻，晚臨睡前服。②疔瘡癤腫：鮮車桑子葉適量，搗爛敷患處。③燙火傷：車桑子葉適量，研末，調冬蜜塗患處。

258 無患子

- **別　　名**　苦患子、木患子、洗手果。
- **藥用部位**　根、葉、種子（藥材名無患子）。
- **植物特徵與採製**　落葉喬木。雙數羽狀複葉互生；小葉8～16片，卵狀披針形或長橢圓形，全緣。圓錐花序頂生，有茸毛；花通常兩性。核果肉質，球形，有棱，成熟時黃綠色。5～7月開花，9～10月結果。生於山坡疏林，或栽培。分布於中國東部、南部至西南部。根、葉夏、秋季採，種子於秋季果實成熟時採，除去果肉和果皮，鮮用或晒乾。

Sapindus mukorossi Gaertn.

- **性味功用**　根、葉，苦，平；有小毒；清熱解毒，化痰散瘀。根主治感冒、咳嗽、咽喉炎、扁桃腺炎；葉主治百日咳。種子，苦、辛，平；有毒；利咽祛痰，殺蟲消積；主治滴蟲陰道炎、咽喉炎、扁桃腺炎、肺熱咳喘、食滯、疳積。根15～30克，葉6～15克，種子3～6克，水煎服；外用適量，搗爛敷或煎水洗患處。孕婦慎用。

實用簡方　①氣喘：無患子根30克，肺風草10克，杏仁6克，水煎，酌加冰糖調服。②去頭皮屑：鮮無患子果皮適量，搗爛，沖入溫水，稍搓揉後，取上清液洗頭。③溼疹：無患子根適量，煎湯薰洗患處。

鳳仙花科

鳳仙花

Impatiens balsamina L.

- **別　　名**　指甲花、急性子、金鳳花。
- **藥用部位**　全草、種子（藥材名急性子）。
- **植物特徵與採製**　一年生草本。莖直立，肉質，節常膨大。葉互生，披針形，邊緣有深鋸齒。花大，單生或數朵生於葉腋，白色、粉紅色、紅色、紫色或雜色，單瓣或重瓣。蒴果紡錘形，密生短茸毛。種子多數，卵圓形，棕褐色。5～9月開花，8～9月結果。多栽培於庭園。中國各地均有分布。夏季採收，鮮用或晒乾；種子於8～9月果實近成熟時摘下，晒乾，收集彈出的種子。
- **性味功用**　根、莖、葉，微苦，溫；有小毒；祛風活血，消腫解毒；主治風溼痺痛、閉經、癰腫、甲溝炎、跌打損傷、蛇蟲咬傷。花，淡，涼；有小毒；祛風除溼，活血止痛；主治風溼疼痛、閉經、癰癤疔瘡、白帶異常。急性子，微苦，溫；有小毒；軟堅散瘀；主治閉經、痛經、痞塊、魚骨鯁喉、難產。全草9～15克，急性子3～6克，水煎服；外用適量，搗爛敷患處。孕婦忌服。

實用簡方　①風溼痺痛：鳳仙花全草30克，或加龍鬚藤15克，豬瘦肉適量，水燉服。②閉經：鳳仙花3～8克，水煎服；或鮮鳳仙花全草25克，水煎服。③甲溝炎：鮮鳳仙花或葉適量，冷飯少許，搗爛敷患處。④毒蛇咬傷：鳳仙花全草30克，水煎服，渣搗爛敷傷口周圍。⑤蛇頭疔：鮮鳳仙花根適量，桐油少許，搗爛敷患處。⑥鵝掌風：鮮鳳仙花適量，外擦患處。

鼠李科

260 多花勾兒茶

Berchemia floribunda (Wall.) Brongn.

- **別　　名**　勾兒茶、黃鱔藤、牛兒藤。
- **藥用部位**　根及老莖。
- **植物特徵與採製**　蔓性灌木。根長條形，表皮褐黑色，斷面金黃色。葉互生，卵圓形至長圓形，全緣。圓錐花序頂生，花小；花瓣5，白色。核果近圓柱形，初時綠色，後變紅色，成熟時紫黑色。7～10月開花，11月至翌年2月結果。生於山坡路旁或灌木叢中。分布於中國華東、中南、西南及山西、陝西、甘肅等地。全年可採，鮮用或晒乾。
- **性味功用**　甘、微澀，微溫。補脾益氣，祛風除溼，舒筋活絡，調經止痛。主治骨結核、勞倦乏力、風溼痺痛、肝硬化、肝炎、血小板減少症、胃痛、疳積、白帶異常、月經不調、痛經、產後腹痛、跌打損傷。30～60克，水煎服。

實用簡方　①溼熱黃疸：勾兒茶藤莖60克，兗州卷柏15克，水煎服。②肝硬化：勾兒茶根、柘樹根各30克，水煎服。③勞力身疼：勾兒茶藤莖60克，羊肉125克，酒水各半燉服。④虛弱性水腫或水腫後氣虛：鮮勾兒茶根60～120克，生薑9克，紅糖適量，水煎服。⑤小兒疳積：勾兒茶根15～30克，水煎服。

261 鐵包金

Berchemia lineate (L.) DC.

- **別　　名**　老鼠耳、老鼠草、老鼠屎。
- **藥用部位**　根。
- **植物特徵與採製**　小灌木或藤狀灌木。主根粗壯，支根多，表皮褐色，斷面黃色。莖多分枝，小枝稍被毛。葉互生，卵形、橢圓形或近圓形，全緣。花瓣5，白色。核果橢圓形，成熟時呈紫黑色。7～9月開花，9～12月結果。生於山坡灌木叢中或路旁、田邊。分布於臺灣、中國廣東、廣西、福建等地。全年可採，鮮用或晒乾。
- **性味功用**　微苦、澀，平。固腎益氣，祛風除溼，消腫解毒。主治肺結核、氣管炎、糖尿病、胃潰瘍、睪丸炎、遺精、風溼骨痛、腰膝痠痛、跌打損傷、疳積、蕁麻疹、癰疽疔毒、多發性膿腫、風火牙痛。30～60克，水煎服。

實用簡方　①風溼性關節炎：鮮鐵包金60～120克，水煎，沖酒適量服，或燉豬肉服。②蕁麻疹：鮮鐵包金15克，豬瘦肉120克，水燉服。③睪丸腫脹：鐵包金15～30克，鴨蛋1個，酒水各半燉服。④痛經：鐵包金60克，酌加老酒燉服。

262 枳椇

Hovenia acerba Lindl.

- **別　　名**　拐棗、枳棗、雞爪梨。
- **藥用部位**　根、種子（藥材名枳椇子）。
- **植物特徵與採製**　喬木。葉互生，卵形或闊卵形，邊緣具鋸齒。聚傘花序頂生或腋生；花綠色。果近球形，無毛；果梗肉質，肥大而扭曲，紅褐色。種子扁圓形，紅褐色。5～9月開花，7～10月結果。生於路旁、溪邊，或栽培。分布於中國甘肅、陝西、河南、安徽、江蘇、浙江、江西、福建、廣東、廣西、湖南、湖北、四川、雲南、貴州等地。根全年可採，鮮用或晒乾；枳椇子於10月果實成熟時，收集晒乾。
- **性味功用**　根，甘、澀，溫；祛風通絡，解酒；主治小兒驚風、風溼骨痛、醉酒。枳椇子，甘，平；生津止渴，解酒除煩；主治醉酒、煩熱口渴、小便不利。根15～30克，枳椇子6～15克，水煎服。

實用簡方　①醉酒：枳椇子12克，搗碎，水煎服。②熱病煩渴、小便不利：枳椇子、知母各9克，金銀花24克，燈心草3克，水煎服。③勞傷吐血：鮮枳椇根240克，五花肉適量，水燉服。

- **別　　名**　雄虎刺、鐵籬笆、白棘。
- **藥用部位**　根、葉。
- **植物特徵與採製**　灌木。幼枝及嫩葉被鏽色短毛，幼枝具刺。葉互生，卵形或卵狀橢圓形，邊緣具細鋸齒。聚傘花序腋生；花小，黃綠色。果為木質核果，扁盤狀。5～8月開花，8～10月結果。生於村旁、溪邊或山坡灌木叢中。分布於臺灣、中國江蘇、浙江、安徽、江西、湖南、湖北、福建、廣東、廣西、雲南、貴州、四川等地。根秋、冬季採挖為佳，葉隨時可採，多鮮用。

Paliurus ramosissimus (Lour.) Poir.

263 馬甲子

- **性味功用**　苦，平。祛風止痛，清熱解毒。根主治風溼痛、牙痛、咽喉腫痛、癧疽；葉主治無名腫毒、疔瘡癰腫。根15～30克，水煎服；外用葉適量，搗爛敷患處。

實用簡方　①腸風下血：馬甲子根30～60克，豬肉適量，水燉服。②癰瘡初起：鮮馬甲子葉、木芙蓉葉、紫花地丁各適量，搗爛敷患處。③跌打損傷：馬甲子根、威靈仙、木防己各30克，酒少許，水煎服。

- **別　　名**　對節刺、碎米子、馬沙刺。
- **藥用部位**　根、葉。
- **植物特徵與採製**　常綠或半常綠灌木。有刺狀短枝，小枝具密毛。葉近對生，卵形或廣橢圓形，邊緣有鋸齒。穗狀圓錐花序頂生或生側枝上；花小，白色。核果近球形，成熟時紫黑色。8月至翌年4月開花結果。生於山坡、路旁。分布於臺灣、中國安徽、江蘇、浙江、江西、福建、廣東、廣西、湖南、湖北、四川、雲南等地。根皮、葉全年可採，嫩枝春季採；鮮用或晒乾。

Sageretia thea (Osbeck) Johnst.

264 雀梅藤

- **性味功用**　根，甘、淡，平；行氣化痰，祛風利溼；主治氣喘、咳嗽、水腫、胃痛、鶴膝風。葉，酸，涼；消腫止痛；主治燙火傷、瘡瘍腫毒、癬、疥瘡、漆過敏。根9～15克，水煎服；外用鮮葉適量，搗爛敷或煎水洗患處。

實用簡方　①咳嗽氣喘：雀梅藤根9～15克，水煎服。②瘡瘍腫毒、漆過敏：鮮雀梅藤葉適量，水煎洗患處。③水腫：雀梅藤根二層皮、朱砂各4.5克，綠豆30克，共研末為丸，如梧桐子大，每服7丸，開水送服。

171

葡萄科

265 廣東蛇葡萄

Ampelopsis cantoniensis (Hook. et Arn.) Planch.

- **別　　名**　廣東山葡萄、田浦茶、山甜茶。
- **藥用部位**　根、藤。
- **植物特徵與採製**　攀緣狀木質藤本。莖具條紋，卷鬚粗壯，與葉對生。1回或2回羽狀複葉；小葉9～13片，卵形或長圓形，大小不一，邊緣具不明顯鈍齒。聚傘花序與葉對生；花小，花瓣5。漿果倒卵狀球形，深紫色或紫黑色。4～7月開花，5～8月結果。生於山坡灌木叢中。分布於臺灣、中國安徽、浙江、福建、湖北、湖南、廣東、廣西、海南、貴州、雲南、西藏等地。全年可採，鮮用或晒乾。
- **性味功用**　辛、苦，涼。清熱解毒，祛風化溼。主治感冒、咽喉腫痛、風溼痺痛、乳癰、溼疹、丹毒、瘡癤癰腫。15～30克，水煎服；外用適量，水煎洗患處。

實用簡方　①感冒：廣東蛇葡萄藤30克，水煎服。②嗜鹽菌食物中毒：廣東蛇葡萄根45克，生薑15克，水煎服。③急性結膜炎：廣東蛇葡萄藤適量，水煎薰洗患眼。

266 白蘞

Ampelopsis japonica (Thunb.) Makino

- **別　　名**　五爪藤、白草、白根。
- **藥用部位**　塊根（藥材名白蘞）。
- **植物特徵與採製**　藤本。塊根紡錘形或卵形，肉質而粗壯，數個聚生，外皮棕褐色。卷鬚與葉對生。羽狀複葉互生，作羽狀分裂或羽狀缺刻，裂片卵形或披針形；葉軸有闊翅。聚傘花序與葉對生；花小，黃綠色。漿果球形，成熟時白色或藍紫色。4～6月開花，8～10月結果。生於山坡、路旁、荒山灌木叢中。分布於中國東北、華北、華東、中南地區及陝西、寧夏、四川等地。春、秋季採挖，鮮用或晒乾。
- **性味功用**　苦，平。清熱解毒，消腫止痛，生肌斂瘡。主治白帶異常、血痢、腸風便血、燙火傷、瘰癧、跌打損傷、痔漏、凍瘡、癰癤瘡腫、體癬、手足癬。3～9克，水煎服；外用適量，搗爛敷患處。孕婦慎服。反烏頭。

實用簡方　①燙火傷：白蘞研末，調麻油或鮮雞蛋清，塗患處。②扭挫傷：白蘞9克，梔子、白芥子各3克，研末，調熱酒敷患處。③面上皰瘡：鮮白蘞60克，冰糖30克，水燉服。④無名腫毒、癰瘡、瘰癧：鮮白蘞60～90克，水煎服，渣搗爛敷於患處（關節處不可用）。

267 烏蘞莓

- **別　　名**　五爪龍、五葉莓、地五加、虎葛。
- **藥用部位**　全草。
- **植物特徵與採製**　多年生草質藤本。老莖紫色，有縱棱；上部卷鬚2分叉，與葉對生。掌狀複葉互生；小葉5枚，呈鳥趾狀排形，長圓形或卵形。聚傘花序腋生或假腋生；花瓣4，黃綠色。漿果球形，成熟時黑色。5～9月開花，7～10月結果。生於山坡、路旁、曠野草叢中。分布於臺灣、中國陝西、四川、貴州、雲南及華東、華中、華南等地。夏、秋季採收，鮮用或晒乾。

Cayratia japonica (Thunb.) Gagnep.

- **性味功用**　辛、苦，涼。有小毒。清熱解毒，消腫止痛。主治咽喉腫痛、癰腫疔毒、帶狀疱疹、尿血、急性胃腸炎、腎炎、乳腺炎、白帶異常、黃疸、痢疾、風溼痺痛、跌打損傷、毒蛇咬傷。15～30克，水煎服；外用適量，搗爛敷患處。

> **實用簡方**　①胃脘冷痛：烏蘞莓30克，雞1隻，黃酒125克，水燉服。②小便帶血：鮮烏蘞莓30克，水煎服，或加冬蜜適量沖服。③帶狀疱疹：烏蘞莓塊根適量，磨燒酒與雄黃，抹患處。④癰疽腫毒：鮮烏蘞莓30克，水煎，酌加酒服；另取鮮烏蘞莓葉適量，搗爛敷患處。

268 白粉藤

- **別　　名**　白薯藤、粉藤、粉藤薯。
- **藥用部位**　全草。
- **植物特徵與採製**　多年生草質藤本。全體無毛或幼時稍被白粉。莖綠色，稍肉質，鈍四棱形，節膨大。卷鬚與葉對生。單葉互生，心狀卵形。傘房狀二歧聚傘花序與葉對生；花瓣4枚，厚，淡綠色。漿果紫紅色，倒卵形。秋、冬季開花結果。生於荒野草叢，溝谷溼地或石隙中，或栽培於庭園。分布於臺灣、中國廣東、廣西、貴州、福建、雲南、臺灣等地。夏、秋季採根、莖藤，葉隨用隨採；鮮用或晒乾。

Cissus repens Lamk.

- **性味功用**　塊根，微辛，平；藤、葉，有小毒，苦、微酸，寒。清熱解毒，消腫通乳。主治痢疾、久咳、腎盂腎炎、乳汁稀少、跌打損傷、癰腫疔瘡、瘡瘍腫毒、瘰癧。10～15克，水煎服；外用鮮葉適量，加紅糖搗爛敷患處。孕婦禁用。葉不可內服。

> **實用簡方**　①痢疾：鮮白粉藤莖、水蜈蚣各30克，水煎，調蜜少許，燉服。②久咳：白粉藤莖、矮地茶各15克，冰糖30克，水煎服。③瘰癧：白粉藤莖、白蘞各30克，水煎服用。

173

269 三葉崖爬藤

- **別　　名**　三葉青、石猴子、石老鼠。
- **藥用部位**　塊根、葉。
- **植物特徵與採製**　多年生草質攀緣藤本。塊根卵形或橢圓形，棕褐色。卷鬚與葉對生，不分枝。掌狀複葉對生。聚傘花序腋生；花小，黃綠色。漿果球形，成熟時鮮紅褐色，後變黑色。5～6月開花，7～9月結果。生於溪谷、林下等草叢或石縫中，或栽培。分布於臺灣、中國江蘇、浙江、江西、福建、廣東、廣西、湖北、湖南、四川、貴州、雲南、西藏等地。全年可採，鮮用或晒乾。
- **性味功用**　苦、辛，涼。清熱解毒。主治蛇傷、瘡瘍腫毒、高熱驚厥、黃疸、腫瘤、流行性腦脊髓膜炎、氣喘、百日咳、腎炎、腮腺炎、癰瘡疔毒、角膜炎。6～12克，水煎服；外用適量，搗爛絞汁或磨醋取汁塗患處。孕婦忌服。

實用簡方　①毒蛇咬傷：三葉崖爬藤塊根適量，搗爛絞汁，部分內服，部分外敷或調醋外敷。②小兒高熱：三葉崖爬藤塊根3～9克，水煎服。③百日咳：三葉崖爬藤塊根3～6克，磨米泔水，用竹瀝適量，沖服。④急慢性腎炎：鮮三葉崖爬藤塊根30克，與青殼鴨蛋同煮熟服。⑤咽喉腫痛：三葉崖爬藤全草適量，水煎代茶。

270 扁擔藤

- **別　　名**　腰帶藤、扁骨風、扁藤。
- **藥用部位**　根、莖藤、葉。
- **植物特徵與採製**　大型木質藤本。莖扁平；卷鬚與葉對生，粗壯，不分枝。葉為掌狀複葉；小葉5枚，長圓狀披針形。複傘形聚傘花序腋生；花瓣4，綠白色，卵狀三角形，早落。果序疏散。漿果近球形。5～7月開花，8～11月結果。生於山谷密林中，常攀附於喬木上。分布於中國福建、廣東、廣西、貴州、雲南、西藏東南部等地。全年可採，鮮用或晒乾。
- **性味功用**　甘、微苦，寒。祛風溼，舒經絡，壯筋骨。主治風溼痺痛、日本腦炎後遺手足畸形、中風偏癱、腰肌勞損、跌打損傷。15～30克，水煎服。

實用簡方　①腦血管硬化：扁擔藤30克，川芎3克，水煎服。②風溼痺痛：扁擔藤、白背葉根各30克，上肢痛加桂枝3克，下肢痛加牛膝12克，酌加黃酒，水燉服。③手腳痠痛：扁擔藤、龍鬚藤、大通筋各15克，水煎服。④下肢潰瘍：鮮扁擔藤葉適量，搗爛敷患處。

蘡薁

Vitis bryoniifolia Bge.

- **別　　名**　野葡萄、華北葡萄。
- **藥用部位**　根、葉。
- **植物特徵與採製**　木質藤本。莖有棱角，幼枝密被深灰色或鏽色絨毛；卷鬚有1分枝或不分枝。葉互生，闊卵形，通常3～5裂，邊緣具不整齊的鋸齒，葉背密被灰色或褐色絨毛。圓錐花序與葉對生；花瓣5枚。漿果卵圓形，成熟時紫色。4～5月開花，5～7月結果。生於山坡灌木叢中。分布於中國河北、陝西、山東、江蘇、浙江、湖南、福建、廣西、四川、雲南等地。夏、秋季採收，鮮用或晒乾。
- **性味功用**　根，微甘、辛，平；通經絡，祛風溼，消腫毒；主治肝炎、痢疾、風溼關節痛、水腫、咳嗽、蕁麻疹、乳腺炎、瘰癧、跌打損傷、癰疽腫毒。葉，酸，平；涼血止血，消腫解毒；主治崩漏、血淋、溼疹、癰瘡腫毒、臁瘡。15～30克，水煎服；外用葉適量，搗爛敷或煎水洗患處。

> **實用簡方**　①慢性肝炎：蘡薁根、白英、兗州卷柏各30克，水煎服。②風溼關節痛：蘡薁根60～100克，豬蹄1隻，水燉服。③蕁麻疹：蘡薁根、黑豆各30克，豬瘦肉適量，水燉服。④崩漏：蘡薁葉（研末），每次10克，熱酒沖服。⑤多發性膿腫：鮮蘡薁根50克，大尾搖15克，水煎或調酒服。

椴樹科

272 田麻

- **別　　名** 黃花喉草、白喉草、毛果田麻。
- **藥用部位** 全草。
- **植物特徵與採製** 亞灌木狀草本。葉互生，卵形或橢圓狀卵形，邊緣具鈍齒，兩面密生星狀毛。花兩性，單生於葉腋；花冠黃色。蒴果長角狀圓筒形，密生星狀毛及柔毛。5～6月開花，5～10月結果。生於山坡、荒地。分布於中國東北、華北、華東、華中、華南、西南等地。夏、秋季採收，鮮用或晒乾。

Corchoropsis tomentosa (Thunb.) Makino

- **性味功用** 苦，寒。清熱解毒。主治扁桃腺炎、白喉、咽喉腫痛、疳積、白帶異常、癰癤腫毒。9～30克，水煎服；外用適量，搗爛敷患處。

實用簡方 ①白喉：田麻葉適量（1～2歲，9克；3～4歲，15克；5～6歲，21克；7～10歲，30克），酌加茶油，擂爛絞汁，頻頻飲服。②小兒疳積：田麻9～15克，豬瘦肉適量，水燉服。③癰癤腫毒、外傷出血：鮮田麻葉適量，搗爛敷患處。

273 甜麻

- **別　　名** 假黃麻、繩黃麻、野麻。
- **藥用部位** 全草。
- **植物特徵與採製** 一年生草本。莖紅褐色，有毛。葉互生，卵形至卵狀披針形，邊緣具鋸齒，葉面幾無毛，葉背有疏毛。聚傘花序腋生，有花1～4朵；花瓣5或4，黃色。蒴果圓筒形。5～10月開花結果。生於山坡、田邊、路旁溼地。分布於中國長江以南各地區。夏秋季採收，鮮用或晒乾。

Corchorus aestuans L.

- **性味功用** 淡，寒。清熱解暑，消腫解毒。主治中暑發熱、麻疹、痢疾、咽喉腫痛、風溼痛、跌打損傷、疥瘡、瘡癤腫毒。15～30克，水煎服；外用鮮全草適量，搗爛敷或水煎洗患處。孕婦忌服。

實用簡方 ①流行性感冒：甜麻30克，水煎服。②解暑熱：鮮甜麻嫩葉適量，水煎代茶。③瘡毒：鮮甜麻嫩葉適量，酌加黃糖，搗爛敷患處。④疥瘡：甜麻、長葉凍綠各適量，水煎洗患處。

176

274 扁擔桿

- **別　　名**　孩兒拳頭、山絡麻、娃娃拳、厚葉捕魚木。
- **藥用部位**　全株。
- **植物特徵與採製**　落葉灌木或小喬木。嫩枝具星狀毛。葉互生，狹菱狀卵形或狹菱形，邊緣具不規則細鋸齒，葉面幾無毛，葉背疏被星狀毛。聚傘花序與葉對生；花瓣5，淡黃綠色。核果扁球形，橙紅色。5～9月開花結果。生於山坡灌木叢中或疏林中。分布於臺灣、中國江西、湖南、浙江、福建、廣東、安徽、四川等地。夏、秋季採收，鮮用或晒乾。

Grewia biloba G. Don

- **性味功用**　辛、甘，溫。益氣健脾，袪風除溼，固精止帶。主治脾虛食少、疳積、腹瀉、遺精、風溼痺痛、血崩、白帶異常、子宮脫垂、脫肛、瘡癤腫毒。15～30克，水煎服；外用適量，搗爛敷患處。

實用簡方　①風溼痺痛：扁擔桿根120～150克，浸白酒1000毫升，每服1小盅，早晚各1次。②脾虛食少、小兒疳積：扁擔桿全草30克，糯米糰、雞屎藤各15克，廣陳皮9克，水煎服。③遺精、遺尿：扁擔桿果實30～60克，水煎服。④睾丸腫痛：扁擔桿根60克，煲豬膀胱服。

275 刺蒴麻

- **別　　名**　密馬專、黃花地桃花、黃花虱母子、垂桉草。
- **藥用部位**　全草。
- **植物特徵與採製**　半灌木。葉互生，菱狀寬卵形或寬卵形，3深裂，邊緣有不整齊鋸齒，葉面有叉狀毛和單毛，葉背密被星狀毛。聚傘花序常數個腋生；花瓣5，黃色。果近球形，有短毛及刺。6～10月開花結果。生於林邊灌木叢中。分布於臺灣、中國雲南、廣西、廣東、福建等地。根、莖全年可採，葉夏、秋季採，鮮用或晒乾。

Triumfetta rhomboidea Jack.

- **性味功用**　甘、淡，涼。清熱利溼，通淋化石。主治感冒、痢疾、泌尿系統結石、瘡癤。15～30克，水煎服。外用鮮葉適量，搗爛敷患處。

實用簡方　①泌尿系統結石：刺蒴麻60克，水煎服，3日後加廣東金錢草60克，車前草30克，水煎服。②瘡癤：鮮刺蒴麻葉適量，冷飯少許，搗敷。

錦葵科

276 黃蜀葵

Abelmoschus manihot (L.) Medik.

- **別　名**　黃葵、秋葵、金花捷報。
- **藥用部位**　根、葉、花。
- **植物特徵與採製**　多年生草本。全株有長粗硬毛。葉互生；闊卵形或卵圓形，通常3～9深裂，裂片線狀披針形，邊緣具不規則鋸齒或小裂片。花單生於葉腋或枝頂；花瓣5，淡黃色。蒴果圓錐形。種子褐色，圓腎形。7～10月開花，8～11月結果。生於山坡、路旁或村旁、屋邊潮溼地。分布於中國河北、山東、河南、陝西、湖北、湖南、四川、貴州、雲南、廣西、廣東和福建等地。夏、秋季採收，鮮用或晒乾。
- **性味功用**　甘，寒。清熱涼血，利尿通淋，消腫解毒。根、葉主治癰疽疔癤、無名腫毒、刀傷出血、淋證、尿道感染、水腫、闌尾炎、肺結核咯血；花主治燙火傷、口瘡、泌尿系統結石、淋證、癰腫瘡毒。10～15克，水煎服；外用適量，搗爛敷患處。孕婦忌服。

實用簡方　①頭痛：黃蜀葵根50克，山雞椒根30克，燉羊頭服。②肺熱咳嗽：鮮黃蜀葵根30克，水煎服。③疔瘡癤腫：鮮黃蜀葵葉適量，冬蜜少許，搗爛敷患處。④燙火傷：鮮黃蜀葵花浸茶油中，取液塗患處，每日數次。

277 磨盤草

Abutilon indicum (L.) Sweet

- **別　名**　磨子樹、冬葵子、耳響草。
- **藥用部位**　全草。
- **植物特徵與採製**　亞灌木。全株被灰白色星狀短柔毛。葉互生，卵圓形或寬卵形，邊緣具不整齊鋸齒。花單生於葉腋；花梗長於葉柄；花瓣5，黃色。果磨盤狀，成熟時脫落。種子三角狀腎形，灰褐色，疏被短毛。6～12月開花結果。常見生於山坡、曠野。分布於臺灣、中國福建、廣東、廣西、貴州、雲南等地。春、夏季採收，鮮用或晒乾。
- **性味功用**　微苦、甘，涼。清熱解毒。主治感冒、咳嗽、腮腺炎、咽喉腫痛、中耳炎、耳鳴耳聾、尿道感染、蕁麻疹、痔瘡、瘡癰腫毒。30～60克，水煎服。孕婦慎服。

實用簡方　①耳鳴：磨盤草根、石菖蒲、牡蠣肉乾各30克，水煎服。②中耳炎：磨盤草30～60克，虎耳草15克，墨魚乾1只，水燉服。③跌打損傷、體虛乏力：磨盤草根60克，豬蹄1隻，酌加黃酒，水燉服。④牙齦潰爛：磨盤草根15克，酌加紅糖，水煎服。

278 木芙蓉

- **別　　名**　山芙蓉、芙蓉花、芙蓉。
- **藥用部位**　根、葉、花。
- **植物特徵與採製**　落葉灌木。葉互生，闊卵形或近圓形，邊緣具鈍齒，兩面均被星狀毛。花單生枝端葉腋；花冠大而美麗，初開時白色，逐漸變為淡紅色至紅色；花瓣5或重瓣。蒴果球形。秋末冬初開花，冬季結果。多為栽培。分布於臺灣、中國遼寧、河北、山東、陝西，以及長江中下游地區以及其以南等地。根全年可採，葉夏、秋季採，花秋季採；鮮用或晒乾。

Hibiscus mutabilis L.

- **性味功用**　微苦、辛，涼。根、葉，清熱解毒，涼血消腫；主治癰疽疔瘡、乳腺炎、無名腫毒、燙火傷、帶狀疱疹、目赤腫痛、白帶異常、各種外科炎症、腎盂腎炎。花，清熱涼血；主治咳嗽、肺癰、白帶異常、月經過多、崩漏、吐血、癰疽腫毒。15～30克，水煎服；外用適量，搗爛敷患處。孕婦忌服。

實用簡方　①肺膿腫：鮮木芙蓉葉60克，搗汁，酌加冬蜜調服；或鮮木芙蓉花30～60克，水煎服。②腎盂腎炎：鮮木芙蓉根60～95克，玉米鬚30克，豬腰子1對，水煎服。

279 陸地棉

- **別　　名**　高地棉、美洲棉、棉花。
- **藥用部位**　根、果殼、花、種子。
- **植物特徵與採製**　一年生草本。葉互生，寬卵形，掌狀3深裂，裂片寬三角狀卵形。花單生葉腋；花瓣5，白色或淡黃色，後變淡紅色或紫色。蒴果卵形。種子近球形，密被長綿毛和灰色不易剝離的纖毛。夏、秋季開花結果。廣泛栽培於中國各大產棉區。秋季採收，鮮用或晒乾。

Gossypium hirsutum L.

- **性味功用**　根，甘，溫；補氣，止咳，平喘；主治咳嗽、氣管炎、氣喘、遺精、胃痛。果殼，淡，平；破氣降逆；主治吞咽困難、胃寒呃逆。棉花，淡，平；止血；主治血崩、吐血、便血。種子有毒，辛，熱；溫腎，通乳；主治陽痿、遺尿、乳汁不通。根15～30克，果殼、種子10～15克，水煎服；棉花燒灰研末，5～9克，開水調服。

實用簡方　①慢性肝炎：陸地棉根30克，地骨皮18克，水煎服。②乳汁不通：陸地棉種子、黃耆各9克，甘草6克，水煎服。③久嗽吐血不止：陸地棉種子適量，童便浸1宿，研末，每次服3克，側柏葉湯送下。

179

280 朱槿

- **別　　名**　扶桑、佛桑、赤槿。
- **藥用部位**　根、葉、花。
- **植物特徵與採製**　灌木。葉闊卵形或狹卵形，邊緣有粗齒或缺刻，兩面無毛。花大，單生於上部葉腋間，下垂；花瓣5，有時重瓣，玫瑰紅、淡紅等色。蒴果卵形，有喙，多少開裂為5瓣。幾乎全年有花。多為栽培。分布於臺灣、中國廣東、雲南、福建、廣西、四川等地。根、葉全年可採，花夏、秋季採，鮮用或晒乾。

Hibiscus rosa-sinensis L.

- **性味功用**　甘、淡，平。清熱利溼，解毒消腫。主治尿道感染、白帶異常、痢疾、腮腺炎、乳腺炎、疔瘡癰腫。15～30克，水煎服；外用適量，搗爛敷患處。

實用簡方　①泌尿系統感染、白濁、白帶異常：朱槿根15～30克，水煎服。②小便不利：朱槿根15克，大薊、石葦、海金沙藤各30克，水煎服。③癰瘡腫毒：鮮朱槿葉適量，冷飯少許，搗爛敷患處。④急性結膜炎：朱槿根30克，水煎服。⑤乳腺炎：鮮朱槿花適量，酌加冬蜜，搗爛敷患處。

281 玫瑰茄

- **別　　名**　山茄、洛神花。
- **藥用部位**　花萼（藥材名玫瑰茄）。
- **植物特徵與採製**　一年生灌木狀草本。莖粗壯，淡紫色。葉二型，下部葉卵形，不分裂，上部葉3深裂，邊緣有鋸齒，兩面無毛。花單生於葉腋，幾無柄，萼杯狀，紫紅色，肉質，味酸；花冠黃色。蒴果卵形，木質，被粗毛。夏、秋季開花結果。多為栽培。分布於臺灣及中國南方各地。夏、秋季採收，鮮用或晒乾。

Hibiscus sabdariffa L.

- **性味功用**　酸，涼。清熱解渴，斂肺止咳。主治高血壓、肺虛咳嗽、中暑、醉酒。9～15克，開水泡服或水煎服。

實用簡方　①高血壓：玫瑰茄12克，杭白菊10克，水煎代茶。②醉酒：玫瑰茄30克，水煎服。

180

282 木槿

- **別　　名**　飯湯花、白飯花、白槿花。
- **藥用部位**　根、莖、葉、花。
- **植物特徵與採製**　灌木。莖多分枝，灰褐色，無毛。葉互生，長卵形或棱形，邊緣具不規則的鈍齒，兩面無毛或疏被星狀毛。花單生於葉腋，花瓣5或重瓣，白色、淡紫色、紅色等。蒴果長卵形。5～11月開花。多為栽培。分布於臺灣、中國福建、廣西、雲南、四川、湖南、安徽、江西、浙江、山東、河南、陝西等地。根、莖、葉全年可採，花於夏、秋季開放時採，鮮用或晒乾。

Hibiscus syriacus L.

- **性味功用**　甘，微寒。清熱利溼，涼血止血。主治咯血、吐血、咳嗽、痢疾、泄瀉、黃疸、腎炎、水腫、白帶異常、腸風下血、痔瘡出血、癰腫瘡毒、疔瘡、帶狀疱疹。15～30克，水煎服；外用適量，搗爛敷患處。

實用簡方　①咯血：鮮木槿花30克，藕節炭15克，水煎服。②糖尿病：木槿根30～60克，水煎代茶。③帶狀疱疹：鮮木槿葉適量，雄黃少許，搗爛敷患處。④腎炎性水腫：木槿根90～120克，燈心草60克，水煎代茶飲。⑤白帶異常：白木槿花、芡實、雞冠花各15克，水煎服。

283 賽葵

- **別　　名**　黃花草、黃花棉、山桃仔。
- **藥用部位**　全草。
- **植物特徵與採製**　多年生草本。莖直立，多分枝，各部均被毛。葉互生，卵形或菱狀狹卵形，邊緣具粗鋸齒，側脈羽狀，兩面疏生伏貼長毛。花單生葉腋或有時成頂生總狀花序；花瓣5，黃色。果實扁腎形，被剛毛。夏至冬初開花結果。野生於曠地、路旁。分布於臺灣、中國福建、廣東、廣西、雲南等地。根全年可採，鮮用或晒乾；葉夏、秋季採，鮮用。

Malvastrum coromandelianum (L.) Garcke

- **性味功用**　甘，平。清熱利溼，解毒散瘀。主治腸炎、痢疾、前列腺炎、勞倦乏力、風溼關節痛、痔瘡、癰疽疔腫、對口瘡、溼疹、扭傷、跌打損傷。15～30克，水煎服；外用鮮葉適量，搗爛敷患處。

實用簡方　①腹瀉：鮮賽葵全草30克，水煎，酌加紅糖調服。②吐血、咯血：鮮賽葵根（去外皮）60克，豬瘦肉適量，水燉服。③前列腺炎：鮮賽葵根60克，水煎或燉豆腐服。④扭傷：鮮賽葵葉、積雪草、凹葉景天各適量，搗爛敷傷部。

284 地桃花

■ 別　　名　肖梵天花、野棉花、八卦攔路虎。
■ 藥用部位　根或全草。
■ 植物特徵與採製　灌木。全株被星狀柔毛。葉互生，卵狀三角形、卵形或圓形，邊緣不裂或3～5淺裂，葉面有柔毛，葉背有星狀柔毛。花單生於葉腋，或數朵叢生於枝梢；花瓣5，淡紅色。蒴果球形，密生鉤狀刺毛。6月至翌年2月開花結果。生於向陽的山坡、空地、路旁。分布於中國長江以南各地區。全年均可採挖，鮮用或晒乾。
■ 性味功用　甘，微溫。祛風利溼，行氣活血。主治腰肌勞損、風溼痺痛、痢疾、泄瀉、胃痛、勞倦乏力、白帶異常、月經不調、乳腺炎、新舊傷痛、骨折、癰腫瘡癤、毒蛇咬傷。30～60克，水煎服；外用鮮葉適量，搗爛敷患處。

> **實用簡方**　①風溼關節痛：地桃花、三椏苦、兩面針、昆明雞血藤各30克，水煎服。②久年頭風、偏頭痛：鮮地桃花根30克，酒水各半燉服。③白帶異常：地桃花根60克，白馬骨30克，雞冠花20克，水煎服。

285 梵天花

■ 別　　名　狗腳跡、野棉花、八大錘。
■ 藥用部位　根、葉、花。
■ 植物特徵與採製　多年生亞灌木。全株被星狀毛及細柔毛。葉互生，卵形或近圓形，中央裂片倒卵形或近菱形，兩面密生星狀毛；托葉錐形，外被具倒鉤狀刺毛，早落。花單生或數朵叢生於葉腋；花瓣5，淡紅色。蒴果球形，密生鉤狀刺毛。5～7月開花，8～10月結果。生於山坡、空地、路旁。分布於臺灣、中國廣東、福建、廣西、江西、湖南、浙江等地。夏、秋季採，鮮用或晒乾。
■ 性味功用　甘、微苦，溫。行氣活血，祛風除溼。根主治風溼痺痛、勞倦乏力、腰肌勞損、肝炎、痛經、跌打損傷；葉主治帶狀疱疹、毒蛇咬傷；花主治蕁麻疹。根30～60克，花9～15克，水煎服。外用葉適量，搗爛敷患處。根，孕婦慎服。

> **實用簡方**　①痛經：梵天花根15～30克，益母草15克，水煎服。②產後雙膝無力、不能行走：鮮梵天花根60克，燉雞服。③毒蛇咬傷：鮮梵天花葉搗爛，浸米泔水洗傷口，渣敷傷部；另取鮮梵天花根二重皮30克，五靈脂9克，雄黃末3克，酒水煎服。

梧桐科

286 梧桐

Firmiana platanifolia (L. f.) Marsili

- **別　　名**　櫬桐、青桐、耳桐。
- **藥用部位**　根、莖皮、葉、果。
- **植物特徵與採製**　落葉喬木。樹皮灰綠色，平滑。葉互生，心狀圓形，3～5掌狀分裂，裂片三角形，全緣，葉面近無毛，葉背具星狀毛。圓錐花序頂生；花單性，花小，淡綠色；無花瓣。蓇葖果具柄，成熟後裂開，果瓣葉狀。6～7月開花，9～10月結果。多為栽培。分布於中國南北各地。根、莖皮全年可採，葉春、夏季採，果秋、冬季採；鮮用或晒乾。
- **性味功用**　根、莖皮、葉，苦，微寒；祛風除溼，解毒消腫。**根**主治風溼骨痛、腹瀉、水腫、傷食、疳積、熱淋、腫毒、燙火傷，**莖皮**主治蛔蟲腹痛、脫肛、內痔；**葉**主治頭風痛、跌打骨折、癰腫、乳腺炎。**果**，甘，平；清熱利溼，健脾消食；主治習慣性便祕、口瘡。根、莖皮30～60克，葉5～7片，水煎服，或搗爛敷患處；果30～60克，生用或炒服。

> **實用簡方**　①頭風痛：鮮梧桐葉7片，星宿菜根60克，青殼鴨蛋1個，水煎服。②高血壓：梧桐嫩葉30克，水煎代茶。③腹瀉：梧桐根、柚子葉各9克，研末，每日3次，每次6克。④白帶異常：梧桐莖皮15克，豬骨頭適量，水燉服。⑤小兒口瘡：梧桐子6～9克，水煎服，或炒存性研粉，調敷患處。⑥燙火傷：梧桐花適量，焙乾，研末，調茶油塗抹於患處。

287 山芝麻

Helicteres angustifolia L.

- **別　　名**　山油麻、假芝麻、山脂麻、野山麻。
- **藥用部位**　根或全株。
- **植物特徵與採製**　小灌木。全株被黃綠色絨毛或短星狀毛。葉互生，條狀披針形或狹長圓形，全緣，葉面無毛或疏生星狀毛。花數朵叢生於葉腋的短花序柄上；花瓣5，紅色或淡紫色。蒴果卵狀長圓形，密被星狀毛。7～8月開花，9～10月結果。生於山坡灌木叢中。分布於臺灣、中國湖南、江西、廣東、廣西、雲南、福建等地。根全年可採，莖、葉、果實夏秋季採；鮮用或晒乾。
- **性味功用**　苦，涼。有小毒。清熱瀉火，消腫解毒。主治頸淋巴結核、肺結核、肺熱咳嗽、關節炎、感冒、胃腸炎、扁桃腺炎、咽喉腫痛、氣管炎、睪丸炎、腎炎、痢疾、腸炎、乳腺炎、白帶異常、骨髓炎、牙痛、牙根膿腫、痔瘡、癰疽腫毒、毒蛇咬傷。9～15克，水煎服；外用鮮葉適量，搗爛敷患處。孕婦慎服。

實用簡方　①感冒發熱：山芝麻根15克，黃花蒿、地桃花各10克，水煎服。②頭風痛：鮮山芝麻根 15～30克，水煎酌加酒服，症重者燉雞服。

288 蛇婆子

Waltheria indica L.

- **別　　名**　滿地氈、和他草、仙人撒網、草梧桐。
- **藥用部位**　根、莖。
- **植物特徵與採製**　稍直立或匍匐狀亞灌木。多分枝，小枝被短柔毛。葉互生，卵形或狹卵形，邊緣有小齒，兩面具星狀毛。聚傘花序頭狀，腋生；花瓣5，淡黃色。4～9月開花結果。生於曠野、山坡等地。分布於臺灣、中國福建、廣東、廣西、雲南等地。全年可採，鮮用或晒乾。
- **性味功用**　辛，微甘，平。祛風利溼，清熱解毒。主治下消、溼熱帶下、風溼痺痛、多發性膿腫、咽喉炎、乳腺炎、瘰癧、溼疹、癰疽癬腫、跌打損傷。15～30克，水煎服；外用適量，搗爛敷患處。

實用簡方　①下消、白帶異常：蛇婆子30克，水煎，加冰糖服。②風溼痺痛：鮮蛇婆子60克，豬蹄1隻，燉熟，加酒服。③跌打損傷：蛇婆子根、全緣榕、南蛇藤各12克，白花丹4.5克，浸酒頻服，或和豬骨、鴨蛋燉服。

獼猴桃科

289 毛花獼猴桃

Actinidia eriantha Benth.

- **別　　名**　毛花楊桃、白藤梨、白毛桃。
- **藥用部位**　根、葉。
- **植物特徵與採製**　大型落葉藤本。幼枝密生灰白色絨毛，後漸脫落。葉互生，卵狀橢圓形、闊卵形或近圓形，邊緣有針狀小鋸齒，葉面綠色，幼時有毛，後漸脫落，葉背密生灰白色星狀絨毛；葉柄密被毛。聚傘花序腋生；花瓣淡紅色。漿果蠶繭狀，密生灰白色綿毛。4～6月開花，6～10月結果。生於山谷、溪邊及林緣灌木叢中。分布於中國浙江、福建、江西、湖南、貴州、廣西、廣東等地。根全年可採，葉夏、秋季採；鮮用或晒乾。
- **性味功用**　根，淡、微辛，寒；清熱利溼，宣肺化痰；主治風溼痺痛、肺結核、肺熱咳嗽、痢疾、淋濁、白帶異常、腫瘤。葉，微苦、辛，寒；消腫解毒，止血祛瘀；主治癰疽腫毒、乳腺炎、跌打損傷、骨折、刀傷、凍瘡潰破。15～30克，水煎服；外用適量，搗爛敷患處。

　　實用簡方　①溼熱帶下：鮮毛花獼猴桃根60克，土茯苓30克，水煎服。②痢疾：毛花獼猴桃根30克，鹽膚木根15克，鐵莧菜12克，水煎，去渣，取湯煮雞蛋服。③肺結核：毛花獼猴桃根30克，大棗5枚，水煎服。④風溼痺痛：毛花獼猴桃根30克，水煎服。⑤久傷疼痛：鮮毛花獼猴桃根60克，豬蹄1隻，水燉服。

山茶科

290 楊桐

Adinandra millettii (Hook. et Arn.) Benth. et Hook. f. ex Hance

- **別　　名**　毛藥紅淡、黃瑞木。
- **藥用部位**　根、葉。
- **植物特徵與採製**　灌木或小喬木。幼時有毛，老枝無毛。葉互生，長圓狀橢圓形，全緣。花單生葉腋；花冠白色。果球形，被毛。4月開花，6月結果。生於山坡灌木叢中。分布於中國安徽、浙江、江西、福建、湖南、廣東、廣西、貴州等地。全年可採，鮮用或晒乾。
- **性味功用**　苦，涼。涼血止血，消腫解毒。主治肝炎、鼻出血、尿血、腮腺炎、睾丸炎、癰腫、蛇蟲咬傷。15～30克，水煎服；外用鮮葉適量，搗爛敷患處。

實用簡方　①吐血：楊桐根30～60克，水煎，兌豬瘦肉湯服。②尿血：楊桐根、輪葉蒲桃根各15克，菝葜根30克，鴨蛋1個，水燉服。③腮腺炎：楊桐根適量，磨米泔水，塗患處。④毒蜂螫傷：鮮楊桐嫩葉適量，搗爛敷患處。⑤毒蛇咬傷：鮮楊桐嫩葉、大青嫩葉、白花蛇舌草各適量，酒糟少許，搗爛敷患處及百會穴。

291 油茶

Camellia oleifera Abel.

- **別　　名**　白花茶、茶油、茶子樹。
- **藥用部位**　根、葉、油。
- **植物特徵與採製**　灌木或小喬木。葉橢圓形、長圓形或倒卵形，邊緣有細鋸齒，有時具鈍齒；葉柄有粗毛。花頂生，近無柄，花瓣白色。蒴果球形或卵圓形。多栽培於山坡。從中國的長江流域到華南各地廣泛分布。根、葉全年可採，鮮用或晒乾；秋季果實成熟時，採收種子，榨油（茶油），剩下的殘渣叫「茶麩」或「茶籽餅」。
- **性味功用**　根，苦，微溫；調胃理氣，活血消腫；主治胃痛、咽喉腫痛、牙痛、燙火傷。葉，微苦，平；收斂止血；主治鼻出血、癰疽。茶油，甘，平；潤腸；主治腹痛、便祕、蛔蟲性腸梗阻、肺結核、燙火傷、疥癬。根、葉15～30克，水煎服，或研粉外敷；茶油60～95克，頓服或開水送服。

實用簡方　①胃痛：油茶根45克，水煎服。②鼻出血：油茶葉、冰糖各30克，水煎服。③痔瘡出血：陳年茶油適量，塗抹患處。④燙火傷：油茶根適量，燒灰研末，用茶油調勻，敷患處。⑤溼疹、皮膚搔癢：茶籽餅適量，搗碎，水煎洗患處。

Camellia sinensis (L.) O. Ktze.

292 茶

- **別　　名**　茶葉、茗。
- **藥用部位**　根、葉、花。
- **植物特徵與採製**　灌木或小喬木。葉長圓形或橢圓形，邊緣有鋸齒。花腋生，白色。蒴果球形，每球有種子1～2粒。花期10月至翌年2月。多為栽培。普遍見於中國長江以南各地區。根全年可採，花夏、秋季採；可以鮮用或晒乾；葉春至秋季採，以清明前後為佳，可以加工成紅茶或綠茶。
- **性味功用**　根，苦，涼；清熱解毒，強心利尿；主治帶狀疱疹、漆過敏、痔瘡、口瘡、牙痛、心律不整、冠心病。葉，苦、甘，涼；提神醒腦，消食利水，除煩止渴；主治痢疾、腸炎、中暑、食積、消化不良、感冒、頭痛、心煩口渴。花，微苦，涼；清肺平肝；主治高血壓。根15～30克，葉、花9～15克，水煎服；外用適量，水煎薰洗，或磨醋塗患處。

實用簡方　①急性腸炎：茶葉9克，生薑6克，水2碗濃煎成半碗，一次服下。②感冒：茶葉9克，生薑3片，開水泡服。③冠心病：老茶樹根、餘甘子根各30克，茜草根15克，水煎服。④慢性腎炎：鮮茶葉60～90克，冰糖適量，水煎常飲。⑤風火牙痛：茶樹根、梔子根、黃花倒水蓮根各30克，水煎，取煎出液，燉小母雞服。⑥漆過敏：鮮茶樹根60～90克，水煎薰洗患處。⑦臁瘡：茶葉適量，研末，調茶油塗患處。

藤黃科

293 金絲桃

Hypericum monogynum L.

- **別　　名**　金絲海棠、土連翹。
- **藥用部位**　全草、果實。
- **植物特徵與採製**　半常綠灌木。小枝紅褐色。葉對生，長圓形，全緣，有透明腺點。花頂生，成聚傘花序，或單生；花黃色。蒴果卵圓形，具宿存的萼。5～9月開花結果。多生於山谷、山坡灌木叢中。分布於臺灣、中國河北、陝西、山東、江蘇、安徽、浙江、江西、福建、河南、湖北、湖南、廣東、廣西、四川、貴州等地。全草夏、秋季採，果實成熟時採，鮮用或晒乾。
- **性味功用**　苦，涼。全草，清熱解毒，祛風消腫；主治咽喉腫痛、結膜炎、肝炎、腰膝痠痛、瘡癤腫毒、漆過敏、蛇蟲咬傷。果實，潤肺止咳；主治肺結核、百日咳。全草15～30克，果實3～9克，水煎服；外用鮮全草適量，搗爛敷或水煎洗患處。

> **實用簡方**　①肝炎：金絲桃根30克，大棗10枚，水煎服。②黃疸型肝炎、肝脾腫大：金絲桃根30克，地耳草、虎杖各15克，水煎服。③癰腫：鮮金絲桃葉適量，食鹽少許，搗爛敷患處。

294 地耳草

- **別　　名**　田基黃、山茵陳。
- **藥用部位**　全草。
- **植物特徵與採製**　一年生草本。莖直立或斜舉，四棱形。葉對生，卵形或寬卵形，全緣，兩面常紫紅色，具黑色腺點；葉無柄。聚傘花序頂生；花小，黃色。蒴果圓柱形。4～10月開花。多生於山坡、田埂、路旁等溼地。分布於中國遼寧、山東至長江以南各地區。夏、秋季採收，鮮用或晒乾。

Hypericum japonicum Thunb. ex Murray

- **性味功用**　苦、辛，涼。利溼退黃，清熱解毒，活血消腫。主治溼熱黃疸、傷寒、腸癰、肺癰、腎炎、小兒驚風、閉經、目赤腫痛、癤腫、帶狀疱疹、毒蛇咬傷、跌打損傷。15～30克，水煎服；外用適量，搗爛敷患處。孕婦忌服。

實用簡方　①闌尾炎：地耳草30克，半邊蓮、鬼針草各15克，虎杖20克，水煎服。②小兒疳積：地耳草適量，研末，每次3克，雞肝1個，米泔水燉服。③跌打損傷：鮮地耳草60～125克，搗爛取汁，加燒酒燉服，渣調酒擦傷處。④蛇頭疔：鮮地耳草搗爛取汁1杯，麻油半杯調勻，燉溫抹患處。⑤毒蛇咬傷：鮮地耳草60～120克，搗爛絞汁服，渣敷患處。⑥帶狀疱疹：鮮地耳草適量，糯米少許，搗爛敷患處。

295 元寶草

- **別　　名**　對月蓮、合掌草。
- **藥用部位**　全草。
- **植物特徵與採製**　多年生草本。葉對生；兩葉基部連合，莖貫穿其中，條狀長圓形，全緣。聚傘花序頂生；花小，黃色。蒴果卵圓形。4月以後開花結果。生於山坡潮溼處。分布於中國陝西至江南各地。夏、秋季採收，鮮用或晒乾。

Hypericum sampsonii Hance

- **性味功用**　辛、苦，寒。清熱解毒，通經活絡，涼血止血。主治腸炎、痢疾、鼻出血、吐血、風溼痺痛、坐骨神經痛、月經不調、痛經、白帶異常、乳腺炎、牙痛、疔瘡癰腫、指頭炎、丹毒、毒蛇咬傷、跌打損傷。15～30克，水煎服；外用適量，搗爛敷患處。孕婦忌服。

實用簡方　①月經不調：元寶草30～60克，桂圓乾10粒，紅糖15克，水煎服。②乳腺炎：鮮元寶草30克，水煎，酌加酒兌服；另取鮮元寶草葉適量，搗爛敷患處。③小兒疳積：鮮元寶草15～30克，豬瘦肉適量，食鹽調味，水煎服。④小兒脫肛：鮮元寶草適量，搗爛，調桐油搽患處。

檉柳科

296 檉柳

Tamarix chinensis Lour.

- **別　　名**　紅荊條、西湖柳、西河柳。
- **藥用部位**　枝、葉。
- **植物特徵與採製**　落葉灌木或小喬木。枝密生，柔弱，常下垂，綠色或紅紫色。葉互生，鱗片狀，卵狀披針形。花排列成疏散略下垂的圓錐花序；花小，淡紅色。蒴果小。分別於4月、6月、8月三次開花，故又叫「三春柳」。多為栽培。分布於中國遼寧、河北、河南、山東、江蘇、安徽等地；中國東部至西南部各地區均有栽培。夏、秋季採收，鮮用或晒乾。
- **性味功用**　甘、辛、平。發表透疹，祛風除溼。主治麻疹、感冒咳嗽、關節痛、小便不利、風溼痺痛、皮膚搔癢。9～15克，水煎服；外用適量，水煎薰洗。

　　實用簡方　①麻疹不透：鮮檉柳枝、葉9～15克，酌加冰糖或冬瓜糖，水煎代茶頻服。如腹脹小便不通，改用冬蜜沖服。②風溼痺痛：檉柳、虎杖、雞血藤各30克，水煎服。③風疹、疥癬：檉柳適量，水煎洗患處。

堇菜科

297 七星蓮

Viola diffusa Ging.

- **別　　名**　天芥菜、匐伏堇、蔓莖堇、蔓莖堇菜。
- **藥用部位**　全草。
- **植物特徵與採製**　一年生草本。全體被白色柔毛，稀近無毛。匐匍枝通常多數。葉基生或互生，卵圓形至橢圓形，邊緣具鈍齒；葉柄扁平。花單生葉腋；花瓣白色或淡紫色。蒴果橢圓形。3～10月開花結果。生於路邊草地及陰溼處。分布於臺灣、中國浙江、福建、四川、雲南、西藏等地。夏、秋季採收，鮮用或晒乾。
- **性味功用**　微苦，寒。清熱解毒，散瘀消腫，止咳。主治肝炎、肺熱咳嗽、百日咳、結膜炎、毒蛇咬傷、疔、癰。9～15克，水煎服；外用適量，搗爛敷患處。

實用簡方　①肝炎：七星蓮、茵陳、兗州卷柏、大青葉各30克，鴨跖草、海金沙藤各15克，水煎服。②遺精：七星蓮15克，金櫻子根60克，冰糖適量，水燉服。③咽喉腫痛：鮮七星蓮15～30克，水煎，酌加白糖調服。④小兒久咳音嘶：鮮七星蓮15克，酌加冰糖，水燉服。⑤鵝口瘡：鮮七星蓮適量，搗爛取汁，和人乳調擦患處。⑥無名腫毒：鮮七星蓮、紫花地丁、地錦草各適量，搗爛敷患處，每日換藥2次。⑦毒蛇咬傷：鮮七星蓮50克，雄黃3克，搗爛敷患處。⑧急性結膜炎：鮮七星蓮、紫花地丁各適量，搗爛敷患處，每日換藥1次。

秋海棠科

298 紫背天葵

Begonia fimbristipula Hance

- **別　　名**　散血子、紅天葵。
- **藥用部位**　全草。
- **植物特徵與採製**　多年生草本。塊莖肉質，球形，有鬚根。基生葉通常1枚，卵狀心形，邊緣有不規則的尖鋸齒，兩面均有稀疏的伏生粗毛，葉背紫色；葉柄纖細，疏生長伏毛或近無毛。聚傘花序，總花梗纖細，長超過葉片；花單性，雌雄同株，粉紅色。蒴果三棱形，有3翅。4～5月開花。生於山坡、溝谷陰溼的石壁上。分布於中國浙江、江西、湖南、福建、廣西、廣東、海南、香港等地。春、夏季採收，鮮用或晒乾。
- **性味功用**　甘，涼。清熱化痰，涼血解毒。主治中暑、日本腦炎、咳嗽、咽喉腫痛、咯血、鼻出血、淋巴結核、跌打損傷、骨折、毒蛇咬傷、燙火傷、疔瘡腫毒、癬、疥。3～9克，水煎服；外用鮮全草適量，搗爛敷患處。

> **實用簡方**　①肺結核咯血、鼻出血：紫背天葵全草9克，側柏葉15克，水煎服。②風寒感冒：紫背天葵全草10克，紫蘇15克，水煎服。③疔瘡腫毒：紫背天葵全草6～12克，菊三七15克，水煎服，渣搗爛敷患處。

仙人掌科

仙人掌

Opuntia stricta (Haw.) Haw. var. *dillenii* (Ker-Gawl.) Benson

- **別　　名**　仙巴掌、火焰。
- **藥用部位**　根、莖。
- **植物特徵與採製**　叢生肉質灌木。莖下部稍木質，近圓柱形；具明顯的節，節間倒卵形至長圓形，肉質，扁平似掌，散生小瘤體。葉小，圓而尖，早落。花單生或數朵聚生於頂節的邊緣；花被片多數，外部綠色，向內漸變為花瓣狀，呈黃色。漿果肉質，紫紅色。5～10月開花結果。多為栽培。分布於中國大部分地區。全年可採，去刺，通常鮮用。
- **性味功用**　苦，寒。行氣活血，涼血止血，清熱解毒。主治頭痛、胃痛、吐血、咯血、痔瘡下血、腮腺炎、乳腺炎、燙火傷、凍傷、蛇蟲咬傷、鵝掌風、腳底深部膿腫。15～30克，水煎服；外用適量，搗爛絞汁，塗擦患處。

> **實用簡方**　①胃痛：仙人掌莖、香附各15克，石菖蒲、高良薑各3克，共研細末，每次8克，每日服3次。②頸淋巴結核：仙人掌莖剖開兩片，剖面撒上煅牡蠣粉，合緊烤熱後，取含牡蠣粉剖面敷患處，膠布固定。③乳腺炎：仙人掌適量，搗爛絞汁，酌加麵粉調成糊狀，塗患處。④鵝掌風：仙人掌絞汁塗擦手掌，擦至發燙為度，每日3～5次。

瑞香科

300 土沉香

Aquilaria sinensis (Lour.) Spreng.

- **別　　名**　白木香、牙香樹。
- **藥用部位**　含樹脂的心材。
- **植物特徵與採製**　常綠喬木。小枝初時疏生細柔毛，後漸脫落。葉互生，倒卵形、橢圓形或卵形，全緣；葉柄被短柔毛。傘形花序頂生或腋生；花黃綠色，芳香。蒴果扁倒卵形，被灰黃色柔毛。種子基部有尾狀附屬物。3～6月開花結果。生於雜木林內，或栽培。分布於中國廣東、海南、廣西、福建等地。全年可採，選擇樹幹直徑30公分以上的大樹，在距地面1.5～2公尺處的樹幹上，用刀順砍數刀，傷口深3～4公分，待其分泌樹脂，數年後，割取含有樹脂的木材，貯藏在密閉的容器裡。
- **性味功用**　辛、苦，溫。溫中止痛，納氣平喘。主治嘔逆、氣喘、腹脹、脘腹冷痛、大腸虛秘、腰膝虛冷。1.5～3克，水煎服，或研末服。

> **實用簡方**　①胃寒嘔吐、呃逆：土沉香1克，山雞椒5克，陳皮6克，薑半夏8克，水煎服。②腎不納氣虛喘、呼多吸少：土沉香3克，山茱萸、熟地黃各15克，製附子10克，水煎服。③氣滯血瘀胸腹脹痛：土沉香、木香各3克，乳香、沒藥各10克，水煎服。

301 結香

- **別　　名**　黃瑞香、打結花、夢花。
- **藥用部位**　根、花、葉。
- **植物特徵與採製**　落葉灌木。小枝紅棕色，近枝端被淡黃色絹毛。葉通常聚生枝頂，長圓形、橢圓狀披針形或倒卵狀披針形，全緣，葉面疏生柔毛，葉背密生絹毛。頭狀花序頂生；花黃色。核果卵形，成熟時黑色。10～12月開花。多栽培於陰溼肥沃地。分布於中國河南、陝西及長江流域以南各地區。根全年可採，花秋冬季採；鮮用或晒乾。

Edgeworthia chrysantha Lindl.

- **性味功用**　苦，平。根，舒筋活絡，滋肝養腎；主治跌打損傷、風溼痺痛、胃痛、夢遺、早洩、陽痿。花，滋養肝腎，疏風明目；主治胸痛、頭痛、夜盲、目赤流淚、眼花。根6～15克，花3～15克，水煎服。

> **實用簡方**　①肺虛久咳：結香花9～15克，水煎服。②風溼痺痛、跌打損傷：結香根15克，水煎服。③風溼筋骨疼痛、麻木、癱瘓：結香根、威靈仙各10克，常春藤30克，水煎服。④疔瘡：鮮結香葉適量，搗爛敷患處。

302 了哥王

- **別　　名**　南嶺蕘花、地棉根。
- **藥用部位**　根或根皮、葉。
- **植物特徵與採製**　小灌木。全株光滑，僅花序有稀毛。根皮和莖皮含綿狀纖維，不易折斷。葉對生，長圓形，全緣，葉背粉綠色。花黃綠色，數朵頂生，組成極短的頭狀花序。核果卵形，熟時紅色。7～9月開花，8～10月結果。生於向陽山坡草叢、灌木叢中。分布於臺灣、中國廣東、海南、廣西、福建、湖南、四川、貴州、雲南、浙江等地。根全年可採，莖、葉夏、秋季採；鮮用或晒乾。

Wikstroemia indica (L.) C. A. Mey.

- **性味功用**　苦、辛，寒。有毒。清熱解毒，化痰散結，通經利水。主治腹水、淋巴結核、跌打損傷、癰疽腫毒、腎炎、閉經、乳腺炎、骨折。根9～15克，水煎服（宜久煎）；外用適量，搗爛敷患處。孕婦忌用。

> **實用簡方**　①肝硬化腹水：了哥王根二重皮25克，大棗12枚，紅糖30克，共搗爛為丸，如綠豆大，開水送服，每日服5～7丸。②淋巴結核：鮮了哥王根、山芝麻各10克，水煎服；另取鮮了哥王根二重皮或葉適量，和紅糖搗爛，敷患處。

胡頹子科

303 福建胡頹子

Elaeagnus oldhamii Maxim.

- **別　　名**　柿糊、胡頹子、楦梧。
- **藥用部位**　根、葉。
- **植物特徵與採製**　常綠灌木。具枝狀刺。小枝密生褐色鱗片。葉倒卵形，全緣，葉面密生白色鱗片，老後脫落，葉背密生銀灰色鱗片。花朵組成腋生短總狀花序；花被筒杯狀，被銀灰色鱗片。果卵球形，成熟時紅色，密被銀灰色鱗片。5～11月開花結果。生於山坡灌木叢中。分布於臺灣、中國福建、廣東等地。根、莖、葉全年可採，果實秋末冬初採，鮮用或晒乾。
- **性味功用**　苦，酸，微溫。斂肺定喘，益腎固澀。根主治肝炎、勞倦乏力、腹瀉、胃痛、消化不良、腎虧腰痛、盜汗、遺精、白帶異常、乳腺炎、跌打損傷、風溼痺痛；葉主治氣喘、久咳。30～60克，水煎服；外用適量，搗爛敷患處。根，孕婦禁服。

實用簡方　①胃痛、十二指腸潰瘍：福建胡頹子根去外皮250克，水煎，去渣，將豬肚1個洗淨放入燉爛，分4次服。②腎虛腰痛、盜汗、遺精：鮮福建胡頹子根30～60克；腰痛加墨魚乾1～2只，黃酒少許，盜汗加紅糖9克，遺精加金櫻子30克，冬蜜少許，水燉服。③消化不良：福建胡頹子根、柚樹葉各9克，水煎服。④風溼性關節炎：鮮福建胡頹子根30～90克，豬瘦肉適量，酒少許，水燉服。⑤白帶異常：鮮福建胡頹子根30～60克，豬瘦肉適量，水燉服。

千屈菜科

304 圓葉節節菜

- **別　　名**　水莧菜、水指甲、水豬母乳。
- **藥用部位**　全草。
- **植物特徵與採製**　多年生草本。莖多為紅紫色，常叢生，下部伏地生根。葉對生，近圓形，全緣。穗狀花序；花瓣倒卵形，淡紅紫色。蒴果橢圓形，具橫線紋。夏季開花。多生於水田、淺溝溼地。分布於臺灣、中國廣東、廣西、福建、浙江、江西、湖南、湖北、四川、貴州、雲南等地。全年可採，鮮用或晒乾。

Rotala rotundifolia (Buch.-Ham. ex Roxb.) Koehne

- **性味功用**　甘、淡、寒。清熱利溼。主治急性腦膜炎、痢疾、風火牙痛、肝炎、急性咽喉炎、疔瘡、癰腫瘡毒、燙火傷。15～30克，水煎服；外用適量，搗爛敷患處。

實用簡方　①腹水：圓葉節節菜30克，石菖蒲15克，水煎服。②熱咳：圓葉節節菜30～60克，水煎服。③乳腺炎：鮮圓葉節節菜適量，搗爛敷患處。④疔瘡腫毒：鮮圓葉節節菜適量，酌加紅糖，搗爛敷患處。⑤鵝掌風：鮮圓葉節節菜、旱蓮草各適量，搗爛敷患處。

305 紫薇

- **別　　名**　癢癢樹、怕癢樹、搔癢樹。
- **藥用部位**　根、樹皮、葉。
- **植物特徵與採製**　落葉灌木或小喬木。樹皮褐色，平滑。小枝四棱形，通常有狹翅。葉對生、近對生或在枝條上部互生，橢圓形至倒卵形，全緣，僅於葉背中脈上有微毛。圓錐花序頂生；花通常紫紅色，偶有白色。蒴果近球形。5～9月開花。生於荒山灌木叢中，或栽培。分布於中國廣東、湖南、福建、江西、江蘇、河北、安徽、陝西、四川、雲南、貴州、吉林等地。根全年可挖，樹皮、葉夏、秋季採；晒乾。

Lagerstroemia indica L.

- **性味功用**　微苦，寒。活血止血，清熱利溼。主治咯血、吐血、便血、肝炎、痢疾。10～15克，水煎服；外用適量，搗爛敷患處。根，孕婦忌服。

實用簡方　①黃疸、痢疾：紫薇根15～30克，水煎服。②偏頭痛：紫薇根30克，豬瘦肉適量（或雞蛋、鴨蛋各1個），水燉服。③溼疹：鮮紫薇葉適量，水煎洗患處。④乳房紅腫：紫薇樹皮適量，研末，酌加蜂蜜調勻，敷患處。⑤癰疽腫毒：鮮紫薇葉適量，搗爛敷患處。

石榴科

石榴

Punica granatum L.

- **別　　名**　安石榴、安息榴。
- **藥用部位**　根、果皮（藥材名石榴皮）、花。
- **植物特徵與採製**　落葉灌木或喬木。葉對生或近簇生，長圓狀披針形或近倒卵形，全緣。花大，單生或數朵集生於枝頂或葉腋；花萼鐘形，紅色或黃白色；花瓣通常紅色，少有白色。漿果近球形，果皮厚。種子多數，有肉質的外種皮。夏季開花，8～9月果成熟。多為栽培。分布於中國大部分地區。根皮、莖皮全年可採，果皮、花夏、秋季採；鮮用或晒乾。
- **性味功用**　根、果皮，酸、澀、溫；殺蟲、固澀、收斂；主治蛔蟲病、蟯蟲病、條蟲病、痢疾、腸炎、白帶異常、便血、腸風下血、脫肛。花，酸、澀、平；涼血止血；主治吐血、鼻出血、外傷出血、痢疾、白帶異常。根、果皮9～15克，花6～12克，水煎服。

實用簡方　①痢疾：石榴根皮或果皮15～30克，葡萄乾30克，水燉服。②脫肛：石榴果皮60克，明礬12克，水煎薰洗。③蛔蟲病：石榴根皮9～12克，或果殼15克（兒童酌減），水煎，酌加紅糖調服。④風溼腰痛：石榴根30克，土牛膝20克，楤木15克，水煎服。⑤白帶異常：石榴根、白果、貫眾各15克，水煎服。⑥牙痛：石榴花適量，水煎代茶。⑦瞼腺炎：石榴根18克，豬瘦肉適量，水燉服。

藍果樹科

307 喜樹

Camptotheca acuminata Decne.

- **別　　名**　旱蓮木、千丈樹。
- **藥用部位**　根、枝、樹皮、果。
- **植物特徵與採製**　落葉喬木。樹皮灰白色。葉互生，橢圓形或卵狀橢圓形，全緣，或幼樹葉有疏鋸齒；葉柄微帶紅色。頭狀花序球形；花單性，雌雄同株；花瓣5，淡綠色。瘦果窄長圓形，具縱棱脊，成熟時黃褐色。7～11月開花結果。多栽培於路旁。分布於中國浙江、福建、江西、湖南、四川、廣東、廣西、雲南等地。根、枝、樹皮全年可採，果夏、秋季採；可鮮用或晒乾。
- **性味功用**　苦，寒。有毒。抗癌，清熱，殺蟲。主治癌症、白血病、銀屑病、癰瘡癤腫。根9～15克，樹皮15～30克，果3～9克，水煎服；外用樹皮或樹枝適量，水煎洗患處。

實用簡方　①胃癌：喜樹葉、龍葵、白英、白花蛇舌草各15克，半枝蓮18克，水煎服。②白血病：喜樹根、仙鶴草、鹿銜草、石仙桃、金銀花、鳳尾草各30克，甘草9克，水煎代茶。③牛皮癬：喜樹皮（或樹枝）切碎，水煎濃縮，然後加羊毛脂、凡士林，調成10～20%油膏外搽；另取喜樹樹皮或樹枝30～60克，水煎服，每日1劑。④疔瘡：鮮喜樹嫩葉適量，酌加食鹽，搗爛敷患處。

八角楓科

八角楓

Alangium chinense (Lour.) Harms

- **別　　名**　榿木、包子樹。
- **藥用部位**　根、葉。
- **植物特徵與採製**　落葉小喬木。樹皮淡灰色，小枝有黃色疏柔毛。葉互生，長卵形或長圓狀卵形，全緣或有少數角狀淺裂，幼時兩面疏生毛，後漸脫落，僅於葉背脈腋上有毛。二歧聚傘花序腋生；花瓣6～8片，白色，條形，開後反捲。核果卵圓形。5～6月開花。多生於較陰的山坡疏林中。分布於臺灣、中國河南、陝西、甘肅、江蘇、福建、湖南、四川、貴州、廣東、西藏等地。夏、秋季採收，鮮用或晒乾。
- **性味功用**　辛、苦，微溫。有毒。祛風除溼，舒筋活絡，散瘀止痛。主治風溼痹痛、腰腿疼痛、跌打損傷、創傷出血、無名腫毒、毒蛇咬傷。根3～6克，鬚根0.6～1.5克，水煎服；外用鮮葉適量，搗爛敷患處。孕婦忌服。

> **實用簡方**　①跌打損傷：八角楓根9～12克，醋炒，水煎服。②踝部扭傷：鮮八角楓葉適量，研末，與醋調成糊狀，敷患處，每日換藥1次。③漆過敏：八角楓葉適量，水煎洗患處。④外傷出血：鮮八角楓葉適量，搗爛敷患處，或研末撒患處。⑤無名腫毒：鮮八角楓根適量，搗爛敷患處。

使君子科

309 使君子

Quisqualis indica L.

- **別　　名**　留求子、病疳子。
- **藥用部位**　葉、果實（藥材名使君子）。
- **植物特徵與採製**　落葉藤狀灌木。幼枝及幼葉具鏽色短柔毛。葉對生，橢圓形或長圓形，全緣，兩面具褐色毛。穗狀花序頂生，下垂；花瓣初為白色，後轉淡紅色。果實橄欖狀，有5稜角，內含種子1粒。5～9月開花，7～10月結果。多生於山坡、路旁等地。分布於中國四川、貴州至南嶺以南各地。葉春、夏、秋季採，果實於秋季成熟時採；鮮用或晒乾。
- **性味功用**　甘，溫。有小毒。殺蟲消積。主治蛔蟲病、鉤蟲病、蟯蟲病、蟲積腹痛、小兒疳積。使君子9～15克，水煎服。小兒每歲每日1粒至1粒半，總量不超過20粒。忌茶。

> **實用簡方**　①蛔蟲病：使君子、檳榔各15克（小兒減半），水煎，早晨空腹服，每日1劑，連服2～3劑。②鉤蟲病：使君子、榧子各12克（小兒減半），水煎，分2次，早晚飯前服。③小兒疳積：使君子，每歲1粒，最多不超過12粒，帶殼炒熟，去殼取仁，拌白糖服。④齲齒疼痛：使君子適量煎湯，頻頻含漱。

桃金娘科

310 檸檬桉

Eucalyptus citriodora Hook.f.

- **別　名**　香桉、油桉樹。
- **藥用部位**　葉、油。
- **植物特徵與採製**　大喬木。樹皮光滑，灰白色或淡紅灰色，春、夏間呈薄片狀脫落。葉具強烈檸檬香味；幼葉對生，長圓形或長圓狀披針形；葉柄通常盾狀著生；成年葉互生，狹披針形至寬披針形。傘形花序3～5朵，組成短圓錐花序，頂生或腋生。蒴果壺形。4～12月開花結果。分布於中國廣東、廣西、福建等地，多作為行道樹。葉全年可採，鮮用或晾乾。桉樹油用葉及根以乾餾工序提取。
- **性味功用**　苦、辛，微溫。清熱解毒，生肌止癢，祛風活血，健胃祛痰。葉主治感冒、氣喘、食積、胃氣痛、筋骨痠痛、蕁麻疹、皮炎、溼疹、頑癬、外傷出血、燙火傷後潰瘍；油主治腹痛。葉3～6克，水煎服，或酌量煎湯外洗；油內服2～4滴，外用適量，塗患處。

實用簡方　①外傷感染：將檸檬桉樹脂25克研末，放入100毫升甘油中，3日後甘油呈黑紅色即可，為減少刺激性，可加蒸餾水適量，塗抹於清潔後的創面。②溼疹：檸檬桉葉適量，煎水洗患處，每日2次。

311 番石榴

Psidium guajava L.

- **別　名**　那拔、番桃。
- **藥用部位**　根、葉、果實。
- **植物特徵與採製**　喬木。樹皮平滑，灰色，片狀剝落。葉片長圓形至橢圓形。花單生或2～3朵排成聚傘花序；花瓣白色。漿果球形、卵圓形或梨形，果肉白色及黃色。種子多數。野生或栽培於山坡、路旁、庭園等地。分布於臺灣、中國福建、廣東、海南、廣西、四川、雲南等地。根、葉全年可採，果夏、秋季半熟或成熟時採；鮮用或晒乾。
- **性味功用**　根，澀、微苦，平；收澀止瀉，止痛斂瘡。葉，苦，溫；健脾燥溼，消腫解毒。果，甘、澀，平；收斂止瀉，健脾消積。主治久痢、腹瀉、胃腸炎、反胃、食積腹脹、疳積、脫肛、血崩、疔瘡腫毒、刀傷出血、凍瘡、跌打損傷。根、葉6～15克，乾果2～5個，水煎服；外用鮮葉適量，搗爛敷患處。

實用簡方　①胃腸炎：番石榴葉9克，生薑6～9克，食鹽少許，搗爛，炒熱後，水煎服。②反胃：番石榴乾果7枚，食鹽少許，水燉服。③痢疾：番石榴果皮15～30克，酌加白糖，水燉服。

312 桃金娘

- **別　　名**　稔子、山稔、崗稔。
- **藥用部位**　根、葉、果。
- **植物特徵與採製**　小灌木。幼枝密生細毛。葉對生，橢圓形或倒卵形，全緣或稍反捲，葉面深綠色，葉背灰綠色，密生短毛。花腋生，花萼陀螺狀；花冠粉紅或紫紅。漿果卵形，成熟時暗紫色。5～7月開花，7～10月結果。喜生於向陽山坡的酸性土地上。分布於臺灣、福建、中國福建、廣東、廣西、雲南、貴州、湖南等地。根全年可採，葉夏季採，果秋末採；鮮用或晒乾。

Rhodomyrtus tomentosa (Ait.) Hassk.

- **性味功用**　**根**，微酸、辛，溫；祛風行氣，益腎養血；主治風溼痹痛、腰肌勞損、腎虛腰痛、脘腹疼痛、腎炎、疝氣、鉤吻中毒。**葉**，甘，平；健脾益氣，利溼止瀉，解毒；主治黃疸、痢疾、泄瀉、胃腸炎、胃痛、疳積、崩漏、乳癰、鉤吻中毒、痔瘡、外傷出血。**果**，甘、澀，平；滋養補血，澀腸固精；主治病後體虛、吐血、咯血、鼻出血、痢疾、結腸炎、遺精、帶下病、脫肛。6～15克，水煎服；外用適量，搗爛敷患處。

實用簡方　①虛寒氣喘：鮮桃金娘根60克，公雞1隻（去腸雜），將藥納入雞腹內，水燉服。②胃及十二指腸潰瘍：桃金娘果實60克，石菖蒲9克，水煎服。

313 輪葉蒲桃

- **別　　名**　三葉赤楠、山烏珠、芭樂。
- **藥用部位**　根、葉。
- **植物特徵與採製**　叢生灌木。葉多三葉輪生，倒披針形或匙狀披針形，全緣；葉具短柄。聚傘花序頂生或腋生；花小，白色。漿果卵圓形，成熟時黑色。5～9月開花結果。多生於山坡、林緣、路旁。分布於中國浙江、江西、福建、廣東、廣西等地。全年可採，鮮用或晒乾。

Syzygium grijsii (Hance) Merr. et Perry

- **性味功用**　辛、微苦，微溫。祛風散寒，活血化瘀，勝溼止痛。主治風寒感冒、風溼頭痛、三叉神經痛、風溼痹痛、盜汗、肝炎、小兒脫肛、燙火傷、跌打損傷。根15～30克，水煎服；外用葉適量，搗爛敷或水煎洗患處。

實用簡方　①風溼頭痛：輪葉蒲桃根30克，雞蛋2個（去殼），水燉服。②燙火傷：鮮輪葉蒲桃葉適量，擂米泔水，敷患處，每日換藥3次。③乳腺炎初起：鮮輪葉蒲桃根皮適量，擂米泔水，外敷患處。④跌打損傷：輪葉蒲桃根30克，水煎，酌加酒調服。

野牡丹科

314 野牡丹

Melastoma affine D. Don

- **別　　名**　爆牙狼、山石榴。
- **藥用部位**　根、葉、果實。
- **植物特徵與採製**　灌木。莖、葉柄、花萼均被緊貼的鱗片狀粗毛。葉對生，長卵形或卵形，全緣，兩面密生毛。花玫瑰紅色，常生於枝頂；花瓣倒卵形。果成熟後不規則開裂。種子多數。5～7月開花，6～11月結果。生於山坡溼地。分布於臺灣、中國雲南、廣西、廣東、福建等地。根、葉全年可採，果實秋季採；鮮用或晒乾。
- **性味功用**　根、葉，甘、酸、澀，平；清熱解毒，健脾利溼，活血止血；主治肝炎、腸炎、痢疾、食積、消化不良、吐血、咯血、鼻出血、便血、月經不調、白帶異常、乳汁不下、跌打損傷、外傷出血。果實，苦，平；活血通絡，通經下乳；主治痛經、閉經、乳汁不下。根15～30克，葉、果6～15克，水煎服。外用適量，搗爛敷或煎水洗患處。孕婦忌服。

實用簡方　①偏頭痛：鮮野牡丹根60克，豬瘦肉125克，水燉服，服後睡片刻，微出汗為佳。②神經性厭食：野牡丹根90克，豬蹄1隻，水燉服。③閉經：野牡丹根30克，雞蛋1個，酒水各半燉服。④跌打損傷：野牡丹根30克，金櫻子根15克，豬瘦肉適量，酌加紅糖、酒燉服。

315 地菍

- **別　　名**　地茄、地稔。
- **藥用部位**　全草。
- **植物特徵與採製**　多年生匍匐狀草本。莖多分枝，疏生毛。葉對生，卵形或橢圓形，全緣或有不明顯的小齒，葉面邊緣及葉背脈上疏生粗毛；葉柄有毛。花頂生，紫紅色。漿果近球形，成熟時紫黑色。種子多數。5～6月開花，6～8月結果。多生於山坡、路旁的酸性土壤上。分布於中國貴州、湖南、廣西、廣東、江西、浙江、福建等地。夏、秋季採收，鮮用或晒乾。

Melastoma dodecandrum Lour.

- **性味功用**　微甘，平。清熱利溼，活血止血，消腫解毒。主治黃疸、赤白帶下、水腫、風溼痛、疝氣、腎炎、腎盂腎炎、細菌性痢疾、扁桃腺炎、喉炎、脫肛、疳積、胎動不安、月經不調、痛經、月經過多、血崩、外傷出血、便血、吐血、內外痔、溼疹、瘰癧、癰疽疔癤。15～30克，水煎服；外用適量，搗爛敷患處。孕婦慎服。

實用簡方　①久嗽不止：地菍根、百合、桑根各30克，豬肺1副，水燉服。②慢性扁桃腺炎、喉炎：鮮地菍60～125克，鮮土牛膝根60克，水煎，每3～4小時1次。③慢性腎盂腎炎：地菍、金毛耳草各125克，仙茅15克，水煎服。

316 金錦香

- **別　　名**　天香爐、金香爐。
- **藥用部位**　全草。
- **植物特徵與採製**　多年生草本或亞灌木，全體被緊貼的毛。莖直立，四棱形。葉對生，條狀披針形，全緣，葉背淺黃色。花數朵頂生，淡紫色。蒴果包於宿存花萼內。種子多數。夏、秋季開花結果。多生於山坡、田埂溼地。分布於中國廣西以東、長江流域以南各地。夏、秋季採收，可鮮用或晒乾。

Osbeckia chinensis L.

- **性味功用**　微甘、澀，平。清熱利溼，止咳化痰，消腫解毒。主治痢疾、胃腸炎、闌尾炎、咳嗽、百日咳、氣喘、咯血、吐血、月經不調、痛經、閉經、白帶異常、疳積、驚風、痔瘡、脫肛、癰腫。15～30克，水煎服。

實用簡方　①痢疾：金錦香、白花蛇舌草、算盤子根各30克，赤痢加旱蓮草或白木槿花15克，水煎，調蜜服。②消化不良腹瀉：鮮金錦香30克，紅糖15克，水煎服。③月經不調：金錦香根30～60克，益母草9克，水煎，酌加酒、糖調服。

317 朝天罐

Osbeckia opipara C. Y. Wu et C. Chen

- **別　　名**　仰天罐、大金鐘、倒水蓮。
- **藥用部位**　根。
- **植物特徵與採製**　小灌木。全株被棕黃色粗毛。莖直立，四棱形。葉對生，橢圓形至橢圓狀披針形，全緣。莖頂或葉腋抽出圓錐花序，有時緊縮成傘房狀；花瓣紫紅色或白色。蒴果壺形，有星狀毛。種子多數。7～9月開花，10～12月結果。多生於山坡、荒野野等溼地。分布於中國長江流域以南各省區。秋季採收，鮮用或晒乾。
- **性味功用**　甘、微苦，平。活血通乳，祛風除溼。主治腰痛、腸炎、痢疾、咽喉腫痛、白帶異常、月經不調、乳汁稀少、產後腹痛。6～15克，水煎服。

實用簡方　①虛弱咳嗽：朝天罐15克，杏仁10克，桃仁9克，燉豬肉或水煎服。②痔瘡：朝天罐30克，燉豬心、豬肺服。③白帶異常：朝天罐15克，蒸酒內服。④筋骨拘攣、下肢痠軟、風溼關節痛：朝天罐9～15克，酒水各半煎服。

318 楮頭紅

Sarcopyramis nepalensis Wall.

- **別　　名**　褚頭紅、豬頭紅、水龍花。
- **藥用部位**　全草。
- **植物特徵與採製**　直立草本。葉對生，卵形或卵狀披針形，邊緣有細鋸齒，葉面粗糙，疏生粗毛，葉背脈上有疏毛。花數朶簇生枝頂或葉腋，紫紅色。蒴果倒圓錐形。7～10月開花。多生於山野陰溼地。分布於中國西藏、雲南、四川、貴州、湖北、湖南、廣西、廣東、江西、福建等地。夏、秋季採收，可鮮用或晒乾後使用。
- **性味功用**　甘、淡，平。清熱利溼，消腫解毒。主治黃疸、肝炎、風溼痺痛、肺熱咳嗽、目赤羞明、耳鳴耳聾、蛇頭疔、無名腫毒。9～15克，水煎服；外用鮮全草適量，搗爛敷患處。

實用簡方　①肝炎：鮮楮頭紅、積雪草各30克，地耳草15克，水煎服。②膽囊炎、急性肝炎：楮頭紅、鬱金、白芍各10克，白英20克，水煎，沖白糖服。③無名腫毒：鮮楮頭紅適量，搗爛敷患處。④蛇頭疔：鮮楮頭紅適量，酌加蜂蜜，搗爛敷患處。

柳葉菜科

水龍

Ludwigia adscendens (L.) Hara

- **別　　名**　過江藤、過塘蛇。
- **藥用部位**　全草。
- **植物特徵與採製**　多年生草本。莖匍匐污泥中或浮水生長；節常生根。葉互生，倒卵形至倒披針形，全緣，葉面油綠。花單生於葉腋；花冠淡黃色或白色。蒴果圓柱形。種子多數。8～10月開花，9～11月結果。多生於池塘、溝邊溼地。分布於中國福建、江西、湖南南部、廣東、香港、海南、廣西、雲南等地。夏、秋季採收，鮮用或晒乾。
- **性味功用**　苦、微甘，寒。清熱利溼，消腫解毒。主治感冒發熱、暑熱煩渴、咽喉腫痛、痢疾、熱淋、膏淋、尿道炎、水腫、牙痛、口瘡、帶狀疱疹、癰疽疔癤、毒蛇咬傷。15～30克，水煎或搗爛絞汁服；外用適量，搗爛或取汁塗患處。

> **實用簡方**　①痢疾、腸炎：鮮水龍30～60克，水煎服。②尿血、尿道感染：水龍、大薊、紫珠草各30克，水煎服。③實熱口渴便祕：鮮水龍適量，搗取汁60～120克，酌加蜂蜜，燉溫服。④外傷小便不通：鮮水龍適量，酌加酒糟，搗爛，加熱敷貼臍部。⑤癰腫：鮮水龍適量，食鹽少許，搗爛敷患處。⑥疔瘡：鮮水龍適量，冬蜜少許，搗爛敷患處。⑦帶狀疱疹：鮮水龍適量，搗汁，調糯米粉塗患處。⑧瘡瘍腫痛：鮮水龍適量，搗汁，調醋塗患處。

320 毛草龍

Ludwigia octovalvis (Jacq.) Raven

- **別　　名**　草裡金釵、草龍。
- **藥用部位**　根、全草。
- **植物特徵與採製**　亞灌木狀草本。莖直立，有毛。葉互生，條狀披針形或披針形，全緣，兩面被毛。花黃色，腋生；花瓣4，淡黃色，倒卵形，頂端微凹。蒴果圓柱形，有毛及棱。4～5月開花結果。多生於田邊溼地。分布於臺灣、中國江西、浙江、福建、廣東、香港、海南、海南、廣西、雲南等地。夏、秋季採收，鮮用或晒乾。
- **性味功用**　微苦，寒。清熱利溼，消腫解毒。<u>根</u>主治痢疾、淋證、高血壓、肝硬化、乳腺炎；<u>全草</u>主治感冒、咽喉腫痛、水腫、白帶異常、痔瘡、疔瘡、燙火傷、無名腫毒。15～30克，水煎服；外用適量，搗爛敷患處。

實用簡方　①咯血、吐血：毛草龍30克，水煎服。②膏淋：鮮毛草龍60克，野牡丹根45克，豬膀胱1個，水燉服。③水腫：毛草龍、地膽草各30克，水煎服；另取鮮地膽草適量，搗爛和雞蛋油煎，敷臍部。④痔瘡：毛草龍、鬼針草、漆樹根各30克，豬大腸酌量，水燉服。

321 丁香蓼

Ludwigia prostrata Roxb.

- **別　　名**　紅麻草、水丁香。
- **藥用部位**　全草。
- **植物特徵與採製**　一年生草本。莖略帶紅色，有棱。葉互生，狹橢圓狀披針形，全緣，兩面無毛。花單生於葉腋；花冠黃色，常4瓣，倒卵形。蒴果圓柱形，稍有四棱，紅褐色。種子多數。6～10月開花，8～10月結果。多生於田邊、溝沿等溼地。分布於中國海南、廣西、廣東、福建、江西等地。夏、秋季採收，鮮用或晒乾。
- **性味功用**　微苦，涼。清熱利溼，消腫解毒。主治腎炎、淋病、肝炎、急性喉炎、咽喉腫痛、目赤腫痛、痢疾、白帶異常、癰腫。30～60克，水煎服；外用適量，搗爛敷患處。

實用簡方　①白帶異常：鮮丁香蓼45克，雞冠花15克，韓信草30克，水煎服。②急性喉炎：丁香蓼60克，水煎後取湯分為2份，一份調冰糖服，一份調醋含漱。③痔瘡：鮮丁香蓼60克，豬直腸1段，水燉服。④癰疽腫毒：鮮丁香蓼適量，擂米泔水，敷患處。

小二仙草科

322 小二仙草

Gonocarpus micranthus Thunb.

- **別　　名**　船板草、扁宿草、沙生草。
- **藥用部位**　全草。
- **植物特徵與採製**　多年生矮小草本。莖纖弱，四棱形，多分枝。葉對生，上部的葉有時互生，卵形或闊卵形，邊緣具小齒。花瓣4，淡紅色。核果球形。4～10月開花結果。多生於山坡、荒野草地上。分布於臺灣、中國河北、山東、浙江、安徽、福建、湖北、四川、廣東、雲南等地。夏、秋季採收，鮮用或晒乾。
- **性味功用**　苦，涼。疏風解熱，止咳平喘，活血祛瘀。主治感冒、咳嗽、氣喘、痢疾、肝炎、胃痛、月經不調、乳腺炎、癰癤、扭傷、跌打損傷、毒蛇咬傷。15～30克，水煎服；外用適量，搗爛敷患處。

> **實用簡方**　①預防感冒：小二仙草、夏枯草、兗州卷柏、野雉尾金粉蕨、草珊瑚、佩蘭各15～30克，水煎代茶。②小兒疳積、感冒：小二仙草6～10克，豬瘦肉適量，水燉服。③痔瘡：鮮小二仙草30克，豬大腸適量，水燉服。④燙火傷：小二仙草適量，研末，加冰片少許，調麻油塗敷患處。⑤急性尿道炎、膀胱炎：小二仙草、土茯苓、海金沙藤、車前草各15克，水煎服。

五加科

323 細柱五加

Eleutherococcus nodiflorus (Dunn) S. Y. Hu

- **別　　名**　五加、五加皮。
- **藥用部位**　根、根皮（藥材名五加皮）。
- **植物特徵與採製**　落葉灌木。有時蔓生狀。莖具明顯皮孔，枝有短而粗壯的扁刺。掌狀複葉在長枝上互生；小葉通常5枚，倒卵形或披針形，邊緣具細鈍鋸齒，兩面無毛或沿脈上有剛毛；葉柄有刺。傘形花序腋生或單生於短枝上；花小，黃綠色。漿果近球形，成熟時黑色。5～7月開花，7～10月結果。多生於林緣、溝谷、路旁等處。分布於中國大部分地區。秋、冬季採收；鮮用或陰乾。
- **性味功用**　辛、苦，溫。祛風溼，補肝益腎，強壯筋骨。主治風溼痺痛、半身不遂、腰膝疼痛、小兒行遲、腳氣、勞傷乏力、胃潰瘍、腹痛、疝氣、水腫、腳氣、閉經、跌打損傷、骨折。9～15克，水煎服。

> **實用簡方**　①風溼關節痛、年久痛風：鮮五加皮95～125克，水煎，取鱸魚1條（去腸雜）或豬蹄1隻，水燉服。②勞傷乏力、虛損、四肢痠軟：五加皮500克，米酒1000毫升，冰糖適量，浸二週，睡前溫服1杯。

324 白簕

Eleutherococcus trifoliatus (L.) S. Y. Hu

- **別　　名**　刺三加、三加皮、三葉五加。
- **藥用部位**　根、葉。
- **植物特徵與採製**　披散灌木。枝和葉柄常具下彎的皮刺。掌狀複葉互生；小葉3枚，倒卵狀稜形或倒卵形，邊緣有鋸齒，葉脈上有刺毛或無。傘形花序數個頂生；花瓣5，草綠色。果球形，稍扁。夏、秋季開花。多生於林緣或灌木叢中。分布於中國大部分地區。根全年可採，鮮用或晒乾；葉夏季採，以嫩葉為佳，通常鮮用。
- **性味功用**　根，微辛、苦，寒；祛風溼，清熱解毒。葉，苦，寒；消腫解毒。主治風溼痺痛、痢疾、腸炎、胃痛、膽囊炎、膽石症、黃疸、咳嗽胸痛、白帶異常、乳腺炎、腰痛、癰疽腫毒、疔瘡、毒蛇咬傷、跌打損傷。根15～30克，水煎服；外用適量，水煎洗或搗爛敷患處。

> **實用簡方**　①坐骨神經痛：白簕根90克，豬蹄1隻，水燉服。②咳嗽、氣喘：白簕根15克，向日葵花15～30克，水煎服。③白帶異常：白簕根、土丁桂各30克，水煎服。

325 楤木

- **別　　名**　鳥不宿、鳥不踏、百鳥不落。
- **藥用部位**　根、莖皮、葉。
- **植物特徵與採製**　落葉灌木或小喬木。小枝有棕黃色絨毛。2～3回單數羽狀複葉互生；小葉卵形至卵狀橢圓形，邊緣有鋸齒，葉面有粗毛，葉背有細毛，沿脈更密。多數小傘形花序組成大型的圓錐花序；花冠白色。果球形，成熟時黑色。7～10月開花結果。多生於山溝、林緣陰溼地。分布於中國大部分地區。根、莖皮全年可採，刮去外皮，鮮用或晒乾；葉春、夏季採，通常鮮用。

Aralia chinensis L.

- **性味功用**　苦、微辛，平。祛風除溼，利水消腫，行氣活絡。主治腎炎、腎盂腎炎、水腫、膀胱炎、胃潰瘍、十二指腸潰瘍、急性膽道感染、咽喉炎、糖尿病、遺精、睪丸炎、產後風、閉經、白帶異常、風溼痺痛、跌打損傷、脫臼、骨折、蛇傷、背癰、帶狀疱疹、無名腫毒。根、莖皮15～30克，水煎服；外用適量，搗爛敷，或磨米泔水塗患處。孕婦慎服。

實用簡方　①月經不調：楤木根30～60克，白花益母草15～30克，水煎；另取雞蛋1個，用豬油煎熟，沖入藥液，酌加冰糖煮沸，吃蛋喝湯。②風溼痺痛：楤木根、鵝掌柴、鉤藤根各15克，江南細辛3克，豬蹄酌量，水燉服。

326 樹參

- **別　　名**　半楓荷、木荷楓、楓荷梨。
- **藥用部位**　根。
- **植物特徵與採製**　常綠喬木或灌木。葉互生，密生半透明腺點，不裂或掌狀深裂；不裂葉生於枝上部，橢圓形或長圓狀披針形；分裂葉常生於枝下部，倒三角形，全緣或有鋸齒。傘形花序頂生；花綠白色。果近球形。4～8月開花，9～10月結果。多生於山坡、陰溼的常綠闊葉林中。分布於臺灣、中國浙江、湖北、四川、雲南、廣西、廣東、福建等地。全年可採，鮮用或晒乾。

Dendropanax dentiger (Harms) Merr.

- **性味功用**　甘、辛，溫。祛風除溼，活血舒筋。主治風溼痺痛、半身不遂、產後風痛、跌打損傷。15～30克，水煎服；外用適量，搗爛敷患處。孕婦忌服。

實用簡方　①類風溼關節炎、腰肌勞損、坐骨神經痛：樹參根90克，雞血藤根、桂枝各60克，以燒酒1.5千克浸泡7～10日，每次服10～20毫升，每日2次。②偏頭痛：鮮樹參根90克，水煎服。③偏頭痛、臂痛、肩關節周圍炎：樹參根30克，當歸、川芎各6克，水煎服。

327 常春藤

- **別　　名**　爬樹藤、爬牆虎、中華常春藤。
- **藥用部位**　全草。
- **植物特徵與採製**　常綠藤本。莖上有氣根。嫩枝被鱗片狀柔毛。葉互生，二型；營養枝上的葉三角狀卵形或戟形，全緣或3裂；花枝及果枝上的葉橢圓狀卵形或橢圓狀披針形，全緣。傘形花序單生或頂生，花序梗具黃棕色柔毛。果球形，漿果狀。6～8月開花，9～11月結果。多攀緣於樹幹上或溝谷崖壁上。分布於中國大部分地區。全年可採，鮮用或晒乾。
- **性味功用**　苦、辛，溫。祛風利溼，活血消腫。主治風溼痺痛、坐骨神經痛、肢體麻木、癱瘓、骨髓炎、月內風、月經不調、疔癰、毒蛇咬傷、癰疽腫毒、蕁麻疹、溼疹。9～15克，水煎服；外用適量，搗爛敷患處。

實用簡方　①風寒感冒：常春藤、蒼耳根、地苤根各15克，菜豆殼、絲瓜絡各10克，陳皮6克，水煎，取煎出液煮粉乾，熱服取汗。②產後感冒頭痛：常春藤9克（黃酒炒），大棗7枚，水煎，飯後服。③風溼痺痛及腰部痠痛：常春藤9～12克，豬蹄1隻，酒水各半燉服；另取常春藤適量，水煎洗患處。

328 穗序鵝掌柴

- **別　　名**　假通脫木、絨毛鴨腳木。
- **藥用部位**　根、根皮。
- **植物特徵與採製**　常綠灌木或喬木。幼枝密被黃棕色星狀毛，後漸脫落；髓部白色，薄片狀。掌狀複葉，通常集生枝頂；小葉長圓形、卵狀長圓形或卵狀披針形，葉背密生星狀毛，全緣或疏生不規則鋸齒或羽狀分裂。穗狀花序排列成大型的圓錐花序，密生毛；花小，白色。瘦果球形，成熟時紫色或黑色。10～12月開花。多生於山坡疏林或山谷密林中。分布中國雲南、貴州、四川、湖北、湖南、廣西、廣東、江西、福建等地。全年可採，鮮用或晒乾。
- **性味功用**　苦，平。祛風活絡，強腰健腎。主治風溼痺痛、關節痛、腰肌勞損、扭挫傷、骨折、跌打腫痛。15～30克，水煎服。外用適量，搗爛敷或煎水洗患處。

實用簡方　①關節炎、風溼痺痛：穗序鵝掌柴根30～50克，豬蹄1隻，水燉服。②腰肌勞損：穗序鵝掌柴根皮15～30克，水煎服。③扭挫傷、刀傷：鮮穗序鵝掌柴根皮適量，搗爛敷患處。

329 鵝掌柴

- **別　　名**　鵝掌藤、鴨腳木、狗腳蹄。
- **藥用部位**　莖皮、葉。
- **植物特徵與採製**　常綠喬木或大灌木。樹皮灰白色，平滑，枝條粗壯。掌狀複葉互生；小葉橢圓形或長圓形，全緣或向葉背反捲，葉背初時有星狀毛。傘形花序聚生成大型的圓錐花序，頂生，幼時密生星狀毛，後毛漸脫落。果球形，成熟時暗紫色。11～12月開花，翌年1月結果。多生於山野疏林中。分布於臺灣、中國西藏、雲南、廣西、廣東、浙江、福建等地。全年可採，鮮用或晒乾。

Schefflera octophylla (Lour.) Harms

- **性味功用**　甘、微苦、辛，涼。清熱解毒，利溼舒筋。主治感冒發熱、咽喉腫痛、風溼痺痛、急性淋巴結炎、睾丸炎、木薯中毒、溼疹、燙火傷、無名腫毒、骨折、跌打損傷。9～15克，水煎服；外用鮮葉適量，煎湯薰洗。

實用簡方　①咽喉腫痛：鵝掌柴莖皮15～30克，水煎服。②皮炎、溼疹：鮮鵝掌柴葉適量，水煎洗患處。③外傷出血：鮮鵝掌柴葉適量，搗爛敷患處。

330 通脫木

- **別　　名**　木通樹、白通草、通草。
- **藥用部位**　莖髓（藥材名通草）。
- **植物特徵與採製**　常綠灌木或小喬木。莖少分枝，髓部大，質鬆軟，白色。葉互生，多集生於枝頂，掌狀5～12裂，裂片邊緣淺裂或有粗齒，葉面無毛，葉背密被灰色星狀毛；葉柄圓柱形，中空。傘形花序，再聚成大型的圓錐花序；花瓣白色。核果狀漿果扁球形，成熟時紫黑色。8～9月開花。多生於山谷、林下。分布於中國大部分地區。秋季採收，將莖切段，趁鮮抽出莖髓，晒乾。

Tetrapanax papyrifer (Hook.) K. Koch

- **性味功用**　微甘、淡，涼。清熱利尿，通乳。主治乳汁不通、淋病、腎炎、小便不利、黃疸、帶下病。3～9克，水煎服。孕婦慎服。

實用簡方　①尿道感染：通草6克，生地黃15克，甘草梢3克，水煎服。②肺熱咳嗽：通草3～6克，水煎服。③乳腺炎、淋巴結炎：鮮通脫木根莖60克，紅糖少許，搗爛敷於患處。

傘形科

331 北柴胡

- **別　　名**　柴胡、竹葉柴胡。
- **藥用部位**　根（藥材名柴胡）。
- **植物特徵與採製**　多年生草本。莖多叢生，上部多分枝，略呈「之」字形彎曲。基生葉倒披針形或狹橢圓形，早枯；中部的葉倒披針形或條狀寬披針形，全緣。複傘形花序腋生或頂生；花小，黃色。雙懸果寬橢圓形。6～10月開花結果。多生於山坡和沿海沙質地中。分布於中國東北、華北、西北、華東和華中等地。春至秋季採挖，鮮用或晒乾。
- **性味功用**　苦，微寒。和解表裡，疏肝解鬱。主治感冒、寒熱往來、瘧疾、脇痛、月經不調、贅疣。3～9克，水煎服。

實用簡方　①肝氣鬱結、胸脇脘腹疼痛：柴胡、川楝子各9克，白芍、香附各12克，水煎服。②脇肋疼痛、寒熱往來：柴胡6克，川芎、枳殼（麩炒）、芍藥、香附各4.5克，甘草（炙）1.5克，水1盅半，煎八分，飯前服用。③積熱下痢不止：柴胡、黃芩各12克，以水煎服。

332 積雪草

- **別　　名**　崩大碗、落得打、乞食碗。
- **藥用部位**　全草。
- **植物特徵與採製**　多年生匍匐草本。莖細長，節節生根。葉叢生或生於節上，腎形或近圓形，葉緣具圓鈍齒。傘形花序近頭狀；花冠紫紅色。雙懸果側向壓扁，圓形。5～9月開花，8～10月結果。多生於田埂、溝邊等溼地。分布於中國陝西、四川、雲南、江蘇、江西、安徽、浙江、福建、廣東、廣西等地。全年可採，鮮用或晒乾。
- **性味功用**　辛、微苦，平。清熱解毒，利水消腫，行氣活血。主治跌打損傷、感冒、黃疸、水腫、淋證、中暑腹痛、胃腸炎、痢疾、泌尿系統感染、泌尿系統結石、鉤吻中毒、農藥中毒、咽喉腫痛、中耳炎、扁桃腺炎、結膜炎、腮腺炎、乳腺炎、帶狀疱疹、癰疽疔癤、毒蛇咬傷。15～30克，水煎或絞汁服；外用鮮草適量，搗爛敷患處。孕婦慎用。

實用簡方　①感冒發熱：積雪草、石薺苧、海金沙藤各15克，水煎服。②尿道結石：鮮積雪草、天胡荽、海金沙藤、車前草、過路黃各30克，水煎服。③泌尿系統結石：鮮積雪草30～60克，車前草、海金沙藤各30克，水煎服。

333 芫荽

- **別　　名**　香菜、胡荽。
- **藥用部位**　全草、果實（藥材名胡荽子）。
- **植物特徵與採製**　一年生或二年生草本。具強烈的香氣。莖具縱棱，中空。基生葉1～2回羽狀全裂，裂片廣卵形或楔形；莖生葉互生，2～3回羽狀分裂，最終裂片狹條形，全緣。複傘形花序頂生，花白色或淡紫色。雙懸果近球形。3～8月開花結果。多為栽培。分布於中國東北、華東、西南及河北、湖南、廣東、廣西、陝西等地。春、夏季採收，通常鮮用；芫荽子夏季採收，晒乾。

Coriandrum sativum L.

- **性味功用**　辛，溫。**全草**，消食開胃，發表透疹；主治感冒、麻疹不透、食積、脘腹脹痛、嘔惡。**芫荽子**，健胃消積，理氣止痛；主治胃痛、食慾不振、腹瀉。全草9～15克，芫荽子3～9克，水煎服；外用適量，水煎洗患處。

實用簡方　①感冒：鮮芫荽30克，生薑6片，蔥白3條，水煎服。②預防麻疹：鮮芫荽15克，豆腐適量，水燉服。③麻疹不透：鮮芫荽9～15克，水煎服。④小兒風寒感冒：鮮芫荽6克，蔥白2個，豆豉10粒，水煎服。⑤消化不良腹脹：芫荽子6克，陳皮、神麴各9克，生薑3片，水煎服。

334 茴香

- **別　　名**　小茴香、懷香。
- **藥用部位**　果實（藥材名小茴香）、根。
- **植物特徵與採製**　多年生草本。有強烈的香氣，表面有粉霜。基生葉叢生，具長柄；莖生葉互生，葉柄基部擴大成鞘狀抱莖；葉片4～5回羽狀細裂，最後裂片成條狀。複傘形花序頂生或側生；花瓣金黃色。雙懸果卵狀長圓形。5～10月開花結果。多為栽培。中國各省區都有栽培。根全年可採，果實季成熟時採；晒乾。

Foeniculum vulgare Mill.

- **性味功用**　辛，溫。溫腎暖肝，散寒止痛，理氣和胃。主治寒疝、鞘膜積液、氣喘、胃痛、胃寒嘔吐、腎虛腰膝無力、腰痛、腹痛。9～15克，水煎服；外用適量，炒熱溫熨。

實用簡方　①寒疝：小茴香4.5克，川棟子、橘核、荔枝核、山楂核各9克，黨參12克，水燉服。②胃寒痛：小茴香、木香各9克，乾薑6克，水煎服。③胃痛、腹痛：小茴香、高良薑、烏藥、香附（炒）各9克，水煎服。④腰部冷痛：小茴香、杜仲、補骨脂各9克，水煎服。

215

335 紅馬蹄草

- **別　　名**　八角金錢、大馬蹄草、乞食碗。
- **藥用部位**　全草。
- **植物特徵與採製**　多年生草本。莖匍匐地上，節上生根。葉互生，圓腎形，邊緣具鈍齒，兩面具短毛；葉柄具短毛。傘形花序單個或數個簇生於枝上端；花白色。雙懸果近圓形，嫩時常具紅色斑點。4～11月開花結果。多生於山野、路旁陰溼的矮草叢中。分布於中國陝西、湖南、湖北、廣東、廣西及華東、西南等地。全年可採，鮮用或晒乾。

Hydrocotyle nepalensis Hook.

- **性味功用**　辛、微苦，涼。清熱利溼，清肺止咳，活血止血。主治感冒、咳嗽、支氣管炎、痢疾、泄瀉、吐血、月經不調、痛經、跌打損傷、外傷出血、痔瘡、瘡癰腫毒、無名腫毒。9～15克，水煎服；外用適量，搗爛敷患處。孕婦忌服。

實用簡方　①骨髓炎：鮮紅馬蹄草適量，酌加燒酒，搗爛敷患處。②無名腫毒：鮮紅馬蹄草適量，酌加白糖，搗爛敷患處。③溼疹：紅馬蹄草適量，煎水洗患處。④痔瘡：鮮紅馬蹄草適量，食鹽少許，搗爛，取汁搽患處。⑤帶狀疱疹：鮮紅馬蹄草適量，搗爛，兌水、醋外搽患處，每日5～6次。

336 藁本

- **別　　名**　茶芎、西芎、川香。
- **藥用部位**　根。
- **植物特徵與採製**　多多年生草本，具香味。根呈不規則塊狀。莖中空，有縱條紋。葉互生，2回羽狀全裂，邊緣具不整齊的羽裂。複傘形花序頂生或腋生；花白色。雙懸果卵形。6～10月開花結果。多生於山坡草地。分布於中國湖北、四川、陝西、河南、湖南、江西、浙江等地。夏、秋季採收，除去莖葉，晒乾或烘乾。

Ligusticum sinense Oliv.

- **性味功用**　辛，溫。祛風散寒，勝溼止痛。主治巔頂痛、偏頭痛、風溼痹痛、泄瀉、瘕瘕、疥癬。9～15克，水煎服。

實用簡方　①偏正頭痛：藁本45克，荊芥90克，細辛、白芷各30克，共研細末，水泛為丸，每次服3克，每日2次。②風寒感冒、巔頂疼痛連及齒頰：藁本、蒼朮、獨活各6克，水煎服。③眩暈嘔吐：藁本、佩蘭各9克，水煎服。④風溼痹痛：藁本、蒼朮、防風各9克，牛膝12克，水煎服。⑤疥癬：藁本適量，煎水洗浴。

337 川芎

- **別　　名**　芎藭、京芎。
- **藥用部位**　根（藥材名川芎）。
- **植物特徵與採製**　多年生草本。根狀莖呈不規則的結節狀拳形團塊，外皮黃褐色，有香氣。莖常叢生，直立，中空，具縱棱，基部的節明顯膨大成盤狀。2～3回羽狀複葉互生；小葉3～5對，邊緣具不整齊的羽狀全裂或深裂。複傘形花序頂生；花小，白色。雙懸果卵形，有窄翅。7～12月開花結果。多為栽培。分布於中國四川、雲南、廣西、江西、甘肅、內蒙古、河北、福建等地。春季採收，除去莖葉、鬚根，晒乾或烘乾。

Ligusticum chuanxiong Hort.

- **性味功用**　辛，溫。活血祛瘀，疏風解鬱，祛風止痛。主治頭痛、頭暈、冠心病、風溼痛、胸脅痛、月經不調、痛經、閉經。3～9克，水煎服。

實用簡方　①月經不調：川芎6克，當歸、赤芍各9克，生地黃、香附、丹參各12克，水煎服。②異常子宮出血：川芎24～28克，加白酒30毫升，水250毫升，浸泡1日後，加蓋用文火燉煎，分2次服。不飲酒者，可單加水燉服。③冠心病、心絞痛：川芎、紅花各15克，水煎服。④風熱頭痛：川芎3克，茶葉6克，水1盅，煎五分，飯前熱服。

338 紫花前胡

- **別　　名**　前胡、土當歸。
- **藥用部位**　根。
- **植物特徵與採製**　多年生草本。根粗壯，紡錘形或有分枝。莖單生，有縱棱。基生葉或莖下部的葉三角狀寬卵形，1～2回羽狀全裂，邊緣有鋸齒；莖上部葉逐漸變小，最上的葉成寬闊、紫色的葉鞘。複傘形花序頂生；花紫色。雙懸果卵圓形，扁平。7～11月開花結果。多生於山坡、林下等陰溼地。分布於臺灣、中國遼寧、河北、陝西、河南、四川、湖北、安徽、江蘇、浙江、江西、福建、廣西、廣東等地。秋、冬季採收，除去鬚根、莖、葉，晒乾。

Angelica decursiva (Miq.) Franch. et Sav.

- **性味功用**　辛、微苦，涼。疏散風熱，降氣化痰。主治上呼吸道感染、咳嗽痰多。6～9克，水煎服。

實用簡方　①妊娠咳嗽（風寒夾溼型）：前胡、苦杏仁、陳皮各6克，白芥子、半夏各9克，麻黃（後下）、甘草各3克，生薑3片，水煎服。②感冒、咳喘：前胡15克，紫蘇葉6克，生薑3片，水煎服。

217

鹿蹄草科

339 普通鹿蹄草

Pyrola decorata H. Andr.

- **別　　名**　鹿銜草、鹿含草、鹿蹄草。
- **藥用部位**　全草（藥材名鹿銜草）。
- **植物特徵與採製**　多年生常綠草本。根狀莖橫生。基部以上生葉，橢圓形或卵形，邊緣疏生微凸形的小齒，葉面深綠色，具略帶白色的脈紋，葉背色較淺，大部呈褐紫色。總狀花序；花綠色，寬鐘形，俯垂。蒴果扁圓形。4月開花。多生於山地林下陰溼處。分布於中國河南、甘肅、陝西、湖北、廣西、廣東、福建、雲南、西藏等地。夏、秋季採收，晒乾。
- **性味功用**　甘、苦，溫。補腎溫經，祛風除溼，調經活血。主治痢疾、腸炎、風溼痺痛、腎虛腰痛、神經衰弱、崩漏、月經不調、產後瘀滯、毒蛇咬傷。15～30克，水煎服；外用適量，搗爛敷患處。孕婦慎服。

> **實用簡方**　①月經不調、白帶異常：鹿蹄草10～20株，豬蹄或豬排骨適量，老酒少許，水燉服。②預防產後風：鹿蹄草15株，雞1隻，老酒燉服。③糖尿病：鹿蹄草、積雪草各30克，白果20粒，水煎服。④遺精：鹿蹄草、鳳尾草各30克，金櫻子15克，水煎服。⑤風寒感冒：鹿蹄草、野鴉椿果各15克，葛藤葉10克，紅糖少許，水煎服。

杜鵑花科

340 羊躑躅

- **別　　名**　鬧羊花、黃杜鵑、八厘麻。
- **藥用部位**　根、花(藥材名鬧羊花)、果。
- **植物特徵與採製**　落葉灌木。幼枝有柔毛，並常有剛毛。葉長圓形至長圓狀披針形，全緣，葉面有疏毛，葉背密生灰色柔毛；葉柄有毛。傘形花序頂生；花大，先葉開放或與葉同時開放；花冠黃色，漏斗形。蒴果圓柱形，粗糙，有細毛。3～5月開花結果。多生於山坡灌木叢中。分布於中國江蘇、浙江、江西、福建、廣東、廣西、貴州、雲南及華中等地。根全年可挖，花3～5月採，果秋季採收；鮮用或晒乾。

Rhododendron molle (Bl.) G. Don

- **性味功用**　辛，溫。有大毒。祛風除溼，止咳平喘，殺蟲止癢。主治風溼痹痛、咳喘、跌打損傷、疥癬。根1.5～3克，花、果0.3～0.6克，水煎服；外用鮮品適量，搗爛敷患處。本品大毒，內服宜慎，且不可久服、過量服。孕婦忌服。

實用簡方　①神經性頭痛、偏頭痛：鮮羊躑躅花適量，搗爛敷痛處2～3小時。②類風溼關節炎：羊躑躅根3～9克，毛果杜鵑30克，水煎服。

341 杜鵑

- **別　　名**　映山紅、杜鵑花、滿山紅。
- **藥用部位**　根、葉、花。
- **植物特徵與採製**　落葉灌木。小枝棕褐色，密被褐色平伏細毛。葉互生，橢圓形、卵狀橢圓形或倒卵形，全緣而具黃褐色緣毛，兩面具粗毛。花簇生於枝頂；花冠闊漏斗形，淡紅色或紅色。蒴果卵形。春季開花，秋、冬季結果。多生於向陽山坡灌木叢中。分布於臺灣、中國江蘇、安徽、浙江、江西、福建、湖北、湖南、廣東、廣西、四川、貴州、雲南等地。根、葉夏、秋季採收，鮮用或晒乾；花春季盛開時採，多為鮮用。

Rhododendron simsii Planch.

- **性味功用**　根，酸、微澀，溫。葉、花，有小毒，微甘、酸，平。疏風行氣，止咳祛痰，活血散瘀。根主治氣管炎、胸悶、胃及十二指腸潰瘍、風溼痹痛、吐血、鼻出血、乳腺炎、月經不調、白帶異常；葉主治氣管炎、蕁麻疹、癰腫瘡毒、對口瘡；花主治咳嗽、吐血、鼻出血、月經不調、風溼痹痛、癰。15～30克，水煎服；外用適量，搗爛敷患處。孕婦忌服。

實用簡方　①腰痛、腰扭傷：鮮杜鵑根60～100克，豬骨頭適量，白酒少許，水燉服。②閉經：杜鵑根60克，酒炒3次，酒水各半煎服。

紫金牛科

342 九管血

Ardisia brevicaulis Diels

- **別　　名**　血黨、活血胎、矮莖朱砂根、屯鹿紫金牛。
- **藥用部位**　根。
- **植物特徵與採製**　半灌木。葉互生或近對生，長卵形至長圓形，葉緣具不明顯腺點，葉背有褐色細柔毛並疏生腺點；葉柄被褐色細柔毛。傘形花序頂生；花冠粉紅色。果球形，成熟時紅色。6～12月開花結果。多生於山地林下陰溼處。分布於臺灣、中國湖北至廣東等地。全年均可採挖，鮮用或晒乾。
- **性味功用**　苦、澀，寒。清熱利咽，祛風除溼，活血消腫。主治咽喉腫痛、風溼痺痛、筋骨疼痛、牙痛、跌打損傷、毒蛇咬傷。9～15克，水煎服。孕婦慎服。

實用簡方　①氣血虛弱：九管血適量，晒乾研末，每次3克，米酒送服，每日3次。②婦女產後氣血虛弱：九管血15克，雞蛋（稍打裂）2個，冰糖少許，水燉服。③子宮脫垂：九管血、黃花倒水蓮各15克，小薜荔根30克，裝入豬小肚內，水燉，吃肉喝湯。④風溼痺痛：九管血30克，豬蹄1隻，白米酒適量，水燉服。⑤腰扭傷：九管血、土牛膝各30克，地耳草、韓信草、虎杖各18克，水煎服。

343 朱砂根

Ardisia crenata Sims

- **別　　名**　真珠涼傘、大羅傘、硃砂根。
- **藥用部位**　根。
- **植物特徵與採製**　常綠小灌木。根狀莖橫走，稍肉質，微紅色，斷面白色，有紅色小點。葉互生，長圓形或圓狀倒披針形，邊緣有波狀圓齒，反捲。傘形花序生於側枝頂端；花冠白色或淡紅色。核果球形，成熟時朱紅色。6～7月開花，10～11月結果。多生於山坡、溪谷、林下等陰溼地。分布於臺灣、中國西藏東部、湖北至海南島等地。全年可採，鮮用或晒乾。
- **性味功用**　微甘、辛，平。清熱祛溼，活血行瘀。主治咽喉腫痛、風溼痺痛、咯血、黃疸、痢疾、腎炎、痛經、白帶異常、乳腺炎、睪丸炎、痔瘡、骨折、跌打損傷、風火牙痛、毒蛇咬傷。15～30克，水煎服；外用適量，搗爛敷患處。孕婦慎服。

實用簡方　①咽喉腫痛：鮮朱砂根30～60克，水煎服，渣加醋60毫升，水190毫升，燉溫含咽。②扁桃腺炎：朱砂根15克，桔梗6克，甘草3克，水煎服。③腎炎性水腫：朱砂根15克，豬瘦肉適量，水燉服。④睪丸炎：朱砂根30～60克，川楝子3克，酒水煎服。

344 走馬胎

- **別　　名**　走馬風、血楓、馬胎。
- **藥用部位**　根、根莖、葉。
- **植物特徵與採製**　大灌木或亞灌木。除幼嫩部分被微柔毛外，其餘無毛。葉通常簇生枝頂，橢圓形，葉緣具細密鋸齒。總狀圓錐花序腋生；花冠白色或粉紅色。果球形，成熟時紅色。12月果成熟。多生於山谷密林下陰溼處。分布於中國雲南、廣西、廣東、江西、福建等地。根、根莖秋季採，鮮用或晒乾；葉全年可採，通常鮮用。

Ardisia gigantifolia Stapf

- **性味功用**　根、根莖，苦、微辛，溫。祛風除溼，活血止痛。主治風溼痺痛、關節痛、腰腿痛、產後瘀血痛、跌打損傷。葉，微辛，寒。去腐生肌。主治扭傷、癰疽疔癬、下肢潰瘍。根、莖9～15克，水煎服；外用鮮葉適量，搗爛敷或研末撒患處。

實用簡方　①風溼性關節炎：走馬胎根、龍鬚藤、五加皮各15克，酒水各半煎服。②癰疽瘡癤：鮮走馬胎葉適量，搗爛敷患處。

345 虎舌紅

- **別　　名**　毛葉紫金牛、老虎舌。
- **藥用部位**　全草。
- **植物特徵與採製**　半灌木狀草本。全株被褐色捲縮分節的毛。莖綠棕色，具分節毛。葉互生，密集枝頂，紅褐色，橢圓形，全緣或微波狀，兩面有黑色腺點，葉面粗糙；葉柄被分節毛。傘形花序腋生；花萼、花冠、花藥背面、子房具黑色腺點；花冠紅色。果成熟時紅色。3～4月開花結果。多生於山谷林下陰溼地。分布於中國四川、貴州、雲南、湖南、廣西、廣東、福建等地。全年可採，鮮用或晒乾。

Ardisia mamillata Hance

- **性味功用**　苦、辛，涼。清熱利溼，涼血止血。主治痢疾、黃疸、咳嗽、咯血、嘔血、吐血、便血、腸風下血、風溼關節痛、產後惡露不盡、閉經、痛經、月經過多、乳腺炎、疔瘡、跌打損傷、外傷出血。15～30克，水煎服；外用適量，搗爛敷患處。

實用簡方　①咯血：虎舌紅、石葦、側柏葉各10克，水煎服。②腸風下血：虎舌紅15～20克，木耳適量，酌加冰糖，水煎服。③肝癌：虎舌紅、地骨皮各20克，丁癸草30克，葉下珠、白花蛇舌草各15克，水煎服。

346 山血丹

- **別　　名**　沿海紫金牛、腺點紫金牛。
- **藥用部位**　根或全株。
- **植物特徵與採製**　常綠灌木。根橫斷面白色並有暗紅色斑點。葉互生，狹橢圓形，邊緣近波狀或全緣，有腺體；葉背、葉柄被暗褐色細毛。傘形花序頂生；花冠白色，外被紫色斑點。果球形，成熟時深紅色。7～11月開花結果。多生於山谷林下陰溼處或灌木叢中。分布於中國浙江、江西、福建、湖南、廣東、廣西等地。全年可採，鮮用或晒乾。

Ardisia punctata Lindl.

- **性味功用**　苦、辛，微溫。散瘀消腫，活血調經，祛風止痛。主治咽喉腫痛、口腔炎、月經不調、閉經、痛經、風溼痺痛、跌打損傷、無名腫毒。9～15克，水煎服；外用適量，搗爛敷患處。孕婦忌服。

實用簡方　①風溼疼痛：山血丹根15～30克，豬骨頭適量，白酒少許，水燉服。②骨折：山血丹根、變葉榕根各15～30克，朱砂根10～15克，豬蹄1隻，加白米酒適量，加水燉服。

347 九節龍

- **別　　名**　輪葉紫金牛、地茶、猴接骨。
- **藥用部位**　全草。
- **植物特徵與採製**　半灌木狀矮小草本。葉對生或輪生，橢圓形或寬卵形，邊緣有鋸齒。花序聚傘狀，腋生；花冠白色。果球形，熟時紅色，具少數腺點。1～6月開花結果。多生於林下陰溼地。分布於臺灣、中國四川、貴州、湖南、廣西、廣東、江西、福建等地。全年可採，鮮用或晒乾。

Ardisia pusilla A. DC.

- **性味功用**　辛，平。清熱利溼，涼血止血，祛瘀消腫。主治肺結核、咯血、吐血、氣喘、氣管炎、腎炎、腎盂腎炎、肝炎、風溼痺痛、睾丸炎、痛經、月經不調、產後風、惡露不盡、癰疽疔瘡、骨折、跌打損傷。9～15克，水煎服；外用鮮全草適量，搗爛敷患處。

實用簡方　①黃疸：九節龍30～60克，豆腐適量，水燉服。②腎虛腰痛：九節龍9～15克，豬脊骨適量，水燉服。③跌打腰痛：九節龍適量，研末，每次服0.6～0.9克，溫酒送服，每日2～3次。④慢性支氣管炎：九節龍60克，千里光30克，地龍乾9克，麻黃1.5克，水煎服。

348 杜莖山

Maesa japonica (Thunb.) Moritzi

- **別　　名**　胡椒樹、野胡椒、山桂花。
- **藥用部位**　根、葉。
- **植物特徵與採製**　灌木，有時攀緣狀。小枝淡黃褐色。葉互生，橢圓形，全緣或有疏鋸齒，兩面無毛。總狀花序或圓錐花序；花冠白色，筒狀。果球形，黃白色。3～11月開花結果。多生於雜木林下或灌木叢中。分布於臺灣、中國西南各地區。全年可採，鮮用或晒乾。
- **性味功用**　苦，寒。祛風邪，消腫脹。主治頭痛、腰痛、關節痛、跌打腫痛、水腫。15～30克，水煎服。

　　實用簡方　①關節炎：杜莖山根、草珊瑚根各30～60克，豬蹄1隻，水燉服。②跌打損傷：鮮杜莖山葉適量，酒糟少許，搗爛敷患處。③出血、腫痛：鮮杜莖山葉適量，搗爛敷患處。

223

報春花科

349 廣西過路黃

- **別　　名**　過路黃、金雞鹿。
- **藥用部位**　全草。
- **植物特徵與採製**　多年生草本。莖直立，被褐色柔毛。莖下部的葉對生，較小；葉片卵形至卵狀披針形，全緣，兩面均有黑色腺條及腺點。花集生莖頂；花冠黃色。蒴果球形。5～8月開花結果。多生於山谷林下、溪旁陰溼處。分布於中國貴州、廣西、廣東、湖南、江西、福建等地。全年可採，鮮用或晒乾。

Lysimachia alfredii Hance

- **性味功用**　苦、辛，涼。清熱利溼，排石通淋，活血止血。主治痢疾、黃疸、尿道感染、尿道結石、血崩、白帶異常、痔瘡出血。30～60克，水煎服。

實用簡方　①白帶異常：鮮廣西過路黃60克，芡實12克，白果10枚，豬肚1個，酒少許，水燉服。②疔瘡：鮮廣西過路黃適量，搗爛敷患處。

350 過路黃

- **別　　名**　金錢草、四川金錢草。
- **藥用部位**　全草（藥材名金錢草）。
- **植物特徵與採製**　多年生草本。莖平臥匍匐。葉對生，寬卵形或心形，先端銳尖或近圓鈍，基部心形或近圓形，全緣，兩面有黑色斑點或條紋。花單生葉腋；花冠黃色。蒴果球形。5～7月開花。多生於山谷及溝邊陰溼處。分布於中國雲南、四川、陝西、河南、湖北、廣西、安徽、浙江、福建等地。春至秋季採收，可鮮用或晒乾。

Lysimachia christinae Hance

- **性味功用**　甘、微苦，涼。清熱解毒，利尿排石，散瘀消腫。主治溼熱黃疸、水腫、膽囊炎、腎炎、膽石症、腎結石、膀胱結石、乳腺炎、丹毒、蛇傷、疔、癰、跌打損傷。30～60克，水煎服；外用適量，搗爛敷患處。

實用簡方　①泌尿系統結石：過路黃、三白草、積雪草、綿茵陳、矮地茶各9克，水煎，分3次服。②膽石症：過路黃60克，雞內金18克，共研細粉，分3次，開水沖服。③膽囊炎：過路黃、海金沙各18克，馬蹄金15克，積雪草、鬱金、兩面針各9克，雞內金12克，水煎服。④腎結石：過路黃30克，黃芩、梔子、赤芍各9克，車前子12克，六一散18克，水煎服。⑤膀胱結石：過路黃60克，海金沙藤15～30克，水煎服。

星宿菜

Lysimachia fortunei Maxim.

- **別　　名**　紅根草、矮桃草、珍珠菜。
- **藥用部位**　全草。
- **植物特徵與採製**　多年生草本。根狀莖橫走，紅色。莖直立，基部紅色，有黑色腺點。葉互生，橢圓狀披針形或倒卵狀披針形，全緣，稍反捲。總狀花序頂生；花白色。蒴果小，近球形。5～8月開花。多生於田埂、山坡等溼地。分布於中國東北、華中、西南、華南、華東各地區及陝西等地。夏、秋季採收，鮮用或晒乾。
- **性味功用**　微苦，涼。清熱利溼，活血調經，消腫解毒。主治感冒、中暑、咽喉腫痛、痢疾、血淋、腎炎、尿道炎、小便不利、風溼關節痛、百日咳、痛經、閉經、白帶異常、乳腺炎、癰腫瘡毒、流火、毒蛇及蜈蚣咬傷、跌打損傷、結膜炎。15～60克，水煎服；外用適量，搗爛敷患處。

實用簡方　①感冒：星宿菜、紅糖各30克，水煎服。②中暑、小便不利、尿道炎：鮮星宿菜60克，水煎服。③急性腎炎：星宿菜根、車前草、鮮天胡荽各15克，水煎服。忌食鹽及油。④勞力過傷：星宿菜、目魚乾、黃酒各60克，水燉服。⑤水腫：星宿菜、丁香蓼各15克，地膽草、葫蘆茶各12克，地耳草9克，水煎服。⑥乳腺炎：鮮星宿菜60克，水煎服，渣搗爛敷患處。

白花丹科

352 補血草

Limonium sinense (Girard) Kuntze

- **別　　名**　中華補血草、華磯松、鹽雲草、石蓯蓉。
- **藥用部位**　根。
- **植物特徵與採製**　多年生草本。根圓柱形，表面土褐色。葉呈蓮座狀，簇生於短莖上，匙形，全緣。花通常2～3朵組成聚傘狀的穗狀花序；花冠漏斗狀，淡黃色。蒴果圓柱形。2～5月開花，4～7月結果。多生於海邊沙灘或鹽田附近。分布於中國濱海各地區。全年可採，鮮用或晒乾。
- **性味功用**　微鹹，涼。利溼，清熱，止血。主治血淋、便血、胃潰瘍、月經過多、痛經、白帶異常、癰腫瘡毒、魟魚刺傷。15～30克，水煎服；外用適量，搗爛敷患處。

實用簡方　①溼熱便血、血淋：鮮補血草根30～60克，水煎服。②溼熱帶下：鮮補血草根15～21克，冰糖適量，水煎服。③血熱月經過多：鮮補血草根30克，水煎服。④痔瘡下血：鮮補血草根60克，豬瘦肉適量，水燉服。⑤脫肛：鮮補血草全草適量，水煎坐浴。⑥背癰：鮮補血草根60克，酒燉服；渣調糯米飯適量，搗爛敷患處。

353 白花丹

Plumbago zeylanica L.

- **別　　名**　白雪花、白皂藥、照藥根子、烏面馬。
- **藥用部位**　根、莖、葉。
- **植物特徵與採製**　蔓狀亞灌木。多分枝。葉互生，卵形或卵狀橢圓形；葉柄基部擴大，抱莖。總狀花序頂生或腋生，常再組成圓錐花序；萼管棱上具腺毛，分泌出腺液可黏住昆蟲；花冠白色，高腳蝶狀。蒴果。10月至翌年3月開花結果。多生於園邊石隙、灌木叢中或栽培於庭園。分布於臺灣、中國福建、廣東、廣西、貴州、雲南、四川等地。夏、秋季採收，鮮用或晒乾。
- **性味功用**　苦、辛、澀，溫。有毒。祛風活血，散瘀消腫。主治風溼痺痛、肝脾腫大、瘰癧、血瘀閉經、跌打損傷、疥癬、足跟深部膿腫、小兒胎毒、眼翳、蛇蟲咬傷。根、莖9～15克，水煎服；外用葉適量，搗爛敷患處，外敷時間不宜過長，以免起泡。孕婦忌服。

實用簡方　①血瘀閉經：白雪花根15克，豬瘦肉適量，水燉服。②小兒胎毒：白雪花葉適量，燒灰研末，調茶油塗患處。③痔瘡下血：白雪花根15克，豬直腸1段，水燉服。④足根深部膿腫：鮮白雪花葉適量，食鹽少許，搗爛敷患處。

山礬科

354 山礬

- **別　　名**　山桂花、甜茶。
- **藥用部位**　根、葉、花。
- **植物特徵與採製**　常綠喬木。葉互生，通常卵形，邊緣有稀疏淺鋸齒，兩面無毛。總狀花序；花冠白色。核果壇狀，黃綠色。2～7月開花結果。多生於山坡雜木林中。分布於臺灣、中國江蘇、浙江、福建、廣東、廣西、江西、湖南、湖北、四川、貴州、雲南等地。全年可採，鮮用或晒乾。

Symplocos sumuntia Buch.-Ham. ex D. Don

- **性味功用**　辛、苦、平。**根**，清熱利溼，祛風止痛；主治頭痛、風溼痺痛、痢疾、泄瀉、黃疸。**葉**，清熱解毒，理氣豁痰；主治咽喉腫痛、痢疾、慢性支氣管炎。**花**，理氣化痰。主治咳嗽胸悶。根、葉15～30克，花6～9克，水煎服。

實用簡方　①慢性支氣管炎：鮮山礬葉30克，水煎服。②咳嗽、胸悶：山礬花9克，陳皮6克，菊花3克，水煎代茶。③急性扁桃腺炎、鵝口瘡：鮮山礬葉適量，搗汁，含漱。④關節炎：山礬根60～90克，豬蹄1隻，水燉服。

355 白檀

- **別　　名**　碎米子樹、烏子樹、灰木。
- **藥用部位**　根、莖、葉。
- **植物特徵與採製**　落葉灌木或小喬木。嫩枝密被黃褐色柔毛。葉互生，橢圓形，邊緣有細尖齒，葉背脈上被灰黃色柔毛。圓錐花序頂生及腋生；花冠白色。核果卵形，成熟時藍黑色。4～11月開花結果。多生於向陽山坡的疏林或灌木叢中。分布於臺灣、中國東北、華北長江以南各地。全年可採，鮮用或晒乾。

Symplocos paniculata (Thunb.) Miq.

- **性味功用**　苦，微寒。清熱解毒，祛風止癢。主治胃炎、乳癰、瘡癤、皮膚搔癢、皮炎、蕁麻疹。15～30克，水煎服；外用適量，水煎洗患處。

實用簡方　①感冒、咳嗽：鮮白檀莖葉30～60克，鴨蛋1個，水煎，吃蛋喝湯。②皮膚搔癢：鮮白檀莖葉、楓樹葉、艾葉、菖蒲葉各適量，水煎洗患處。③外傷出血：鮮白檀葉適量，搗爛敷患處。④胃炎：白檀根、豬瘦肉各45克，同燉服。

木犀科

356 茉莉花

- **別　　名** 沒麗、沒利、茉莉。
- **藥用部位** 根、葉、花（藥材名茉莉花）。
- **植物特徵與採製** 攀緣狀灌木。葉對生，闊卵形或橢圓形，全緣，兩面無毛，葉背脈腋內有簇毛；葉柄有柔毛。聚傘花序頂生；花芳香，常重瓣；花冠白色。5～11月開花，通常花後不結果。多栽培於溼潤、肥沃的沙質地。中國南方各地廣泛栽培。根、葉全年可採，花夏、秋季含苞待放時採；鮮用或晒乾。

Jasminum sambac (L.) Ait.

- **性味功用** 根，苦，熱，有毒；麻醉，止痛；主治失眠、骨折、脫臼、跌打損傷、齲齒疼痛。葉，辛、微苦，溫；消腫止痛；主治腳氣病、蜈蚣和蜂螫傷。花，甘，溫；平肝解鬱，理氣止痛；主治頭暈頭痛、下痢腹痛、目赤腫痛。根0.9～1.5克，磨開水服；葉、花6～15克，水煎服；外用適量，搗爛敷患處。根有麻醉作用，宜慎服；孕婦忌服。

實用簡方 ①白痢：茉莉花9～15克，冰糖適量，水燉服。②夏感暑溼、發熱頭脹、脘悶少食、小便短少：茉莉花、青茶各3克，藿香6克，蓮葉10克，開水沖泡代茶。

357 女貞

- **別　　名** 女楨、蠟樹、冬青子。
- **藥用部位** 莖皮、葉、果實（藥材名女貞子）。
- **植物特徵與採製** 常綠喬木或灌木。樹皮灰綠色，光滑，具明顯皮孔。葉對生，卵形至卵狀披針形。圓錐花序頂生；花冠鐘狀，白色。漿果狀核果長圓形，成熟時藍黑色。5～8月開花，9～12月結果。多栽培於人行道或庭園。分布於中國陝西、甘肅及長江以南各地。莖皮、葉全年可採，鮮用或晒乾；女貞子冬季採，晒乾，或開水燙後晒乾。臨床多以酒蒸後入藥。

Ligustrum lucidum Ait.

- **性味功用** 莖皮、葉，微苦，涼；清熱解毒；莖皮主治咳嗽、燙火傷；葉主治口舌生瘡、牙齦腫痛、風火赤眼、疔瘡腫毒、臁瘡。女貞子，甘、苦，平；養陰滋腎，清虛熱；主治虛熱、骨蒸潮熱、頭暈目眩、耳鳴、腰膝痠楚無力、遺精、鬚髮早白。女貞子、葉9～15克，莖皮15～30克，水煎服；外用適量，搗爛敷或研末調敷患處。

實用簡方 ①口舌生瘡：鮮女貞葉適量，搗爛絞汁，含漱。②白細胞減少症：酒女貞子、龍葵各45克，水煎服。③視神經炎：女貞子、草決明、青葙子各30克，水煎服。

馬錢科

358 白背楓

Buddleja asiatica Lour.

- **別　　名**　駁骨丹、白花醉魚草、揚波。
- **藥用部位**　根、莖葉、果實。
- **植物特徵與採製**　直立灌木或小喬木。莖多分枝。葉對生，披針形，葉面綠色，有星狀毛，老葉無毛，葉背密被白色星狀毛，全緣或有疏淺齒；葉柄密被短絨毛。總狀或圓錐花序頂生或腋生，下垂；花冠白色。蒴果卵形。6～9月開花結果。多生於向陽山坡、路邊、河岸。分布於臺灣、中國陝西、江西、福建、湖北、湖南、廣東、海南、廣西、西南等地。根全年可挖，葉春至秋季採，果實秋、冬季採；鮮用或晒乾。
- **性味功用**　苦、微辛，微溫。有小毒。根、莖葉祛風化溼，行氣活血；主治腹脹、胃脘痛、痢疾、風溼痺痛、溼疹、無名腫毒、皮膚搔癢、跌打損傷。果，驅蟲，消疳；主治小兒疳積、蛔蟲病。6～15克，水煎服；外用鮮葉適量，搗爛敷患處。

實用簡方　①風溼性心臟病：白背楓根60克，燉水鴨服。②中暑後食慾不振：白背楓根15～30克，燉公鴨服。③風疹：白背楓根15～30克，熱疹燉鴨蛋服，冷疹燉雞蛋服。④無名腫毒：鮮白背楓葉適量，紅糖少許，搗爛敷患處。

359 醉魚草

- **別　　名**　百寶花、閉魚花、毒魚草。
- **藥用部位**　根、葉、花。
- **植物特徵與採製**　灌木。葉對生，卵形或卵狀披針形，全緣或有疏淺齒；葉柄短，密生絨毛。穗狀花序頂生，花偏生一側；花冠淡紫色。蒴果長圓形，外被鱗片。6～11月開花結果。多生於山坡灌木叢中或村旁路邊。分布於中國江蘇、江西、福建、湖北、廣東、廣西、四川、貴州、雲南等地。根全年可挖，葉夏、秋季採，鮮用或晒乾；花於夏、秋季含苞時採，陰乾。

Buddleja lindleyana Fort.

- **性味功用**　苦、辛，溫。有小毒。祛風散寒，化痰止咳，活血化瘀，殺蟲攻毒。主治氣管炎、氣喘、瘧疾、風溼關節痛、痄腮、瘰癧、鉤蟲病、蛔蟲病、小兒疳積、口角炎、甲溝炎、跌打損傷、創傷出血、癰疽疔毒。9～15克，水煎服；外用適量，搗爛敷或水煎洗患處。孕婦忌服用。

實用簡方　①肩周炎：醉魚草根15克，豬蹄1隻，酒水各半燉服。②跌打損傷：醉魚草根15克，澤蘭9克，積雪草30克，水煎服。

360 鉤吻

- **別　　名**　斷腸草、胡蔓藤、大茶藥。
- **藥用部位**　根、莖、葉。
- **植物特徵與採製**　藤本。多分枝。根皮淡黃色。幼枝光滑，老枝淡黃色，乾時淺褐色，粗糙，斷面淡黃色。葉對生，卵形至卵狀披針形，全緣。聚傘花序頂生或腋生；花黃色。蒴果橢圓形，有宿萼。10月至翌年3月開花，12月至翌年6月結果。多生於向陽山坡灌木叢中。分布於臺灣、中國江西、福建、湖南、廣東、海南、廣西、貴州、雲南等地。全年可採，鮮用或晒乾。

Gelsemium elegans (Gardn. et Champ.) Benth.

- **性味功用**　苦、微辛，熱。有大毒。破血行瘀，解毒消腫，殺蟲止癢。主治寒溼痺痛、骨髓炎、骨結核、頸淋巴結核、內外痔、甲溝炎、蛇頭疔、體癬、腳癬、溼疹、疔瘡腫毒、跌打損傷。外用適量，水煎薰洗，或搗爛敷患處。本品極毒，只作外用，禁內服，須在醫師指導下使用，以防中毒。

實用簡方　①痔瘡：鉤吻根500克，水煎薰洗患處，每日2次。②頸淋巴結核：鮮鉤吻葉適量，食鹽、酒糟少許，搗爛敷患處。③對口瘡：鮮鉤吻葉適量，搗爛敷患處。

龍膽科

361 五嶺龍膽

Gentiana davidii Franch.

- **別　　名**　矮杆鯉魚膽、簇花龍膽。
- **藥用部位**　全草。
- **植物特徵與採製**　多年生草本。莖從葉叢中抽出。基生葉簇生，呈蓮座狀，葉片披針形；莖生葉對生，葉片長圓狀披針形。花簇生莖頂端，頭狀；花冠漏斗狀，藍紫色。蒴果。7～11月開花結果。多生於山坡、林緣陰溼地。分布於中國湖南、江西、安徽、浙江、福建、廣東、廣西等地。夏、秋季採收，鮮用或晒乾。
- **性味功用**　苦，寒。清熱燥溼，解毒消腫。主治痢疾、肝炎、咽喉腫痛、高血壓、小兒驚風、疝氣、閉經、血淋、疔瘡癰腫。15～30克，水煎服；外用適量，搗爛敷患處。

實用簡方　①血淋：五嶺龍膽60克，水煎服。②化膿性骨髓炎：五嶺龍膽、筋骨草、一枝黃花、蒲公英各30克，野菊花、柘樹根各15克，水煎服。③高血壓、高脂血症：五嶺龍膽、夏枯草、南山楂、丹參各30～50克，水煎代茶。④目赤腫痛：鮮五嶺龍膽、地苓各適量，水煎薰洗患眼。

362 華南龍膽

- **別　　名**　龍膽草。
- **藥用部位**　全草。
- **植物特徵與採製**　多年生矮小草本。莖直立，成叢，少分枝。葉對生，長圓狀橢圓形或長圓狀披針形，邊緣軟骨質，稍反捲。花單生枝頂；花冠漏斗狀，外面黃綠色，內面藍紫色。蒴果倒卵形。4～8月開花結果。多生於向陽山坡、林緣乾燥處。分布於臺灣、中國江西、湖南、浙江、福建、廣西、廣東等地。夏、秋季採收，鮮用或晒乾。

Gentiana loureirii (G. Don) Griseb.

- **性味功用**　苦，寒。清熱利溼，解毒消癰。主治胃痛、肝炎、痢疾、白帶異常、咽喉腫痛、淋病、小兒發熱、對口瘡、瘡瘍腫毒。9～15克，水煎服；外用適量，搗爛敷患處。

實用簡方　①前列腺炎：華南龍膽、紫參、車前草各15克，海金沙藤30克，水煎服。②疔瘡腫毒：鮮華南龍膽30～60克，搗爛絞汁服，渣敷患處。③癰瘡、無名腫毒：華南龍膽6～9克，水煎服；另取鮮華南龍膽適量，搗爛敷患處。

363 龍膽

- **別　　名**　草龍膽、膽草、龍膽草。
- **藥用部位**　根及根莖（藥材名龍膽）。
- **植物特徵與採製**　多年生草本。根莖短，簇生多數黃白色或棕黃色細長的根。莖直立，略具四棱，綠色稍帶紫色。葉對生，中部及上部葉卵狀披針形，基部抱莖。花簇生莖頂及上部葉腋；花冠鐘形，藍紫色。蒴果長圓形。9～11月開花結果。生於較高山陰溼的灌木叢中，或栽培。分布於中國內蒙古、貴州、陝西、湖北、江蘇、浙江、福建、廣東、廣西、東北等地。夏至冬季採收，以秋季為佳，鮮用或晒乾。

Gentiana scabra Bge.

- **性味功用**　苦，寒。清熱燥溼，瀉火定驚。主治溼熱黃疸、膽道感染、咽喉炎、膀胱炎、尿道炎、高血壓、耳聾、目赤腫痛、陰囊腫痛、白帶異常、驚風、溼疹、帶狀疱疹、毒蛇咬傷。3～9克，水煎服；外用適量，搗爛敷患處。

實用簡方　①急性病毒性肝炎：龍膽、茵陳各12克，鬱金、黃柏各6克，水煎服。②肝火頭痛：龍膽、大青葉各9克，水煎服。③陰囊溼疹：龍膽、雞內金各15克，研末，調麻油塗患處。

夾竹桃科

364 鏈珠藤

Alyxia sinensis Champ. ex Benth.

- **別　　名**　過山香、瓜子藤、阿利藤、香藤、念珠藤。
- **藥用部位**　根、全株。
- **植物特徵與採製**　藤狀灌木。根外皮淡黃褐色，有香味。葉對生或三葉輪生，倒卵形或長圓形，全緣，稍反捲。總狀聚傘花序腋生或頂生；花冠先淡紅色，後變白色。核果卵圓形，單粒或3個連成鏈珠狀。7～12月開花，9～12月結果。多生於山坡灌叢中或林緣陰溼地。分布於中國浙江、江西、福建、湖南、廣東、廣西、貴州等地。全年可採，鮮用或晒乾。
- **性味功用**　微苦、辛，溫。有小毒。祛風除溼，燥溼健脾，通經活絡。主治風溼痺痛、腰痛、溼腳氣、泄瀉、胃痛、閉經、產後風、跌打損傷。15～30克，水煎服。孕婦忌用。

實用簡方　①風溼性關節炎：鏈珠藤根30～45克，豬蹄1隻，酒水各半燉服。②坐骨神經痛：鏈珠藤根60克，寒莓根30克，豬蹄1隻，酒水各半燉服。③膝關節痠痛：鏈珠藤根60克，土牛膝、鹽膚木各30克，加水煎服。④胃脘脹痛：鏈珠藤根30～50克，豬肚1個，加水燉服。

365 長春花

Catharanthus roseus (L.) G. Don

- **別　　名**　雁來紅、日日春。
- **藥用部位**　全草。
- **植物特徵與採製**　多年生草本或亞灌木。葉對生，倒卵狀長圓形，全緣或微波狀。聚傘花序頂生或腋生；花冠紅色，高腳蝶狀。蓇葖果2個，狹圓筒狀，有條紋及短毛。5～10月開花結果。多為栽培。分布於中國西南、中南、華東等地。夏、秋季採收，鮮用或晒乾。
- **性味功用**　微苦，涼。有毒。平肝降壓，解毒抗癌。主治高血壓、白血病、淋巴肉瘤、乳腺癌、癰腫瘡毒、燙火傷。3～9克，水煎服；外用適量，搗爛敷或研末調麻油敷患處。

實用簡方　①燙火傷：鮮長春花葉適量，米飯少許，搗爛敷患處。②瘡瘍腫毒：鮮長春花葉適量，搗爛敷患處。③高血壓：長春花全草6～9克，水煎服。

366 酸葉膠藤

Ecdysanthera rosea Hook. et Arn.

- **別　　名**　頭林心、斑鳩藤、酸葉藤。
- **藥用部位**　全草。
- **植物特徵與採製**　攀緣灌木。具乳汁。葉對生，橢圓形或倒卵狀橢圓形，全緣或微波狀，葉背具白粉。三歧聚傘花序呈圓錐狀，頂生或假頂生。蓇葖果雙生，圓筒狀，叉開成一直線，外皮具明顯的斑點。種子頂端具毛。4～12月開花結果。多生於山地林下或灌木叢中。分布於臺灣、中國長江以南各地。全年可採，鮮用或晒乾。
- **性味功用**　酸、微澀，平。有毒。清熱解毒，祛瘀止痛。主治咽喉腫痛、腎炎、腸炎、風溼痺痛、跌打損傷。15～30克，水煎服；外用適量，搗爛敷患處。孕婦慎服。

實用簡方　①咽喉腫痛：酸葉膠藤適量，煎湯，含漱。②跌打損傷、瘡癤腫毒：酸葉膠藤15～24克，水煎服；另取鮮酸葉膠藤適量，搗爛敷患處。

367 蘿芙木

- **別　　名**　魚膽木、山辣椒、刀傷藥。
- **藥用部位**　全株。
- **植物特徵與採製**　灌木，具乳汁。枝有黃色圓形皮孔。葉對生或3～5片輪生，長圓狀披針形，全緣或微波狀。聚傘花序常頂生；花冠高腳碟狀，白色。核果橢圓形，成熟時紫黑色。5～10月開花結果。多為栽培。分布於臺灣及中國西南、華南地。根秋、冬季採收，莖、葉夏、秋季採；鮮用或晒乾。

Rauvolfia verticillata (Lour.) Baill.

- **性味功用**　苦，涼。瀉肝，降火，解毒。主治感冒發熱、高血壓、頭痛、眩暈、失眠、皮膚搔癢、咽喉腫痛、中暑腹痛、跌打損傷、毒蛇咬傷、外傷出血。15～30克，水煎服；外用鮮葉適量，搗爛敷患處。

實用簡方　①高血壓：蘿芙木根、鉤藤各10克，玉米鬚6克，水煎服。②急性病毒性肝炎：蘿芙木根10克，虎杖30克，茵陳45克，水煎服。③風熱感冒、發熱頭痛：蘿芙木根10克，板藍根30克，水煎，溫服。④跌打損傷、毒蛇咬傷：鮮蘿芙木葉適量，搗爛敷患處。⑤外傷出血：鮮蘿芙木葉適量，搗爛敷患處。

368 雞蛋花

- **別　　名**　番緬花、緬梔子、蛋黃花。
- **藥用部位**　花。
- **植物特徵與採製**　灌木或小喬木，具乳汁。小枝近肉質。葉互生，集聚枝頂，倒卵狀披針形至長圓形，全緣或微波狀，羽狀側脈於近葉緣處連結成一邊脈。聚傘花序頂生；花冠漏斗狀，外面白色而略帶淡紅色，內面基部黃色。蓇葖果條狀披針形。7～9月開花結果。多為栽培。分布於中國廣東、廣西、雲南、福建等地。夏、秋季採，晒乾。

Plumeria rubra L.

- **性味功用**　甘，涼。清熱，利溼，祛暑。主治痢疾、腹瀉、黃疸、咳嗽、疳積、中暑。6～10克，水煎服。

實用簡方　①高血壓：雞蛋花20克，水煎代茶。②預防中暑：雞蛋花15～30克，水煎代茶。③痢疾、泄瀉：雞蛋花9～15克，水煎服。

369 羊角拗

- **別　　名**　羊角扭、貓屎殼。
- **藥用部位**　根、莖、葉。
- **植物特徵與採製**　灌木，具乳汁。上部枝條蔓延。莖呈棕褐色，密布淡黃色皮孔。葉對生，橢圓狀長圓形，全緣。聚傘花序頂生；花黃綠色。蓇葖果2叉生，平展，基部大，逐上漸尖，形似羊角。種子紡錘形，具長喙，沿喙密生白色絹質長毛。多生於山坡灌叢中。分布於中國貴州、雲南、廣西、廣東、福建等地。根、莖全年可採，葉夏、秋季採收；鮮用或晒乾。

Strophanthus divaricatus (Lour.) Hook. et Arn.

- **性味功用**　苦、辛，寒。有毒。祛風除溼，通經活絡，消腫殺蟲。主治風溼痺痛、水腫、跌打損傷、癰瘡、疥癬、骨折。3～6克，水煎服；外用適量，搗爛敷患處，或水煎薰洗。孕婦忌服。本品毒性較大，一般不作內服。

實用簡方　①婦女閉經虛腫：羊角拗根6克，水煎，沖紅糖服。②鶴膝風：羊角拗根6克，豬蹄1隻，酒水各半燉服。③乳腺炎：鮮羊角拗葉適量，紅糖少許，搗爛，燉微熱敷患處。④跌打扭傷、疥癬：鮮羊角拗葉適量，水煎洗患處。

370 狗牙花

- **別　　名**　單瓣狗牙花、白狗牙。
- **藥用部位**　根、葉。
- **植物特徵與採製**　灌木。葉對生，橢圓形或橢圓狀長圓形，全緣。聚傘花序腋生；花冠重瓣，白色，邊緣有皺波狀。蓇葖果。種子3～6顆，長圓形。5～12月開花結果。多為栽培。分布於中國南部各地。全年可採，鮮用或晒乾。

Ervatamia divaricata (L.) Burk.

- **性味功用**　酸，涼。清熱解毒，降壓。根主治咽喉腫痛、高血壓、骨折、癰疽瘡毒、深部膿腫；葉主治乳腺炎、疥瘡、疔。10～30克，水煎服；外用適量，搗爛敷患處。

實用簡方　①咽喉腫痛：狗牙花根10～20克，水煎含服。②背癰：鮮狗牙花葉適量，紅糖少許，搗爛敷患處。③多發性膿腫：狗牙花全草60克，青殼鴨蛋1個，酒水各半燉服。④瘡癤：鮮狗牙花葉適量，搗爛敷患處。

371 黃花夾竹桃

- **別　　名**　黃花狀元竹、酒杯花。
- **藥用部位**　葉。
- **植物特徵與採製**　常常綠小喬木，具乳汁。葉互生，條形，全緣，稍反捲。聚傘花序生於枝頂；花冠黃色，漏斗狀。核果扁三角狀球形，成熟時淺黃色，乾時黑色。夏至冬季開花。多為栽培。分布於臺灣、中國福建、廣東、廣西、雲南等地。全年可採，通常鮮用。
- **性味功用**　苦、辛，溫。有大毒。解毒消腫。主治蛇頭疔。外用鮮葉適量，搗爛敷患處。本品有大毒，不作內服。

Thevetia peruviana (Pers.) K. Schum.

實用簡方　蛇頭疔：鮮黃花夾竹桃葉搗爛，酌加蜂蜜調勻敷患處，每日換2～3次。

372 絡石

- **別　　名**　絡石藤、石血。
- **藥用部位**　全草。
- **植物特徵與採製**　常綠攀緣藤本。具乳汁。莖有氣根。葉對生，橢圓形或卵狀披針形；葉柄短。聚傘花序腋生或頂生；花冠高腳碟狀。蓇葖果圓柱形，叉生。種子頂端具種毛。5～11月開花結果。常攀緣於岩石、牆壁或其他物體上。分布於臺灣、中國山東、浙江、福建、河北、湖北、廣東、廣西、雲南、四川、陝西等地。全年可採，鮮用或晒乾。

Trachelospermum jasminoides (Lindl.) Lem.

- **性味功用**　苦，微寒。祛風通絡，活血止痛，消腫解毒。主治風溼痺痛、關節炎、腰膝痠痛、咽喉腫痛、疔瘡腫毒、癰疽、跌打損傷。6～15克，水煎服；外用適量，搗爛敷患處。

實用簡方　①風溼性關節炎：鮮絡石根60克，烏豆30克，豬瘦肉適量，水燉服；另取鮮絡石藤適量，煎水洗患處。②鶴膝風：鮮絡石根60～90克，豬瘦肉適量，酒水各半燉服。③關節炎：絡石12克，五加皮30克，土牛膝根15克，水煎服。④肺結核：絡石、地苙各30克，豬肺適量，水燉服。⑤骨髓炎：絡石60～90克，酒250克，浸泡2～3日後即可服用，每次服1小杯，每日2～3次。

蘿藦科

373 馬利筋

Asclepias curassavica L.

- **別　　名**　蓮生桂子花、水羊角。
- **藥用部位**　全草。
- **植物特徵與採製**　多年生灌木狀草本。葉對生，橢圓狀披針形至披針形，全緣，兩面無毛。聚傘花序頂生或腋生；花冠紫紅色；副花冠黃色。蓇葖果披針形。種子卵圓形，頂端具白色絹質種毛。幾乎全年開花結果。栽培或野生於曠野。分布於臺灣、中國廣東、廣西、雲南、貴州、四川、湖南、江西、福建等地。全年均可採，鮮用或晒乾。
- **性味功用**　辛、苦，涼。有毒。清熱解毒，消腫止痛，活血止血。主治乳腺炎、瘰癧、脾腫大、咳嗽、吐血、鼻出血、痛經、月經不調、咽喉腫痛、癰癤、骨折、創傷出血、燙火傷、溼疹、頑癬。根3～9克，水煎服；外用適量，搗爛敷患處，或取乳汁塗患處。本品有毒，內服宜慎。孕婦忌用。

實用簡方　①創傷出血：鮮馬利筋葉適量，搗爛敷患處。②溼疹、頑癬：鮮馬利筋乳汁適量，搽患處。③癰瘡腫毒：鮮馬利筋適量，搗爛敷患處。

374 牛皮消

Cynanchum auriculatum Royle ex Wight

- **別　　名**　飛來鶴、隔山消、白首烏。
- **藥用部位**　塊根、葉。
- **植物特徵與採製**　多年生草質藤本。宿根肥厚，呈塊狀。莖疏生柔毛。葉對生，卵狀心形，全緣，葉背具疏毛；葉柄細長。傘形花序傘房狀；花冠白色。蓇葖果雙生，披針形。種子卵狀橢圓形，種毛白色。6～9月開花，7～11月結果。多生於山坡林緣及灌木叢中，或溪旁水邊潮溼地。分布於臺灣、中國山東、河北、陝西、甘肅、西藏、江蘇、福建、湖南、廣東、廣西、貴州、四川等地。塊根秋、冬季採挖，葉夏、秋季採；鮮用或晒乾。
- **性味功用**　甘、微苦，平。有小毒。行氣消積，解毒止痛。主治胃痛、腹痛、食慾不振、積滯、痢疾、產後瘀血痛、乳汁稀少、疳積、疔癤、瘡癰腫痛、跌打損傷、毒蛇咬傷。塊根6～9克，水煎服；外用適量，搗爛敷患處。

實用簡方　①胃痛、痢疾腹痛：牛皮消塊根、蒲公英各9克，水煎服。②腳氣水腫：牛皮消塊根、車前子各6克，水煎服。

375 柳葉白前

- **別　　名**　白前、水楊柳、草白前。
- **藥用部位**　全草、根及根莖(藥材名白前)。
- **植物特徵與採製**　多年生直立半灌木狀草本。根狀莖細長，節處生鬚根。莖圓柱形，具細棱。葉對生，條狀披針形，全緣。聚傘花序腋生，不分枝，花小；花冠5深裂，紫紅色；副花冠裂片盾狀。蓇葖果長角狀。種子黃棕色，頂端有一簇白色毛。5～8月開花，7～10月結果。生於溪邊、淺水溝等溼地。分布於中國甘肅、安徽、江蘇、浙江、江西、福建、廣東等地。夏、秋季採收，鮮用或晒乾。

Cynanchum stauntonii (Decne.) Schltr. ex Lév.

- **性味功用**　微苦，涼。宣肺祛痰，清熱利溼。主治感冒、咳嗽痰多、支氣管炎、麻疹、便祕、泌尿系統感染、水腫、熱淋、黃疸、咽喉腫痛、跌打損傷。9～15克，水煎服。

實用簡方　①風熱感冒：鮮柳葉白前全草30克，水煎服。②溼熱黃疸：白前、綿茵陳、車前草各15克，山梔子9克，水煎服。③熱淋：鮮柳葉白前全草30～60克，冰糖少許，水煎服。④跌打損傷：白前15克，米酒1杯，水燉，酌加白糖調服。⑤急慢性前列腺炎：白前、車前草、燈心草、黃花蒿（帶果實者佳）各15～30克，水煎服。⑥火氣大：柳葉白前全草適量，水煎代茶。⑦便祕：鮮柳葉白前30克，搗爛絞汁服。

376 匙羹藤

- **別　　名**　金剛藤、蛇天角、武靴藤。
- **藥用部位**　根、莖。
- **植物特徵與採製**　木質藤本，具乳汁。莖灰褐色，具灰白色皮孔。幼枝、葉柄及花序均被微毛。葉對生，倒卵形至卵狀長圓形，全緣，僅葉脈上被微毛；葉柄頂端具微小叢生腺體。傘形花序腋生；花冠淡綠色，鐘形；副花冠著生於花冠裂缺下，厚而成帶狀。蓇葖果錐形。種子長卵形，頂端有白色絹質種毛。5～9月開花，10月至翌年1月結果。多生於山坡林中或灌木叢中。分布於臺灣、中國雲南、廣西、廣東、福建、浙江等地。全年可採，鮮用或晒乾。

Gymnema sylvestre (Retz.) Schult.

- **性味功用**　苦，平。有毒。清熱解毒，祛風止痛。主治扁桃腺炎、風溼痺痛、瘰癧、乳腺炎、外傷感染、癰、疽、疔、溼疹、無名腫毒、毒蛇咬傷、瘡癤、跌打損傷。9～30克，水煎服；外用適量，搗爛敷患處。孕婦慎用。

實用簡方　①風溼痺痛：匙羹藤根60克，豬蹄1隻，酒水各半燉服。②跌打腫痛：鮮匙羹藤葉適量，搗爛敷患處。

377 球蘭

- **別　　名**　爬岩板、肺炎草、毯蘭。
- **藥用部位**　全草。
- **植物特徵與採製**　多年生攀緣灌木。莖細長，灰色，常有不定根。葉對生，肉質而厚，卵狀橢圓形或橢圓形。聚傘花序傘形狀，腋生；花冠五角星形，肉質，乳白色；副花冠星芒狀，肥厚。蓇葖果條形。5～6月開花。多生於山谷陰溼處的岩壁或樹幹上，或栽培於庭園。分布於臺灣、中國雲南、廣西、廣東、福建、等地。全年可採，鮮用或晒乾。
- **性味功用**　微苦，寒。清熱解毒，祛痰止咳。主治麻疹併發肺炎、支氣管炎、日本腦炎、咽喉腫痛、風溼關節痛、鼻出血、中耳炎、睪丸炎、癰腫疔瘡、乳腺炎。6～15克，水煎服；外用適量，搗爛敷患處。

Hoya carnosa (L.T.) R. Br.

實用簡方　①麻疹後餘熱不退：鮮球蘭葉7片，水煎加糖服。②支氣管炎、肺炎：鮮球蘭葉10～15片，荸薺10個，搗汁服。③胃潰瘍：球蘭30克，砂仁10克，木香6克，蔥白7株，烏雞1隻，水燉服。④急性扁桃腺炎：鮮球蘭90克，水煎，酌加冬蜜，分2次服；另取鮮球蘭葉適量，搗汁含漱。

378 七層樓

- **別　　名**　老君鬚、百條根、娃兒藤。
- **藥用部位**　全草。
- **植物特徵與採製**　纏繞藤本，具乳汁。根鬚狀，灰黃色。莖纖細，多分枝。葉對生，卵狀披針形，全緣，葉背具細小乳頭狀突起。聚傘花序比葉長；花淡紫紅色。蓇葖果雙生，條狀披針形。種子近卵形，頂端具有白色絹質種毛。5～9月開花，8～12月結果。多生於山坡灌木叢或疏林中。分布於中國江蘇、浙江、福建、江西、湖南、廣東、廣西、貴州等地。秋、冬季採收，鮮用或晒乾。
- **性味功用**　辛，溫。有小毒。破瘀消腫，祛風化痰，活血止痛。主治水腫、脾腫大、肝硬化、風溼痹痛、腹瀉、支氣管炎、氣喘、胃痛、腰痛、牙痛、跌打損傷、蛇傷、癰腫瘡癤。3～15克，水煎服；外用適量，搗爛敷患處。孕婦慎服。

Tylophora floribunda Miq.

實用簡方　①肝硬化腹水：七層樓根10～15克，酒水各半燉服。②癰疽腫毒：鮮七層樓葉適量，搗爛敷患處。③關節腫痛：鮮七層樓根適量，酒糟少許，搗爛敷患處。④口腔炎：七層樓9～12克，水煎服。

旋花科

菟絲子

Cuscuta chinensis Lam.

- **別　　名**　吐絲子、金絲藤、豆寄生。
- **藥用部位**　全草、種子（藥材名菟絲子）。
- **植物特徵與採製**　一年生寄生草本。莖黃色，纖細，左旋纏繞。葉退化成三角狀鱗片葉。花簇生於葉腋；花冠鐘狀，白色。蒴果扁球形，成熟時被花冠包圍。6～10月開花結果。多寄生豆科植物或其他草本植物上。分布於中國黑龍江、吉林、遼寧、河北、山西、陝西、寧夏、甘肅、內蒙古、新疆、山東、江蘇、安徽、河南、浙江、福建、四川、雲南等地。全草夏、秋季採收，鮮用或晒乾；種子（菟絲子）於8～9月採收，晒乾，篩去雜質。
- **性味功用**　苦、微甘，平。**全草**，健脾利溼；主治黃疸、腎炎、淋濁、白帶異常、遺精、目赤腫痛、癰疽腫毒。**種子**，補肝益腎，養肝明目；主治陽痿、腰膝痠痛、遺精、早洩、遺尿、消渴、眩暈、視力減退。9～15克，水煎服。

> **實用簡方**　①急性病毒性肝炎：菟絲子全草50克，黃蜆500克，水燉服。肝區疼痛加穿破石30克。②腎炎：菟絲子全草15克，地膽草、地耳草各12克，水煎服。③遺精：菟絲子60克，茯苓、石蓮子各30克，共研細末，酒糊為丸，每次9～15克，淡鹽開水送服。④視力減退：菟絲子、葉下珠、枸杞子各15克，燉鴨肝服。⑤臉上粉刺：搗菟絲子適量，絞取汁塗之。

380 馬蹄金

- **別　　名**　半邊錢、黃疸草。
- **藥用部位**　全草。
- **植物特徵與採製**　多年生匍匐草本。全株被灰色毛。莖纖細，節上生根。葉互生，圓形或腎形，全緣。花小，單生於葉腋；花冠鐘形，黃色。蒴果球形。2～6月開花結果。多生於路旁、牆腳、草坪等潮溼處。分布於臺灣及中國長江以南各地。全年可採，鮮用或晒乾。
- **性味功用**　辛，涼。清熱利溼，疏風行瘀。主治中暑腹痛、腹脹、痢疾、腎炎、水腫、感冒、百日咳、肝炎、膽囊炎、膽石症、尿血、泌尿系統感染、小便不利、白濁、中耳炎、口腔炎、咽喉腫痛、扁桃腺炎、乳腺炎、疔瘡腫毒、痔瘡、跌打損傷。15～30克，水煎或絞汁服；外用鮮品適量，搗爛敷患處。

實用簡方　①膽囊炎、膽結石：馬蹄金、積雪草、金毛耳草各20克，水煎服。②腎炎性水腫：鮮馬蹄金適量，搗爛敷臍部。③風熱咳嗽：馬蹄金、積雪草、天胡荽、鳳尾草各15克，水煎服。④淋病、小便點滴不通：馬蹄金30克，酌加冰糖，水燉服。⑤小兒高熱：鮮馬蹄金、蛇莓、積雪草各15克，水煎服。⑥鼻出血：馬蹄金60克，白茅根、積雪草各30克，水煎服。

Dichondra repens Forst.

381 土丁桂

- **別　　名**　毛棘花、過饑草。
- **藥用部位**　全草。
- **植物特徵與採製**　一年生草本。全株被白色長伏毛。莖基部多分枝，平臥，上端斜舉。葉互生，長卵形、橢圓形或長圓形。花通常單生葉腋；花柄纖細；花冠淺藍色，漏斗狀。蒴果球形。7～10月開花，8～12月結果。多生於乾燥山坡草叢中。分布於臺灣及中國長江以南各地。夏、秋季採收，鮮用或晒乾。

Evolvulus alsinoides (L.) L.

- **性味功用**　微甘、苦，微溫。健脾利溼，益腎固精。主治久痢、黃疸、勞倦乏力、頭暈、咳嗽、遺尿、淋濁、滑精、白帶異常、疳積、疔瘡。15～30克，水煎服；外用適量，搗爛後，敷於患處。

實用簡方　①慢性痢疾：土丁桂45～60克，紅糖適量，水煎服。②胃痛（消化性）：土丁桂15克，水煎服。③遺精：土丁桂、金櫻子根、白背葉根各15克，南五味子根9克，水煎服。④糖尿病：鮮土丁桂30克，豬瘦肉適量，水燉服。⑤小兒疳積：鮮土丁桂15～21克，雞肝1個，水燉服。

382 五爪金龍

- **別　　名**　朝顏、牽牛藤、牽牛花。
- **藥用部位**　全草。
- **植物特徵與採製**　多年生纏繞藤本。莖具條紋及常有小瘤狀突起。葉互生，掌狀深裂幾達基部，葉輪廓卵形或圓形，全緣；葉柄有小瘤狀突起。聚傘花序腋生；花冠漏斗狀，淡紫紅色。蒴果近球形。5～12月開花結果。多纏繞於路旁籬笆、牆上或草叢中。分布於臺灣、中國福建、廣東、廣西、雲南等地。全年可採，鮮用或晒乾。

Ipomoea cairica (L.) Sweet

- **性味功用**　甘，寒。有小毒。解毒消腫，利水通淋。主治小便不利、水腫、淋病、蜂窩性組織炎、癰腫疔毒、跌打損傷。6～10克，水煎服；外用鮮全草適量，搗爛敷患處。

實用簡方　①骨蒸勞熱、咳嗽咯血：五爪金龍10克，龍芽草、旱蓮草各30克，水煎服。②蜂窩性組織炎：鮮五爪金龍、蒲公英各30克，蜂房15克，水煎服，渣搗爛敷患處。③跌打損傷：鮮五爪金龍、積雪草、落地生根葉各60克，搗爛敷患處。④咯血：鮮五爪金龍花14朵，煎湯，調蜜服。

383 厚藤

- **別　　名**　二葉紅薯、馬鞍藤。
- **藥用部位**　全草。
- **植物特徵與採製**　多年生匍匐草本。多分枝，有乳汁。莖紅紫色，粗壯，節上生不定根。葉互生，近圓形或寬橢圓形，頂端凹陷或2裂，基部截形或廣楔形，形似馬鞍。聚傘花序腋生；花冠漏斗狀，紅紫色，少數白色。蒴果卵圓形。7～12月開花結果。多生於海邊沙灘。分布於臺灣、中國浙江、福建、廣東、廣西等地。全年可採，鮮用或晒乾。

Ipomoea pes-caprae (L.) Sweet

- **性味功用**　甘、微苦，平。祛風溼，消腫毒。主治風溼痺痛、蕁麻疹、風火牙痛、癰腫疔毒、白帶異常。15～30克，水煎服；外用適量，搗爛敷患處。

實用簡方　①風溼性關節炎：鮮厚藤根30克，酒水各半煎服。②坐骨神經痛：厚藤根、接骨草根各30克，南天竹根15克，水煎服，腰痠痛加粗葉榕根30克。③蕁麻疹：厚藤30克，芋莖（芋梗乾）60克，龍芽草30克，水煎服。

243

384 蕹菜

- **別　　名**　空心菜、水蕹、甕菜。
- **藥用部位**　全草。
- **植物特徵與採製**　一年生草本。蔓生。莖圓柱形，有節，節間中空，節上生根。葉片形狀、大小有變化，卵形、長卵形、長卵狀披針形或披針形，全緣或波狀。聚傘花序腋生；花冠白色、淡紅色或紫紅色，漏斗狀。蒴果卵球形至球形。多為栽培。分布於中國中部及南部各地，北方較少。夏、秋季採收，多鮮用。

Ipomoea aquatica Forsk.

- **性味功用**　甘，涼。清熱，涼血，解毒。主治毒菇、木薯、曼陀羅等中毒，以及咯血、尿血、便血、鼻出血、便祕、痔瘡、淋濁、乳腺炎、疔瘡癤腫、毒蛇及蜈蚣咬傷。內服適量，搗爛絞汁或水煎服；外用適量，搗爛敷患處。

實用簡方　①食物中毒：蕹菜適量，搗取汁1大碗，另取烏蕨、甘草各120克，金銀花30克，煎取濃汁，與蕹菜汁一起灌服。②肺熱咯血：帶根蕹菜和白蘿蔔各適量，搗爛絞汁1杯，酌加蜂蜜調服。③血淋：蕹菜根120克，酌加蜂蜜，水煎服。④帶狀疱疹：蕹菜莖放瓦上焙黑，研末，調茶油塗患處，每日2～3次。

385 裂葉牽牛

- **別　　名**　牽牛花、喇叭花。
- **藥用部位**　全草、種子（藥材名牽牛子）。
- **植物特徵與採製**　一年生纏繞草質藤本。葉互生，闊卵形至圓形。花腋生，單一或2～3朵著生於花序梗頂端；花冠漏斗狀，白色、藍紫色或紫紅色。蒴果球形。種子5～6粒，卵圓形，黑色或淡黃白色。5～9月開花結果。多生於村邊路旁。除西北和東北的一些地區外，中國大部分地區都有分布。全草夏季採收，多鮮用；種子（皮殼黑者叫黑醜，白者叫白醜）於秋季果實成熟時割下，除去果殼雜質，晒乾。

Pharbitis nil (L.) Choisy

- **性味功用**　苦、辛，寒。有小毒。逐水消飲，通經殺蟲。主治水腫、腹水、腳氣、腹脹、食滯、蟲積、便祕、痔瘡、風火赤眼、癰疽腫毒。3～6克，水煎服。孕婦忌服。

實用簡方　①腳氣水腫、小便不利：黑白醜30克，搗末為蜜丸，如小豆大，每服9克，生薑湯送下。②小兒夜啼：黑醜末3克，調水敷臍部。③癰疽發背：鮮牽牛全草適量，搗爛敷患處。

244

紫草科

386 大尾搖

Heliotropium indicum L.

- **別　　名**　象鼻草、全蟲草、狗尾草。
- **藥用部位**　全草。
- **植物特徵與採製**　一年生直立草本。莖少分枝，粗糙，被毛。單葉互生或對生，卵形或長卵形，邊緣微波狀或具粗齒，兩面有疏毛。蠍尾狀聚傘花序頂生或與葉對生，花小；花冠淺藍色，高腳碟狀。小堅果卵形。4～9月開花，5～10月結果。多生於路旁、屋邊、曠野。分布於臺灣、中國廣東、福建、雲南等地。夏、秋季採收，鮮用或晒乾。
- **性味功用**　苦，寒。清熱瀉火，解毒消腫。主治肺炎、肺結核、睪丸炎、中暑腹痛、腸炎、痢疾、泄瀉、口腔糜爛、喉炎、咽喉腫痛、小兒驚風、風火牙痛、癰疽癤腫。15～30克，水煎服；外用適量，搗爛敷患處。孕婦慎服。

實用簡方　①肺膿腫：鮮大尾搖60～120克，搗取汁，加等量冬蜜沖服；另取鮮大尾搖適量，水煎代茶。②口腔糜爛：鮮大尾搖葉適量，搗爛取汁漱口，每日4～6次。③癰疽癤腫：鮮大尾搖60克，水煎服；另取鮮大尾搖適量，搗爛敷患處。④多發性癤腫：鮮大尾搖根30～50克，青殼鴨蛋1個，水燉服；另取鮮大尾搖葉適量，酌加冷飯，搗爛後、敷於患處。

387 小花琉璃草

- **別　　名**　牙癧草、披針葉琉璃草、小花倒提壺。
- **藥用部位**　全草。
- **植物特徵與採製**　多年生草本。全株被毛。基生葉叢生，長圓狀披針形；莖中部以上的葉披針形，葉兩面具毛，葉面毛的基部呈小瘤狀。總狀花序，花小，偏於一側；花萼鐘狀；花冠藍色。小堅果具錨狀鉤刺。5～9月開花結果。多生於路旁、山坡草叢等地。分布於中國西南、華南、華東及河南、陝西、甘肅等地。夏、秋季採收，鮮用或晒乾。
- **性味功用**　苦，寒。清熱解毒，利水消腫。主治急性腎小球腎炎、急性腎炎、痢疾、腸炎、牙周膿腫、癰腫瘡毒。9～15克，水煎服；外用鮮全草適量，搗爛敷患處。

Cynoglossum lanceolatum Forssk.

實用簡方　急性腎小球腎炎：小花琉璃草、腎茶、海金沙藤、金絲草各15克，水煎服；或小花琉璃草研末，裝入膠囊，每粒300毫克，每日3次，每次3～6粒。

388 附地菜

- **別　　名**　白絨毛草、搓不死、伏地菜。
- **藥用部位**　全草。
- **植物特徵與採製**　一年生草本。莖常從基部分枝，直立或斜舉，纖細，具伏毛。葉互生，匙形、橢圓形或披針形。總狀花序頂生，花小；花冠管狀，藍色。小堅果三角狀四邊形，具小柄。5～9月開花結果。多生於田埂、路旁。分布於中國東北、華北、華東、西南及陝西、新疆、西藏、廣東、廣西等地。夏、秋季採收，鮮用或晒乾。
- **性味功用**　辛、苦，平。理氣健胃，消腫止血。主治胃痛、痢疾、吐血、扭傷、跌打損傷、熱毒癰腫。15～30克，水煎服；外用鮮全草適量，搗爛敷患處。

Trigonotis peduncularis (Trev.) Benth. ex Baker et Moore

實用簡方　①扭傷：鮮附地菜、接骨草葉各適量，酌加酒糟、米飯，搗爛敷患處。②漆瘡搔癢：鮮附地菜適量，搗汁塗患處。③熱腫：鮮附地菜適量，搗爛敷患處。④惡瘡：附地菜研汁拂之，或為末，豬脂調搽。

馬鞭草科

389 杜虹花

- **別　　名**　粗糠仔、紫珠草。
- **藥用部位**　根、葉。
- **植物特徵與採製**　落葉灌木。老枝灰白色。小枝、葉柄、葉背、花序柄及花萼密被黃褐色星狀毛。葉對生，卵狀橢圓形、橢圓形或長圓狀披針形，邊緣有細鋸齒，葉面具粗毛，葉背具黃色透明腺點。聚傘花序腋生；花萼具黃色透明腺點；花冠短筒狀，淡紫色。漿果狀核果球形，紫色。5～10月開花結果。多生於林緣或灌木叢中。分布於臺灣、中國江西、浙江、福建、廣東、廣西、雲南等地。春至秋季採，鮮用或晒乾。

Callicarpa formosana Rolfe

- **性味功用**　苦、澀，平。止血，散瘀，消腫。主治鼻出血、咯血、紫癜、消化道出血、尿血、崩漏、扁桃腺炎、外傷出血、癰疽腫毒、燙火傷。10～15克，水煎服；外用葉適量，搗爛或研粉敷患處。

> **實用簡方**　①紫癜、咯血、鼻出血、牙齦出血、胃腸出血：杜虹花葉、側柏葉各60克，水煎服。②鼻出血：鮮杜虹花葉適量，搗汁滴鼻。③崩漏：杜虹花葉、益母草各15克，龍芽草、旱蓮草、檵木花各12克，馬蘭、鹽膚木各10克，水煎，童便沖服。

390 枇杷葉紫珠

- **別　　名**　野枇杷、長葉紫珠、鬼紫草。
- **藥用部位**　根、莖、葉。
- **植物特徵與採製**　灌木。小枝、葉背、花序密生黃色毛。葉對生，卵狀橢圓形或長圓狀披針形，邊緣有鋸齒，葉面脈上有毛，兩面具透明腺點。聚傘花序腋生，花無柄；花冠筒狀，紅色。核果球形，淡紫色。10～12月開花結果。多生於山坡林緣。分布於臺灣、中國福建、廣東、浙江、江西、湖南、河南等地。根、莖全年可採，葉夏、秋季採收；鮮用或晒乾。

Callicarpa kochiana Makino

- **性味功用**　苦、辛，平。**根、莖**，祛風除溼；主治風溼痺痛、坐骨神經痛、水腫、跌打損傷。**葉**，活血止血；主治胃出血、血小板減少性紫癜、外傷出血、凍瘡、癰瘡疔毒、蛇傷。15～30克，水煎服；外用適量，搗爛敷患處，或研粉撒創口。

> **實用簡方**　①風熱咳嗽：鮮枇杷葉紫珠葉30克，夏枯草9克，枳殼3克，水煎服。②坐骨神經痛：枇杷葉紫珠根90克，豬蹄1隻，酒水各半煎服。③肩周炎：枇杷葉紫珠根、桑枝各30克，虎杖、薜荔根各15克，豬蹄1隻，水燉服。

391 蘭香草

Caryopteris incana (Thunb.) Miq.

- **別　　名**　蕕、山薄荷、灰葉蕕。
- **藥用部位**　全草。
- **植物特徵與採製**　落葉小灌木。小枝近方形，被柔毛。葉對生，卵形或長圓形，邊緣具粗鋸齒，兩面密生柔毛，葉背有黃色腺點。聚傘花序生於枝梢葉腋；花冠淡藍紫色。蒴果球形，包於宿萼內。6～10月開花，7～11月結果。多生於山坡、路旁和荒地。分布於中國江蘇、安徽、浙江、江西、湖南、湖北、福建、廣東、廣西等地。夏、秋季採收，鮮用或晒乾。
- **性味功用**　辛、微溫。疏風解表，祛風除溼，散瘀止痛。主治感冒、支氣管炎、百日咳、胃痛、脘腹冷痛、風溼痺痛、腰肌勞損、產後腹痛、痛經、背癰、陰疽、蕁麻疹、跌打損傷、蛇傷。10～15克，水煎服；外用適量，搗爛敷患處。

實用簡方　①風寒感冒、頭痛咳嗽：鮮蘭香草30克，丁香蓼20克，山雞椒根15克，蒼耳子10克，枇杷葉8克，水煎服。②腰肌勞損：蘭香草根30～60克，豬蹄1隻，酒水各半燉服。③癤腫：鮮蘭香草適量，搗爛敷患處。

392 大青

Clerodendrum cyrtophyllum Turcz.

- **別　　名**　土地骨、淡婆婆。
- **藥用部位**　根、葉。
- **植物特徵與採製**　落葉灌木。根皮淡黃色。莖質堅實，髓部白色，幼枝具柔毛。葉對生，長圓形，全緣。傘房狀聚傘花序頂生或腋生；花冠白色。漿果球形，成熟時紫紅色，包藏於宿存花萼內。6～8月開花結果。多生於山坡、路旁、林邊灌木叢中。分布於中國華東、中南、西南各地。夏、秋季採收，鮮用或晒乾。
- **性味功用**　微苦，平。清熱解毒，涼血止血，祛風除溼。根主治咽喉炎、感冒、偏頭痛、風溼熱痺、肋間神經痛、肝炎、痢疾、腸炎、痔瘡出血、風火牙痛；葉主治腮腺炎、血淋、鼻出血、黃疸、痢疾、腸炎、咽喉腫痛、外傷出血、毒蛇咬傷、疔瘡癤腫。15～30克，水煎服；外用葉適量，搗爛敷患處。

實用簡方　①感冒：鮮大青根30克，連翹、板藍根各10克，甘草3克，水煎，分2次服。②痰熱咳嗽：大青根30克，瓜子金9克，雞蛋1個，水燉服。③急性病毒性肝炎：大青根、美麗胡枝子各15克，水煎服。

- **別　　名**　貞桐花、狀元紅、龍船花。
- **藥用部位**　根、葉。
- **植物特徵與採製**　灌木。幼枝四棱形，有絨毛。葉交互對生，卵圓形，邊緣具細鋸齒，葉面有毛，葉背密生黃色腺體；葉具長柄。圓錐花序頂生；花冠鮮紅色。核果近球形，成熟時藍黑色，宿萼紅色。夏季開花。多生於村旁、坡地的灌木叢中，或栽培於庭園。分布於臺灣、中國江蘇、浙江南部、江西南部、湖南、福建、廣東、廣西、四川、貴州、雲南等地。根全年可採，葉夏、秋季採；鮮用或晒乾。

Clerodendrum japonicum (Thunb.) Sweet

- **性味功用**　辛、甘、平。祛風利溼，散瘀消腫。主治偏頭痛、咳嗽、疝氣、痔瘡、丹毒、疔瘡、跌打瘀腫、癰腫癤瘡。根15～30克，水煎服；外用鮮葉適量，搗爛敷患處。

實用簡方　①風溼骨痛、腰肌勞損：鮮赬桐根30～60克，水煎服；另取全草適量，水煎洗浴。②腰痛：赬桐根15克，豬骨頭適量，水燉服。③痔瘡：赬桐根或花15克，豬大腸適量，水燉服。④跌打積瘀、疔瘡癤腫：鮮赬桐葉適量，搗爛酒炒，敷患處。⑤腋癬：鮮赬桐葉適量，酌加蜂蜜，搗爛外敷患處。

393 赬桐

- **別　　名**　番仔刺、花牆刺、金露花。
- **藥用部位**　葉、果實。
- **植物特徵與採製**　常綠灌木。枝條常下垂，有刺或無刺，小枝近方形，有毛。葉對生，偶有輪生，卵狀橢圓形，邊緣在中部以上有鋸齒。總狀花序腋生或頂生；花萼管狀；花冠藍色。果實球形，成熟時金黃色。全年有花，秋冬果成熟。多栽培於路旁、公園作為圍籬。分布於中國南部各地。葉全年可採，果實秋季成熟時採集為佳，鮮用或晒乾。

Duranta repens L.

- **性味功用**　甘、微辛、溫。有小毒。葉，活血消腫；主治跌打瘀腫、癰腫、腳底深部膿腫。果實，截瘧，活血祛瘀；主治胸部傷痛、瘧疾。果15～30粒，水煎服，或研末；外用葉適量，搗爛加熱敷患處。果實，孕婦忌用。

實用簡方　①間日瘧：假連翹果實粉末0.7～3.5克，每日服3～4次，連服5～7日。②跌打胸痛：鮮假連翹果實15克，搗爛，熱酒沖服。③腳底挫傷瘀血或膿腫：鮮假連翹葉適量，紅糖15克，搗爛加熱溼敷。

394 假連翹

395 馬纓丹

- **別　　名**　五色梅、臭草。
- **藥用部位**　根、葉、花。
- **植物特徵與採製**　直立或半藤狀灌木。有強烈的臭味。莖方形，被毛，常有下彎的鉤刺。葉對生，卵形，邊緣具鈍齒，兩面均有粗毛。頭狀花序腋生；花有黃、橙、淡紅、紅、白等色。果肉質，成熟時紫黑色。幾乎全年有花。多生於路旁、山坡或栽培於庭園。分布於臺灣、中國福建、廣東、廣西等地。根全年可採，葉、花夏、秋季採收；鮮用或晒乾。

Lantana camara L.

- **性味功用**　根、葉，辛、微苦，涼；葉有毒；清熱解毒，散結止痛。根主治感冒發熱、久熱不退、咽喉炎、腮腺炎、風溼痺痛、跌打損傷；葉主治癰腫、溼疹、癰腫瘡毒、稻田性皮炎。花，苦、甘，涼；有毒；清熱解毒，止血消腫；主治溼疹、胃腸炎、肺結核咯血。根15～30克，葉、花6～9克，水煎服；外用適量，搗爛敷或水煎洗患處。本品花、葉有毒，內服宜慎，且不可過量。孕婦忌用。

實用簡方　①流感：鮮馬纓丹根60克，鮮黃花稔125克，水煎，濃縮成60毫升，每日3次，每次服20毫升。②風溼關節痛：馬纓丹根15克，青殼鴨蛋1個，酒水各半燉服。

396 豆腐柴

- **別　　名**　豆腐木、腐婢、臭娘子。
- **藥用部位**　根、葉。
- **植物特徵與採製**　落葉灌木。有臭氣。根皮常易剝離成薄片狀。莖多分枝，有柔毛。葉對生，卵形或橢圓形，全緣或上半部有疏鋸齒，兩面有短柔毛；葉揉爛有黏液。圓錐花序頂生或腋生，花小；花冠淡黃色。果圓形，成熟時紫色，下部有宿萼。5～8月開花結果。多生於山坡、路旁的灌木叢中。分布於中國華東、中南、華南及四川、貴州等地。夏、秋季採收，鮮用或晒乾。

Premna microphylla Turcz.

- **性味功用**　苦、微辛，寒。清熱解毒，涼血止血。主治吐血、鼻出血、便血、痔瘡下血、痢疾、中暑、扁桃腺炎、中耳炎、牙痛、創傷出血、燙火傷、癰腫疔癤、毒蛇咬傷。10～15克，水煎服；外用適量，搗爛敷患處。

實用簡方　①腹瀉、痢疾：鮮豆腐柴葉60～90克，龍芽草30克，水煎服。②風火牙痛：鮮豆腐柴根60克，水煎含漱。

397 假馬鞭

- **別　　名**　假敗醬、倒困蛇、玉龍鞭、牙買加長穗木。
- **藥用部位**　全草。
- **植物特徵與採製**　多年生粗壯草本。莖基部木質化。葉對生，橢圓形至卵狀橢圓形，邊緣具鋸齒。穗狀花序；花冠筒狀，藍色或淡紫色。果成熟後裂為2個小堅果。8～11月開花結果。多生於山坡草叢中。分布於中國福建、廣東、廣西、雲南等地。全年可採，鮮用或晒乾。

Stachytarpheta jamaicensis (L.) Vahl

- **性味功用**　微苦，寒。清熱利溼，消腫解毒。主治熱淋、石淋、膽囊炎、高血壓、糖尿病、咽喉炎、風火牙痛、牙齦炎、結膜炎、跌打腫痛、疔癤、痔瘡、乳腺炎、無名腫毒、銀環蛇咬傷。15～30克，水煎服；外用適量，搗爛敷患處。

實用簡方　①咽喉炎：鮮假馬鞭適量，搗爛絞汁，酌加蜂蜜，含服。②泌尿系統感染：假馬鞭30克，水煎服。③白帶異常：鮮假馬鞭根30～60克，水煎服。④跌打損傷：鮮假馬鞭、馬鞭草、石仙桃各適量，搗爛敷患處。

398 馬鞭草

- **別　　名**　鐵馬鞭、風頸草。
- **藥用部位**　全草。
- **植物特徵與採製**　多年生草本。莖方形，被白色硬毛。葉對生，卵形或長圓狀卵形，通常作羽狀深裂，裂片邊緣具粗齒，兩面被毛；基生葉有柄，莖上部的葉無柄。穗狀花序頂生或腋生；花小，淡紫色或藍色。蒴果。4～7月開花，8～10月結果。生於山坡、路邊、林緣、村旁荒地。分布於中國山西、甘肅、江蘇、浙江、福建、湖北、廣西、四川、雲南、新疆、西藏等地。夏、秋季採收，鮮用或晒乾。

Verbena officinalis L.

- **性味功用**　苦、辛，微寒。清熱解毒，活血散瘀，利水消腫。主治外感發熱、中暑、瘧疾、咽喉腫痛、黃疸、膽囊炎、腎炎、水腫、小便不利、麻疹不透、腮腺炎、閉經、痛經、產後瘀血痛、崩漏、癰疽初起、跌打損傷、狂犬咬傷。15～30克，水煎服；外用適量，搗爛敷患處。孕婦慎服。

實用簡方　①痛經：馬鞭草、香附、益母草各15克，水煎服。②急性膽囊炎：馬鞭草、地錦草各15克，元明粉9克，水煎服；痛甚者，加鬼針草30克。③急性胃腸炎：馬鞭草60克，酒水各半煎服。

399 單葉蔓荊

Vitex trifolia L. var. *simplicifolia* Cham.

- **別　　名**　蔓荊子、白背楊。
- **藥用部位**　根、果實（藥材名蔓荊子）、葉。
- **植物特徵與採製**　落葉灌木。葉對生，倒卵形或卵形，全緣，葉面具短毛或近無毛，葉背密生灰白色毛。圓錐花序頂生；花冠淡紫色，二唇形。漿果球形，下半部被膨大花萼所包圍。7～10月開花結果。多生於海邊沙灘上。分布於臺灣以及中國福建、廣東、廣西、雲南等地。根全年可採，鮮用或晒乾；葉夏、秋季採，多鮮用；果實於秋末冬初成熟時採，晒乾。
- **性味功用**　辛、苦，微寒。疏風散熱，清利頭目。主治頭風痛、偏頭痛、目翳、中耳炎、風火赤眼、風疹、鼻炎、皮膚搔癢。根15～30克，果實9～15克，水煎服。

實用簡方　①神經性頭痛：蔓荊子9～15克，雞蛋1個，水燉服。②頭風痛：鮮單葉蔓荊根60克，水煎服或調酒服。③風火赤眼：鮮單葉蔓荊根60克，荸薺5個（搗碎），水煎服。④跌打腫痛、癰瘡腫痛：鮮單葉蔓荊葉適量，搗爛，酌加酒，炒熱敷患處。⑤中耳炎：蔓荊子、十大功勞各15克，蒼耳子9克，水煎服。

400 過江藤

Phyla nodiflora (L.) Greene

- **別　　名**　水黃芹、鴨舌癀、蓬萊草。
- **藥用部位**　全草。
- **植物特徵與採製**　多年生匍匐草本。莖方形，多分枝，具毛；節明顯，常生根。葉對生，倒卵形或倒卵狀披針形，邊緣在中部以上疏生鋸齒；葉近無柄。穗狀花序腋生。果實成熟後分裂成2個小堅果。4～8月開花，9～10月結果。多生於潮溼的田旁、堤岸、河邊、海邊、曠野等處。分布於臺灣、中國江蘇、江西、湖北、湖南、福建、廣東、四川、貴州、雲南、西藏等地。夏、秋季採收，鮮用或晒乾。
- **性味功用**　微苦、辛，平。清熱解毒，散瘀消腫。主治痢疾、泄瀉、瘰癧、咽喉腫痛、牙疳、蛀牙痛、帶狀疱疹、癰腫疔毒、溼疹、皮膚搔癢、蛇頭疔。15～30克，水煎服；外用鮮品適量，搗爛敷患處。

實用簡方　①咽喉紅腫：鮮過江藤30克，搗汁內服，症重者次日再服。②細菌性痢疾、腸炎：鮮過江藤120克，水煎服；或搗汁，調糖或蜜溫服。③溼疹、皮膚搔癢：過江藤適量，煎水洗患處。

唇形科

401 藿香

- **別　　名**　白薄荷、野藿香、大葉薄荷。
- **藥用部位**　全草。
- **植物特徵與採製**　多年生草本。有香氣。莖方形。葉對生，橢圓狀卵形或卵形，邊緣具鈍齒。輪傘花序聚成頂生穗狀花序；花冠唇形，紫色、淡紅色或白色。小堅果倒卵形，有三棱，褐色。8～11月開花結果。多為栽培。分布於中國大部分地區。夏、秋季採收，鮮用或晒乾。

Agastache rugosa (Fisch. et Mey.) O. Ktze.

- **性味功用**　辛，微溫。芳香化濁，和中止嘔，祛暑解表。主治中暑、感冒、胸脘痞悶、嘔吐泄瀉、消化不良、急性胃腸炎、鼻竇炎、溼疹、皮膚搔癢、手足癬。3～9克，水煎服；外用鮮葉適量，搗爛擦患處。

> **實用簡方**　①中暑：藿香、鮮扁豆花、鮮荷葉各15克，水煎服。②急性胃腸炎、消化不良、感冒：藿香梗、蒼朮、厚朴各5克，茯苓、神麴、澤瀉各9克，砂仁、陳皮、甘草各3克，水煎服。③外感風熱、頭痛、咽喉痛：鮮藿香葉少許，剁碎，加入鴨蛋湯內，酌加精鹽、味精調味，當菜湯服。

402 金瘡小草

- **別　　名**　筋骨草、苦草、白毛夏枯草。
- **藥用部位**　全草。
- **植物特徵與採製**　一年生或二年生草本。全株具白色長柔毛。莖常帶紫色，基部斜舉或匍匐，四棱形。葉對生，倒卵形或長圓形，邊緣有波狀粗齒。花數朵成輪，腋生或多輪集成假穗狀花序；花冠淡紫色或白色，唇形，喉部有藍紫色斑點。4～5月開花。多生於山地路旁、田埂、溝邊較陰溼地。分布於中國長江以南各地。夏、秋季採收，鮮用或晒乾。

Ajuga decumbens Thunb.

- **性味功用**　苦，寒。清熱瀉火，解毒消腫。主治咽喉腫痛、扁桃腺炎、白喉、咳嗽、支氣管炎、肺炎、痢疾、高血壓、黃疸、血淋、小兒胎毒、目赤腫痛、乳腺炎、疔瘡癤腫、燙火傷、跌打損傷、骨折、外傷出血。15～30克，水煎服；外用鮮全草適量，搗爛敷患處。

> **實用簡方**　①喉炎、扁桃腺炎：鮮金瘡小草60克，搗爛絞汁調醋，每2～3小時含漱1次，亦可咽下。②肺結核：金瘡小草、積雪草各30克，豨薟草15克，水煎服。③風熱感冒：金瘡小草30克，金銀花10克，大青葉（菘藍）15克，水煎服。

403 腎茶

- **別　　名**　貓鬚草、腎菜。
- **藥用部位**　全草。
- **植物特徵與採製**　多年生草本。莖被毛。葉對生，卵形、菱狀卵形或菱狀長圓形，邊緣中部以上具疏鋸齒，兩面有毛，葉背具腺點。花2～3朵一束對生在枝頂，組成總狀花序式；花冠淺紫色或白色，被毛。堅果卵形。8～11月開花結果。多為栽培。分布於臺灣、中國廣東、海南、廣西、雲南、福建等地。夏、秋季採收，鮮用或晒乾。

Clerodendranthus spicatus (Thunb.) C. Y. Wu

- **性味功用**　微苦、甘，涼。清熱利溼，通淋排石。主治腎炎、膀胱炎、尿道結石、膽囊炎、膽石症。30～60克，水煎服。

實用簡方　①腎炎、膀胱炎：腎茶60克，水煎服。②急性腎盂腎炎：腎茶、車前草、金絲草各15克，水煎服。③急性腎小球腎炎：腎茶、益母草、白茅根各30克，水煎服。④尿道結石：腎茶60克，水煎服。⑤慢性肝炎：腎茶、腹水草、地膽草各15克，無根藤20克，水煎服。⑥糖尿病：腎茶50克，倒地鈴30克，燈籠草20克，水煎服。⑦前列腺炎：腎茶、淫羊藿、茅莓、白絨草、小果薔薇各30克，金絲草25克，水煎服。

404 廣防風

- **別　　名**　防風草、穢草。
- **藥用部位**　全草。
- **植物特徵與採製**　一年生直立草本。揉之有臭味。莖方形，被灰色的毛。葉對生，寬卵形，邊緣具不規則的鈍齒。假輪傘花序頂生或腋生；花冠淡紫色，花冠筒內面有環毛。小堅果近圓形，黃褐色。7～10月開花，9～11月結果。多生於路旁、山坡、荒地等處。分布於臺灣、中國廣東、廣西、貴州、雲南、西藏、四川、湖南、江西、浙江、福建等地。夏、秋季採收，鮮用或晒乾。

Epimeredi indica (L.) Rothm.

- **性味功用**　苦、微辛，涼。祛風除溼，清熱解毒。主治感冒發熱、溼熱痺痛、高血壓、急慢性腎炎、小便不利、溼疹、皮炎、瘡瘍、癰腫、蛇蟲咬傷。15～30克，水煎服；外用鮮品適量，搗爛敷患處。

實用簡方　①高血壓：鮮廣防風、臭牡丹根各30～60克，水煎服。②癰疽腫毒：鮮廣防風30克，水煎，酌加黃酒調服；另取鮮廣防風適量，搗爛敷患處。③溼疹：鮮防風草、蒼耳草各30克，水煎，調食鹽或醋洗患處。

405 活血丹

- **別　　名**　連錢草、肺風草、金錢薄荷。
- **藥用部位**　全草。
- **植物特徵與採製**　多年生匍匐草本。有薄荷氣味。莖方形，多分枝，節常著地生根。葉對生，圓形或心形，邊緣具圓齒，兩面疏生毛。花生於葉腋，呈輪傘花序；花冠淡紫紅色。小堅果黑褐色。3～5月開花，4～7月結果。多生於路旁、村邊、田野等濕處，或栽培。除青海、甘肅、新疆、西藏外，中國各地均產。夏、秋季採收，鮮用或晒乾。

Glechoma longituba (Nakai) Kupr.

- **性味功用**　微苦、辛，涼。疏風宣肺，利濕通淋，清熱散瘀。主治傷風咳嗽、肺癰、咯血、膽結石、膽囊炎、黃疸、腎炎、糖尿病、泌尿系統結石、月經不調、痛經、癰疽疔毒、跌打損傷。15～30克，水煎服；外用鮮品適量，搗爛敷患處。孕婦慎服。

　　實用簡方　①膽結石：鮮活血丹200克，豬排骨適量，水燉，分3～4次服。②感冒咳嗽：活血丹、藍花參各30克，冰糖適量，水燉服。③黃疸：鮮活血丹30克，豬瘦肉適量，水燉服。④腎炎性水腫：活血丹、萹蓄各30克，薺菜15克，水煎服。⑤痔瘡便血：活血丹、爵床各30克，豬大腸頭1段，水燉服。

406 野芝麻

- **別　　名**　山麥胡、龍腦薄荷。
- **藥用部位**　全草。
- **植物特徵與採製**　多年生草本。莖方形，被毛。葉對生，卵形或長卵形，具毛，邊緣具圓齒；葉柄長，被毛。輪傘花序腋生；花冠白色。小堅果三角形，褐色。5～9月開花結果。多生於山坡、路旁、林緣陰濕處。分布於中國東北、華北、華東及陝西、甘肅、湖北、湖南、四川、貴州等地。4～5月月採收，鮮用或晒乾。

Lamium barbatum Sieb. et Zucc.

- **性味功用**　辛、淡，涼。清熱解毒，涼血止血，活血止痛。主治咯血、白帶異常、月經不調、痛經、崩漏、血淋、水腫、疳積、跌打損傷。15～30克，水煎服；外用適量，搗爛敷患處。

　　實用簡方　①咯血咳嗽：野芝麻30克，鹿銜草15克，水煎服。②子宮頸炎、小便不利、月經不調：野芝麻15克，水煎服。③小兒虛熱：野芝麻、地骨皮各9克，石斛12克，水煎服。④血淋：野芝麻炒後研末，每次9克，熱米酒沖服。⑤閃挫扭傷：鮮野芝麻、佩蘭、梔子葉各90克，搗爛敷患處。

益母草

Leonurus artemisia (Laur.) S. Y. Hu

- **別　　名**　茺蔚、坤草、紅花益母草。
- **藥用部位**　全草（藥材名益母草）、種子（藥材名茺蔚子）。
- **植物特徵與採製**　一年生或二年生草本。莖直立，方形，具倒向毛。葉對生，葉形多種，基生葉闊卵形或近圓形，5～9淺裂；莖生葉3深裂，中裂又3裂，側裂片有1～2小裂，裂片條形，全緣。輪傘花序生於枝上部葉腋；花冠淡紅色或紫紅色。小堅果褐色，三棱形。5～7月開花結果。多生於路旁、荒地、山坡乾燥地。分布於中國各地。全草5～7月採，鮮用或晒乾；種子於秋季採收，晒乾。
- **性味功用**　全草，辛、苦，涼；活血調經，利尿消腫，祛瘀生新；主治月經不調、閉經、產後瘀血痛、高血壓、腎炎、水腫、小便不利、溼疹、丹毒、跌打損傷。茺蔚子，有小毒，辛、甘，微寒；活血調經，清肝明目；主治月經不調、痛經、閉經、產後瘀滯腹痛、結膜炎、夜盲、目赤腫痛、眼翳。全草10～15克，茺蔚子6～9克，水煎服。瞳孔散大者以及孕婦，忌服茺蔚子。

實用簡方　①閉經：益母草30克，鎖陽45克，水煎服。②產後傷風：益母草30克，桂枝、當歸、乾薑各9克，老酒120克，水煎服。③月經不調、閉經：鮮益母草125克，雞血藤60克，水煎服。④經前腰痛：益母草60克，艾葉、地桃花根各30克，紅糖適量，水煎服。⑤高血壓、腎炎性水腫：益母草15～30克，水煎服。⑥眼花模糊：茺蔚子20克，枸杞葉、草決明各30克，豬肝適量，水燉服。⑦耳聹：茺蔚子適量，絞汁滴耳中。

408 白絨草

- **別　　名**　萬毒虎、銀針七。
- **藥用部位**　全草。
- **植物特徵與採製**　多年生草本，被細毛。莖方形，多分枝。葉對生，寬卵形或卵圓形，邊緣具圓鈍鋸齒。輪傘花序有花2至數朵對生於葉腋；花冠白色。小堅果卵狀三棱形。幾乎全年開花。多生於山野、路邊草叢中。分布於中國雲南、廣西、貴州、福建等地。夏、秋季採收，鮮用或晒乾。

Leucas mollissima Wall.

- **性味功用**　甘，平。清熱解毒，清肺止咳。主治肺熱咳嗽、咽喉腫痛、慢性腎盂腎炎、痢疾、前列腺炎、乳腺炎、白帶異常、蛀牙痛、痔瘡、皮炎、癰疽、皮膚搔癢、溼疹。15～30克，水煎服；外用鮮全草適量，搗爛敷患處。

實用簡方　①急慢性腎炎：鮮白絨草60克，爵床、勾兒茶各20克，石葦、金絲草各10克，大棗20枚，水煎服。②感冒咳嗽：鮮白絨草30克，水煎，酌加冰糖調服。③乳腺癌、食管癌初起：白絨草60克，白花蛇舌草、菝葜、秤星樹根各30克，蒲公英、半枝蓮各20克，水煎服。

409 地筍

- **別　　名**　地瓜兒苗、澤蘭。
- **藥用部位**　根莖（藥材名地筍）、地上部分（藥材名澤蘭）。
- **植物特徵與採製**　多年生草本。根狀莖橫走，肉質，白色。莖有棱角，中空，節上有叢毛。葉對生，闊披針形，邊緣有銳鋸齒，兩面具毛。花輪生於葉腋；花冠白色。小堅果倒卵形。6～10月開花結果。多生於水溝邊、山野潮溼地，或栽培。分布於中國黑龍江、吉林、遼寧、河北、陝西、四川、貴州、雲南、福建、浙江、江蘇等地。澤蘭夏、秋季採收，地筍秋季採收，鮮用或晒乾。

Lycopus lucidus Turcz. ex Benth.

- **性味功用**　苦，微溫。活血化瘀，調經利水。主治月經不調、閉經、痛經、產後瘀血痛、水腫、小便不利、跌打損傷、癰腫瘡毒、毒蛇咬傷。3～9克，水煎服；外用鮮全草適量，搗爛敷患處。孕婦慎用。

實用簡方　①月經不調、經期腹痛：澤蘭30克，水煎去渣，酌加紅糖、黃酒調服。②中氣不足、兩腳微腫：鮮地筍20克，薏苡仁30克，白糖適量，水燉服。

410 涼粉草

- **別　　名**　仙草、仙人草。
- **藥用部位**　全草。
- **植物特徵與採製**　一年生草本。全株被柔毛。莖四棱形，有四淺槽。葉對生，卵形或長卵形，邊緣具鋸齒。輪傘花序組成總狀花序；花冠淡紅色。小堅果橢圓形或卵形。4～11月開花結果。栽培或生於山坡溼地。分布於臺灣、中國浙江、江西、福建、廣東、廣西等地。夏季採收，鮮用或晒乾。

Mesona chinensis Benth.

- **性味功用**　甘、淡，涼。清熱利溼，涼血解暑。主治中暑、高血壓、關節炎、糖尿病、肝炎、痢疾、泄瀉、腎炎、結膜炎、風火牙痛、漆過敏。15～30克，水煎服；外用適量，搗爛敷患處。

實用簡方　①預防中暑：涼粉草30克，水煎服。②中暑發痧：涼粉草100克，水煎代茶。③糖尿病、急性腎炎：涼粉草60克，水煎服。④急性泌尿系統感染：涼粉草60克，冰糖適量，水煎服。⑤高血壓：涼粉草、水芹菜、苦瓜根各30克，酌加冰糖，水燉服。

411 羅勒

- **別　　名**　九層塔、千層塔、省頭草。
- **藥用部位**　莖、葉、種子。
- **植物特徵與採製**　多年生草本或亞灌木。全株有香氣。莖及枝具倒向柔毛。葉對生，卵形或卵狀披針形，邊緣具疏鋸齒或全緣，兩面近無毛。輪傘花序組成間斷的總狀式花序，頂生，被柔毛；花冠淡紫色，或上唇白色，下唇紫色。小堅果卵球形，黑褐色。7～11月開花結果。多為栽培。分布於臺灣、中國新疆、吉林、河北、浙江、江蘇、江西、湖南、廣東、廣西、福建、雲南、四川等地。全草6～7月採收，9月收集種子；鮮用或晒乾。

Ocimum basilicum L.

- **性味功用**　莖、葉，辛，溫；發汗解表，祛風利溼，祛瘀止痛；主治感冒、頭痛、中暑、咳嗽、脘腹脹滿、消化不良、風溼痺痛、癮疹搔癢。種子，甘、辛，平；清翳明目；主治風火赤眼、眼翳、走馬牙疳、翼狀胬肉。莖、葉9～15克，種子3～6克，水煎服；外用鮮葉適量，搗爛敷患處。

實用簡方　①痢疾：鮮羅勒30克，赤痢加白糖，白痢加紅糖，水煎服。②牙齦腫痛：羅勒9克，金銀花15克，細辛3克，水煎服。③目赤腫痛、眼生翳膜：羅勒種子3～6克，水煎服。④溼疹、皮炎：羅勒適量，煎水薰洗患處。

412 牛至

- **別　　名**　滇香薷、土茵陳、奧勒岡。
- **藥用部位**　全草。
- **植物特徵與採製**　多年生草本。具匍匐根莖。莖紫色，被倒向或微捲曲毛。葉對生，寬卵形，全緣。傘房狀聚傘圓錐花序頂生；花二型，大的為兩性花，小的為雌花；花萼圓筒形；花冠紫紅色。小堅果褐色，卵圓形。8～10月開花結果。多生於路旁及向陽山坡。分布於臺灣、中國廣東、陝西、甘肅、新疆及華東、西南、華中等地。夏秋季採收，鮮用或晒乾。

Origanum vulgare L.

- **性味功用**　辛、微苦，涼。清熱祛暑，利尿消腫。防治流感，主治中暑、痢疾、腹瀉、黃疸、水腫、帶下病、乳腺炎、多發性膿腫。15～30克，水煎服。

實用簡方　①預防中暑：牛至適量，水煎代茶。②急性病毒性肝炎：牛至30～60克，水煎代茶。③皮膚搔癢：牛至、辣蓼各適量，水煎薰洗。

413 紫蘇

- **別　　名**　紅蘇、赤蘇。
- **藥用部位**　葉（藥材名紫蘇葉）、莖（藥材名紫蘇梗）、種子（藥材名紫蘇子）。
- **植物特徵與採製**　一年生草本，有香氣。莖多分枝，紫色或綠紫色。葉對生，卵圓形或卵形，微皺，邊緣具圓鋸齒及毛，葉背紫色或兩面紫色，疏生柔毛，葉背有腺點。聚傘花序集成或偏向一側的假總狀花序，頂生或腋生；花冠紅色或淡紅色。堅果卵形，褐色。5～7月開花，7～9月結果。多為栽培。分布於中國各地。葉、莖夏秋季採收，陰乾；種子於秋季果實成熟時，剪下果穗，打出種子，晒乾貯存。

Perilla frutescens (L.) Britt.

- **性味功用**　辛，溫。葉，發表散寒；梗，理氣寬胸，解鬱安胎；種子，止咳平喘，降氣消痰，防治感冒及流感。主治咳嗽痰喘、胸脘脹滿、噁心嘔吐、麻疹不透、胎動不安、魚蟹中毒、漆過敏、皮炎。3～9克，水煎服。

實用簡方　①預防感冒：紫蘇莖葉6克，荊芥、薄荷各3克，水煎服。②感冒：紫蘇葉、藿香、荊芥、青蒿各6克，香薷3克，水煎服。③痰咳氣喘：紫蘇子9～15克，冰糖適量，水燉服。④妊娠嘔吐：紫蘇葉、黃連各1.5克，水煎服。⑤蕁麻疹、漆過敏：紫蘇莖葉適量，水煎洗浴。

414 夏枯草

- **別　　名**　棒槌草、歐夏枯草。
- **藥用部位**　全草、果穗（藥材名夏枯草）。
- **植物特徵與採製**　多年生宿根草本。根莖匍匐，全株被白色短毛。莖通常帶紅紫色，直立或斜舉。葉對生，橢圓形或橢圓狀披針形，全緣或具疏齒，葉背有腺點。輪傘花序頂生，穗狀；花冠紫色、淡紫色或白色。堅果橢圓形，褐色。5～7月開花結果。多生於溪邊、溝旁、田埂等陰溼地。分布於臺灣、中國陝西、甘肅、新疆、河南、湖北、湖南、江西、浙江、福建、廣東、廣西、貴州、四川、雲南等地。初夏採收，鮮用或晒乾。
- **性味功用**　苦、微辛，寒。清肝明目，散結消腫。主治高血壓、眩暈、耳鳴、偏頭痛、肝炎、腮腺炎、瘰癧、甲狀腺腫大、腎小球腎炎、白帶異常、喉炎、乳腺炎、毒蛇咬傷、牙痛、目赤腫痛。15～30克，水煎服；外用適量，搗爛敷患處。

實用簡方　①高血壓：夏枯草、靈芝各15克，水煎服。②感冒：夏枯草9克，荊芥、紫蘇葉各6克，蔥白2根，加入紅糖適量，水煎服。③急性結膜炎：夏枯草30克，香附9克，水煎服。

Prunella vulgaris L.

415 香茶菜

- **別　　名**　鐵菱角、蛇總管。
- **藥用部位**　根莖、葉。
- **植物特徵與採製**　多年生草本。根莖呈不規則塊狀。葉對生，卵形、卵狀菱形或卵狀披針形，邊緣具鈍齒，兩面被毛。聚傘花序組成頂生疏散的圓錐花序；花冠較萼長，筒部白色，唇部淡紫色。小堅果圓形，灰褐色。9～11月開花結果。多生於山坡、山坑雜草中或溪邊石縫中。分布於臺灣、中國廣東、廣西、貴州、福建、江西、浙江、江蘇、安徽、湖北等地。夏、秋季採收，鮮用或晒乾。
- **性味功用**　辛、苦，涼。清熱解毒，散瘀消腫。主治腎炎、水腫、泌尿系統感染、中暑腹痛、扁桃腺炎、咽喉腫痛、肝炎、關節痺痛、痔瘡、胃痛、癌症疼痛、閉經、乳腺炎、跌打損傷、毒蛇咬傷、瘡癤腫毒、燙火傷。15～30克，水煎服；外用鮮葉適量，搗爛敷或水煎洗患處。孕婦慎服。

Rabdosia amethystoides (Benth.) Hara

實用簡方　①中暑腹痛、尿道感染：鮮香茶菜21～30克，水煎服。②急性病毒性肝炎、膽囊炎：香茶菜30克，鬼針草20克，白英15克，地耳草、車前草各10克，水煎服。

416 南丹參

- **別名** 丹參、土丹參、紫丹參。
- **藥用部位** 根。
- **植物特徵與採製** 多年生草本。根圓柱形，淡紅色。莖方形，具柔毛。羽狀複葉；小葉卵狀披針形，邊緣具鋸齒，葉背脈上被疏柔毛。輪傘花序多朵組成頂生總狀花序；花冠淡紫色至藍紫色。小堅果橢圓形。4～10月開花結果。多生於山坡溼地。分布於中國浙江、湖南、江西、福建、廣東、廣西等地。秋、冬季採挖，晒乾，生用或酒炒用。

Salvia bowleyana Dunn

- **性味功用** 苦，微寒。活血化瘀，調經止痛。主治冠心病、頭痛、失眠、關節痛、疝痛、脘腹疼痛、肝炎、肝脾腫大、月經不調、痛經、閉經、乳汁稀少、崩漏、產後惡露不盡、跌打損傷、瘡腫、丹毒、疥瘡。9～15克，水煎服。

實用簡方 ①痛經：南丹參15克，黑豆30克，水煎服。②急性乳腺炎初起：南丹參、馬鞭草、蒲公英各30克，水煎服。③神經衰弱：南丹參30克，五味子6克，水煎服。

417 半枝蓮

- **別名** 狹葉韓信草、並頭草、牙刷草。
- **藥用部位** 全草。
- **植物特徵與採製** 多年生草本。莖少分枝，下部匍匐生根，上部直立。葉對生，長卵形或披針形，全緣或有疏齒；莖下部的葉具短柄，上部的葉近無柄。花成對生於花序軸上，偏於一側；花冠淺藍紫色。小堅果近球形。3～7月開花結果。多生於田畔、水溝邊、山坡溼地。分布於臺灣、中國河北、山東、陝西、河南、江蘇、福建、江西、湖南、廣東、廣西、四川、雲南等地。初夏採收，鮮用或晒乾。

Scutellaria barbata D. Don

- **性味功用** 微苦，涼。清熱解毒，化瘀止血，利水消腫。主治痢疾、吐血、血淋、鼻出血、尿血、肝炎、肺結核、咽喉腫痛、癌腫、胃痛、風溼關節痛、腹水、水腫、白帶異常、乳腺炎、蛇頭疔、瘰癧、角膜炎、瘡瘍腫毒、跌打損傷、毒蛇咬傷。15～60克，水煎服；外用鮮品適量，搗爛敷患處。

實用簡方 ①肝炎：鮮半枝蓮、白英、白馬骨、地耳草各30克，水煎，酌加白糖調服。②肺膿腫：半枝蓮、魚腥草各30克，水煎服。③鼻咽癌、子宮頸癌、放射治療後熱性反應：鮮半枝蓮45克，白英30克，金銀花15克，水煎代茶飲。

418 韓信草

- **別　　名**　耳挖草、向天盞。
- **藥用部位**　全草。
- **植物特徵與採製**　多年生草本。全株被細毛。莖基部匍匐，上部直立。葉對生，卵圓形或卵狀橢圓形，邊緣具圓鋸齒。總狀花序頂生，花偏一側；花萼背面有一盾狀附屬物，果時增大，形似耳挖勺；花冠藍紫色。小堅果卵圓形。4～6月開花，5～8月結果。多生於溝邊、山坡等地。分布於臺灣、中國江蘇、浙江、安徽、江西、福建、廣東、廣西、湖南、河南、陝西、貴州、四川、雲南等地。夏、秋季採收，鮮用或晒乾。
- **性味功用**　微苦、辛，涼。清熱解毒，活血消腫。主治支氣管炎、肺炎、肺膿腫、吐血、咯血、肝炎、腸炎、腎炎、腎盂腎炎、白濁、白帶異常、產後風癱、喉痺、咽痛、鵝口瘡、癰疽、跌打損傷、魚骨鯁喉、無名腫毒、毒蛇咬傷。15～30克，水煎服；外用適量，搗爛後，敷患處。

實用簡方　①尿道感染：韓信草、腎茶各30克，海金沙藤15克，水煎服。②腸炎、痢疾：韓信草、馬齒莧各30克，火炭母15克，水煎服。

Scutellaria indica L.

419 血見愁

- **別　　名**　山藿香、皺面草。
- **藥用部位**　全草。
- **植物特徵與採製**　多年生草本。莖下部常伏地生根，上部直立，幼枝具白色短柔毛。葉對生，卵形至長卵形，邊緣具不規則鈍齒，葉面皺，被毛，葉背有疏毛。總狀花序腋生或頂生；花偏於一側，花冠上唇極短，白色，下唇長，淡紅色。堅果扁圓形。7～8月開花，9～10月結果。多生於田野、山坡等陰溼地。分布於臺灣、中國江蘇、浙江、福建、江西、湖南、廣東、廣西、雲南、四川、西藏等地。夏、秋季採收，鮮用或晒乾。
- **性味功用**　苦、微辛，涼。涼血散瘀，消腫解毒。主治咯血、吐血、鼻出血、肺癰、肺炎、腹痛腹脹、產後瘀血痛、乳腺炎、凍瘡、睪丸腫痛、痔瘡、女陰搔癢、癰疽、疔瘡癤腫、跌打損傷。15～30克，水煎服；外用適量，搗爛敷或水煎薰洗患處。

實用簡方　①肝炎：血見愁、爵床各15克，鬼針草10克，鯽魚1條，水燉服。②感冒發熱咳嗽：鮮血見愁30～45克，水煎服。

Teucrium viscidum Bl.

茄科

420 辣椒

- **別　　名**　辣子、番椒、牛角椒。
- **藥用部位**　根、莖、葉、果實。
- **植物特徵與採製**　一年生或多年生植物。葉互生，矩圓狀卵形、卵形或卵狀披針形，全緣。花單生，俯垂；花冠白色。果梗較粗壯，俯垂；果實長指狀，頂端漸尖且常彎曲，成熟後呈紅色、橙色或紫紅色。花果期5～11月。中國各地均有栽培。根、莖秋季採收，葉夏、秋季採，果實於夏、秋季成熟時採；鮮用或晒乾。

Capsicum annuum L.

- **性味功用**　根、莖，甘，溫；祛風行氣，溫中散寒。果，辛，熱；溫中散寒，下氣消食；主治瘧疾、脾腫大、胃脘冷痛、風溼關節痛、凍瘡、跌打損傷、竹葉青咬傷。葉，苦，溫；舒筋活絡，殺蟲止癢；主治頑癬、疥瘡、凍瘡、斑禿。根、莖15～30克，辣椒1.5～3克，水煎服；外用適量，搗爛敷患處。

實用簡方　①寒性胃痛：辣椒根30克，豬瘦肉適量，水燉，酌加白酒，痛時服。②異常子宮出血：辣椒根15克，雞爪3～4隻，水2碗，煎至半碗，每日1劑，分2次服。止血後續服5～10劑，以鞏固療效。

421 洋金花

- **別　　名**　曼陀羅花、白花曼陀羅。
- **藥用部位**　根、葉、花（藥材名洋金花）、果實。
- **植物特徵與採製**　一年生直立草本。莖略帶紫色，具白色斑點。葉互生，莖上部的葉為假對生，寬卵形或卵形，全緣、淺波狀或有3～4對短裂齒。花單生於葉腋或小枝的分叉處；花冠喇叭狀。蒴果近球形或扁球形，表面疏生短粗刺，成熟時褐色。種子多數。5～11月開花結果。多野生於村邊、荒地，或栽培。分布於臺灣、中國福建、廣東、廣西、雲南、貴州、江蘇、浙江等地。根、葉、花夏、秋季採收，果實10～12月成熟時採；鮮用或晒乾。

Datura metel L.

- **性味功用**　辛、苦，溫。有大毒。麻醉鎮咳，止痛拔膿。主治慢性支氣管炎、痙攣性咳嗽、癲癇、胃痛、風溼痺痛、疝氣、脫肛、慢性骨髓炎、風疹搔癢、蜂窩性組織炎、瘡口長期潰爛、狂犬咬傷、癰疽瘡癤。根0.9～1.5克，葉、花0.3～0.5克，果實0.15～0.3克，水煎服，或花切成絲狀與菸絲調勻，作菸吸入；外用鮮葉適量，搗爛或研末外敷，或水煎薰洗患處。本品有大毒，內服須慎。青光眼、高血壓、心臟病、肝腎功能不全者及孕婦忌用。

實用簡方　①氣喘：洋金花30克，切碎，與甘草粉6克拌勻，紙卷作菸吸之，每次用量最多不可超過1.5克，以免中毒。②肌肉疼痛、麻木：洋金花6克，煎水洗患處。

422 枸杞

Lycium chinense Mill.

- **別　　名** 枸杞菜、紅耳墜、地骨。
- **藥用部位** 根、根皮（藥材名地骨皮）、葉、果實（藥材名枸杞子）。
- **植物特徵與採製** 落葉灌木。根外皮黃褐色，粗糙。莖有棱，具粗長刺。葉互生，或2～3葉叢生於短枝上，菱狀卵形或卵狀披針形，全緣。花單生或簇生於葉腋；花冠淡紫色。漿果橢圓形，深紅色或橘紅色。5～10月開花結果。多生於山坡、路旁荒地及宅旁，或栽培。分布於中國河北、山西、陝西、甘肅及東北、西南、華中、華南、華東等地。根、根皮全年均可採挖，或趁鮮剝取根皮，鮮用或晒乾；葉夏季採收，多鮮用；果實7～9月成熟時，分批採摘，去掉果柄，鋪於席上放陰涼處，待皮皺後，再暴晒至外皮乾燥。

- **性味功用** 根、根皮，苦，寒；清肺熱，除骨蒸，涼血；主治骨蒸勞熱、咳嗽、腰痛、偏頭痛、遺精、淋濁、尿血、消渴、關節痛。葉，淡，涼；清熱明目，解毒消腫；主治目赤腫痛、夜盲、牙痛、溼疹、痔瘡、疔癤癰瘡。果實，甘，平；補肝明目，滋腎強筋；主治頭暈目眩、腎虛腰痛、腰膝痠軟無力、陽痿、遺精、消渴。9～15克，水煎服；外用適量，搗爛敷患處。

實用簡方 ①骨蒸勞熱：地骨皮9～15克，豬瘦肉適量，水燉服。②痛經：枸杞根30克，豬瘦肉適量，水燉服。③夜盲：鮮枸杞葉適量，豬肝少許，煮湯食。

423 白英

Solanum lyratum Thunb.

- **別　　名** 白毛藤、蜀羊泉。
- **藥用部位** 全草。
- **植物特徵與採製** 多年生蔓生草本，被柔毛。葉互生，卵形或長卵形，全緣或近基部常3～5深裂。聚傘花序側生或與葉對生；花藍紫色或白色。漿果球形，成熟時紅色。8～10月開花，9～11月結果。多生於山坡陰溼的灌木叢中，或栽培。分布於臺灣、中國甘肅、陝西、山西、廣東、廣西、四川、雲南及華中、華東等地。春至秋季採收，鮮用或晒乾。

- **性味功用** 微苦，平。有小毒。清熱利溼，消腫解毒。主治肝炎、黃疸、膽囊炎、腎炎性水腫、痢疾、小兒肝熱、高熱驚厥、白帶異常、風火赤眼、背癰、項癰、瘰癧、溼疹、疔、癬、帶狀疱疹。15～30克，水煎服；外用適量，搗爛敷患處。本品有小毒，不宜過量服用。

實用簡方 ①腎炎性水腫：白英15～30克，腎茶15克，水煎服。②痔瘡瘻管：鮮白英根45克，豬大腸適量，水燉服。③疔瘡潰瘍：鮮白英葉適量，搗爛敷患處。

424 少花龍葵

- **別　　名**　美洲龍葵、龍葵。
- **藥用部位**　全草。
- **植物特徵與採製**　一年生草本。莖直立，多分枝，有棱角，幼枝有細毛。葉互生，卵形或長卵形，邊緣微波狀或具不規則的波狀粗齒。花序近傘狀，腋生，通常3～6朵，花柄下垂；花冠白色。漿果球形，綠色，成熟時黑色。3～11月開花結果。多生於路旁、荒地。分布於臺灣、中國雲南、江西、湖南、廣西、廣東、福建等地。夏、秋季採收，鮮用或晒乾。

Solanum photeinocarpum Nakamura et. S. Odashima

- **性味功用**　微苦，寒。清熱利溼，消腫解毒。主治高血壓、痢疾、黃疸、糖尿病、膀胱炎、尿道炎、淋濁、白帶異常、盆腔炎、乳腺炎、咽喉腫痛、睾丸偏墜、腮腺炎、背癰、疔瘡癤腫、帶狀疱疹。15～30克，水煎服；外用適量，搗爛敷患處。

> **實用簡方**　①高血壓：少花龍葵、廣防風各9克，石仙桃15克，水煎服。②黃疸：鮮少花龍葵、蘿蔔各90克，水煎服。③痢疾：鮮少花龍葵30～60克，鮮鐵莧菜30克，水煎服。④白帶異常（實熱型）：少花龍葵、雞冠花各30克，水煎服。⑤睾丸偏墜：鮮少花龍葵30克，青殼的鴨蛋（略敲打裂痕）1個，水燉服。⑥腮腺炎：鮮少花龍葵30～60克，水煎服。

425 水茄

- **別　　名**　山顛茄、刺茄、萬桃花。
- **藥用部位**　全草。
- **植物特徵與採製**　灌木。全株被淡褐色星狀毛。小枝疏生淡黃色基部寬扁的皮刺。葉互生，卵形或卵狀長圓形，邊緣5～7淺裂或波狀，兩面被星狀毛，葉背較密；葉柄具刺。傘房花序；花冠白色，外密生星狀毛。漿果球形，黃色。5～9月開花結果。多生於村旁、荒地。分布於臺灣、中國雲南、廣西、廣東、福建等地。全年可採，鮮用或晒乾。

Solanum torvum Swartz

- **性味功用**　辛、微苦，涼。有毒。活血消腫，止痛。主治瘰癧、疔瘡、癰疽、腰肌勞損、跌打損傷。根3～9克，水煎服；外用適量，搗爛敷患處。

> **實用簡方**　瘰癧：鮮水茄根9克，了哥王根15克，雞蛋2個刺孔，地瓜酒適量，水燉服。

玄參科

426 毛麝香

■ **別　　名**　麝香草、酒子草、藍花草。
■ **藥用部位**　全草。
■ **植物特徵與採製**　多年生草本。揉之有香氣，全株具有黏液的腺毛。葉對生，披針狀卵形至寬卵形，邊緣具鈍齒，兩面具毛，葉背有腺點。花單生於葉腋或在枝頂集成具葉的總狀花序；花冠紫色。蒴果卵形。5～10月開花結果。多生於山野陰溼草叢中。分布於中國江西、福建、廣東、廣西、雲南等地。夏、秋季採收，陰乾。

Adenosma glutinosum (L.) Druce

■ **性味功用**　辛、苦，溫。祛風除溼，活血化瘀，止痛止癢。主治感冒、風溼骨痛、腹痛、腹瀉、小兒麻痺症、溼疹、蕁麻疹、皮炎、皮膚搔癢、跌打損傷、癰疽瘡癤、蜂螫傷、毒蛇咬傷。9～15克，水煎服；外用適量，搗爛敷患處。

實用簡方　①溼疹：鮮毛麝香、飛揚草、馬齒莧各適量，煎水洗患處。②風溼關節痛：毛麝香適量，水煎薰洗患處。③黃蜂螫傷：鮮毛麝香葉適量，搗爛敷患處。④瘡癤腫毒：鮮毛麝香適量，搗爛敷或水煎洗患處。

427 通泉草

■ **別　　名**　野田菜、龍瘡藥。
■ **藥用部位**　全草。
■ **植物特徵與採製**　矮小草本。莖直立或披散，基部多分枝，不具長的匍匐莖。基生葉倒卵形或匙形；莖生葉略小。總狀花序具花數朵；花冠淡藍色。蒴果球形，與萼筒等長或稍露出。4～6月開花結果。多生於曠野溼地。分布於中國各地。夏秋季採收，鮮用或晒乾。

Mazus japonicus (Thunb.) O. Ktze.

■ **性味功用**　苦，涼。清熱利溼，健脾消積，消腫解毒。主治水腫、黃疸、咽喉腫痛、口腔炎、消化不良、疳積、疔瘡癰腫、燙火傷。15～30克，水煎服；外用適量，搗爛敷患處。

實用簡方　①小便不利：鮮通泉草、車前草各30克，鮮海金沙藤、江南星蕨各15克，水煎代茶。②偏頭痛：通泉草30克，水煎服。③尿道感染：通泉草、車前草各30克，金銀花15克，瞿麥、萹蓄各12克，水煎服。④燙火傷：鮮通泉草適量，搗爛絞汁，頻頻塗抹患處。⑤疔瘡：鮮通泉草、木槿葉各30克，搗汁服，渣敷患處。⑥消化不良、疳積：通泉草、葎草各15克，水煎服。

428 沙氏鹿茸草

Monochasma savatieri Franch. ex Maxim.

- **別　　名**　綿毛鹿茸草。
- **藥用部位**　全草。
- **植物特徵與採製**　多年生草本。全株密被灰白色綿毛，上部有腺毛。莖叢生，彎曲斜上或披散。葉交互對生，稀輪生或互生，橢圓狀披針形或條狀披針形，全緣。花單生莖頂部的葉腋，呈頂生總狀花序；花小，淡紫色。蒴果長圓形。5月開始開花，7～9月結果。多生於向陽山坡或岩石上。分布於中國浙江、福建、江西等地。春、夏季採收，鮮用或晒乾。
- **性味功用**　微苦，涼。清熱解毒，涼血止血，祛風行氣。主治感冒、咳嗽、咯血、吐血、腎炎、風溼骨痛、肋間神經痛、半身不遂、勞倦乏力、腰痛、腹瀉、崩漏、赤白帶下、產後傷風、牙痛。15～30克，水煎服。

實用簡方　①勞倦乏力：沙氏鹿茸草30～60克，仙鶴草15克，墨魚乾適量，酒水各半燉服。②氣喘：沙氏鹿茸草30克，燉雞服。③遺精：沙氏鹿茸草、金絲草各30克，金櫻子根60克，酌加冰糖，水燉服。④肺結核咯血：沙氏鹿茸草30克，豬肺適量，水燉，飯後服。⑤產後傷風：沙氏鹿茸草15克，兗州卷柏9克，酒燉服。⑥半身不遂：沙氏鹿茸草、桑寄生各30克，雞蛋或豬肉酌量，酒水燉服。⑦風溼性關節炎：沙氏鹿茸草30～60克，豬蹄1隻，紅糖15克，水煎服。⑧腰痠痛：鮮沙氏鹿茸草30克，燉豬腎服。

429 白花泡桐

- **別　　名** 泡桐、白花桐。
- **藥用部位** 根、葉、花、果。
- **植物特徵與採製** 落葉喬木。樹皮灰褐色。幼枝、葉柄、葉背、總花柄、花梗、花萼、幼果均密被黃褐色星狀絨毛。葉互生，心狀長卵形或心狀卵形，全緣。聚傘狀圓錐花序頂生；花萼鐘形；花冠白色或黃白色，內有紫斑。蒴果木質，長圓形，頂端具短喙。春季開花，秋季果成熟。多栽培於路旁。分布於臺灣、中國安徽、浙江、福建、江西、湖北、湖南、四川、雲南、貴州、廣東、廣西等地。根秋季採挖，葉、果夏、秋季採收，花春季採收；鮮用或晒乾。
- **性味功用** 苦，寒。根，袪風止痛；主治風溼熱痺、筋骨疼痛、扭傷。果，化痰止咳；主治慢性支氣管炎、咳嗽。葉、花，消腫解毒；主治疔腫瘡毒、癰疽。根、葉、果15～30克，花9～15克，水煎服；外用適量，搗爛敷患處。

實用簡方 ①背癰：鮮白花泡桐葉和冬蜜或醋同燉，軟後貼患處；另取勾兒茶莖60克，水煎服。②癰瘡、疽、痔瘡、惡瘡：白花泡桐樹皮適量，搗爛敷患處。③無名腫毒：鮮泡桐葉或花、醉魚草各15克，搗爛敷患處。

430 野甘草

- **別　　名** 冰糖草、土甘草。
- **藥用部位** 全草。
- **植物特徵與採製** 草本或亞灌木狀。葉對生或3葉輪生，菱狀披針形，邊緣在中部以上具細齒。花1至數朵成對生於葉腋；花冠白色。蒴果球形，成熟時4瓣裂。春季至秋季開花結果。多生於曠野路旁。分布於中國廣東、廣西、雲南、福建等地。夏、秋季採收，鮮用或晒乾。
- **性味功用** 甘，平。清熱利溼，疏風止癢。主治感冒、中暑、腸炎、痢疾、咽喉炎、支氣管炎、小便不利、腳氣、丹毒、溼疹、熱痱、跌打損傷。15～30克，水煎服，或搗爛絞汁，沖冬蜜服；外用鮮全草適量，搗爛敷患處。

實用簡方 ①夏天防暑：鮮野甘草適量，水煎代茶。②肝炎：鮮野甘草30～60克，水煎服。③感冒：野甘草、魚腥草、一點紅各15克，水燉服。④風熱咳嗽：鮮野甘草30克，魚腥草15克，薄荷9克，水煎服。⑤細菌性痢疾：野甘草、一點紅各30克，陳倉米9～15克，水煎服。

431 玄參

- **別　　名**　黑參、元參、黑玄參。
- **藥用部位**　根（藥材名玄參）、葉。
- **植物特徵與採製**　多年生草本。根圓錐形或紡錘形，外皮灰黃褐色，內部乾時變黑。莖常帶紫色。葉對生，卵形或卵狀披針形，邊緣具細密的銳鋸齒，葉面無毛，葉背脈上有疏毛。聚傘狀圓錐花序大而疏散，頂生；花冠暗紫色。蒴果卵圓形，具宿存萼。7～11月開花結果。多野生於高海拔的叢林、溪旁溼地或草叢中，或栽培。分布於中國河北、河南、山西、陝西南部、湖北、安徽、江蘇、浙江、福建、江西、湖南、廣東、貴州、四川等地。10～11月採挖根，剪去鬚根和蘆頭，切片晒乾用；葉通常鮮用。
- **性味功用**　甘、苦、鹹，微寒。滋陰降火，生津潤燥，清熱解毒。主治煩渴、便祕、咽喉腫痛、扁桃腺炎、糖尿病、白喉、瘰癧痰核、口腔炎、虛煩不寐、赤眼、丹毒、癰疽瘡毒。6～15克，水煎服；外用鮮葉適量，搗爛敷患處。

Scrophularia ningpoensis Hemsl.

實用簡方　①急性扁桃腺炎：玄參、麥冬各9克，桔梗6克，甘草、升麻各3克，水煎服。②夜臥口渴喉乾：玄參2片含口中，即生津液。

432 陰行草

- **別　　名**　北劉寄奴、土茵陳、金鐘茵陳。
- **藥用部位**　全草。
- **植物特徵與採製**　一年生草本。密被鏽色短毛，雜有少數腺毛。莖上部多分枝，稍具棱角。葉對生，廣卵形。花集生枝梢成帶葉的總狀花序；花冠二唇形，上唇紅紫色，外被長纖毛，下唇黃色。蒴果披針狀長圓形，包藏於宿存的萼筒內。5～8月開花結果。多生於山坡或河邊沙質地。中國各地均有分布。夏、秋季採收，鮮用或晒乾。
- **性味功用**　苦，寒。清熱利溼，涼血止血，消腫解毒。主治肝炎、腸炎、痢疾、小便不利、血淋、尿血、便血、中暑、疔瘡、外傷出血。15～30克，水煎服；外用適量，搗爛敷患處。孕婦忌服。

Siphonostegia chinensis Benth.

實用簡方　①肝炎：陰行草、白馬骨根、梔子根、茵陳蒿各30克，水煎服。②B型肝炎：陰行草、虎刺、兗州卷柏、白英、馬蹄金、白馬骨、黃花倒水蓮、車前草、海金沙藤各15克，板藍根10克，水煎代茶，大便不通者加虎杖15克。

433 蚊母草

- **別　　名**　接骨草、仙桃草、毛蟲婆婆納。
- **藥用部位**　全草。
- **植物特徵與採製**　一年生草本。葉對生，長圓形，全緣或有不明顯的疏齒。花單生於苞腋；花冠白色或淺藍色。蒴果扁圓形，先端微凹，常因小昆蟲寄生而膨脹。春季開花結果。多生於田埂、荒地及路旁溼地。分布於中國東北、華東、華中、西南各省區。穀雨前採收，鮮用或晒乾。
- **性味功用**　微微辛，平。化瘀止血，消腫止痛。主治吐血、咯血、鼻出血、便血、咽喉腫痛、胃痛、月經不調、痛經、骨折、跌打損傷、癰。9～30克，水煎服；外用適量，搗爛敷患處。

實用簡方　①吐血、咯血、鼻出血、便血：蚊母草15～30克，豬瘦肉適量，水煎服。②勞傷吐血：蚊母草15克，瓜子金60克，水煎服。③跌打損傷：鮮蚊母草、石胡荽各適量，搗爛，炒熱，加米湯少許，敷患處。④血小板減少症：蚊母草500克，加水2000毫升，煎3小時，過濾，酌加冰糖，濃縮成500毫升，每次服15毫升，每日2次。

434 爬岩紅

- **別　　名**　腹水草、釣魚竿、兩頭爬。
- **藥用部位**　全草。
- **植物特徵與採製**　多年生蔓性草本。莖多分枝，有細縱棱，常無毛，稀被黃色卷毛，上部傾臥，頂端著地處可生根。單葉互生，長卵形或披針形，邊緣有鋸齒，無毛或在葉脈有疏短毛。穗狀花序腋生；花冠紫紅色。蒴果卵形。8～10月開花。多生於山坡、荒野較陰溼處。分布於臺灣、中國江蘇、安徽、浙江、江西、福建、廣東等地。全年可採，鮮用或晒乾。
- **性味功用**　苦，微寒。利尿消腫，破積行瘀。主治肝硬化腹水、腎炎、水腫、傷食、扁桃腺炎、月經不調、閉經、燙火傷、骨折、跌打損傷、過敏性皮炎、疔腫瘡毒、毒蛇咬傷。15～30克，水煎服；外用鮮品適量，搗爛敷患處。孕婦慎用。

實用簡方　①慢性腎炎：爬岩紅20克，烏藥10克，水煎服。②跌打損傷：鮮爬岩紅、草珊瑚、藜蘆各20克，入燒酒內浸泡一個星期，取藥液塗擦患處。③燙火傷：爬岩紅適量，研末，調桐油塗於患處。④背疽未潰：鮮爬岩紅15克，酒水各半煎服，渣搗爛敷於患處。

紫葳科

435 凌霄

Campsis grandiflora (Thunb.) Schum.

- **別　　名**　女葳花、紫葳。
- **藥用部位**　根、莖、葉、花（藥材名凌霄花）。
- **植物特徵與採製**　落葉木質藤本。常有攀緣氣生根。葉對生，奇數羽狀複葉；小葉片卵形或卵狀披針形，邊緣具鋸齒。圓錐花序頂生；花萼鐘狀；花冠橙紅色，漏斗狀鐘形。蒴果長條形，似豆莢。種子多數，扁平。5～7月開花結果。生於山谷、路旁、小河邊，攀緣於其他樹上、石頭上，或栽培。分布於中國華東、中南及河北、陝西、四川、貴州等地。根、莖全年可採，葉、花夏秋季採收；鮮用或晒乾。
- **性味功用**　根、莖、葉，苦，涼。**根、莖**，祛風活血，消腫解毒；主治風溼痺痛、風疹、肺膿腫、骨折、跌打損傷、毒蛇咬傷。**葉**，消腫解毒；主治癰腫、身癢。**花**，酸，微寒；清熱涼血，祛瘀散結；主治月經不調、閉經、痛經、血崩、便血、酒糟鼻、癥瘕、風疹。根、莖9～15克，水煎服；花3～6克，水煎服或入丸、散；外用適量，搗爛敷患處。孕婦忌服。

　　實用簡方　①月經不調：凌霄花研為末，每次6克，飯前溫酒下。②酒糟鼻：凌霄花、梔子各9克，研末，開水沖服。③腳癬：凌霄花、羊蹄、一枝黃花各適量，水煎洗患處。④急性胃腸炎：凌霄根9～30克，生薑3片，水煎服。

436 梓

- **別　　名**　梓樹。
- **藥用部位**　根皮、葉、果實（藥材名梓實）。
- **植物特徵與採製**　落葉喬木。葉對生或輪生，稀互生，闊卵形或近圓形，不分裂或掌狀3淺裂，葉面有灰白色柔毛，葉背疏生柔毛；葉柄長，帶暗紫色，幼嫩時有長柔毛。圓錐花序頂生；花冠淡黃色，具紫色斑點。蒴果。種子長圓形。5～11月開花結果。常栽培於路旁及庭園等處。分布於中國長江流域及其以北地區。秋、冬季至翌年春季採根，刮去表皮，剝取二重皮；葉夏、秋季採收；果實秋季半成熟時採收；鮮用或晒乾。

Catalpa ovata G. Don

- **性味功用**　**根皮**，苦，寒；清熱利溼，祛風消腫，殺蟲止癢；主治感冒、黃疸、腎炎、蕁麻疹、溼疹、皮膚搔癢。**葉**，苦，寒；解毒消腫，殺蟲止癢；主治疔癰、瘡疥、皮膚搔癢。**果實**，甘，平；利水消腫；主治腎炎、腹水、小便不利。根皮、果實3～9克，水煎服；葉、根皮外用適量，晒乾研末，調麻油塗，或葉煎膏塗患處。

實用簡方　①腎炎性水腫：梓實12克，水煎服；或加黃耆、茯苓各10克，玉米鬚、白茅根各15克，水煎服。②流行性感冒：梓根皮、菊花、薄荷、金銀花各9克，水煎服。③疔、癰：梓根皮、垂柳根各等量，研末，調麻油塗患處。

437 硬骨凌霄

- **別　　名**　凌霄、洋凌霄。
- **藥用部位**　莖、葉、花。
- **植物特徵與採製**　常綠披散灌木。奇數羽狀複葉對生；小葉卵形或闊橢圓形，邊緣具不規則的粗鋸齒。總狀花序頂生；花冠漏斗狀，紅色，有深紅色的縱紋。蒴果。種子有翅。3～8月開花結果。野生，或栽培於庭園。分布於中國南方各地。莖、葉全年可採，花夏、秋季採收；鮮用或晒乾。

Tecomaria capensis (Thunb.) Spach

- **性味功用**　辛、微酸，微寒。散瘀消腫，通經利尿。主治肺結核、支氣管炎、氣喘、咳嗽、咽喉腫痛、閉經、浮腫、骨折、跌打損傷、蛇傷。9～15克，水煎服；外用鮮葉適量，搗爛敷患處。孕婦慎服。

列當科

438 野菰

Aeginetia indica L.

- **別　　名**　蛇箭草、僧帽花。
- **藥用部位**　全草。
- **植物特徵與採製**　一年生寄生草本。莖於基部處有少數分枝，淡黃色或帶紅色。葉鱗片狀，稀而少。花單生，斜側，淡紫紅色；花冠筒狀，彎曲，唇形，裂片近圓形。蒴果卵圓形，成熟時褐色。8～10月開花結果。多生於五節芒叢生的山坡陰溼地。分布於臺灣、中國江蘇、浙江、江西、福建、湖南、廣東、廣西、四川、貴州、雲南等地。夏、秋季採收，鮮用或晒乾。
- **性味功用**　甘，涼。有小毒。解毒消腫，清熱利溼。主治肝炎、腎炎、咽喉腫痛、咳嗽、氣喘、百日咳、鼻出血、尿道感染、脫肛、骨髓炎、疔、癰、毒蛇咬傷。9～15克，水煎服；外用鮮全草適量，搗爛敷患處。

實用簡方　①風寒感冒：野菰5～6株，艾葉15克，陳皮6～9克，龍眼殼3～6克，老薑3片，酌加紅糖，水燉服。②氣喘：野菰15克，黃酒酌量，水煎服。③肺熱咯血：野菰、白茅根、仙鶴草各15～30克，水煎服。④鼻出血：野菰15克，井欄邊草12克，水燉服。⑤咽喉腫痛：鮮野菰適量，搗汁，酌加米醋調勻，含漱。⑥脫肛：野菰30克，豬大腸40克，水煎服。⑦疔、癰：鮮野菰、蜂蜜各適量，搗爛敷患處。⑧痔瘡出血：野菰15～30克，豬瘦肉適量，水燉服。

苦苣苔科

439 旋蒴苣苔

Boea hygrometrica (Bunge) R. Br.

- **別　　名**　貓耳朵、八寶茶、石蓮子。
- **藥用部位**　全草。
- **植物特徵與採製**　多年生草本。全株貼近地面。葉基生，棱形、卵圓形或倒卵形，邊緣具淺齒，兩面密被長柔毛。花葶1～5條，每花葶有小花數朵，聚傘狀排列；花冠淺藍紫色。蒴果細圓柱形。6月開花。生於山谷陰溼的岩石上。分布於中國浙江、福建、廣東、山東、河北、遼寧、陝西、四川、雲南及華中等地。全年可採，鮮用或晒乾。
- **性味功用**　苦，澀，平。清熱解毒，散瘀止血。主治中耳炎、跌打損傷、吐血、便血、創傷出血、癰。9～15克，水煎服；外用全草適量，水煎薰洗，或搗爛取汁滴，或敷患處。

　　實用簡方　①中耳炎：鮮旋蒴苣苔適量，搗汁滴耳，每次2～3滴，每日2～3次。②外傷出血：鮮旋蒴苣苔適量，搗爛敷患處。

- **別　　名**　降龍草、山白菜。
- **藥用部位**　全草。
- **植物特徵與採製**　多年生草本。葉對生，菱狀卵形、菱狀橢圓形或長圓形，全緣，無毛或葉面疏生短柔毛，鐘乳體狹條形；葉柄有翅，基部合生成船形。花序腋生；花冠白色或帶粉紅色，上唇2淺裂，下唇3淺裂。蒴果近鐮刀形。生於山地林下或溝邊陰溼地。分布於中國陝西、甘肅、江蘇、安徽、浙江、江西、福建、河南、湖北、湖南、廣東、廣西、四川、貴州等地。全年可採，鮮用或晒乾。

Hemiboea henryi Clarke

- **性味功用**　淡，平。清熱利溼。主治溼熱黃疸、咽喉腫痛、毒蛇咬傷。15～30克，水煎服；外用適量，搗爛敷患處。

實用簡方　①熱性腹痛：半蒴苣苔15克，水煎服。②溼熱黃疸：半蒴苣苔15克，研末，拌紅糖，晚飯前用熱黃酒送服，每日1次。③外傷腫毒：鮮半蒴苣苔苗適量，搗爛敷患處。

440 半蒴苣苔

- **別　　名**　石吊蘭、石豇豆、地枇杷。
- **藥用部位**　全草。
- **植物特徵與採製**　常綠矮小半灌木。莖少分枝，匍匐，下部常生不定根。葉對生或數片輪生，長圓狀披針形，邊緣中部以上疏生鋸齒，下部全緣或波狀。花單生或2～4朵聚集成聚傘花序，頂生或腋生；花冠管狀，白色，常帶紫色，近二唇形。蒴果條形。6～8月開花，8～11月結果。多生於山野岩石或樹上。分布於臺灣、中國雲南、廣西、福建、江蘇、江西、湖南、四川、陝西等地。夏、秋季採收，鮮用或晒乾。

Lysionotus pauciflorus Maxim.

- **性味功用**　苦，微溫。止咳化痰，活血祛瘀。主治肺結核、支氣管炎、咳嗽、風溼痺痛、腰痛、月經不調、痛經、閉經、跌打損傷。9～15克，水煎服。孕婦忌服。

實用簡方　①肺結核：吊石苣苔30克，水煎，早晚分服。②風寒咳嗽：吊石苣苔15克，前胡6克，生薑3片，水煎服。③扭傷：鮮吊石苣苔葉、骨碎補各適量，白酒少許，搗爛敷患處。④風溼關節痛：吊石苣苔、雞血藤各15克，水煎服。⑤產後風溼痛：鮮吊石苣苔30～60克，目魚1隻，酒水各半燉服。⑥乳腺炎：吊石苣苔、白英各15克，水煎沖黃酒服。

441 吊石苣苔

275

442 大花石上蓮

- **別　　名**　福建苦苣苔、岩白菜。
- **藥用部位**　全草。
- **植物特徵與採製**　多年生草本。葉全為基生，長圓形，葉緣具大小不甚規則的淺齒，葉面密生短柔毛，葉背密被黃鏽色柔毛；葉柄被毛。花葶數條；花冠紫紅色，近鐘形。蒴果條形。4～6月開花結果。生於陰溼的岩石上。分布於中國福建、江西等地。全年可採，鮮用或晒乾。
- **性味功用**　甘，平。清肺止咳，散瘀止血。主治咳嗽、咯血、頭暈、頭痛、水腫、閉經、崩漏、白帶異常、乳腺炎、跌打損傷。15～30克，水煎服；外用鮮全草適量，搗爛敷患處。

實用簡方　①頭暈、頭痛：大花石上蓮、石仙桃、桃金娘各20克，水煎服。②外傷出血：鮮大花石上蓮，搗敷患處。

443 臺閩苣苔

- **別　　名**　俄氏草、臺地黃。
- **藥用部位**　全草。
- **植物特徵與採製**　多年生草本。全株被粗糙的分節短伏毛。根狀莖橫走，有分枝，每節上有1對紅色鱗片。葉對生、近對生或互生，橢圓形或倒卵形，邊緣具不整齊鋸齒。總狀花序頂生；花冠黃色，有紫斑，長筒形。蒴果卵形。5～9月開花結果。生於山坡路旁草叢陰溼處。分布於臺灣、中國福建等地。全年可採，鮮用或晒乾。
- **性味功用**　苦，寒。清熱解毒，利尿，止血。主治淋病、咯血、瘡癤。9～15克，水煎服；外用適量，搗爛外敷。

實用簡方　咯血：臺閩苣苔、藕節各15克，水煎服。

爵床科

穿心蓮

Andrographis paniculata (Burm. f.) Nees

- **別　　名**　一見喜、欖核蓮。
- **藥用部位**　全草。
- **植物特徵與採製**　一年生草本。莖直立，多分枝，方形，具縱條紋；節稍膨大，無毛。葉對生，長圓狀卵形至披針形，全緣或淺波狀。疏散的圓錐花序頂生或腋生，花偏生於花枝的上側；花冠白色，下唇常有淡紫色斑紋。蒴果橢圓形。8～9月開花，9～11月結果。多為栽培。分布於中國福建、廣東、海南、廣西、雲南、江蘇等地。夏、秋季採收，鮮用或晒乾。
- **性味功用**　苦，寒。清熱瀉火，消腫解毒。主治肺炎、支氣管炎、肺熱咳喘、百日咳、流感、麻疹、溼熱黃疸、痢疾、腸炎、闌尾炎、急性腎炎、膀胱炎、淋證、高血壓、咽喉炎、扁桃腺炎、結膜炎、中耳炎、鼻竇炎、牙齦炎、毒蛇咬傷、癰疽疔瘡、溼疹、外傷感染。9～15克，水煎服；外用適量，搗爛或製成軟膏塗患處。

實用簡方　①肺炎：穿心蓮、十大功勞各20克，陳皮3克，水煎服。②感冒高熱：穿心蓮15～30克，酌加蜂蜜，水煎服。③高血壓：鮮穿心蓮葉24片，水煎服，每日2次。④喉炎、咽峽炎、扁桃腺炎：穿心蓮葉適量，研細末吹喉，每日數次。⑤痔瘡發炎：穿心蓮適量，研末，酌加凡士林，調成20%軟膏，塗敷患處。⑥燙火傷：穿心蓮葉研末，調茶油塗抹患處。

445 狗肝菜

- **別　　名**　金龍棒、野辣椒、華九頭獅子草。
- **藥用部位**　全草。
- **植物特徵與採製**　草本。莖直立或披散，多分枝，具棱，節稍膨大，有細毛。葉對生，卵形或長卵形，邊緣微波狀。聚傘式花序腋生或頂生；花冠淡紅色，二唇形。蒴果卵形。秋、冬季開花。生於山坡、曠野陰溼地。分布於臺灣、中國福建、廣東、海南、廣西、香港、澳門、雲南、貴州、四川等地。夏、秋季採收，鮮用或晒乾。

Dicliptera chinensis (L.) Juss.

- **性味功用**　微甘，寒。清熱解毒，涼血止血，消腫止痛。主治感冒、咽喉腫痛、肺炎、咳嗽、闌尾炎、暑瀉、痢疾、肝炎、高血壓、咯血、吐血、便血、尿血、崩漏、白帶異常、乳腺炎、結膜炎、帶狀疱疹、癰疽疔瘡、毒蛇咬傷。30～60克，水煎服；外用鮮全草適量，搗爛敷患處。

實用簡方　①喉炎、急性扁桃腺炎：鮮狗肝菜、馬鞭草各30克，鮮酢漿草24克，水煎，酌加醋調服。②急性結膜炎：狗肝菜60克，野菊花12克，水煎服。③乳腺炎：鮮狗肝菜葉適量，搗爛敷患。

446 九頭獅子草

- **別　　名**　化痰青、接骨草。
- **藥用部位**　全草。
- **植物特徵與採製**　草本。莖直立或披散，6棱，被細毛，節稍膨大。葉對生，卵狀披針形或橢圓形，邊緣微波狀。花序頂生或腋生，由2～8個聚傘花序組成；花冠紅紫色，2唇形，喉部有紫色斑點。蒴果。夏季開花。多生於山坡、曠野、路旁陰溼地。分布於中國長江流域以南各地。夏、秋季採收，鮮用或晒乾。

Peristrophe japonica (Thunb.) Bremek.

- **性味功用**　微甘、苦、鹹，涼。清肺瀉火，消腫解毒。主治感冒發熱、肺炎、咳嗽、咯血、咽喉腫痛、小兒驚風、目赤腫痛、痔瘡、癰疽疔癬、無名腫毒、蛇傷。15～30克，水煎服；外用鮮葉適量，搗爛敷患處。

實用簡方　①感冒發熱、咽喉疼痛：鮮九頭獅子草30～60克，水煎服。②食慾不振：九頭獅子草15～30克，豬瘦肉適量，水燉服。③尿道感染：九頭獅子草、車前草各15克，水煎服。④咽喉腫痛：鮮九頭獅子草60克，搗汁，調蜂蜜服。⑤痔瘡：鮮九頭獅子草適量，水煎薰洗，每日2次。

447 爵床

- **別　　名**　六角英、六角仙、麥穗癀。
- **藥用部位**　全草。
- **植物特徵與採製**　二年生草本。莖多分枝，披散，被毛，基部匍匐，著地處常生根。葉對生，橢圓形或卵形，全緣或微波狀，兩面有短毛。穗狀花序頂生或腋生，圓柱形；花冠淡紅色。蒴果橢圓形。夏、秋季開花。生於路旁、曠野等較潮溼地。分布於秦嶺以南各地。夏、秋季採收，鮮用或晒乾。

Rostellularia procumbens (L.) Nees

- **性味功用**　微苦，涼。清熱利溼，消腫解毒。主治感冒發熱、腰腿痛、肝炎、痢疾、腎炎、腎盂腎炎、尿道炎、膀胱炎、乳糜尿、咳嗽、肺炎、崩漏、乳腺炎、咽喉炎、扁桃腺炎、口腔炎、結膜炎、瘰癧、癰疽疔癤、痔瘡、溼疹、毒蛇咬傷、跌打損傷。15～30克，水煎服；外用適量，搗爛敷患處。

> **實用簡方**　①急性腎盂腎炎、膀胱炎、尿道炎：爵床、海金沙藤、地錦草各60克，車前草45克，水煎，分3次服。②扁桃腺炎：爵床24克，鬼針草30克，蟛蜞菊15克，山豆根9克，水煎服。③痢疾：爵床、荷蓮豆草、魚腥草、鳳尾草各30克，水煎服。④急性闌尾炎：鮮爵床、敗醬草、白花蛇舌草各60克，冬瓜仁15克，水煎服。

448 板藍

- **別　　名**　馬藍、南板藍根、大青葉。
- **藥用部位**　全草。
- **植物特徵與採製**　多年生亞灌木狀草本。莖直立，多分枝，有鈍棱，節膨大。葉對生，長圓形或卵狀橢圓形，邊緣有鋸齒。花常數朵集生於小枝頂端；花冠管狀，淡紫色，先端5淺裂。蒴果長圓形。6～11月開花。生於山谷溝沿陰溼地，或栽培。分布於臺灣、中國廣東、海南、香港、廣西、雲南、貴州、四川、福建、浙江等地。夏、秋季採收，鮮用或晒乾。

Baphicacanthus cusia (Nees) Bremek.

- **性味功用**　苦，寒。清熱解毒，涼血止血。主治日本腦炎、流行性腦脊髓膜炎、流感、黃疸、腮腺炎、睪丸炎、氣管炎、咽喉腫痛、扁桃腺炎、肺炎、病毒性腸炎、吐血、咯血、鼻出血、牙齦出血、口腔炎、丹毒、癰腫。15～30克，水煎服；外用適量，搗爛敷患處。

> **實用簡方**　①肺炎：板藍葉、魚腥草各15克，水煎服。②預防流感：板藍葉、夏枯草各9克，積雪草15克，水煎服。③預防流行性腦脊髓膜炎：板藍葉15克，菊花6克，水煎服。④咽喉腫痛、急性支氣管炎：鮮板藍葉30～60克，水煎服。

透骨草科

449 透骨草

Phryma leptostachya L. subsp. *asiatica* (Hara) Kitamura

- **別　　名**　接生草、毒蛆草、黏人裙、蠅毒草。
- **藥用部位**　全草。
- **植物特徵與採製**　多年生草本。莖四棱形，密生細毛，節膨大，節間較長，莖下部木質化。葉對生，下部葉有長柄，葉片卵形，邊緣有粗鋸齒，兩面疏生細柔毛。長穗狀的總狀花序頂生或腋生；花冠白色。瘦果具宿存花萼。生於山坡、林緣草叢中。分布於中國河北、山西、陝西、甘肅及東北、華東、華中、西南等地。全年可採，鮮用或晒乾。
- **性味功用**　微苦，平。祛風活血，消腫解毒。主治感冒、跌打損傷、溼疹、疥瘡、疔癤。9～15克，水煎服；外用鮮葉適量，搗爛敷患處。孕婦忌服。

實用簡方　①風溼關節痛：鮮透骨草100克，鮮瓜馥木根150克，豬骨頭適量，水煎代茶。②疔癤：鮮透骨草適量，紅糖少許，搗爛敷患處。

車前科

450 車前

Plantago asiatica L.

- **別　　名**　車軲輪菜、飯匙草、蛤蟆草。
- **藥用部位**　全草（藥材名車前草）、種子（藥材名車前子）。
- **植物特徵與採製**　多年生草本。根狀莖短，鬚根多數。葉叢生，卵形，全緣或呈不規則的波狀淺齒；葉柄與葉片近等長。花葶數條從葉叢中抽出，穗狀花序占花葶的1/2～1/3；花淡綠色。蒴果橢圓形。種子細小，黑褐色。4～10月開花結果。生於路旁、田埂等地。分布於中國大部分地區。全草夏季開花前採，鮮用或晒乾；車前子於秋季成熟時剪取果穗，晒乾，搓出種子。
- **性味功用**　全草，甘，寒；車前子，苦，寒。清熱利尿，止瀉明目，化痰止咳。主治腎炎、腎盂腎炎、小便不利、膀胱炎、淋濁帶下、遺精、黃疸、暑溼瀉痢、肺炎、支氣管炎、肺膿腫、鼻出血、高血壓、尿血、鼻竇炎、結膜炎、急性喉炎、乳糜尿、丹毒、癰腫瘡毒。全草15～30克，種子3～15克，水煎服；外用適量，搗爛敷患處。

> **實用簡方**　①腎炎：車前草15～30克，白花蛇舌草、積雪草各10～15克，野菊花15～30克，水煎服。②腎盂腎炎：鮮車前草、玉米鬚各30克，水煎服。③膀胱炎：鮮車前草30克，爵床15克，水煎，沖冬蜜服。④小便血淋作痛：車前子晒乾，研為末，每次服6克，車前葉煎湯下。⑤黃疸：鮮車前草60克，鮮萱草根30～60克，水煎服。⑥乳糜尿：鮮車前草30克，益母草15克，水煎服。

281

茜草科

451 細葉水團花

- **別　　名**　水楊柳、水楊梅、白消木。
- **藥用部位**　根、葉。
- **植物特徵與採製**　灌木。小枝紅褐色，被毛，老枝無毛。葉對生，卵狀披針形或卵狀橢圓形，全緣，乾後邊緣反捲，葉面近無毛或中脈上有疏毛，葉背沿脈上被疏毛。頭狀花序頂生或腋生；花冠白色或淡紫紅色。蒴果小，成熟時帶紫紅色，整個果序形狀似楊梅。6～9月開花結果。生於溪邊、堤畔、山坡、路旁溼地或林緣溪谷邊。分布於中國廣東、廣西、福建、江蘇、浙江、湖南、江西和陝西等地。根全年可採，葉夏秋季採；鮮用或晒乾。
- **性味功用**　微苦，平。清熱利溼，祛風解表，解毒消腫。根主治肝炎、感冒、流感、咽喉腫毒、關節痛、痢疾、腮腺炎。葉主治腸炎、痢疾、扭傷、骨折、創傷出血、癰疽腫毒。15～30克，水煎服；外用鮮葉適量，搗爛敷患處。

實用簡方　①菌痢、腸炎：細葉水團花全草30克，水煎代茶。②外傷出血：鮮細葉水團花葉或花適量，搗爛敷患處。

452 虎刺

- **別　　名**　繡花針、伏牛花。
- **藥用部位**　根。
- **植物特徵與採製**　有刺矮小灌木。根粗壯，淡黃色。小枝具針狀刺，對生於兩葉間。葉對生，卵形或橢圓狀卵形，全緣，葉背脈上疏生細毛。花常2～3朵腋生或頂生；花冠漏斗狀，白色，帶有紅暈。核果球形，成熟時朱紅色。4～8月開花結果。生於山坡灌木叢中或林下陰溼處。分布於中國長江流域及其以南各地。全年可採，鮮用或晒乾。
- **性味功用**　甘、微苦，平。健脾益腎，祛風利溼，化痰止咳。主治咳嗽、肺癰、百日咳、黃疸、肝脾腫大、胃脘痛、水腫、勞倦乏力、風溼痺痛、遺精、疳積、產後風痛、白帶異常、閉經、月經不調。15～30克，水煎服。

實用簡方　①肺熱咳嗽多痰：鮮虎刺60克，冰糖適量，水燉服。②肝炎：鮮虎刺30克，陰行草9克，車前草15克，酌加冰糖，水煎服。③脾臟腫大：鮮虎刺60克，羊肉適量，水燉服。④風溼痛：虎刺、鹽膚木根各15～30克，豬蹄1隻，水燉服。

453 豬殃殃

- **別　　名**　鋸子草、拉拉藤。
- **藥用部位**　全草。
- **植物特徵與採製**　一年生蔓生或攀緣狀草本。莖纖細，多分枝，有倒生小刺。葉6～8片輪生，倒披針狀條形至狹卵狀長圓形，邊緣及葉背中脈有倒生小刺。聚傘花序腋生，疏散；花冠近白色。果稍肉質，有鉤毛。春、夏季開花結果。生於園邊溼地。中國除海南外，均有分布。春、夏季採收，鮮用或晒乾。

Galium aparine L. var. *tenerum* (Gren. et Godr.) Rchb.

- **性味功用**　微苦，涼。清熱解毒，利尿消腫。主治感冒、闌尾炎、淋病、水腫、尿道感染、尿血、乳腺炎、癰疽、疔瘡、刀傷出血、跌打損傷。15～30克，水煎服；外用適量，搗爛敷於患處。

實用簡方　①感冒：豬殃殃15～30克，陳皮9克，生薑3片，水煎服。②急慢性闌尾炎：鮮豬殃殃60～90克，水煎服。③腸癌：豬殃殃、三尖杉、鬼針草各20克，玉葉金花、七葉一枝花、王瓜各15克，水煎服。④前列腺炎：豬殃殃、十大功勞各20克，雞眼草10克，水煎服。⑤扭傷：鮮豬殃殃、酢漿草各適量，搗爛敷患處。⑥化膿性指頭炎：鮮豬殃殃適量，酌加冷飯，搗爛敷患處。

454 四葉葎

- **別　　名**　四葉拉拉藤、冷水丹。
- **藥用部位**　全草。
- **植物特徵與採製**　多年生草本。根絲狀，紅色。莖纖細，具棱，上部直立，下部匍匐地面。葉4片輪生，橢圓狀長圓形或長圓狀披針形，全緣；葉近無柄。聚傘花序腋生或頂生；花小，淡黃綠色。雙懸果扁球形。4～8月開花、結果。生於路旁、溪邊、田畔等溼地。中國廣布，以長江流域中下游和華北地區較常見。夏季採收，鮮用或晒乾。

Galium bungei Steud.

- **性味功用**　苦、微辛，涼。清熱利溼，消腫解毒。主治痢疾、咯血、吐血、肺炎、食管炎、尿道感染、熱淋、白帶異常、蛇頭疔、毒蛇咬傷、癰腫疔瘡、跌打損傷。15～30克，水煎服；外用鮮全草適量，搗爛敷患處。

實用簡方　①吐血：鮮四葉葎60～120克，冰糖適量，水燉服。②痢疾：四葉葎15～30克，水煎，酌加紅糖調服。③赤白帶下：鮮四葉葎30～60克，水煎，飯前服。④毒蛇咬傷：鮮四葉葎120克，地瓜酒250克，燉服，渣酌加雄黃末，搗勻敷患處。

455 梔子

Gardenia jasminoides Ellis

- **別　　名**　黃梔子、山梔、枝子。
- **藥用部位**　根、葉、果實（藥材名梔子）。
- **植物特徵與採製**　常綠灌木。葉對生或3葉輪生，橢圓狀倒卵形或長圓狀倒卵形，全緣或微波狀。花大，單生於葉腋；花冠白色，高腳碟狀。果長圓形或長圓狀橢圓形，成熟時黃色或淡紅色。5～7月開花，8～10月結果。生於山坡灌木叢中。分布於臺灣、中國山東、安徽、福建、湖南、香港、四川、雲南及華南等地。根、葉隨時可採，鮮用或晒乾；果實在夏、秋季成熟時採，晒乾或炒黑。
- **性味功用**　根，微甘，寒；清熱利溼，涼血止血。葉，微苦、甘，平；消腫解毒。梔子，苦，寒；清熱利溼，瀉火除煩，涼血止血。主治黃疸、膽囊炎、鼻出血、吐血、血淋、便血、尿血、痢疾、虛煩不眠、熱痺、腮腺炎、牙痛、小兒驚風、目赤腫痛、瞼腺炎、口舌生瘡、帶狀疱疹、無名腫毒、燙火傷、扭傷。根15～30克，梔子9～15克，水煎服；外用葉或梔子適量，搗爛敷患處。

> **實用簡方**　①吐血、血淋：梔子、大薊根各15克，生藕節30克，水煎服。②牙痛：梔子根30克，臭牡丹根、石仙桃各15克，水煎服。

456 金毛耳草

Hedyotis chrysotricha (Palib.) Merr.

- **別　　名**　黃毛耳草、過路蜈蚣、舖地蜈蚣。
- **藥用部位**　全草。
- **植物特徵與採製**　多年生匍匐草本。全株被金黃色毛。莖多分枝，節著地生根。葉對生，長卵形或橢圓形。花數朵腋生；花冠白色或淡藍色，漏斗狀。蒴果球形，被疏毛，具宿存的萼裂片。5～9月開花結果。生於山坡溼地。分布於中國長江以南各地。全年可採，以夏、秋季為佳，鮮用或晒乾。
- **性味功用**　甘、微苦，涼。清熱利溼，涼血祛瘀，消腫解毒。主治溼熱黃疸、泄瀉、痢疾、腎炎性水腫、中暑、咽喉腫痛、中耳炎、尿道炎、乳糜尿、白帶異常、血崩、便血、走馬牙疳、帶狀疱疹、乳腺炎、疔瘡腫毒、砒霜及有機磷等農藥中毒、跌打損傷、毒蛇咬傷。15～30克，水煎服；外用鮮全草適量，搗爛敷患處。

> **實用簡方**　①急性病毒性肝炎：金毛耳草60克，紫金牛、白茅根、蒲公英、兗州卷柏各15克，水煎服。②中暑：鮮金毛耳草30～60克，鮮車前草15～21克，水煎服。

457 白花蛇舌草

- **別　　名**　蛇舌草、二葉葎、定經草。
- **藥用部位**　全草。
- **植物特徵與採製**　一年生草本。莖纖細，披散，多從基部分枝。葉對生，條形。花1～2朵腋生；花冠白色。蒴果近球形。5～11月開花結果。生於田埂溼地。分布於中國東南至西南部各地。夏、秋季採收，鮮用或晒乾。

Hedyotis diffusa Willd.

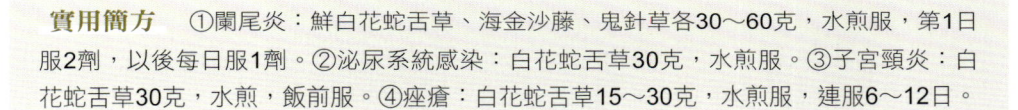

- **性味功用**　甘、淡，涼。清熱解毒，消腫止痛。主治腫瘤、闌尾炎、肺炎、扁桃腺炎、喉炎、尿道炎、痢疾、腸炎、熱淋、腎盂腎炎、鼻出血、盆腔炎、帶狀疱疹、癰、癤、毒蛇咬傷。15～30克，水煎服；外用適量，搗爛敷患處。

> **實用簡方**　①闌尾炎：鮮白花蛇舌草、海金沙藤、鬼針草各30～60克，水煎服，第1日服2劑，以後每日服1劑。②泌尿系統感染：白花蛇舌草30克，水煎服。③子宮頸炎：白花蛇舌草30克，水煎，飯前服。④痤瘡：白花蛇舌草15～30克，水煎服，連服6～12日。

458 牛白藤

- **別　　名**　山甘草、涼茶藤、南投涼喉茶。
- **藥用部位**　根、葉。
- **植物特徵與採製**　攀緣狀亞灌木。幼枝四棱形。葉對生，卵狀橢圓形或長圓形，全緣。傘房花序式聚傘花序頂生或腋生；花白色。蒴果近球形。秋、冬季開花結果。生於林緣或灌木叢中。分布於臺灣、中國廣東、廣西、雲南、貴州、福建等地。根夏、秋季採收，葉春、夏季採收；鮮用或晒乾。

Hedyotis hedyotidea (DC.) Merr.

- **性味功用**　甘、淡，涼。祛風通絡，止血消腫，清熱解毒。主治感冒、中暑、咳嗽、瘰癧、甲狀腺瘤、便血、痔瘡出血、腰膝痠痛、產後關節痛、乳腺炎、疔、癤、溼疹、帶狀疱疹、跌打損傷。15～30克，水煎服；外用適量，搗爛敷患處。孕婦禁服。

> **實用簡方**　①感冒、中暑：鮮牛白藤葉適量，水煎代茶。②甲狀腺瘤：牛白藤30克，夏枯草、葉下珠各15克，水煎服；痰多者加三椏苦15克。③風溼性關節炎：牛白藤根、莖20克，草珊瑚、三椏苦各15克，兩面針10克，水煎服。④皮膚搔癢：鮮牛白藤葉適量，煎水洗患處。

459 劍葉耳草

Hedyotis caudatifolia Merr. et Metcalf

- **別　　名**　山甘草、少年紅。
- **藥用部位**　全草。
- **植物特徵與採製**　直立草本。根近木質。莖近方形，乾後中空。葉對生，乾後變黃，長卵形或披針形，全緣。圓錐式聚傘花序頂生或腋生；花冠白色，漏斗狀。蒴果橢圓形。6～11月開花結果。生於山坡溼地。分布於中國廣東、廣西、福建、江西、浙江、湖南等地。夏、秋季採收，鮮用或晒乾。
- **性味功用**　甘，平。止咳化痰，消積，止血。主治肺結核咳嗽、支氣管炎、氣喘、咯血、咽喉腫痛、腹瀉、疳積、跌打損傷、外傷出血。15～30克，水煎服；外用適量，搗爛敷患處。

實用簡方　①肺結核咳嗽：劍葉耳草15～30克，石仙桃12～15克，水煎服。②咽喉腫痛：劍葉耳草15～30克，水煎含咽。③小兒疳積：鮮劍葉耳草30克，豬瘦肉適量，水燉服。④急性結膜炎：劍葉耳草15～30克，水煎服；另取劍葉耳草適量，水煎薰洗患眼。⑤外傷出血：鮮劍葉耳草適量，搗爛敷患處。

460 龍船花

Ixora chinensis Lam.

- **別　　名**　紅繡球、山紅花、仙丹花。
- **藥用部位**　全株。
- **植物特徵與採製**　灌木。葉對生，長圓形或長圓狀倒披針形，全緣。傘房花序頂生，花序柄短並有紅色的分枝；花冠高腳碟狀，纖細，紅色。漿果球形，紫紅色。4～8月開花。生於林緣或栽培。分布於中國福建、廣東、香港、廣西等地。全年可採，鮮用或晒乾。
- **性味功用**　苦、微辛，涼。根、莖，祛風活絡，散瘀止血；主治咯血、胃痛、咳嗽、閉經、風溼關節痛、跌打損傷。葉，解毒消腫；主治瘡癤癰腫。花，清熱涼血，調經活血；主治月經不調、閉經、高血壓、瘡瘍癤腫。根、莖、葉15～30克，花9～15克，水煎服。孕婦忌服。

實用簡方　①高血壓、閉經：龍船花10～15克，水煎服。②肺結核咯血：龍船花根60克，甘草10克，水煎3小時，頓服；或加豬瘦肉60克，同煎服。③跌打損傷：龍船花根60克，七葉蓮、接骨草各30克，草珊瑚10克，水煎服。④瘡癤癰腫：鮮龍船花葉適量，搗爛敷患處。

461 巴戟天

- **別　　名**　巴戟、巴吉天。
- **藥用部位**　根。
- **植物特徵與採製**　纏繞藤本。根肉質，圓柱形，多少作不規則的收縮，乾後皺縮，斷裂呈鏈珠狀露出木質部分。葉對生，長圓形，全緣，葉面幼時有短毛，後脫落，葉背毛較密。花序頭狀，或由3至多個頭狀花序組成傘形花序；花冠肉質，白色，漏斗狀。果近球形或扁球形，紅色。4～10月開花結果。生於山谷林下，或栽培。分布於中國福建、廣東、海南、廣西等地。夏至冬初採挖，鮮用或晒乾。

Morinda officinalis How

- **性味功用**　辛、甘，微溫。溫腎陽，強筋骨，祛風溼。主治腰痛、坐骨神經痛、風寒溼痹、陽痿、遺精、早洩、宮冷不孕、白帶異常。9～15克，水煎服。

實用簡方　①腎陽虛陽痿：巴戟天、淫羊藿各15克，枸杞子、人參各10克，水煎服。②腎虛腰痛：巴戟天、川杜仲、製狗脊各15克，豬骨頭適量，水燉服。③小便清長、尿頻：巴戟天、懷山藥各15克，益智仁、金櫻子、覆盆子各10克，豬尾巴1條，水燉服。④帶下清稀、腰痠痛：巴戟天、川杜仲各15克，鹿角霜30克，水煎服。

462 羊角藤

- **別　　名**　藍藤、放筋藤、土巴戟。
- **藥用部位**　根、葉。
- **植物特徵與採製**　攀緣狀灌木。幼根稍肉質，圓柱形，外皮黃褐色，乾後皮部斷裂成節，露出較粗的木質部。葉對生，長圓狀披針形或長圓形，葉背脈腋有束毛。花頂生，傘形花序式排列；花冠白色。聚合果近球形，先端有數個凹眼。5～7月開花，7～10結果。生於山坡灌木叢中或疏林下。分布於中國西南至東南部。全年可採，鮮用或晒乾。

Morinda umbellata L. subsp. *obovata* Y. Z. Ruan

- **性味功用**　辛、甘，溫。祛風止痛，利溼解毒。根主治風溼關節痛、腰痛、陽痿、胃痛、肝炎、脫肛；葉主治蛇傷、外傷出血。根15～60克，水煎服；外用適量，搗爛敷患處。

實用簡方　①虛寒性腰痛：羊角藤根50克，黃耆15克，當歸10克，大棗5枚，燉雞服。②腎虛腰痛：羊角藤根皮15～30克，豬骨頭適量，水燉服。③風溼關節痛：羊角藤根、龍鬚藤、草珊瑚、南五味子根各15克，水煎服。④多發性膿腫、癤腫：羊角藤根30克，豬瘦肉適量，水燉服。

463 黐花

Mussaenda esquirolii Lévl.

- **別　　名**　山膏藥、大葉白紙扇。
- **藥用部位**　莖、葉或根。
- **植物特徵與採製**　直立灌木。葉對生，長圓形或卵形，全緣，葉面近無毛，葉背有短毛。聚傘花序頂生；萼筒陀螺形；少數花中有一裂片擴大成葉狀，白色；花冠黃色。果肉質，近球形。5～6月開花，8～10月結果。生於林緣或溪旁灌木叢中。分布於中國廣東、廣西、江西、貴州、湖南、湖北、四川、安徽、福建、浙江等地。夏、秋季採收，多鮮用。
- **性味功用**　甘、苦，涼。清熱解毒，解暑利溼，消腫排膿。主治感冒、中暑、咽喉腫痛、痢疾、泄瀉、腳底膿腫、無名腫毒、毒蛇咬傷。10～30克，水煎服；外用適量，搗爛敷患處。

實用簡方　①咽喉腫痛：鮮黐花葉適量，食鹽少許，搗爛絞汁，頻頻含咽。②小便不利：黐花藤、忍冬藤、車前草各30克，水煎服。③無名腫毒：鮮黐花葉適量，擂米泔水，敷患處。

464 玉葉金花

Mussaenda pubescens Ait. f.

- **別　　名**　野白紙扇、土甘草、山甘草。
- **藥用部位**　全草。
- **植物特徵與採製**　攀緣灌木。葉對生，有時近輪生，卵狀披針形，全緣，葉面近無毛或被疏毛，葉背毛較密；葉柄短。聚傘花序頂生；花冠黃色。漿果球形，乾後黑色。6～9月開花，8～10月結果。生於山坡較陰的灌木叢中。分布於中國長江以南各地。夏、秋季採收，鮮用或晒乾。
- **性味功用**　甘、微苦，涼。清熱利溼，消食和胃，解毒消腫。預防中暑、感冒，主治感冒、中暑、氣喘、肺癰、急性扁桃腺炎、腎盂腎炎、腎炎性水腫、膀胱炎、尿血、痢疾、腸炎、泄瀉、消化不良、肝炎、脾臟腫大、風溼關節痛、疳積、風火赤眼、乳腺炎、癰腫疔癤，以及解斷腸草、木薯、毒菇等中毒。15～30克，水煎服；外用適量，搗爛敷患處。

實用簡方　①防暑：鮮玉葉金花適量，切碎，酌加食鹽，用文火微炒，取出晾涼，用時取適量，以開水沖泡代茶。②感冒、咽喉疼痛：鮮玉葉金花葉適量，擂爛，沖入開水，撈去渣，代茶服。③急性扁桃腺炎：玉葉金花、山豆根、夏枯草各15克，水煎服。④小兒疳積：玉葉金花、一點紅、白馬骨各等分，共研細末，每次30克，和雞肝或豬肝燉服。⑤急性胃腸炎：鮮玉葉金花30～60克，水煎服。

465 短小蛇根草

- **別　　名**　荷包草、山荵菜、白花蛇根草。
- **藥用部位**　全草。
- **植物特徵與採製**　矮小草本。莖有毛，直立或依地傾斜，著地處常生根。葉對生，橢圓形或卵形，全緣，葉面毛稀疏，葉背較密。聚傘花序頂生；花冠白色，管形。蒴果近稜形。夏、秋季開花結果。生於疏林下陰溼地的草叢中。分布於臺灣、中國廣西、廣東、江西、福建等地。夏、秋季採收，鮮用或晒乾。

Ophiorrhiza pumila Champ. ex Benth.

- **性味功用**　苦，寒。清熱解毒。主治感冒發熱、咳嗽、百日咳、外傷感染、癰、疽、毒蛇咬傷。9～30克，水煎服。

實用簡方　百日咳：短小蛇根草15克，南天竹子9克，水煎服。

466 雞矢藤

- **別　　名**　臭藤、雞屎藤。
- **藥用部位**　全草。
- **植物特徵與採製**　多年生草質纏繞藤本，揉後有雞屎臭味。葉對生，卵形或長卵形，全緣或微波狀。圓錐狀聚傘花序頂生或腋生而疏散；花冠鐘形，藍紫色。果球形，成熟時黃色。6～9月開花，9～11月結果。生於村旁籬邊或山坡灌木叢中。分布於中國長江流域及其以南各地。全年均可採收，鮮用或晒乾。

Paederia scandens (Lour.) Merr.

- **性味功用**　辛，微苦，平。消食和胃，理氣破瘀，祛風除溼，解毒止痛。主治腹瀉、痢疾、食積腹脹、疳積、闌尾炎、胸悶、中暑、黃疸、脾腫大、風溼痺痛、鼻竇炎、耳道炎、頭風貫眼、閉經、乳腺炎、癰疽腫毒、蛇頭疔、溼疹、蛇蟲咬傷。15～30克，水煎服；外用適量，搗爛敷或水煎外洗。

實用簡方　①急性病毒性肝炎：雞矢藤、天胡荽、白英、虎杖各15克，水煎服。②風熱感冒、咳嗽：雞矢藤30克，爵床、土牛膝各15克，紫蘇10克，陳皮6克，水煎服。③小兒疳積：雞矢藤、獨腳金、白馬骨各30克，水煎服。④久痢：鮮雞矢藤葉60克，冰糖30克，水燉服。⑤風溼關節痛：雞矢藤、絡石藤各30克，水煎服。⑥閉經：雞矢藤30克，雞血藤、蛇莓各15克，水煎服。⑦鼻竇炎：鮮雞矢藤根適量，搗爛，敷貼印堂穴。

467 九節

■ **別　　名**　山大刀、山大顏。
■ **藥用部位**　根、葉。
■ **植物特徵與採製**　灌木。葉對生，橢圓狀長圓形，全緣，網脈不明顯。複聚傘花序常頂生，短於葉；花冠筒狀，白色，喉部密生白毛。核果近球形，紅色。種子半圓形。5月開花，10月果成熟。生於山谷陰溼地。分布於中國西南部、南部至東部各地。全年可採，鮮用或晒乾。
■ **性味功用**　辛，涼。清熱解毒，祛風除溼，行瘀消腫。葉主治感冒、咽喉腫痛、白喉、痢疾、瘡瘍腫毒。根主治水腫、風溼痺痛、月經不調、癰、疔、跌打損傷。15～30克，水煎服；外用適量，搗爛敷患處。

■ **實用簡方**　①白喉：九節葉30克，酌加白糖，水煎服。②食管癌初期：九節根30克，八角蓮10克，魚腥草20克，球蘭15克，水煎服。③瘡癤：鮮九節葉、土牛膝葉各適量，搗爛，酒調敷患處。④刀傷出血：鮮九節葉適量，搗爛敷患處。⑤骨折：九節根、葉研粉，酒醋調敷患處。

468 蔓九節

■ **別　　名**　穿根藤、風不動、匍匐九節。
■ **藥用部位**　全草。
■ **植物特徵與採製**　攀緣藤本。莖細長，常以氣根攀附樹上或岩石上；幼莖稍扁，老枝圓柱形。葉對生，稍厚，卵形、橢圓形、倒卵形或倒披針形，全緣，稍反捲。聚傘花序頂生；花冠白色，管狀，喉部被長毛。漿果狀核果球形，成熟時白色。5～7月開花，6～12月結果。生於山野陰溼的樹上或岩石上。分布於中國南部。全年可採，鮮用或晒乾。
■ **性味功用**　微苦，平。祛風除溼，舒筋活絡。主治風溼痺痛、頭風痛、手足麻木、坐骨神經痛、腰肌勞損、骨結核、氣喘、多發性膿腫、骨折、跌打損傷、蛇傷。15～30克，水煎或搗爛絞汁服；外用適量，水煎薰洗患處。孕婦忌服。

■ **實用簡方**　①腰肌勞損：蔓九節、馬蹄金各15克，杜仲10克，水煎服。②頭風痛：蔓九節15～30克，水煎服。③糖尿病：蔓九節30克，豬瘦肉適量，水燉服。④多發性膿腫：蔓九節、扛板歸各60克，地瓜酒250毫升，燉服。

- **別　　名**　鋸子草、澀拉秧。
- **藥用部位**　全草。
- **植物特徵與採製**　多年生攀緣草本。根細長，圓柱形，外皮紫紅色。莖方形，棱上倒生小刺。葉通常4片輪生，卵形或卵狀披針形，全緣，葉面粗糙，葉背脈上有小刺。圓錐狀聚傘花序頂生或腋生；花冠黃色。漿果球形，成熟時由紅色轉為黑色。7～10月开花開花結果。生於灌木叢中。分布於中國大部分地區。夏、秋季採收，鮮用或晒乾。

Rubia cordifolia L.

469 茜草

- **性味功用**　苦，寒。活血化瘀，涼血止血。主治鼻出血、咯血、吐血、尿血、水腫、腎炎、黃疸、痛經、閉經、崩漏、小兒腹瀉、風濕痺痛、血栓閉塞性脈管炎、痔瘡、癰腫、跌打損傷。9～15克，水煎服。

實用簡方　①月經不調：茜草根30克，水煎，酌加紅糖調服。②產後傷風：鮮茜草根30克，酒炒7次，水煎服。③風濕腰痛：茜草根、地桃花根各30克，水煎服。④癰腫：鮮茜草莖葉適量，搗爛敷患處。

- **別　　名**　雞骨柴、六月雪、滿天星。
- **藥用部位**　全草。
- **植物特徵與採製**　常綠小灌木。根堅硬，外皮黃色。幼枝具短毛，老枝光滑無毛。葉對生，狹橢圓形或橢圓狀披針形，全緣。花單生或數朵叢生於枝梢或葉腋；花冠白色或淡紅色，漏斗狀。果近球形。5～8月開花，9～10月結果。生於山坡、路旁灌木叢中。分布於臺灣、中國江蘇、安徽、浙江、江西、福建、湖北、廣東、香港、廣西等地。全年可採，鮮用或晒乾。

Serissa serissoides (DC.) Druce

470 白馬骨

- **性味功用**　淡，平。清熱解毒，祛風除濕，補脾調氣。主治感冒、咳嗽、咽喉腫痛、肝炎、風濕關節痛、久瀉、痢疾、腸炎、腎炎、水腫、瘰癧、腎盂腎炎、睪丸炎、白帶異常、產後風、月經不調、小兒疳積、神經性皮炎、帶狀疱疹、牙痛、口腔炎、癰疽腫毒、跌打損傷。15～30克，水煎服；外用鮮葉適量，搗爛敷患處。

實用簡方　①肝硬化腹水、黃疸：白馬骨根120克，臭牡丹根60克，豬瘦肉適量，水煎服。②風熱感冒：白馬骨、白英各15克，大青葉、爵床各10克，水煎服。③小兒疳積：白馬骨、鐵包金各15克，冰糖、大棗各30克，水煎服。

291

471 白花苦燈籠

- **別　　名**　烏口樹、青作樹。
- **藥用部位**　根。
- **植物特徵與採製**　灌木。幼枝四棱形，密生短毛。葉對生，長圓形，全緣，葉兩面有毛，葉背較密，葉片乾後黑褐色。聚傘花序頂生，有短毛；花白色。漿果近球形，乾時黑色，有毛。5～8月開花結果。生於林下陰溼地。分布於中國浙江、江西、福建、湖南、廣東、香港、廣西、海南、貴州、雲南等地。全年可採，鮮用或晒乾。

Tarenna mollissima (Hook. et Arn.) Rob.

- **性味功用**　辛、微苦，涼。祛風利溼，清熱解毒。主治腎炎、風溼關節痛、白帶異常、瘡癤膿腫。15～30克，水煎服。

實用簡方　①急性熱病發熱（如流感、麻疹、日本腦炎等高熱不退）：白花苦燈籠根15～30克，毛冬青、香茶菜、大青葉、梔子、白茅根各9～15克，水煎服。②創傷、瘡癤膿腫：鮮白花苦燈籠葉適量，搗爛敷患處。

472 鉤藤

- **別　　名**　倒掛刺、倒鉤藤、雙鉤藤。
- **藥用部位**　根、變態枝（藥材名鉤藤）。
- **植物特徵與採製**　常綠藤本。根淡黃色。變態枝鉤狀，一般單鉤與雙鉤相間，生於每節的葉腋內。葉對生，卵狀橢圓形或橢圓形，全緣。頭狀花序頂生或腋生；花冠黃色，管狀。蒴果倒圓錐形，有毛。6～11月開花結果。生於山谷林下陰溼地。分布於中國廣東、廣西、雲南、貴州、福建、湖南、湖北、江西等地。根全年可採，鮮用或晒乾；鉤藤變淡黃色時採，晒乾用。

Uncaria rhynchophylla (Miq.) Miq. ex Havil.

- **性味功用**　苦，寒。清熱息風，平肝鎮驚。根主治風溼關節痛、坐骨神經痛、半身不遂、骨折、跌打損傷；鉤藤主治小兒驚風、夜啼、斑疹不透、高血壓。根、鉤藤通治頭暈、頭痛、偏頭痛。根15～30克，鉤藤9～15克，水煎服；外用適量，搗爛敷患處。

實用簡方　①頭暈、頭痛、偏頭痛：鉤藤根、蒺藜各30克，水煎服。②高血壓：鉤藤根、夏枯草各15克，毛花獼猴桃根30克，水煎服。③小兒急驚風：鉤藤6～9克，菊花、地龍乾各6克，薄荷1.5克，水煎服。④斑疹不透：鉤藤、紫草根各等分，研為細末，每次1～1.5克，開水送服。

忍冬科

473 忍冬

- **別　　名**　金銀花、雙花、二寶花。
- **藥用部位**　根、莖藤（藥材名忍冬藤）、葉、花（藥材名金銀花）。
- **植物特徵與採製**　藤本。小枝紫褐色，有柔毛。葉對生，卵狀披針形至卵狀橢圓形，全緣，嫩葉兩面被毛，老後葉面無毛。總花梗單生於莖上部葉腋；花冠先白色，後轉黃色，外被疏柔毛，稍呈二唇形。漿果球形，黑色。4～6月開花。生於山坡、路旁、灌木叢、疏林中，或栽培。中國除黑龍江、內蒙古、寧夏、青海、新疆、海南和西藏無自然生長外，各地均有分布。根、莖、葉隨時可採，鮮用或晒乾；花於4～6月間於清晨日出前採含苞待放的花蕾，晒乾或微火烘乾。

Lonicera japonica Thunb.

- **性味功用**　甘，寒。葉、花，清熱解毒；主治感冒、中暑、肺炎、扁桃腺炎、淋巴結炎、痢疾、乳腺炎、闌尾炎、丹毒、疔、癤。莖藤、根，清熱解毒，舒筋通絡；主治風溼熱痺、關節紅腫疼痛、骨結核、肺膿腫、腎炎、腎盂腎炎、乳腺炎、瘡癰腫毒、帶狀疱疹。9～30克，水煎服；外用鮮葉、花適量，搗爛敷患處。

實用簡方　①腎盂腎炎：忍冬藤、海金沙藤、白茅根各30克，野菊花、瓦葦各20克，水煎服。②感冒：金銀花、菊花各9克，薄荷6克，水煎服。

474 接骨草

- **別　　名**　陸英、蒴藋、走馬箭。
- **藥用部位**　根、莖、葉。
- **植物特徵與採製**　多年生草本至亞灌木。根狀莖橫走，多彎曲，節膨大。單數羽狀複葉對生；小葉橢圓狀披針形，邊緣具細鋸齒，葉揉之有臭味。複傘房花序頂生；花小，白色。漿果卵形，成熟時紅色或橙黃色，後變為黑色。7～9月開花結果。生於曠野、路旁、水溝邊等陰溼處。

Sambucus chinensis Lindl.

分布於臺灣、中國陝西、甘肅、江蘇、安徽、浙江、江西、福建、河南、湖北、湖南、廣東、廣西、四川、貴州、雲南、西藏等地。根全年可採，莖、葉夏秋季採收；鮮用或晒乾。

- **性味功用**　甘、微苦，平。根，活血散瘀，祛風利溼；主治風溼疼痛、坐骨神經痛、腰膝痠痛、咯血、糖尿病、淋證、腎炎性水腫、遺精、白帶異常、痔瘡、流火、丹毒、跌打損傷。莖、葉，祛風利溼，活血止痛；主治風溼痺痛、腰腿痛、黃疸、痢疾、腎炎性水腫、乳腺炎、骨折、跌打損傷、外傷出血。15～30克，水煎服；外用鮮葉適量，搗爛敷患處。

實用簡方　①腎炎性水腫：接骨草根60克，金絲草、兗州卷柏各30克，水煎服。②腰痛：接骨草根30克，多花勾兒茶50克，水煎服。

敗醬科

475 白花敗醬

Patrinia villosa (Thunb.) Juss.

- **別　　名**　攀倒甑、敗醬、苦菜。
- **藥用部位**　全草（藥材名敗醬草）。
- **植物特徵與採製**　多年生草本。基生葉叢生，寬卵形或近圓形，邊緣有鋸齒；莖生葉對生，卵形、菱狀卵形，羽狀分裂，上部葉不分裂或有1～2對窄裂片，邊緣具鋸齒，兩面具毛。傘房狀圓錐聚傘花序頂生；花小，白色。瘦果倒卵形。7～11月開花結果。生於山坡或溝邊溼地。分布於臺灣、中國東北、華北、華東、華南、西南等地。夏、秋季採收，鮮用或晒乾。
- **性味功用**　苦，微寒。清熱解毒，消癰排膿。主治腸癰、肺癰、膽道感染、痢疾、咽喉炎、便祕、痔瘡、癰腫、無名腫毒。15～30克，水煎服；外用適量，搗爛敷患處。孕婦慎服。

> **實用簡方**　①闌尾炎：白花敗醬60克，薏苡仁、鬼針草各30克，水煎服。②急性腸胃炎：白花敗醬60克，雞血藤20克，龍芽草15克，水煎服。③鵝口瘡：鮮白花敗醬120克，豆腐適量，或鴨蛋2個，水燉服。④牙周炎：鮮白花敗醬60～120克，豆腐適量，或鴨蛋1～2個，水燉服。⑤扁平疣：鮮白花敗醬30克，搗爛外敷患處。

葫蘆科

476 南瓜

- **別　　名**　番瓜、番蒲。
- **藥用部位**　全草、果實、種子（藥材名南瓜子）、莖汁。
- **植物特徵與採製**　一年生蔓生草本。葉片寬卵形或卵圓形，質稍柔軟，邊緣有小而密的細齒。卷鬚稍粗壯，與葉柄一樣被短剛毛和茸毛。雌雄同株，雄花單生；花萼筒鐘形；花冠黃色。瓠果。中國南北各地廣泛種植。夏秋季採收，鮮用或晒乾；莖汁通常在秋冬果實收成後，剪斷離地面33～100公分的莖，置斷端於瓶中滴取液汁備用。

Cucurbita moschata (Duch. ex Lam.) Duch. ex Poiret

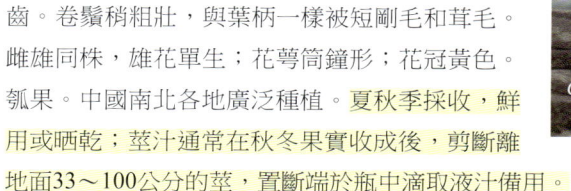

- **性味功用**　甘，涼。根，清熱利溼；主治黃疸、痢疾、淋證。葉，清熱解毒，止血止痛；主治熱痢、牛皮癬、中暑、外傷出血、疔瘡癤腫。花、果實、莖汁，清熱瀉火，消腫解毒；花主治黃疸、痢疾、癰疽腫毒、蜈蚣咬傷；果實主治燙火傷、毒蜂螫傷；莖汁主治燙火傷、結膜炎。果蒂，解毒，安胎；主治癰腫、疔瘡、胎動不安。藤莖，瀉火止痛；主治牙痛、水火燙傷。種子，驅蟲，益腎；主治條蟲病、蛔蟲病、糖尿病。15～30克，水煎服；外用適量，搗爛敷患處。

實用簡方　①肺結核低燒：南瓜藤15～30克，水煎服。②便祕：南瓜根45克，水濃煎，灌腸。③小兒疳積：南瓜葉適量，焙乾，研末，每次3克，酌加白糖調服。

477 木鱉子

- **別　　名**　木鱉、殼木鱉。
- **藥用部位**　種子（藥材名木鱉子）。
- **植物特徵與採製**　攀緣草質藤本。根塊狀。莖疏生短柔毛或無毛。卷鬚不分枝。葉互生，近圓形。花單生葉腋，單性，雌雄異株；花冠白色或淡黃色，鐘狀。果實卵形，密生刺，成熟時紅色。種子暗黑色，卵形或寬卵形，扁，表面有皺紋，邊緣具齒狀缺刻，略呈鱉甲狀。6～11月開花結果。多栽培，或生於山坡灌木叢中。分布於臺灣、中國江蘇、安徽、江西、福建、廣東、廣西、湖南及西南等地。秋、冬季果實成熟時採，用刀切開剝出種子，洗淨，晒乾。用時去殼取仁。

Momordica cochinchinensis (Lour.) Spreng.

- **性味功用**　苦、微甘，溫。有毒。消腫散結，排膿生肌。主治痔瘡、稻田性皮炎、神經性皮炎、頭癬、粉刺、癰、瘰癧、無名腫毒。多作外用，研末調醋敷、磨汁塗或煎水薰洗。孕婦忌服。

實用簡方　①痔瘡：木鱉子、荊芥、樸硝各等分，水煎薰洗患處。②脫肛：木鱉子15克，研極細末備用；先用升麻、烏梅、枳殼各30克，煎水洗患處，洗後擦乾，再用上述藥液將木鱉子末調成糊狀，塗患處，送入復位，躺30分鐘即可。

478 茅瓜

Solena amplexicaulis (Lam.) Gandhi

- **別　　名**　土白蘞、杜瓜。
- **藥用部位**　塊根、葉。
- **植物特徵與採製**　多年生草質藤本。塊根紡錘形，外皮淡黃色，斷面黃白色，多纖維，粉質而硬。莖纖細，有棱。卷鬚不分枝。葉互生，形狀變異很大，卵形、三角形至戟形，邊緣波狀，淺3裂或5裂，葉面粗糙，有白色小點。花單性，雌雄同株；花冠淺黃色。果實長圓形或紡錘形，成熟時紅色。夏季開花結果。生於向陽的低山坡地。分布於臺灣、中國福建、江西、廣東、廣西、雲南、貴州、四川、西藏等地。夏、秋季採挖，鮮用或晒乾。
- **性味功用**　甘、微苦，寒。清熱解毒，化瘀散結。根主治多發性膿腫、癰疽腫毒、黃疸、痢疾、泄瀉、胃痛、肺癰、乳汁稀少、急性結膜炎、咽喉腫痛、腮腺炎、骨髓炎、睾丸炎、脫肛、痔漏、溼疹、燙火傷、淋巴結炎；葉主治外傷出血。根15～30克，水煎服；外用適量，搗爛敷患處。

實用簡方　①肺癰：茅瓜塊根45克，魚腥草15克，糖適量，水煎服。②扁桃腺炎、咽炎：鮮茅瓜塊根30克，水煎服。

479 栝蔞

Trichosanthes kirilowii Maxim.

- **別　　名**　瓜蔞、括蔞。
- **藥用部位**　根（藥材名天花粉）、果實（藥材名瓜蔞）、果皮（藥材名瓜蔞皮）、種子（藥材名瓜蔞仁）、葉。
- **植物特徵與採製**　攀緣草本。塊根肥厚，外皮灰黃色，斷面白色，粉質。卷鬚生於葉柄基部一側。葉互生，近圓形或近心形，常3～5掌狀半裂，邊緣具不規則齒缺。花單性，雌雄異株；花冠白色。瓠果近球形，成熟時黃褐色。種子多數，扁平。5～10月開花結果。生於山坡、林緣向陽處或栽培。分布於中國華北、華東、中南及遼寧、陝西、甘肅、四川、貴州、雲南等地。根全年可採，葉夏、秋季採收，果實於9～11月採，鮮用或切片晒乾；瓜蔞仁是成熟果實中取出的種子，洗淨瓜瓤，晒乾。
- **性味功用**　微苦、甘，寒。天花粉，清熱止渴，潤肺化痰，消腫解毒；主治肺燥咳嗽、口渴、黃疸、糖尿病、多發性膿腫、瘡瘍腫毒、毒蛇咬傷、葡萄胎。瓜蔞、瓜蔞仁、瓜蔞皮，潤肺化痰，寬胸滑腸；主治咳嗽、脇痛、胃潰瘍、膽囊炎、胸閉、結胸、心絞痛、咯血、便祕、咽喉腫痛、痔瘡出血、無名腫毒、乳腺炎。葉，解毒，消腫，止痛；主治癰。9～15克，水煎服；外用鮮葉適量，搗爛敷患處，或取天花粉磨水塗患處。反烏頭。

實用簡方　①肺癰：瓜蔞皮、冬瓜子各15克，薏苡仁、魚腥草各30克，水煎服。②咳嗽：鮮瓜蔞15～30克，浙貝母15克，搗碎，水煎服。

桔梗科

480 輪葉沙參

Adenophora tetraphylla (Thunb.) Fisch.

- **別　　名**　南沙參、四葉沙參。
- **藥用部位**　根（藥材名南沙參）。
- **植物特徵與採製**　多年生草本。有乳汁。主根粗壯，圓錐形，黃褐色。葉3～6片輪生，葉形變化較大，卵形、橢圓狀卵形或披針形，邊緣具不規則的鋸齒。花序圓錐狀，花下垂；花冠鐘狀，藍紫色。蒴果倒卵圓形。6～10月開花結果。生於山野、林緣草叢中。分佈於中國東北、華東及內蒙古、河北、山西、廣東、廣西、雲南、四川、貴州等地。秋季採挖，除去地上部分及鬚根，剝去粗皮，鮮用或晒乾。
- **性味功用**　甘、微苦，微寒。養陰清肺，祛痰止咳。主治咳嗽、支氣管炎、消渴、百日咳、睪丸腫痛、牙痛、乳汁稀少、產後關節痛、津傷口渴。9～15克，水煎服。

實用簡方　①咳嗽：南沙參、麥冬各9克，玉竹6克，桑葉、天花粉各4.5克，甘草3克，水煎服。②產後無乳：南沙參12克，豬瘦肉適量，水燉服。③虛火牙痛：南沙參15～60克，雞蛋1～2個，水燉服。

481 金錢豹

- **別　　名**　土黨參、土人參。
- **藥用部位**　根。
- **植物特徵與採製**　多年生草質藤本。主根肉質，肥大，長圓柱形或圓錐形，稍彎曲。葉對生或互生，卵圓狀心形。花鐘形，單生於葉腋；花冠白色，有時黃綠色。漿果近球形。6～10月開花結果。生於山坡林下陰濕處。分布於臺灣、中國四川、貴州、湖北、湖南、廣西、廣東、江西、福建、浙江、安徽等地。秋、冬季挖根，除去鬚根，晒乾。
- **性味功用**　甘，平。補脾潤肺，生津通乳。主治咳嗽、氣虛乏力、食慾不振、泄瀉、小兒疳積、乳汁稀少、白帶異常、癰疽難潰、毒蛇咬傷、遺精。15～30克，水煎服；外用鮮全草適量，搗爛敷患處。

實用簡方　①泄瀉：鮮金錢豹30～60克，水煎服。②勞倦乏力：鮮金錢豹30～60克，豬蹄1隻（或豬瘦肉適量），酒水各半燉服。③肺虛咳嗽：鮮金錢豹30克，百部9克，水煎服。④小兒疳積：金錢豹15克，獨腳金10克，水燉服。⑤小兒發熱：金錢豹10～15克，冰糖少許，水燉服。

482 羊乳

- **別　　名**　山海螺、四葉參。
- **藥用部位**　根。
- **植物特徵與採製**　多年生草質藤本。有白色乳汁。主根肥大，呈圓錐形或紡錘形，外皮灰褐色。主莖上的葉互生，呈對生狀或輪生狀，葉片菱狀卵形、橢圓狀披針形或橢圓形，全緣。花單生或成對生於枝端；花冠鐘形，外面黃綠色，內面暗紫色。蒴果有宿存花萼。7～10月開花結果。生於山谷、灌木叢等陰濕處。分布於中國東北、華北、華東和中南等地。夏、秋季挖取，去淨鬚根，鮮用或晒乾。
- **性味功用**　甘、辛，平。益氣，催乳，排膿，解毒。主治勞倦乏力、頭暈頭痛、乳汁稀少、白帶異常、咳嗽、肺癰、腸癰、乳腺炎、瘡癤腫毒、瘰癧、毒蛇咬傷。5～30克，水煎服；外用鮮根適量，搗爛敷患處。

實用簡方　①咳嗽痰多：羊乳60克，桔梗、木賊各9克，水煎服。②病後虛弱：羊乳60～120克，豬蹄1隻，水燉服。③自汗、盜汗：羊乳20克，黨參15克，益母草、黃耆、枸杞子各10克，水煎服。④癰疽腫毒：鮮羊乳120克，水煎服。

483 黨參

- **別　　名**　台參、上黨人參、獅頭參。
- **藥用部位**　根（藥材名黨參）。
- **植物特徵與採製**　多年生纏繞草本，有乳汁。根圓柱形，表面灰棕色，頂端有一膨大根頭。葉互生、對生或假輪生，卵形或寬卵形，邊緣具淺波狀鈍齒。花單生葉腋；花冠鐘形，黃綠色，有紫色小斑點。蒴果圓錐形，具宿存花萼。7～10月開花結果。多為栽培。分布於中國東北、華北及陝西、寧夏、甘肅、青海、河南、四川、雲南、西藏等地。秋季採挖，洗淨泥沙，晒至半乾，用手搓揉，使皮部與木質部緊貼，然後再晒，再搓，如此3～4次，最後晒乾。

Codonopsis pilosula (Franch.) Nannf.

- **性味功用**　甘，平。補肺健脾，益氣生津。主治心悸、肺虛喘咳、氣血兩虧、勞倦乏力、食少便溏、脫肛、子宮脫垂。9～30克，水煎服。

　實用簡方　①腹瀉、便溏：黨參、茯苓、白朮、炙甘草、山藥、蓮子肉、訶子各9克，赤石脂15克，水煎服。②小兒自汗：黨參30克，黃耆20克，水煎成50毫升，分3次服，1歲以內減半。③小兒口瘡：黨參30克，黃柏15克，研末，吹撒患處。

484 半邊蓮

- **別　　名**　急解索、細米草。
- **藥用部位**　全草。
- **植物特徵與採製**　多年生草本。莖匍匐，節上常生根。葉互生，條狀披針形或條形，邊緣具疏淺齒或全緣。花單生於葉腋，花梗長；花冠淡紅色。蒴果倒圓錐形。5～9月開花，7～10月結果。生於田旁、溝邊等潮溼地。分布於中國長江中下游及其以南各地。春季至秋季採，鮮用或晒乾。

Lobelia chinensis Lour.

- **性味功用**　甘，平。清熱解毒，利水消腫。主治闌尾炎、肝炎、肝硬化腹水、腎炎、腎盂腎炎、泌尿系統結石、肺癰、扁桃腺炎、腸炎、癌症、小兒高熱、乳腺炎、閉經、跌打傷痛、毒蛇咬傷、外傷出血、蛇頭疔、帶狀疱疹、漆過敏、溼疹、化膿性感染。15～30克，水煎服；外用適量，搗爛敷患處。

　實用簡方　①肝硬化腹水：半邊蓮、半枝蓮、馬蘭根、隔山香根、地耳草、馬鞭草、兗州卷柏各15克，茯苓30克，水煎服。②黃疸：半邊蓮、馬蹄金各30克，積雪草、白馬骨各15克，水煎服。③腎炎性水腫：鮮半邊蓮60克，大腹皮、薏苡仁各9克，牡蠣15克，水煎，分2次飯前服。

299

485 線萼山梗菜

- **別　　名**　山梗菜、東南山梗菜、大號半邊蓮。
- **藥用部位**　全草。
- **植物特徵與採製**　多年生亞灌木狀草本。葉互生，狹卵形或寬披針形，邊緣具疏鋸齒，葉折斷有乳汁，味麻辣，幼葉背面常呈紫紅色。花單生葉腋；花冠藍紫色，稍呈二唇形。蒴果近卵形，有細棱。7～10月開花結果。生於山坡、路旁、溝邊潮溼地。分布於中國廣東、福建、江西、湖南、浙江等地。夏、秋季採收，鮮用或晒乾。
- **性味功用**　辛、微甘，溫。**有毒**。解毒消腫，止咳化痰，殺蟲止癢。主治胃痛、骨結核、支氣管炎、蛇蟲咬傷、血栓性脈管炎、溼疹、瘡癤腫毒、跌打損傷。3～6克，水煎服；外用鮮全草適量，搗爛敷或水煎洗患處。

實用簡方　①毒蛇咬傷：線萼山梗菜根適量，酒浸7日後，搗爛敷患處；另取線萼山梗菜葉適量，研末，每次3克，冷開水送服。②疥瘡：線萼山梗菜適量，研末，調茶油擦患處。③毒蟲咬傷：線萼山梗菜葉適量，絞汁擦患處。④扁桃腺炎：線萼山梗菜根適量，水煎，含漱。

Lobelia melliana E. Wimm.

486 桔梗

- **別　　名**　苦桔梗。
- **藥用部位**　根（藥材名桔梗）。
- **植物特徵與採製**　多年生草本。根圓錐形或長圓柱形。莖中下部的葉對生或輪生，卵形或卵狀披針形，邊緣具不規則的鋸齒。花一至數朵生莖或枝頂端；花冠寬鐘狀，藍紫色。蒴果倒卵形。7～11月開花結果。生於山坡、林緣草叢中，或栽培。分布於中國東北、華北、華東、華中及廣東、廣西、貴州、雲南、四川、陝西等地。秋季挖根，洗淨，搓去栓皮，鮮用或晒乾。
- **性味功用**　苦、辛，平。宣肺清咽，祛痰止咳，消腫排膿。主治咽喉腫痛、肺癰吐膿、咳嗽、肺膿腫、痢疾腹痛、疔癤。6～12克，水煎服。

實用簡方　①咽喉腫痛、聲音嘶啞：桔梗、浙貝母各9克，玄參12克，膨大海3粒，蟬蛻3只，甘草3克，水煎代茶。②風熱咳嗽：桔梗、黃芩各6克，桑葉9克，白茅根25克，水煎服。③風熱咳嗽痰多、咽喉腫痛：桔梗9克，桑葉15克，菊花12克，杏仁6克，甘草9克，水煎服。

Platycodon grandiflorus (Jacq.) A. DC.

487 銅錘玉帶草

- **別　　名**　小銅錘、土油甘、普剌特草。
- **藥用部位**　全草。
- **植物特徵與採製**　多年生匍匐草本。莖纖細，略呈方形，具短毛。葉互生，圓狀至心狀卵形，邊緣具鈍齒。花單生葉腋；花冠近二唇形，淡紫色。漿果橢圓形。5～9月開花結果。生於路旁山地、林下陰溼地。分布於臺灣、中國西南、華南、華東及湖南、湖北、西藏等地。全年可採，鮮用或晒乾。

Pratia nummularia (Lam.) A. Br. et Aschers

- **性味功用**　辛、苦，平。祛風除溼，活血散瘀。主治風溼痛、遺精、白帶異常、月經不調、跌打損傷、創傷出血、目赤腫痛、無名腫毒。30～60克，水煎服；外用鮮全草適量，搗爛敷患處。孕婦慎服。

實用簡方　①急慢性肝炎：銅錘玉帶草50克，水煎代茶。②熱咳膿痰：銅錘玉帶草15～30克，水煎，酌加蜂蜜兌服。③小兒肝火旺：鮮銅錘玉帶草10～15克，水煎，白糖少許兌服。④腰痛；銅錘玉帶草30克，切碎，水煎，打入雞蛋1個，煎熟，吃蛋喝湯。⑤外傷出血：鮮銅錘玉帶草適量，搗爛敷患處。⑥急性淋巴結炎：鮮銅錘玉帶草適量，糯米少許，酌加清水，搗爛絞汁，擦患處。

488 藍花參

- **別　　名**　寒草、蘭花參、金線吊葫蘆。
- **藥用部位**　全草。
- **植物特徵與採製**　多年生草本。主根粗，肉質。莖直立或披散，基部分枝，有棱。葉互生，條形、披針形或倒披針形，邊緣波狀或全緣。花一至數朵生於莖頂；花冠淡藍色，鐘形。蒴果被宿存花萼。3～9月開花結果。多生於路旁、田埂、山野等潮溼地。分布於中國長江流域以南各地。夏、秋季採收，鮮用或晒乾。

Wahlenbergia marginata (Thunb.) A. DC.

- **性味功用**　甘、微苦，微溫。益氣健脾，祛風解表，宣肺化痰。主治感冒、風寒咳嗽、慢性支氣管炎、腹瀉、痢疾、白帶異常、疳積、百日咳、勞倦乏力、急性結膜炎。15～30克，水煎服。

實用簡方　①風寒咳嗽：藍花參30～60克，大棗或冰糖適量，水煎服。②風寒泄瀉：鮮藍花參30～60克，酌加紅糖，水煎服。③痢疾、腹瀉：鮮藍花參15～30克，水煎服。④骨質增生：藍花參、鹽膚木各30克，白簕根20克，爵床10克，水煎服。⑤小兒疳積：藍花參9～15克，豬瘦肉適量，水燉服。

菊科

489 藿香薊

Ageratum conyzoides L.

- **別　　名**　勝紅薊、臭草。
- **藥用部位**　全草。
- **植物特徵與採製**　一年生草本，有特殊氣味。莖直立，綠色或帶紫色，有毛。葉對生，卵形或菱狀卵形，邊緣具鈍齒，兩面疏生毛。頭狀花序排成頂生的傘房花序；花白色或藍色，兩性；全為管狀。瘦果柱狀。幾乎全年有花。生於村旁荒地。分布於中國廣東、廣西、雲南、貴州、四川、江西、福建等地。全年可採，鮮用或晒乾。
- **性味功用**　辛、微苦，涼。清熱解毒。主治感冒、白喉、扁桃腺炎、咽喉炎、口舌生瘡、痢疾、中耳炎、外傷出血、癰疽腫毒、蜂窩性組織炎、瘡癤、溼疹、小腿潰瘍。15～30克，水煎服；外用鮮全草適量，搗爛敷或煎水洗患處。

實用簡方　①咽喉腫痛：藿香薊30克，一枝黃花、金銀花各15克，水煎服。②肝炎引起的肝區疼痛：藿香薊、白英各30克，水煎服。③癰疽腫毒：鮮藿香薊適量，酌加酸飯粒、食鹽，搗爛敷患處。④溼疹：鮮藿香薊適量，水煎洗患處；或患處先塗一些老茶油，再撒上藿香薊粉末即可。

490 杏香兔兒風

- **別　　名**　一枝香、金邊兔耳草、香鬼督郵。
- **藥用部位**　全草。
- **植物特徵與採製**　多年生草本。莖直立，不分枝，具黃棕色毛。葉數枚，集生於近莖的基部，長卵形，全緣，葉背及葉柄密生土黃色毛。頭狀花序條形；每花序僅有數朵花，全部為管狀，白色。瘦果近倒披針形，具縱條紋。8～12月開花結果。生於疏林下或林緣坡地。分布於臺灣、中國福建、浙江、安徽、江蘇、江西、湖北、四川、湖南、廣東、廣西等地。全年可採，以夏、秋季為佳，鮮用或晒乾。

Ainsliaea fragrans Champ.

- **性味功用**　辛、微苦，平。清熱解毒，涼血止血。主治上呼吸道感染、咯血、吐血、肺膿腫、支氣管擴張、咳嗽、黃疸、水腫、血崩、癥瘕、乳腺炎、小兒驚風、疳積、中耳炎、口腔炎、無名腫毒、癰疽、毒蛇咬傷、跌打損傷。9～15克，水煎服；外用鮮全草適量，搗爛敷患處。

實用簡方　①感冒發熱：杏香兔兒風30～60克，大米數粒，水煎代茶。②子宮頸炎、附件炎、盆腔炎：杏香兔兒風60克，虎杖、馬鞭草各15克，鬼針草15～30克，水煎代茶。體虛者加千斤拔、雞血藤、黨參、黃耆；肝鬱者加柴胡、香附。

491 牛蒡

- **別　　名**　惡實、牛子、大力子、鼠黏草。
- **藥用部位**　根（藥材名牛蒡根）、莖、葉、種子（藥材名牛蒡子）。
- **植物特徵與採製**　二年生草本。根肉質。基生葉叢生，莖生葉互生，寬卵形或心形，邊緣淺波狀或不規則的淺齒，葉面綠色，無毛，葉背密被灰白色絨毛。頭狀花序；花全為管狀，淡紫色。瘦果橢圓形或倒卵形。3～6月開花結果。生於山野路旁、草叢中、荒地、村宅周圍，或栽培。分布於中國大部分地區。根、莖、葉夏、秋季採收，鮮用或晒乾；果實秋季成熟時採，晒乾，打出種子，再晒乾。

Arctium lappa L.

- **性味功用**　根、莖、葉，苦、微甘，涼；除溼，解毒，消腫。**根**，主治感冒、頭痛、咽喉腫痛、腮腺炎、溼疹。<u>莖、葉</u>主治頭痛、咽喉腫痛、癰腫、疥癬。**種子**，辛、苦，寒；疏風散熱，宣肺透疹，清熱解毒；主治感冒、咳嗽、咽喉腫痛、麻疹、風疹搔癢、瘡瘍腫毒。根、莖、葉6～15克，種子4.5～9克，水煎服；外用適量，搗爛敷患處。

實用簡方　①急性咽炎、扁桃腺炎：牛蒡子9克，薄荷4.5克，桔梗6克，淡竹葉15克，甘草3克，水煎服。②麻疹不透：牛蒡子、金銀花、檉柳各9克，水煎服。

303

492 黃花蒿

- **別　　名**　青蒿、臭蒿、草蒿。
- **藥用部位**　全草（藥材名青蒿）。
- **植物特徵與採製**　一年生草本。莖多分枝，具細縱紋。葉3回羽狀分裂，裂片短而細，深裂或具齒；上部的葉小，常1次羽狀細裂。頭狀花序細小；花黃色，全為管狀。瘦果橢圓形。8～11月開花結果。生於曠野、山坡、路邊、河岸、村莊周圍。分布於中國各地。花蕾期採收，以立秋至白露時採最佳，鮮用或晒乾。

Artemisia annua L.

- **性味功用**　辛、苦，涼。疏風清熱，解暑截瘧。主治感冒、中暑、黃疸、瘧疾、咳嗽、胃痛、腹脹、小兒夏季熱、盜汗、疥瘡、風疹搔癢、溼疹。9～15克，水煎服；外用適量，搗爛敷患處。

實用簡方　①中暑：鮮黃花蒿嫩葉適量，手撚成丸，如黃豆大，7～8粒，泉水送服。②風寒感冒：黃花蒿根30克，石菖蒲根、柚子皮各15克，生薑3片，水煎，晚睡前服。③黃疸：黃花蒿9～15克，綿茵陳9克，水煎，酌加冰糖調服。

493 奇蒿

- **別　　名**　六月雪、劉寄奴、珍珠蒿。
- **藥用部位**　全草。
- **植物特徵與採製**　多年生草本，有香氣。莖直立，有縱棱及細毛。葉互生，下部葉在花期凋落，中上部葉卵狀披針形，邊緣具細齒，葉面疏生毛，葉背密生灰白色細毛。頭狀花序密集成頂生圓錐花序；花白色或帶淡紫色，全為管狀。瘦果極小。6～10月開花結果。生於山坡、林下。分布於中國中部至南部各地。夏、秋季採收，鮮用或晒乾。

Artemisia anomala S. Moore

- **性味功用**　苦，微溫。破血通經，消食化積，消腫止痛。主治風溼痺痛、痢疾、腰腿痛、食積腹脹、閉經、痛經、產後瘀血痛、癥瘕、扭傷、疔瘡、癰腫瘡毒。果9～15克，水煎服；外用適量，搗爛敷患處。孕婦忌服。

實用簡方　①食積不消、腹痛脹滿：奇蒿15～30克，水煎服。②行房忍精導致的白濁、便短刺痛，或大便裡急等症：奇蒿、白朮各30克，車前子15克，黃柏1.5克，水煎服。③疔瘡癰腫：鮮奇蒿嫩葉適量，搗爛敷患處。

494 茵陳蒿

- **別　　名**　茵陳、綿茵陳。
- **藥用部位**　地上部分（藥材名茵陳）。
- **植物特徵與採製**　多年生草本。莖多分枝，具縱條紋，幼枝有毛，老後脫落。葉互生，在幼枝頂端密集成叢；莖下部的葉2～3回羽狀深裂；莖上部的葉羽狀全裂。頭狀花序密集成圓錐狀；花淡黃色，全為管狀。瘦果長圓形。9～12月開花結果。生於荒山坡地。分布於臺灣、中國華東、中南及遼寧、陝西、河北、四川等地。早春幼苗高10～17公分時採收，鮮用或晒乾後，揉搓成團。

Artemisia capillaris Thunb.

- **性味功用**　微苦、辛，微寒。清熱利溼。主治黃疸、肝硬化腹水、中暑、膽囊炎、膽石症、小便不利、水腫、淋濁、帶下病、夜盲、牙痛、皮膚搔癢、溼瘡、溼疹、瘡癬。9～15克，水煎服；外用鮮全草適量，水煎洗患處。

> **實用簡方**　①肝炎：茵陳蒿、龍膽草、蒲公英、敗醬草各15克，水煎服。②高脂血症：茵陳蒿、澤瀉、葛根各15克，水煎服。③急性扁桃腺炎：茵陳蒿、白英各30克，卷柏15克，車前草、板藍根各9克，水煎，含服。④結膜炎：茵陳蒿 9～15克，車前子9克，水煎服。

495 牡蒿

- **別　　名**　齊頭蒿、土柴胡。
- **藥用部位**　全草。
- **植物特徵與採製**　多年生草本。全株有香氣。莖直立，多分枝，上部有細毛。莖下部葉匙形，先端淺裂或有粗齒，中下部全緣而漸狹成柄，花期凋落；莖上部葉較狹小，羽裂或3裂，頂裂片較大，先端有齒；靠近花序的葉更小或條狀不裂。頭狀花序；花淡黃色，全為管狀。瘦果橢圓形。7～10月開花結果。生於山坡草叢中。廣布於中國南北各地。夏、秋季採收，鮮用或晒乾。

Artemisia japonica Thunb.

- **性味功用**　辛、苦、微甘，平。疏風散熱，涼血止血。主治感冒、頭痛、痢疾、骨蒸潮熱、勞倦乏力、黃疸、白帶異常、鼻出血、便血、崩漏、月經不調、溼疹、疥瘡、丹毒。15～30克，水煎服；外用適量，水煎洗或搗爛敷患處。

> **實用簡方**　①急性腎炎：牡蒿根、美麗胡枝子根、羊耳菊根各15～30克，地膽草15克，燉黑兔服。②肝炎：牡蒿60克，豬瘦肉適量，水燉服。③血崩：牡蒿30克，母雞1隻，水燉服。

496 白苞蒿

- **別　　名**　鴨腳艾、甜菜子、四季菜、角菜。
- **藥用部位**　全草。
- **植物特徵與採製**　多年生草本。全株有香氣，具匍匐的根莖。莖直立，或基部傾斜。莖基部的葉卵圓形，1～2次羽狀深裂，邊緣有鋸齒；葉柄基部有假託葉，花期凋萎。花白色或淺黃色，全為管狀。瘦果小，橢圓形。10～12月開花結果。生於林緣溼地、路旁、灌叢下。分布於中國華東、中南、西南至西部各地。夏、秋季採收，鮮用或晒乾。

Artemisia lactiflora Wall. ex DC.

- **性味功用**　辛、苦，微溫。活血通經，健脾消食，祛風止癢。主治月經不調、閉經、痛經、產後瘀血痛、白帶異常、肝炎、肝脾腫大、食積腹脹、寒溼泄瀉、急性胃腸炎、疳積、癥瘕、疝氣、腳氣、陰疽腫毒、跌打損傷、創傷出血、蕁麻疹、溼疹。15～30克，水煎服；外用鮮全草適量，搗爛敷患處。

實用簡方　①白帶異常：鮮白苞蒿、地菍根各30～60克，水煎服。②糖尿病：鮮白苞蒿60克，豬瘦肉適量，水燉服。③風火牙痛：鮮白苞蒿根30～60克，鴨蛋1～2個，水燉，吃蛋喝湯。

497 白朮

- **別　　名**　於朮、浙朮。
- **藥用部位**　根莖（藥材名白朮）。
- **植物特徵與採製**　多年生草本。根莖塊狀，有不規則的瘤狀突起，外皮灰黃色。葉互生；莖上部葉橢圓形或披針形；莖中下部葉3裂或羽狀5～7深裂，頂端裂片較大，橢圓形至披針形，邊緣具刺狀齒。頭狀花序頂生；花全為管狀，花冠紫紅色。瘦果橢圓形。9～11月開花結果。多為栽培。分布於中國江蘇、浙江、福建、江西、安徽、四川、湖北、湖南等地。霜降至立冬採挖生長2～3年的根莖，除去莖葉，洗淨，切片或整個晒乾（稱為生朮或冬朮），或用火烘乾（稱為烘朮）。

Atractylodes macrocephala Koidz.

- **性味功用**　甘、苦，溫。健脾益氣，燥溼利水。主治消化不良、食少腹脹、便溏、痰飲水腫、自汗、胎動不安、耳源性眩暈。5～9克，水煎服。

實用簡方　①脾虛泄瀉：白朮、茯苓各9克，黨參、木香、葛根、炙甘草各3克，水煎服。②單純性消化不良：白朮、茯苓各9克，棗仁12克，淮山、扁豆各15克，雞內金3克，水煎服。

498 鬼針草

- **別　　名**　三葉鬼針草、盲腸草。
- **藥用部位**　全草。
- **植物特徵與採製**　一年生草本。莖直立,近方形,有縱棱,下部稍帶淡紫色。中部和下部葉對生,3深裂或羽狀分裂,裂片卵形或卵狀橢圓形,邊緣具鋸齒;上部葉對生或互生。頭狀花序著生於莖上部葉腋及莖頂;緣花舌狀,通常白色,或無舌狀花;盤花管狀,黃褐色。瘦果條形。4～11月開花結果。生於路旁、山坡、荒地雜草叢中。分布於中國華東、華中、華南、西南各地。夏、秋季採收,鮮用或晒乾。

Bidens pilosa L.

- **性味功用**　甘、微苦,平。清熱解毒,行瘀消腫。主治闌尾炎、腎炎、膽囊炎、腸炎、細菌性痢疾、肝炎、上呼吸道感染、流感、咳嗽、扁桃腺炎、咽喉腫痛、喉炎、閉經、疳積、痔瘡、高血壓、燙火傷、毒蛇咬傷、跌打損傷、皮膚感染。15～30克,水煎服;外用鮮全草適量,搗爛敷患處或水煎洗。

實用簡方　①急性腸炎:鬼針草30克,鐵莧菜15克,水煎服。②闌尾炎:鬼針草30～90克,敗醬草30～60克,水煎服。

499 金盞花

- **別　　名**　金盞菊、山菊花。
- **藥用部位**　全草、根、花。
- **植物特徵與採製**　一年生或二年生草本。全株被細毛。莖具縱棱,有紫色條紋。葉互生,長圓形或長圓狀倒卵形,抱莖。頭狀花序頂生;花橙黃色,緣花舌狀;盤花管狀,兩性,不育。瘦果微彎,無冠毛。冬季至翌年春季開花。分布於中國福建、廣東、廣西、四川、貴州、雲南等地。全國各地多有栽培。根3～4月採,花1～3月採;鮮用或晒乾。

Calendula officinalis L.

- **性味功用**　全草,苦,寒;活血調經;主治月經不調。根,微苦,平;行氣活血;主治胃寒痛、疝氣、癥瘕。花,淡,平;涼血止血;主治腸風便血、目赤腫痛。全草6～15克,根30～60克,花5～10朵,水煎服。

實用簡方　①胃寒痛:鮮金盞花根30～60克,水煎服,或酒水各半煎服。②癥瘕:金盞花根30～60克,酒水各半煎服。③月經不調:金盞花全草9克,水煎服。④中耳炎:鮮金盞花葉適量,搗汁滴耳。

500 天名精

- **別　　名**　天蔓青、地菘、鶴虱草。
- **藥用部位**　全草、果實（藥材名鶴虱）。
- **植物特徵與採製**　多年生草本，全株有臭氣。莖上部多分枝，密生短毛。葉互生，長圓形，全緣或具淺齒，葉面有短毛，葉背密生短柔毛。頭狀花序腋生；花黃色，全為管狀，週邊的為雌花，中央的花兩性。瘦果條形，上部有黏液。夏、秋季開花結果。生於山坡草叢中。分布於中國華東、華南、華中、西南及河北、陝西等地。全草全年可採，鮮用或晒乾；果實於夏、秋季成熟時採收，晒乾。
- **性味功用**　全草，苦，辛，寒；清熱利溼，破瘀止血，殺蟲解毒；主治中暑、胃潰瘍、胃痛、咽喉腫痛、扁桃腺炎、吐血、鼻出血、血淋、蟲積、疔瘡腫毒、蛇蟲咬傷。果實，苦、辛，平；有小毒；殺蟲消積；主治蛔蟲病、鉤蟲病、蟯蟲病、條蟲病、疳積、溼疹。9～15克，水煎服；外用適量，搗爛敷患處。孕婦慎服。

實用簡方　①肝炎：鮮天名精全草120克，生薑3克，水煎服。②乳腺炎：鮮天名精葉30克，水煎服，渣搗爛，敷患處。

501 紅花

- **別　　名**　草紅花、刺紅花、川紅花。
- **藥用部位**　花（藥材名紅花）。
- **植物特徵與採製**　一年生草本。莖直立，基部木質化，上部多分枝。葉互生，長圓形或卵狀披針形，邊緣有刺齒，上部葉漸小成苞片狀圍繞著頭狀花序；葉近於無柄或抱莖。頭狀花序；花全為管狀，橘紅色。瘦果橢圓形或倒卵形。6～9月開花結果。多為栽培。分布於中國雲南、四川等地。5～6月花由黃變紅時採摘，晒乾、陰乾或微火烘乾。
- **性味功用**　辛，溫。活血通經，祛瘀止痛。主治閉經、痛經、癥瘕、難產、胎衣不下、死胎、產後瘀血痛、胸痺心痛、癥瘕積聚、癰腫、跌打損傷、關節痛。3～9克，水煎服；外用適量，研末調敷患處。孕婦及月經過多者忌服。

實用簡方　①關節腫痛：紅花適量，炒後研末，加入等量的地瓜粉，酌加鹽水或燒酒，調敷患處。②預防壓瘡：紅花3克，浸泡在自來水中（冬天泡2小時，夏天泡半小時），取液輕輕揉擦壓瘡好發部位，每次10～15分鐘。

502 刺兒菜

- **別　　名**　小薊。
- **藥用部位**　全草（藥材名小薊）。
- **植物特徵與採製**　多年生草本。根狀莖細長，肉質。莖有縱槽，無毛或被蛛絲狀毛。葉互生，長圓形或長圓狀披針形，有刺尖，基部圓鈍，全緣或有波狀疏齒，齒端鈍而有刺。頭狀花序單生於莖頂；花全為管狀，紫紅色。瘦果橢圓形或長卵形。5～9月開花結果。多生於山坡荒地。分布於中國各地。夏秋季採收，可鮮用或晒乾後使用。

Cirsium setosum (Willd.) MB.

- **性味功用**　甘、苦，涼。破血祛瘀，涼血止血，消腫解毒。主治咯血、鼻出血、血淋、尿血、便血、消化道出血、血崩、產後出血、肝炎、腎炎、高血壓、痢疾、咽喉炎、扁桃腺炎、燙火傷、癰疽腫毒、創傷出血、毒蛇咬傷、乳腺炎、疔、癤。9～15克，水煎服；外用鮮全草適量，搗爛敷患處。

實用簡方　①高血壓：鮮刺兒菜根60克，冰糖適量，水燉服。②急性腎炎、泌尿系統感染：刺兒菜15克，生地黃9克，白茅根60克，水煎服。③乳腺炎：鮮刺兒菜根適量，酌加蜂蜜、米泔水，搗爛敷患處。

503 薊

- **別　　名**　大薊、刺薊菜。
- **藥用部位**　全草（藥材名大薊）。
- **植物特徵與採製**　多年生草本。具多數紡錘狀宿根，肉質，有黏液。莖粗壯，有縱棱，被毛。基生葉叢生；莖生葉互生；葉片倒卵狀披針形，羽狀深裂，裂片和齒端均有針刺。頭狀花序頂生或腋生；花均為管狀，兩性，紫紅色或白色。3～6月開花，5～8月結果。多生於山坡林中、林緣、灌叢中。分布於臺灣、中國河北、山東、陝西、江蘇、湖北、四川、雲南、廣西、福建等地。春、夏季採收，鮮用或晒乾。

Cirsium japonicum Fisch. ex DC.

- **性味功用**　微苦，涼。清熱利溼，涼血止血，行瘀消腫。主治吐血、咯血、血淋、血崩、便血、尿血、鼻出血、肝炎、腎炎、腎盂腎炎、失眠、前列腺炎、乳糜尿、白帶異常、乳腺炎、漆過敏、帶狀疱疹、燙火傷、癰疽疔癬、瘡瘍腫痛、毒蛇咬傷。15～30克，水煎服；外用適量，搗爛敷患處。

實用簡方　①急性肺炎：鮮大薊根、梔子根、虎杖各30克，水煎服。②腎盂腎炎、前列腺炎：大薊15～18克，蒲公英、白茅根各15～20克，積雪草15克，水煎服。

309

504 芙蓉菊

Crossostephium chinense (L.) Makino

- **別　　名**　千年艾、白芙蓉、玉芙蓉。
- **藥用部位**　全草。
- **植物特徵與採製**　直立亞灌木。全株被灰白色短柔毛。葉互生，多緊聚於枝上部，倒披針形或條狀倒披針形。頭狀花序在枝端排成總狀；花均為管狀，黃色。瘦果5棱，撕裂狀。11月至翌年5月開花結果。野生於沿海各地海岸岩壁或海灘石縫中，或栽培為盆景。分布於中國中南及東南地區。全年可採，鮮用或晒乾。
- **性味功用**　辛、苦，微溫。袪風除溼，解毒消腫。主治風寒感冒、風溼痺痛、胃痛、淋濁、腹瀉、白帶異常、癰疽疔毒、蜂螫傷。15～30克，水煎服；外用適量，搗爛敷患處。

實用簡方　①風寒感冒：芙蓉菊葉15～18克，水煎，酌加冰糖調服。②胃脘冷痛：鮮芙蓉菊根90克，酒水各半燉服。③遺精、白濁：鮮芙蓉菊葉15克，燉豬腰服。④風溼關節痛：鮮芙蓉菊根30～60克，豬蹄1隻，黃酒適量，水燉服。⑤頸部生癰：鮮芙蓉菊根30克，飯粒少許，搗爛敷患處。⑥蜂螫傷：鮮芙蓉菊葉適量，搗爛敷患處。

505 野菊

Dendranthema indicum (L.) Des Moul.

- **別　　名**　野山菊、路邊菊、黃菊仔、油菊。
- **藥用部位**　全草、花（藥材名野菊花）。
- **植物特徵與採製**　多年生草本。莖直立或斜舉，多分枝，有毛。葉互生，卵形或長圓狀卵形，羽狀深裂。頭狀花序頂生；花黃色。秋、冬季開花。生於山坡、林緣溼地。分布於中國東北、華北、華中、華東、華南、西南各地。全草全年可採，花秋、冬季採收；鮮用或晒乾。
- **性味功用**　苦、辛，涼。疏風散熱，清熱解毒。主治感冒、頭痛、咽喉腫痛、高血壓、腸炎、痢疾、結膜炎、中耳炎、鼻炎、疔瘡癤腫、深部膿腫、溼疹、蜈蚣咬傷、毒蜂螫傷。全草15～30克，花6～15克，水煎服；外用適量，搗爛敷患處。

實用簡方　①偏頭痛、腸炎：野菊花15克（根40～60克），馬鞭草15～18克，水煎，沖白糖適量，早晚飯後服。②肺炎、氣管炎：野菊花30克，一點紅、積雪草、紫花地丁、金銀花、白茅根各15克，水煎服。③急性腎盂腎炎：野菊花、積雪草、白茅根、兗州卷柏、車前草各15克，水煎服。④風熱感冒：野菊花、積雪草各15克，地膽草9克，水煎服。

506 魚眼草

- **別　　名**　茯苓菜、山胡椒菊。
- **藥用部位**　全草。
- **植物特徵與採製**　一年生草本。莖具棱，被柔毛或近無毛。葉互生，橢圓形、卵形或倒卵形，通常羽狀或琴狀分裂。頭狀花序近球形，排列成頂生或腋生的圓錐花序；花冠淡綠黃色。瘦果扁平。夏至冬季開花結果。生於路旁、田野潮溼處。分布於臺灣、中國雲南、四川、貴州、陝西南部、湖北、廣東、廣西、福建等地。夏、秋季採收，鮮用或晒乾。

Dichrocephala auriculata (Thunb.) Druce

- **性味功用**　辛、苦，平。清熱解毒，消腫止痛。主治腎炎、扁桃腺炎、咽喉腫痛、口腔炎、眼翳、疔瘡癤腫、蜂窩性組織炎、帶狀疱疹、跌打傷痛、毒蛇咬傷、尋常疣。9～15克，水煎服；外用鮮品適量，搗爛敷或絞汁塗患處。

> **實用簡方**　①尋常疣：患處先用剪刀剪後，針刺出血，再用鮮魚眼草，搗爛敷患處。②疔毒腫痛：鮮魚眼草、冷稀飯各適量，酌加食鹽，搗爛敷患處，每日換2次。③毒蛇咬傷：鮮魚眼草適量，搗爛敷患處。

507 鱧腸

- **別　　名**　旱蓮草、墨旱蓮。
- **藥用部位**　全草（藥材名墨旱蓮）。
- **植物特徵與採製**　一年生草本。全株被粗毛，揉後汁液很快變黑。莖直立，常帶暗紅色，斜舉或匍匐，著地易生根。葉對生，披針形、條狀披針形或橢圓形。頭狀花序頂生或腋生；花白色，緣花舌狀，雌性；盤花管狀，兩性。瘦果橢圓形而扁。4～10月開花結果。生於路旁、溝邊、田埂潮溼地。分布於中國各地。夏、秋季採收，鮮用或晒乾。

Eclipta prostrata (L.) L.

- **性味功用**　微甘，涼。補肝益腎，養陰清熱，涼血止血。主治肝腎不足、頭暈目眩、鬚髮早白、吐血、咯血、尿血、便血、腸風下血、鼻出血、痢疾、腸炎、尿道炎、膀胱炎、淋濁、夢遺、咽喉炎、白喉、血崩、白帶異常、牙齦炎、鵝口瘡、結膜炎、痔瘡、外傷出血、癰癤疔瘡、腳癬、稻田性皮炎、瘡瘍腫毒、帶狀疱疹、竹葉青蛇咬傷。15～30克，水煎服；外用適量，搗爛敷患處。

> **實用簡方**　①痢疾：鮮鱧腸30克，酌加冰糖，水煎服。②吐血：鮮鱧腸120克，鮮側柏葉60克，搗爛取汁，調童便服。③白帶異常、夢遺：鱧腸60克，白果14粒，冰糖30克，水煎服。④背癰：鱧腸120克，絞汁，燉後沖酒服，渣搗爛敷患處。

508 地膽草

- **別　　名** 苦地膽、地膽頭、燈豎朽。
- **藥用部位** 全草。
- **植物特徵與採製** 多年生草本。葉大部分基生，匙形或長圓狀倒披針形，邊緣具淺齒。頭狀花序有小花4朵，成束；花全為管狀，兩性，花冠紫紅色。瘦果有棱，被毛，刺毛狀。8～10月開花結果。生於路旁、田埂、山坡、曠野等草叢中。分布於臺灣、中國浙江、江西、福建、湖南、廣東、廣西、貴州、雲南等地。夏、秋季採收，鮮用或晒乾。
- **性味功用** 微苦、辛，涼。清熱解毒，利水消腫，祛瘀消積。主治感冒、流感、咳嗽、水腫、腳氣、腎炎、糖尿病、泌尿系統感染、消化不良、肝炎、肝硬化腹水、風溼痛、細菌性痢疾、月經不調、閉經、白帶異常、扁桃腺炎、凍瘡、癤腫、溼疹、跌打損傷。15～30克，水煎服；外用適量，搗爛敷或水煎外洗。

實用簡方 ①水腫：鮮地膽草60克，生薑、紅糖各30克，水煎服。②黃疸：鮮地膽草60克，牛肉適量，水燉，晚睡前服。

509 一點紅

- **別　　名** 紅背葉、羊蹄草、紫背草。
- **藥用部位** 全草。
- **植物特徵與採製** 一年生草本。葉互生，葉背常為淡紫紅色；莖下部葉卵形，作琴狀分裂，邊緣具鈍齒；莖上部的葉三角狀披針形，漸上漸小，通常全緣，基部抱莖。頭狀花序排列成疏散傘房花序式；花冠紫色。瘦果長圓形。3～5月開花，4～8月結果。生於村旁、路邊、田埂、山坡等溼地。分布於臺灣、中國雲南、貴州、四川、湖北、湖南、江蘇、浙江、安徽、廣東、海南、福建等地。夏、秋季採收，鮮用或晒乾。
- **性味功用** 淡、微苦，涼。清熱解毒，散瘀消腫。主治肺炎、肺膿腫、咽喉腫痛、感冒、咯血、尿血、尿道感染、肝炎、痢疾、腸炎、水腫、小兒急驚風、崩漏、陰道炎、盆腔炎、乳腺炎、疔瘡癰腫、丹毒、溼疹、結膜炎、蛇蟲咬傷。15～30克，水煎服；外用適量，搗爛後、敷於患處。

實用簡方 ①水腫：一點紅、燈心草各60克，水煎服。②慢性腸炎：一點紅、赤小豆各30克，赤地利60克，水煎服。

510 多鬚公

- **別　　名**　華澤蘭、蘭草、六月雪。
- **藥用部位**　全草。
- **植物特徵與採製**　多年生草本。莖上部多分枝，被短柔毛，有紫褐色斑點。葉對生，卵形或橢圓狀披針形，邊緣具粗齒，兩面有短毛。頭狀花序在枝頂成複傘房花序式排列；花白色，兩性，全為管狀。瘦果圓柱形。6～9月開花結果。多生於山坡草地。分布於中國東及西南各地。夏、秋季採收，鮮用或晒乾。

Eupatorium chinense L.

- **性味功用**　苦、辛，平。有毒。疏肝解鬱，清熱解毒，調經行血，消腫止痛。主治感冒、胸脇痛、胃痛、脘腹脹痛、產後浮腫、產後瘀血痛、月經不調、風溼關節痛、跌打損傷、蛇傷、燙火傷、癰腫瘡毒、臁瘡。9～15克，水煎服；外用鮮葉適量，搗爛敷患處。孕婦忌服。

實用簡方　①月經不調：多鬚公90克，當歸、白芍各30克，甘草15克，共研細末，每日2次，每次9克，開水或酒送服。②跌打損傷：多鬚公15克，積雪草30克，水煎服。③臁瘡：鮮多鬚公葉適量，人中白少許，搗爛外敷；待腐肉去盡後，再用海芋葉先密刺細孔，並於葉面塗上生桐油後，敷貼患部，每日換藥2次。

511 佩蘭

- **別　　名**　蘭草、大澤蘭、醒頭草。
- **藥用部位**　地上部分（藥材名佩蘭）。
- **植物特徵與採製**　直立草本。莖有縱棱。葉對生或上部的葉互生，卵狀披針形，邊緣有粗鋸齒，但大部分的葉為3全裂，裂葉卵狀披針形，邊緣有鋸齒，兩面近無毛。頭狀花序在莖頂排成聚傘花序；花兩性，全為管狀，通常淡紅色。瘦果圓柱狀。8～12月開花結果。生於山坡、路邊，或栽培。分布於中國山東、江蘇、江西、福建、湖北、雲南、四川、廣西、廣東、陝西等地。夏季莖葉生長茂盛，未開花前採收，鮮用或晒乾。

Eupatorium fortunei Turcz.

- **性味功用**　苦、微辛，平。化溼健脾，辟穢和中，解暑通絡。主治頭痛、中暑腹痛、急性胃腸炎、食慾不振、胸悶腹脹、噁心嘔吐、口中發黏、口臭、消渴、風溼痛、蕁麻疹。5～9克，水煎服；外用適量，搗爛敷患處。

實用簡方　①中暑：佩蘭30克，豬瘦肉適量，水燉服。②急性胃腸炎：佩蘭、藿香、蒼朮、茯苓、三棵針各9克，水煎服。③口臭：佩蘭、藿香各10克，陳皮6～10克，白豆蔻仁6克（後入），水煎代茶，或用開水沖泡代茶。

512 大吳風草

Farfugium japonicum (L. f.) Kitam.

- **別　　名**　八角烏、大馬蹄、活血蓮、山菊。
- **藥用部位**　全草。
- **植物特徵與採製**　多年生草本。根狀莖粗短，鬚根粗壯。葉基生，腎形，邊緣波狀，具凸頭狀細齒，或近全緣。頭狀花序數個，疏生成傘房狀；花黃色。瘦果狹圓柱形，10～12月開花結果。生於山地溪谷、石岩旁潮溼處，或栽培。分布於臺灣、中國湖北、湖南、廣西、廣東、福建等地。夏、秋季採收，鮮用或晒乾。
- **性味功用**　辛、甘、微苦，涼。清熱解毒，涼血止血，消腫止痛。主治感冒、咽喉腫痛、咯血、吐血、尿血、便血、月經不調、瘰癧、乳腺炎、疔、癰、無名腫毒。9～15克，水煎服；外用適量，搗爛敷患處。

實用簡方　①慢性喉炎、咽喉腫痛：鮮大吳風草30克，鮮半邊蓮50克，酌加冰糖，水煎服。②瘰癧：鮮大吳風草根莖60克，搗爛取汁，入雞蛋2個打勻，用茶油炒熟，飯後服。③疔瘡：鮮大吳風草葉1～2片，密刺細孔，以熱米湯或開水泡軟，貼患處，每日換2～3次。④毒蛇咬傷：鮮大吳風草、半邊蓮各適量，搗爛敷患處。

513 鹿角草

Glossogyne tenuifolia Cass.

- **別　　名**　香茹、小葉鬼針草。
- **藥用部位**　全草。
- **植物特徵與採製**　多年生草本。主根粗，圓柱狀。莖粗短，頂端分枝。基生葉羽狀深裂，裂片條形；莖中部葉互生，羽狀深裂。頭狀花序，單生於枝頂；緣花黃色；盤花兩性，管狀。瘦果條形。7～10月開花結果。生於路旁、山坡、曠野草叢中。分布於臺灣、中國廣東、廣西、福建沿海等地。夏、秋季採收，鮮用或晒乾。
- **性味功用**　微苦，涼。清熱利溼，解毒消腫。主治痢疾、泄瀉、中暑吐瀉、咳嗽、氣喘、咯血、水腫、尿道炎、頭痛、淚囊炎、牙齦炎、帶狀疱疹、腮腺炎、跌打損傷、癰癤腫毒。9～15克，水煎服；外用鮮全草適量，搗爛或絞汁塗患處。

實用簡方　①中暑吐瀉：鮮鹿角草30～60克，水煎服。②淋病：鮮鹿角草60克，水煎，酌加冰糖調服。③牙痛：鹿角草60克，青殼鴨蛋1個，水燉服。④溼疹：鹿角草適量，焙乾研末，調茶油塗患處。⑤跌打腫痛：鮮鹿角草適量，搗敷患處。

514 鼠麴草

- **別　　名**　佛耳草、清明香、鼠曲草。
- **藥用部位**　全草。
- **植物特徵與採製**　一年生或二年生草本。全株密生白色綿毛。莖少分枝。基生葉條狀匙形，花期枯萎；上部葉互生，倒披針形或匙形，全緣，兩面密被灰白色綿毛。頭狀花序成傘房狀花序密集於枝頂；花全為管狀，金黃毛。瘦果長圓形。3～6月開花結果。生於路旁、田埂、山坡草叢中，尤以稻田最為常見。分布於臺灣及中國華東、華南、華中、華北、西北、西南各地。春季採收，鮮用或晒乾。
- **性味功用**　甘，平。止咳化痰，健脾和胃。主治支氣管炎、咳嗽、水腫、胃痛、腹瀉、帶下病、蠶豆病、急性溶血症、癰腫疔瘡。15～30克，水煎服；外用適量，搗爛敷患處。

實用簡方　①感冒咳嗽：鼠麴草30克，青蒿15克，薄荷10克，水煎服。②高血壓、消化不良：鮮鼠麴草60克，水煎服。③便祕：鼠麴草、虎杖各30克，水煎服。④脾虛浮腫：鮮鼠麴草60克，水煎服。

Gnaphalium affine D. Don

515 細葉鼠麴草

- **別　　名**　天青地白、白背鼠麴草。
- **藥用部位**　全草。
- **植物特徵與採製**　一年生草本。根叢生，鬚根狀。莖纖細，著地生根，被白色綿毛。基生葉蓮座狀，條狀倒披針形或條形，葉面綠色，有疏毛或無毛，葉背密生白色絨毛。頭狀花序簇生枝頂；花黃色。瘦果橢圓形。2～4月開花，3～5月結果。生於路旁、山坡草地上。分布於中國長江流域以南各地。夏季採收，鮮用或晒乾。
- **性味功用**　甘、淡，涼。清熱解毒。主治感冒、咳嗽、百日咳、神經衰弱、帶下病、淋濁、尿道炎、尿血、咽喉腫痛、乳腺炎、癰癤、目赤腫痛、口腔炎、蛇傷。15～30克，水煎服；外用適量，搗爛敷患處。

實用簡方　①風熱咳嗽：細葉鼠麴草15～30克，水煎服。②神經衰弱、煩熱不眠、心煩：鮮細葉鼠麴草30～60克，豬心1個，水燉服。③尿道炎、尿血：鮮細葉鼠麴草30～60克，搗汁，酌加冰糖燉溫服。④小兒夜啼：鮮細葉鼠麴草30克，酌加冰糖，水燉服。

Gnaphalium japonicum Thunb.

516 紅鳳菜

Gynura bicolor (Roxb. ex Willd.) DC.

- **別　　名**　觀音菜、紅背三七、紅番莧。
- **藥用部位**　全草。
- **植物特徵與採製**　多年生草本。莖有細棱，帶紫色。葉互生，橢圓狀披針形、橢圓狀倒披針形或橢圓形，邊緣具不規則鋸齒或淺裂，葉背常帶紫色。頭狀花序在莖頂排列成疏散的傘房花序；花均為管狀，兩性，外緣花的花冠黃色，中央的猩紅色。瘦果圓柱形。秋季至翌年春季開花結果。多為栽培。分布於臺灣、中國雲南、貴州、四川、廣西、廣東、湖南、福建等地。全年可採，鮮用或晒乾。
- **性味功用**　微甘，涼。清熱涼血，消腫解毒。主治脾臟腫大、肝炎、痢疾、咯血、嘔血、痛經、結膜炎、瘡瘍、皮膚潰瘍、絲蟲病淋巴管炎、跌打損傷、扭傷、疔瘡癤腫。30～60克，水煎服；外用適量，搗爛敷患處。

實用簡方　①腎盂腎炎、腰痛：鮮紅鳳菜60克，金毛耳草、仙鶴草各15克，水煎服。②肝炎：鮮紅鳳菜嫩莖葉適量，豬肝少許，炒食或煮湯服。③咯血：鮮紅鳳菜60～120克，水煎服。④痛經：鮮紅鳳菜葉60～120克，酒炒，水煎服。⑤甲狀腺腫大：紅鳳菜30克，朱砂根20克，白絨草15克，滿山紅根10克，水煎服。

517 野茼蒿

Crassocephalum crepidioides (Benth.) S. Moore

- **別　　名**　革命菜、安南草、昭和草。
- **藥用部位**　全草。
- **植物特徵與採製**　一年生直立草本。莖具縱條紋，無毛或被疏毛。葉互生，長圓形，邊緣具不規則鋸齒或有時基部羽狀分裂。頭狀花序圓柱形；花均為管狀，兩性，金黃色。瘦果圓柱形，紫紅色，冠毛白色。3～12月開花結果。生於路旁、山坡、曠野等地。分布於中國江西、福建、湖南、湖北、廣東、廣西及西南等地。夏、秋季採收，鮮用或晒乾。
- **性味功用**　微苦，涼。清熱解毒，健脾利溼。主治消化不良、腸炎、痢疾、壞血病、腳氣病、脾虛浮腫、腮腺炎、乳腺炎、癰疽疔毒。30～60克，水煎服；外用適量，搗爛敷患處。

實用簡方　①腹瀉：野茼蒿、車前草各30克，金錦香25克，水煎服。②脾虛浮腫：鮮野茼蒿250～500克，豬骨頭適量，水燉服。③消化不良、營養吸收不良性水腫：鮮野茼蒿250～500克，雞蛋1～2個，水燉服。④小兒肝火旺：鮮野茼蒿根15～30克，燉水鴨母或豬瘦肉服。

316

518 羊耳菊

- **別　　名**　白牛膽、山白芷、白面風。
- **藥用部位**　全草。
- **植物特徵與採製**　亞灌木。莖直立，多分枝，密生灰白色或淡黃色毛。葉互生，長圓形，近全緣，或具稀疏的小齒，葉面綠色，密生短毛，葉背密被絹毛。頭狀花序倒卵形；花黃色。瘦果圓柱形。秋、冬季開花結果。生於低山坡地或林緣。分布於中國四川、雲南、貴州、廣西、廣東、江西、福建、浙江等地。夏、秋季採收，鮮用或晒乾。

Inula cappa (Buch.-Ham.) DC.

- **性味功用**　辛，微苦，微溫。祛風散寒，行氣止痛，解毒消腫。主治風寒感冒、咳嗽、氣喘、頭痛、胃痛、肺結核、肝炎、痢疾、水腫、風溼痺痛、月經不調、痛經、白帶異常、痔瘡、溼疹、刀傷、疔。15～30克，水煎服；外用適量，搗爛敷患處。

> **實用簡方**　①風寒感冒、咳嗽、慢性支氣管炎：羊耳菊15～30克，水煎服。②感冒頭痛：鮮羊耳菊根30克，生薑3克，紅糖適量，水煎服。③風溼痺痛：羊耳菊根（酒炒）30～60克，豬蹄1隻，水燉服。

519 馬蘭

- **別　　名**　山菊、雞兒腸、路邊菊。
- **藥用部位**　全草。
- **植物特徵與採製**　多年生草本。莖直立，多分枝。葉互生，倒披針形或倒卵狀長圓形，邊緣具粗齒；上部葉小，近全緣。頭狀花序生於上部分枝頂端；緣花舌狀，一層，藍紫色；盤花管狀，黃色。瘦果扁倒卵形。8～12月開花。生於路旁、田埂、河邊等較潮溼地。分布於中國各地。全年可採，鮮用或晒乾。

Kalimeris indica (L.) Sch.-Bip.

- **性味功用**　微辛，涼。清熱利溼，涼血止血，消腫解毒。主治感冒、咳嗽、咽喉腫痛、胃及十二指腸潰瘍、肝炎、吐血、咯血、鼻出血、血痢、牙齦出血、崩漏、水腫、小便淋痛、白濁、睪丸炎、腎炎、河豚中毒、目赤腫痛、乳腺炎、疔瘡癰腫、帶狀疱疹、毒蛇咬傷、跌打損傷。15～30克，水煎服；外用適量，搗爛敷患處。

> **實用簡方**　①急性病毒性肝炎：馬蘭、兗州卷柏各30克，酢漿草、地耳草各9克，水煎服。②流行性感冒：馬蘭、水蜈蚣、雞眼草、積雪草各15克，水煎服。③胃及十二指腸潰瘍：鮮馬蘭30克，石菖蒲6克，野鴉椿果實15克，水煎服。

520 六棱菊

Laggera alata (D. Don) Sch.-Bip. ex Oliv.

- **別　　名**　臭靈丹、鹿耳翎、六角草。
- **藥用部位**　全草。
- **植物特徵與採製**　多年生草本。全株密生淡黃色柔毛及腺點，嗅之有特殊香味。莖粗壯，多分枝，有明顯的翅。葉互生，橢圓形或橢圓狀倒披針形。頭狀花序排列成頂生具葉的圓錐花序，果時下垂；花均為管狀，紫色。瘦果圓柱形。秋、冬季開花結果。多生於路旁、山坡、曠野等處。分布於中國東部、東南部和西南部等地。夏、秋季採收，鮮用或晒乾。
- **性味功用**　苦、辛，微溫。祛風除溼，活血解毒。主治感冒、咳嗽、風溼關節痛、頭痛、眩暈、腎炎性水腫、胃痛、腰痛、腹瀉、閉經、產後腹痛、產後風痛、乳腺炎、瘰癧、骨結核、多發性膿腫、疔瘡癰腫、溼疹、跌打損傷。15～30克，水煎服；外用適量，搗爛敷患處。

> **實用簡方**　①感冒：六棱菊、夏枯草、海金沙藤各15克，水煎服。 ②酒後、色後傷風：六棱菊30克，水煎，兌雞湯服。 ③久年頭痛、產後風痛：鮮六棱菊根60克，水煎服，或燉羊腦1個，加酒少許服。④過饑胃痛：六棱菊根30～60克，豬瘦肉適量，水燉服。⑤寒痺：六棱菊30～45克，豬蹄1隻，酒水各半燉服。

521 千里光

Senecio scandens Buch.-Ham. ex D. Don

- **別　　名**　千里及、九里明、黃花草。
- **藥用部位**　全草。
- **植物特徵與採製**　多年生攀緣狀草本。莖近木質，有縱條紋。葉互生，卵狀披針形，葉緣具淺齒或淺裂。頭狀花序在枝頂呈傘房狀排列；舌狀花黃色；中央的全為管狀花。瘦果圓柱形。2～5月開花結果。生於林緣灌木叢中。分布於中國華東、中南、西南及陝西、甘肅等地。全年可採，鮮用或晒乾。
- **性味功用**　苦，涼。清熱解毒，殺蟲止癢。主治上呼吸道感染、急性扁桃腺炎、咽喉炎、肺炎、肝炎、腸炎、痢疾、闌尾炎、疔癤、溼疹、皮膚搔癢、皮炎、痔瘡、結膜炎、丹毒、蛇傷。15～30克，水煎服；外用適量，搗爛敷患處。

> **實用簡方**　①痢疾：鮮千里光30～60克，酌加冰糖，水燉服。②黃疸初起：千里光120克，鮮蘿蔔500克，水煎，分3次，飯後服。③反胃吐酸：鮮千里光60克，燉豆腐或豬肚服。④咽喉腫痛：千里光15克，玄參、蚤休各9克，桔梗6克，甘草3克，水煎服。

522 兔兒傘

- **別　　名**　雷骨散、和尚帽子。
- **藥用部位**　全草、根莖。
- **植物特徵與採製**　多年生草本。根狀莖橫走，鬚根粗。根生葉單一，具長柄，花期枯萎；莖生葉通常2片，互生，葉片盾形，掌狀5～9深裂，裂片作2叉狀深裂，邊緣具裂狀齒或淺齒。頭狀花序密集成傘房狀；花淡紅色，管狀。瘦果長圓形。7～10月開花結果。多生於林下陰溼地。分布於中國各地。夏、秋季採收，可鮮用或晒乾。

Syneilesis aconitifolia (Bge.) Maxim.

- **性味功用**　苦，辛，微溫。有毒。祛風除溼，解毒消腫，活血止痛。主治風溼關節痛、四肢麻木、腰腿痛、月經不調、痛經、跌打損傷、瘰癧、癰疽、痔瘡、毒蛇咬傷。6～15克，水煎服；外用鮮全草適量，搗爛敷患處。孕婦忌服。

　　實用簡方　①癰疽：鮮兔兒傘適量，搗爛，調雞蛋清敷患處。②毒蛇咬傷：鮮兔兒傘根莖適量，搗爛敷患處。③頸淋巴結核：兔兒傘根莖、蛇莓各30克，香茶菜根15克，水煎服；另取鮮八角蓮根適量，搗爛敷患處。

523 蟛蜞菊

- **別　　名**　鹵地菊、路邊菊。
- **藥用部位**　全草。
- **植物特徵與採製**　多年生匍匐草本。全株被短伏毛。葉對生，橢圓狀披針形，全緣或具疏鋸齒，兩面密被伏毛。頭狀花序單生於枝頂或葉腋；花黃色，緣花舌狀；盤花管狀。瘦果長圓形，扁平。3～10月開花結果。生於田邊、溝邊、路旁近水潮溼處。分布於臺灣、中國遼寧、福建、廣東、廣西、海南、貴州等地。全年可採，鮮用或晒乾。

Wedelia chinensis (Osbeck.) Merr.

- **性味功用**　微苦，甘，涼。清熱解毒，涼血止血。主治感冒發熱、白喉、咽喉炎、扁桃腺炎、氣管炎、肺炎、肺膿腫、百日咳、鼻出血、咯血、尿血、痢疾、麻疹、肝炎、風溼性關節炎、痔瘡、牙齦炎、疔瘡癰腫、毒蛇咬傷。15～30克，水煎服，或搗爛絞汁服。孕婦慎服。

　　實用簡方　①上呼吸道感染：鮮蟛蜞菊30～60克，水煎，酌加蜂蜜調服。②痢疾：鮮蟛蜞菊30～60克，紅糖適量，水煎服。③急性扁桃腺炎：蟛蜞菊、鬼針草、馬蘭各15克，一枝黃花9克，水煎服。

524 蒼耳

Xanthium sibiricum Patrin ex Widder

- **別　　名**　虱麻頭、刺兒棵。
- **藥用部位**　根、全草、果實（藥材名蒼耳子）。
- **植物特徵與採製**　一年生草本。全株有短毛。葉互生，三角狀卵形，邊緣有淺裂或不規則的齒缺。花單性，雌雄同株；成熟後具瘦果的總苞堅硬，淡黃色，生有具鉤的總苞刺。瘦果卵形，壓扁。6～10月開花結果。生於村旁荒地或栽培。分布於中國各地。全草夏、秋季採收，蒼耳子秋季成熟時採；鮮用或晒乾。
- **性味功用**　根，微苦，平；有小毒；清熱利溼；主治風溼痺痛、腎炎性水腫、尿道感染、乳糜尿、闌尾炎、多發性膿腫、疔瘡、皮膚搔癢。全草，苦、辛，微寒；有小毒；發汗散熱，祛溼解毒；主治感冒、頭風、鼻淵、風溼痺痛、痔瘡、皮膚搔癢、疥瘡、溼疹、蕁麻疹、疔瘡癤腫。蒼耳子，苦、甘，微溫；有小毒；疏風散寒，通鼻竅，袪風止癢；主治鼻淵、鼻炎、風寒頭痛、風溼痺痛、牙痛、疥癬、皮膚搔癢、風疹、溼疹。根15～30克，全草6～15克，蒼耳子6～10克，水煎服；外用適量，水煎洗或搗爛敷患處。

實用簡方　①頭痛、眩暈：蒼耳子30克，水煎，取湯煮雞蛋2個服。②鼻竇炎：蒼耳子、浙貝母、辛夷各10克，當歸、炒梔子各9克，白芷8克，鉤藤15克，水煎服。

525 黃鵪菜

Youngia japonica (L.) DC.

- **別　　名**　黃瓜菜、黃花菜。
- **藥用部位**　全草。
- **植物特徵與採製**　一年生草本。莖直立，少分枝。葉多為基生，倒披針形，作提琴狀深裂，頂端裂片大，向下漸小，有細毛。頭狀花序或聚傘狀圓錐花序式排列；花黃色，全為舌狀。瘦果紅棕色。春、夏季開花結果。生於荒野溼地。分布於中國北京、陝西、甘肅、廣東、廣西及華東、華中、西南等地。春、夏季採收，鮮用或晒乾。
- **性味功用**　甘、微苦，涼。清熱解毒，利尿消腫。主治感冒、咽喉炎、痢疾、尿道炎、腎炎、淋濁、鵝口瘡、癤腫、睪丸腫痛、白帶異常、乳腺炎、毒蛇咬傷、蜂螫傷。15～30克，水煎服；外用鮮全草適量，搗爛敷患處。

實用簡方　①急性腎炎：鮮黃鵪菜2～3株，烤乾研末，和雞蛋炒食。②小便淋瀝：黃鵪菜60克，水煎服。③腫痛：鮮黃鵪菜適量，黃土、食鹽各少許，搗爛敷患處。

香蒲科

526 水燭

Typha angustifolia L.

- **別　　名**　鬼蠟燭、毛蠟燭、狹葉香蒲。
- **藥用部位**　花粉（藥材名蒲黃）。
- **植物特徵與採製**　多年生沼生草本。莖單一。葉狹條形。花單性，雌雄同株；穗狀花序圓柱形，形似「燭」，褐色；雌雄花序離生，雄花序位於上部，雌花序位於下部。堅果細小。夏、秋季開花。多生於淺水沼澤地。分布於臺灣、中國黑龍江、遼寧、內蒙古、山東、河南、陝西、新疆、江蘇、雲南、福建等地。夏、秋季採收初開放的花，剪取上段雄花序，晒乾，碾碎，除去雜質，用細篩篩出花粉。
- **性味功用**　甘、微辛，平。止血，祛痰，利尿，止痛。主治咯血、吐血、鼻出血、血痢、血淋、子宮出血、閉經、痛經、產後瘀痛、瘰癧、口舌生瘡、刀傷出血、燙火傷、皮膚搔癢。3～15克，水煎服（包煎）；外用適量，研末撒或調敷。散瘀止痛多生用，止血宜炒用，血瘀出血生熟各半。孕婦慎用。

實用簡方　①心腹諸痛、產後瘀血腹痛：蒲黃、五靈脂各等量，研末，每次3克，每日2次，黃酒或米醋送服。②異常子宮出血：蒲黃炭9克，熟地黃12克，側柏葉炭15克，水煎服。③脫肛：蒲黃60克，以豬脂和敷肛上，納之。④滲液性溼疹：淨蒲黃適量，直接撒患處，以不見滲液為度，蓋以紗布。換藥時，勿將已乾燥的藥粉去掉或洗去。⑤刀傷出血：蒲黃適量敷患處。

眼子菜科

527 浮葉眼子菜

Potamogeton natans L.

- **別　　名**　蟑螂草、黃砸草。
- **藥用部位**　全草。
- **植物特徵與採製**　多年生水生草本。根狀莖匍匐，細長。葉二形，沉水葉為葉柄狀，條形，全緣；浮水葉卵狀長圓形至橢圓形。穗狀花序腋生；花黃綠色。小堅果倒卵形。6～9月開花結果。生於水田、池沼等地。分布於中國南北各地。4～10月採收，鮮用或晒乾。
- **性味功用**　甘、微苦，涼。清熱解毒，消腫止痛。主治遺精、黃疸、疳積、痔瘡、中耳炎、目赤腫痛、瞼腺炎、疔癰。9～15克，水煎服；外用鮮全草適量，搗爛敷患處或絞汁滴耳。

實用簡方　①小兒疳積：浮葉眼子菜6克，研末，雞蛋1個，水煎服，每日服1次，連服7日。②疔癰：鮮浮葉眼子菜葉適量，冷飯少許，搗爛敷患處。

澤瀉科

528 澤瀉

- **別　　名**　大花瓣澤瀉、天鵝蛋、水澤。
- **藥用部位**　塊莖（藥材名澤瀉）。
- **植物特徵與採製**　多年生水生草本。地下塊莖球形或倒卵形。葉根生，橢圓形至卵狀橢圓形，全緣，兩面均光滑無毛。花莖由葉叢中抽出，成大型的輪生狀圓錐花序；花瓣3，白色，倒卵形，較萼短。瘦果多數。6～8月開花，7～9月結果。多種植於水田中。分布於中國東北、華東、西南及河北、新疆、河南等地。冬至至大寒葉子枯萎後挖出塊莖，去葉，留住頂芽（以防烘焙時流出黑色液汁），反覆交替進行四次烘焙和三道籠攏（籠為竹片編成，形如橄欖狀），溫度掌握在35～60℃（初次50～60℃，第二次45～50℃，均烘36小時，後兩次溫度逐降5℃，均烘24小時。烘時，每隔1.5小時翻動1次），每次烘、攏後須在常溫下返潮一星期左右，再行烘、攏，去盡殘葉、鬚根和粗皮，達到色白、光滑即可。浸泡潤軟後切片晒乾。

Alisma plantago-aquatica L.

- **性味功用**　甘、淡，寒。清熱，滲溼，利尿。主治小便不利、水腫、淋濁、痰飲、遺精、腸炎、腹瀉、高脂血症、脂肪肝、冠心病。9～15克，水煎服。

實用簡方　①眩暈、水瀉、小便短赤：澤瀉15克，車前子9克，水煎服。②慢性支氣管炎：澤瀉全草30克，每日3次煎服，10日為1療程。

529 野慈姑

- **別　　名**　茨菰、矮慈姑、白地栗。
- **藥用部位**　全草。
- **植物特徵與採製**　多年生水生草本。根莖橫走，先端膨大成球莖。葉基生，突出水面的葉常呈戟形。花單性，雌雄同株；總狀花序；花白色。瘦果斜倒卵形，有翅。8月開花。多生於淺水池塘、沼澤、湖泊或稻田中。分布於中國東北、華北、西北、華東、華南及四川、貴州、雲南等地。球莖冬季至翌年春季採挖，葉夏、秋季採；鮮用或晒乾。

Sagittaria trifolia L.

- **性味功用**　甘、微苦，寒。**球莖**，通淋逐瘀，活血涼血；主治淋濁、帶下病、崩漏、咯血、嘔血、乳腺結核、骨膜炎、睪丸炎。**葉**，清熱解毒；主治咽喉腫痛、黃疸、溼疹、疔癬。球莖15～30克，水煎服；外用適量，搗爛敷患處，不宜久敷。孕婦慎服。

實用簡方　①石淋：鮮野慈姑球莖30～90克，搗爛絞汁，開水沖服，每日2次。②疔腫：鮮野慈姑花適量，搗爛敷患處。③溼疹：鮮野慈姑適量，搗爛敷患處。

禾本科

530 薏苡

- **別　　名**　薏米、米仁、苡仁。
- **藥用部位**　根、種子（藥材名薏苡仁）。
- **植物特徵與採製**　一年生粗壯草本。鬚根黃白色，海綿質。稈直立叢生，節多分枝。葉片扁平寬大，開展，邊緣粗糙。總狀花序腋生成束；雌小穗位於花序的下部，外面包以骨質念珠狀的總苞，總苞卵圓形，釉質，堅硬，有光澤。穎果。花、果期6～12月。多生於溼潤的屋旁、池塘、河溝、山谷、溪澗。中國大部分地區均有分布。一般為栽培品。秋末果實成熟時採挖，鮮用或晒乾；打下果實，脫殼，晒乾，可以生用或炒後使用。
- **性味功用**　根，苦、甘，寒；清熱利溼，殺蟲；主治風溼痺痛、黃疸、水腫、熱淋、白帶異常、蟲積腹痛。薏苡仁，甘、淡，涼；健脾補肺，滲溼利水；主治腳氣、水腫、肺膿腫、風溼痺痛、帶下病、腸癰、泄瀉、蕁麻疹、扁平疣、溼疹、過敏性鼻竇炎。15～30克，水煎服。孕婦忌服。

> **實用簡方**　①肺膿腫：薏苡仁30克，桔梗15克，甘草6克，水煎服。②白帶異常：薏苡根30克，白果10～15枚，雞冠花15克，水煎服。③過敏性鼻竇炎：薏苡仁30克，蒼耳子15克，水煎服。

Coix lacryma-jobi L.

531 牛筋草

- **別　　名**　蟋蟀草、牛頓草、千斤拔。
- **藥用部位**　全草。
- **植物特徵與採製**　一年生草本。鬚根細而密。稈叢生，直立或基部伏地，扁平。葉片條形。穗狀花序3至數枚，呈指狀簇生於莖頂。穎果近卵形。7～11月開花結果。多生於村邊、路旁、曠野、田邊等地。分布於中國南北各地。夏、秋季採收，鮮用或晒乾。
- **性味功用**　甘、淡，涼。清熱利溼。主治日本腦炎、黃疸、痢疾、腸炎、中暑、淋濁、睪丸炎、尿道炎、小便不利、腎炎。15～30克，水煎服。

> **實用簡方**　①預防日本腦炎：牛筋草60克，爵床、鮮大青葉各30克，甘草6克，水煎，每日1劑，連服1個星期。②肝炎：鮮牛筋草60克，水煎服。有黃疸者加梔子根9克，腹脹加燈心草9克。③中暑發熱：鮮牛筋草60克，水煎服。④尿道炎：鮮牛筋草60克，水煎，酌加蜂蜜調服。⑤急淋、尿血：牛筋草、燈心草、土麥冬各30克，水煎服。

Eleusine indica (L.) Gaertn.

532 白茅

- **別　　名**　茅針、白茅根、茅草根。
- **藥用部位**　根莖（藥材名白茅根）、花序（藥材名白茅花）。
- **植物特徵與採製**　多年生草本。根莖橫走，白色，有甜味。稈叢生，直立，節具柔毛。葉互生，條形或條狀披針形，邊緣具細小銳齒。圓錐花序圓柱形；小穗長圓形或披針形。穎果，成熟的果序被白色長柔毛。6～9月開花。多生於路旁、山坡、荒地向陽處。分布於中國大部分地區。白茅根全年可挖取，白茅花於夏、秋季採；鮮用或晒乾。

Imperata cylindrica (L.) Beauv.

- **性味功用**　白茅根，甘，涼；清熱利尿，涼血止血，生津止渴；主治麻疹高熱、熱病煩渴、胃熱嘔逆、鼻出血、黃疸、水腫、腎炎、高血壓、中暑、咯血、血淋、白濁、血崩、小兒夏季熱、口腔炎、血小板減少性紫癜。白茅花，淡，涼；涼血止血；主治鼻出血、吐血、刀傷出血。白茅根15～60克，白茅花9～15克，水煎服；外用白茅花適量，按敷局部。

> **實用簡方**　①腎炎：白茅根、益母草、桑寄生各30克，枸杞子15克，桂枝9克，水煎服。②鼻出血：白茅花、側柏葉、藕節各9～15克，水煎服。③尿血：白茅根30克，薺菜30～60克，水煎代茶。

533 淡竹葉

- **別　　名**　竹葉麥冬、山雞米。
- **藥用部位**　全草。
- **植物特徵與採製**　多年生草本。根狀莖粗短，稍木質化，鬚根中部常膨大成紡錘形的肉質塊根。莖叢生，光滑，中空。葉互生，廣披針形，全緣。圓錐花序頂生；小穗疏散，排列偏於穗軸一側；穎片長圓形。穎果紡錘形。5～10月開花結果。生於山坡林下陰溼處。分布於臺灣、中國江蘇、浙江、江西、福建、湖南、廣東、四川、雲南等地。夏初未抽穗時採收，鮮用或晒乾。

Lophatherum gracile Brongn.

- **性味功用**　甘、淡，微寒。根，清熱止咳；主治咳嗽、咽痛、心煩口渴、小便不利。葉，清熱除煩，利尿；主治熱病煩渴、淋病、口腔糜爛、牙齦腫痛、小便澀痛。9～15克，水煎服；外用鮮根適量，搗爛敷患處。孕婦慎服。

> **實用簡方**　①暑熱：淡竹葉地下部分適量，燉水鴨母服。②肺炎高熱：鮮淡竹葉30克，麥冬15克，球蘭葉7片，水煎服。③尿血：鮮淡竹葉、白茅根各30克，水煎服。④小兒夜啼：淡竹葉9克，木通5克，車前子6克，蟬蛻5只，甘草3克，水煎服。

534 金絲草

- **別　　名**　筆仔草、筆尾草、金絲茅。
- **藥用部位**　全草。
- **植物特徵與採製**　多年生小草本。稈叢生，直立或基部稍傾斜，纖細。葉互生，條狀披針形，兩面均被毛。穗狀花序頂生；花乳黃色；穗軸節間短，兩側扁，節大，穗軸兩側及節上具毛。穎果長圓形。7～9月開花結果。多生於山坡、河邊、牆縫、曠野等溼地。分布於臺灣、中國安徽、浙江、江西、福建、湖北、廣東、海南、廣西、四川、貴州、雲南等地。夏、秋季採收，鮮用或晒乾。

Pogonatherum crinitum (Thunb.) Kunth

- **性味功用**　淡，涼。清熱利水，涼血止血。主治尿道感染、乳糜尿、腎炎、尿道結石、糖尿病、黃疸、白帶異常、小兒疳熱、吐血、咯血、尿血、鼻出血、血崩。15～30克，水煎服。

實用簡方　①急性腎盂腎炎、腎炎：金絲草、海金沙藤、積雪草各30克，水煎服。②血淋：鮮金絲草30克，水煎，酌加白糖調服。③淋濁：鮮金絲草60～120克，冰糖適量，水煎服。④肝炎：金絲草、茵陳蒿各30克，水煎服。⑤糖尿病：金絲草60克，白果12枚，水煎服。

535 狗尾草

- **別　　名**　狗尾半支、穀莠子。
- **藥用部位**　全草。
- **植物特徵與採製**　一年生草本。直立或基部略傾斜。葉長三角狀狹披針形或線狀披針形。圓錐花序呈緊密的圓柱形，通常直立。穎果灰白色。4～10月開花結果。多生於荒野、路旁、田間等地。分布於中國各地。夏、秋季採收，鮮用或晒乾。

Setaria viridis (L.) Beauv.

- **性味功用**　甘、淡，涼；清熱利溼，平肝明目。全草主治小兒肝熱、疳積、痢疾、黃疸、目赤腫痛、小便澀痛、淋病、百日咳、尋常疣；種子主治瘧疾。9～15克，水煎服；外用適量，搗爛敷或煎水洗患處。

實用簡方　①病毒性肝炎：狗尾草30克，一枝黃花、茵陳各15克，白英20克，梔子10克，水煎服。②急性泌尿系統感染：鮮狗尾草120克，水煎服。③急性結膜炎：狗尾草60克，冰糖適量，水煎服。

玉蜀黍

Zea mays L.

- **別　　名**　玉米、包穀、苞麥米。
- **藥用部位**　根、葉、花、花柱及柱頭（藥材名玉米鬚）、總苞片、穗軸、種子。
- **植物特徵與採製**　一年生高大草本。葉片扁平寬大，線狀披針形，邊緣微粗糙。頂生雄性圓錐花序；在葉腋內抽出圓柱狀的雌花序。穎果球形或扁球形。花、果期秋季。各地均有栽培。夏、秋季採收，鮮用或晒乾。
- **性味功用**　甘、平。清熱利尿。根、葉、總苞片主治腎及膀胱結石、胃炎、小便不利、腹水；花主治膽囊炎、肝炎；穗軸主治小便不利、水腫；鬚主治糖尿病、高血壓、肺結核、百日咳、腎炎、泌尿道感染、乳糜尿、黃疸、膽囊炎、白帶異常。根、種子30～60克，葉、花、穗軸、鬚、總苞片9～15克，水煎服。

> **實用簡方**　①高血壓：玉米鬚60克，冰糖適量，水燉服。②腎炎：玉米鬚100克，水煎服。③腎結石：玉米鬚30克，海金沙10克，活血丹20克，水煎服。④膽囊炎、膽結石、病毒性肝炎：玉米鬚30克，蒲公英、茵陳蒿各15克，水煎服。⑤腹水：玉米根60克，砂仁6克，水燉服。⑥百日咳：玉米鬚30克，李鹹（李子經食品加工而成）2粒，水煎服。

莎草科

537 香附子

Cyperus rotundus L.

- **別　　名**　香附、莎草。
- **藥用部位**　根莖（藥材名香附）、莖葉。
- **植物特徵與採製**　多年生草本。匍匐莖細長，先端常具紡錘形的塊莖，外皮黑褐色，質堅硬。莖直立，三棱形。葉出自莖的基部，條形。複穗狀花序2～8個，在莖頂排成傘狀。小堅果長三棱形，光滑。5～7月開花結果。生於田野、路旁、荒地。分布於臺灣、中國華東、中南、西南及遼寧、陝西、甘肅、山西、河北等地。秋季採收，莖、葉多鮮用；根莖挖出後，用火燒去鬚根及鱗葉，晒乾，再放入竹籠內，來回撞擦，去淨鬚毛，即成「光香附」；亦有不經火燒而將根莖裝入麻袋內撞擦，晒乾。
- **性味功用**　辛、微苦，平。理氣解鬱，調經止痛。根莖主治胃痛、胸脇痛、月經不調、經行腹痛、乳房脹痛、乳腺炎、疝痛、跌打損傷；莖葉主治癰腫、皮膚搔癢。6～12克，水煎服；外用鮮莖葉適量，搗爛敷或煎水洗患處。

實用簡方　①感冒：香附5克，紫蘇葉6克，淡豆豉9克，陳皮3克，蔥白、甘草各2克，水煎服。②痛經：香附、馬鞭草、益母草各15克，水煎服。③疝氣：香附、何首烏葉、橘葉各6克，水煎服。④皮膚搔癢、遍體生風：鮮莎草全草適量，煎水洗浴。

538 短葉水蜈蚣

Kyllinga brevifolia Rottb.

- **別　　名**　水蜈蚣、球子草、草含珠。
- **藥用部位**　全草。
- **植物特徵與採製**　多年生草本。根莖近圓柱形，節下生許多鬚根，每節向上抽出一株地上莖，三角形，基部有膜質、棕色葉鞘包圍。葉互生，條形，全緣。穗狀花序頂生，排列成頭狀或卵狀。堅果卵形。7～9月開花，8～10月結果。多生於田埂、河邊、曠野等潮溼處。分布於中國湖北、湖南、貴州、四川、雲南、安徽、浙江、江西、福建、廣東、海南、廣西等地。全年可採，鮮用或晒乾。
- **性味功用**　微辛，平。清熱利溼，祛瘀消腫。主治感冒、瘧疾、肝炎、痢疾、日本腦炎、痞塊、百日咳、熱淋、砂淋、腎炎、小兒羊癲瘋、角膜潰瘍、蕁麻疹、帶狀疱疹、乳腺炎、疔瘡、皮膚搔癢、乳糜尿、毒蛇咬傷、跌打腫痛。15～30克，水煎服；外用適量，搗爛敷患處。

實用簡方　①細菌性痢疾：鮮短葉水蜈蚣30～120克，冰糖適量，水煎服。②外感發熱：鮮短葉水蜈蚣15～30克，水煎服。③熱淋、砂淋、小便不利：鮮短葉水蜈蚣、土牛膝根各30克，水煎服。

棕櫚科

539 蒲葵

- **別　　名**　扇葉葵、葵樹。
- **藥用部位**　根、葉、種子（藥材名蒲葵子）。
- **植物特徵與採製**　常綠喬木。葉叢生莖幹頂端，扇形，掌狀深裂至中部，裂片條狀披針形，先端2深裂，下垂；葉柄下部邊緣有倒鉤刺。圓錐花序腋生；佛焰苞棕色；花小，黃綠色。核果橢圓形或長圓形，狀如橄欖，成熟時黑褐色。4～5月開花。多為栽培。分布於中國南方各地。根、葉全年可採，種子秋季採收；鮮用或晒乾。

Livistona chinensis (Jacq.) R. Br.

- **性味功用**　甘、澀，平。**根**，止痛；主治各種疼痛。**陳葉**，止血，止汗；主治咯血、吐血、鼻出血、崩漏、自汗、盜汗。**種子**，抗癌；主治癌症。陳葉燒灰3～6克，開水送服；根6～9克，種子15～30克，水煎服。

實用簡方　①各種癌症：蒲葵子30克，水煎1～2小時服，或與豬瘦肉燉服。②肺癌：蒲葵子、半枝蓮各60克，水煎服。③惡性葡萄胎、白血病：蒲葵子30克，大棗6枚，水煎服，20日為1個療程。

540 棕櫚

- **別　　名**　棕樹、栟櫚。
- **藥用部位**　全株。
- **植物特徵與採製**　常綠喬木。樹幹圓柱形，被不易脫落的老葉柄基部和密集的網狀纖維。葉片呈3/4圓形或者近圓形，深裂成30～50片具皺折的線狀劍形。花序粗壯，多次分枝，從葉腋抽出。果實闊腎形，成熟時由黃色變為淡藍色，有白粉。花期4月，果期12月。多為栽培。分布於中國南方各地。根、葉全年可採，果實於冬季成熟時採收；鮮用或晒乾。

Trachycarpus fortunei (Hook.) H. Wendl.

- **性味功用**　苦、澀，涼。涼血止血，澀腸止痢。主治血崩、咯血、吐血、便血、尿血、鼻出血、白帶異常、閉經、崩漏、腸風下血、瀉痢。10～30克，水煎服。

實用簡方　①子宮下垂：鮮棕櫚根120克，桂圓9克，豬瘦肉適量，水燉服。②白帶異常：舊棕衣30克，燒灰存性，調開水服，每日1次。③便血、尿血：鮮棕櫚根30克，豬瘦肉適量，水燉服。④淋證：鮮棕櫚根、天冬各15～30克，豬瘦肉適量，水燉服。

天南星科

541 菖蒲

Acorus calamus L.

- **別　　名**　水菖蒲、白昌。
- **藥用部位**　根狀莖。
- **植物特徵與採製**　多年生叢生草本。根莖粗大，橫臥，有辛香氣。葉從基部生出，劍狀條形。花序柄葉狀；佛焰苞葉狀；肉穗花序無柄，圓柱形。漿果倒卵形，成熟時紅色。6～8月開花結果。多生於淺水池塘、水溝、溪澗溼地，或栽培。分布於中國各地。全年可採，鮮用或晒乾。
- **性味功用**　辛、苦，溫。化痰開竅，散風祛溼，辟穢殺蟲，理氣消腫。主治胃痛、腹痛、癲癇、痰厥、驚悸健忘、風溼痛、耳聾、耳鳴、癰、疥。3～9克，水煎服；外用適量，搗爛敷患處。

實用簡方　①健忘、驚悸、神志不清：菖蒲、遠志、茯苓、龍骨各9克，龜甲15克，研末，每次服4.5克，每日3次。②腹脹、消化不良：菖蒲、炒萊菔子、神麴各9克，香附12克，水煎服。③胃痛：鮮菖蒲6～9克，水煎，酌加白糖調服。④水腫：鮮菖蒲6～9克，黃豆60克，水煮服。⑤風寒溼痺：菖蒲適量，水煎洗患處。⑥乳腺炎：鮮菖蒲適量，蔥白少許，搗爛敷患處。

542 金錢蒲

Acorus gramineus Soland.

- **別　　名**　石菖蒲、粉菖、菖蒲。
- **藥用部位**　根莖。
- **植物特徵與採製**　多年生叢生草本。根莖有分枝，有香氣。葉從基部生出，劍狀條形。花序柄葉狀；佛焰苞葉狀，狹長；肉穗花序無柄，圓柱形；花小，密生，兩性，黃綠色。漿果倒卵形。3～5月開花結果。多生於山谷溪溝中或河邊石上。分布於中國黃河以南各地。全年可採，除去莖葉及鬚根，鮮用或晒乾。
- **性味功用**　辛、苦，微溫。辟穢開竅，理氣豁痰，散風祛溼，解毒殺蟲。主治熱病神昏、胃痛、腹痛、癲癇、胸悶、風溼痺痛、牙齦膿腫、溼疹、帶狀疱疹、腰扭傷。3～15克，水煎服；外用適量，煎水洗，或研末調茶油塗患處。

實用簡方　①胃脘脹痛：鮮金錢蒲、烏藥各15克，鮮梔子根30克，水煎服。②中暑、腹痛、瀉痢：鹽製金錢蒲10克，鹽製山雞椒6克，搗爛，冷開水送服。③食積腹痛：金錢蒲15克，磨冷開水，酌加食鹽調服。④健忘、抑鬱：金錢蒲30克，遠志、人參各3克，茯苓60克，研末，每次服1克，每日3次。

543 海芋

- **別　　名**　天芋、狼毒、姑婆芋。
- **藥用部位**　根莖。
- **植物特徵與採製**　高大草本。莖軸粗壯，外皮茶褐色，多黏液。葉聚生莖頂，葉片略為盾狀著生，卵狀戟形。花序粗壯；佛焰苞下部長筒狀；肉穗花序短於佛焰苞。果朱紅色或紫紅色。3月開花。多生於山谷、水邊或村旁等陰溼處。分布於臺灣、中國江西、福建、湖南、廣東、廣西、四川、貴州、雲南等地。全年可採，鮮用或晒乾。

Alocasia macrorrhiza (L.) Schott

- **性味功用**　辛，寒。有毒。消腫，拔毒，殺蟲。主治癰疽腫毒、疔瘡、對口瘡、斑禿、脂溢性皮炎、鐵釘刺傷、毒蛇咬傷。外用適量，搗爛敷患處。

實用簡方　①風熱頭痛：鮮海芋根莖適量，切片，貼太陽穴。②癰腫瘡癤：鮮海芋根莖適量，酌加酒糟，搗爛，用海芋葉包裹煨熱敷患處。

544 一把傘南星

Arisaema erubescens (Wall.) Schott

- **別　　名**　虎掌、南星、一把傘。
- **藥用部位**　塊莖（藥材名天南星）。
- **植物特徵與採製**　多年生草本。塊莖扁球形。葉單一，輻射狀全裂，橢圓狀倒披針形至長披針形，全緣；葉柄圓柱形，下部成鞘，基部包有膜質的鞘。花序頂生，總花梗短於葉柄；佛焰苞通常綠色，或上部帶紫色，下部筒狀。漿果成熟時紅色。4～8月開花結果。多生於山野陰溼的地方。除西北、西藏外，中國大部分地區都有分布。秋季莖葉枯黃後採挖，除去莖葉及鬚根，刮淨外皮，晒乾。

- **性味功用**　苦、辛，溫。有大毒。散結，消腫。主治瘰癧、跌打瘀腫、癰腫、毒蛇咬傷。生品有大毒，僅供外用，內服須經嚴格加工炮製後，方可入藥。

實用簡方　皮膚化膿性感染：食醋600毫升煎熬成200毫升，加入天南星粉300克調成糊狀備用；癰腫部位消毒後，取天南星醋膏適量敷患處，每日換藥1次。

545 滴水珠

- **別　　名**　水半夏、石半夏、心葉半夏。
- **藥用部位**　塊莖。
- **植物特徵與採製**　多年生草本。塊莖卵圓形。葉1枚基生，三角狀戟形，邊緣呈不規則波狀；葉柄基部及頂部有珠芽。佛焰苞長圓形；附屬體線狀，伸出佛焰苞以外。漿果。5～9月開花結果。多生於山野岩石旁陰溼處。分布於中國安徽、浙江、江西、福建、湖北、湖南、廣東、廣西、貴州等地。全年可採，鮮用或晒乾。

Pinellia cordata N. E. Brown

- **性味功用**　辛，溫。有小毒。散瘀止痛，解毒消腫。主治毒蛇咬傷、胃痛、腰痛、乳癰、瘰癧、挫傷、跌打損傷。0.3～0.6克，研末裝膠囊內吞服；外用鮮塊莖適量，搗爛敷患處。孕婦忌服。

實用簡方　①毒蛇咬傷、癰癤初起：鮮滴水珠0.3～0.6克，裝入膠囊，開水送服，每日2～3次；另取鮮滴水珠適量，搗爛敷患處。②扭挫傷：鮮滴水珠、石胡荽各適量，搗爛敷患處。

546 半夏

- **別　　名**　半月蓮、三步跳、三葉半夏。
- **藥用部位**　塊莖（藥材名半夏）。
- **植物特徵與採製**　多年生草本。塊莖球形。葉基生，一年生者常為單葉，葉片卵狀心形；老株的葉裂成3小葉，中間小葉較大，卵狀橢圓形或倒卵狀長圓形，稀披針形，全緣；葉柄近基部內側有白色珠芽，有時柄端也有珠芽。花葶高出葉；佛焰苞長圓形，頂端合攏。漿果卵圓形，成熟時紅色。3～5月開花結果。多生於肥沃溼潤的山坡、路旁，或栽培。中國大部分地區均有分布。秋季採挖地下塊莖，除去鬚根，浸、洗搓去外皮，晒乾即為生半夏，鮮用或製用。

Pinellia ternata (Thunb.) Breit.

- **性味功用**　辛，溫。有毒。製用燥溼化痰，降逆止嘔，消痞散結；主治咳嗽痰多、胸脘痞滿、噁心嘔吐。生用消腫散結；主治帶狀疱疹、癬、乳腺炎、神經性皮炎、毒蛇咬傷、胼胝。6～9克，水煎服。外用生品適量，搗爛或研末敷患處。孕婦慎服。生半夏有毒，內服宜慎。反烏頭。

實用簡方　①反胃嘔吐：薑半夏、生薑各9克，水煎，沖白蜜適量服。②毒蠍螫傷：生半夏、白礬等分為末，以醋和，敷傷處。

547 大藻

- **別　　名**　母豬蓮、大浮萍、水浮蓮。
- **藥用部位**　全草。
- **植物特徵與採製**　多年生浮水草本。主莖短縮，具匍匐莖，頂端能發出新株。葉簇生成蓮座狀，葉片倒卵狀楔形。花序生於葉腋間；佛焰苞白色。漿果。6～7月開花。多生於池塘、水溝等處。分布於臺灣、中國福建、廣東、廣西、雲南、湖南、湖北、江蘇、浙江、安徽、山東、四川等地。夏、秋季採收，鮮用或晒乾。

Pistia stratiotes L.

- **性味功用**　辛，涼。疏風透疹，祛風利水。主治水腫、小便不利、風溼痛、蕁麻疹、麻疹不透、溼疹。9～15克，水煎服；外用煎水薰洗患處。孕婦忌服。

實用簡方　①跌打傷腫：鮮大藻適量，酌加冰糖，搗爛，加熱敷患處。②汗斑：鮮大藻適量，搗爛取汁，調硫黃粉塗患處。③無名腫毒：鮮大藻適量，搗爛敷患處。④血熱身癢：鮮大藻、忍冬藤、水龍各240克，鮮地苓、土荊芥各120克，鮮樟樹葉90克，水煎後用於洗浴。

548 犁頭尖

- **別　　名**　假慈菇、土半夏。
- **藥用部位**　全草及塊莖。
- **植物特徵與採製**　多年生草本。塊莖近球形。葉基生，戟形或深心狀戟形，先端漸尖，形似犁頭，全緣或微波狀。肉穗花序自塊莖頂部抽出；佛焰苞卵狀披針形，紫色，先端扭捲成鞭狀。漿果倒卵形。夏季開花。多生於村旁、路旁、田野等較潮溼的雜草叢中。分布於中國浙江、江西、福建、湖南、廣東、廣西、四川、雲南等地。夏、秋季採收，多為鮮用。

Typhonium divaricatum (L.) Decne.

- **性味功用**　苦，辛，溫。有毒。散結止痛，消腫解毒。主治毒蛇咬傷、蛇頭疔、甲溝炎、帶狀疱疹、無名腫毒、疥癬、蜂螫傷、跌打損傷、瘰癧、腮腺炎。外用適量，搗爛或調醋敷患處。本品有毒，內服宜慎。孕婦忌服。

實用簡方　①毒蛇咬傷：犁頭尖、七葉一枝花、天南星各適量，浸酒精一星期後，取藥液塗患處。②蜂螫傷：鮮犁頭尖適量，磨白酒塗患處，每日數次。③無名腫毒、跌打腫痛：鮮犁頭尖適量，食鹽、食醋少許，搗爛敷患處。

333

穀精草科

穀精草

Eriocaulon buergerianum Koern.

- **別　　名**　穀精珠、戴星草、佛頂珠。
- **藥用部位**　頭狀花序（藥材名穀精草）、全草。
- **植物特徵與採製**　一年生草本。葉基生，條狀披針形。花葶多數，從葉叢中抽出，長短不一；頭狀花序近球形。蒴果3裂。6～10月開花結果。多生於稻田中或池邊溼地。分布於臺灣、中國江蘇、安徽、浙江、江西、福建、湖北、湖南、廣東、廣西、四川、貴州等地。夏、秋季開花時採收帶花全草，鮮用或晒乾。
- **性味功用**　辛、甘、平。疏散風熱，明目退翳。主治結膜炎、角膜雲翳、羞明流淚、夜盲、中心性視網膜炎、疳積、頭痛、牙痛、鼻竇炎。9～15克，水煎服；外用適量，煎水薰洗患處。

> **實用簡方**　①小兒中暑吐瀉：穀精草30～60克，魚首石9～15克，水煎服。②結膜炎：穀精草15克，金銀花、菊花葉、木賊各9克，水煎服。③目赤腫痛：穀精草、薺菜、紫金牛各15克，水煎服。

鴨跖草科

飯包草

Commelina bengalensis L.

- **別　　名**　火柴頭、竹葉菜。
- **藥用部位**　全草。
- **植物特徵與採製**　多年生草本。莖圓柱形，節上生根，節稍膨大。葉互生，卵狀橢圓形或卵形，全緣。聚傘花序生於莖頂，具花數朵；花瓣3，深藍色。蒴果膜質。5～10月開花，8～11月結果。多生於山坡草叢或路邊溼地。分布於臺灣、中國山東、河北、陝西、江西、江蘇、福建及華中、西南等地。夏、秋季採收，鮮用或晒乾。
- **性味功用**　甘，寒。清熱利溼，消腫解毒。主治小便短赤澀痛、痢疾、喉炎、咽喉腫痛、熱淋、小便不利、痔瘡、疔瘡。15～30克，水煎服；外用適量，搗爛敷患處。

實用簡方　①小便不通、淋瀝作痛：飯包草30～60克，水煎代茶。②赤痢：鮮飯包草60～90克，水煎服。③疔瘡腫毒、紅腫疼痛：鮮飯包草適量，冬蜜少許，搗爛敷患處。④痔瘡：鮮飯包草、爵床各適量，水煎洗患處。⑤蛇傷：鮮飯包草適量，以冷開水洗淨，搗爛絞汁冷服，渣敷傷處。

551 鴨跖草

Commelina communis L.

- **別　　名**　碧竹子、翠蝴蝶、竹葉菜。
- **藥用部位**　全草。
- **植物特徵與採製**　一年生草本。莖多分枝，節上生根，節稍膨大。葉互生，披針形或闊披針形，抱莖，全緣。聚傘花序生於莖及分枝頂端；花瓣3，2枚大，深藍色，1枚較小。蒴果橢圓形，稍壓扁。5～10月開花，8～11月結果。多生於田埂、山溝溼處。分布於中國南北大部分地區。春至秋季採收，鮮用或晒乾。
- **性味功用**　甘、淡，寒。清熱利尿，消腫解毒。主治發熱、小兒夏季熱、肺炎、咽喉腫痛、腎炎性水腫、腎盂腎炎、腹水、痢疾、便血、暑熱口渴、泌尿系統感染、關節腫痛、高熱驚厥、癰疽疔毒、丹毒、瞼腺炎、毒蛇咬傷。15～30克，水煎或搗爛絞汁服；外用適量，搗爛敷患處。

實用簡方　①急性泌尿系感染：鮮鴨跖草、車前草各30克，水煎，酌加冬蜜調服。②腎盂腎炎：鴨跖草30克，車前草、白花蛇舌草、石葦各15克，水煎服。發熱重者加爵床、蒲公英；紅細胞多者加炒梔子；偏寒者加積雪草、馬蹄金；後期或體弱者加腎氣丸。

552 吊竹梅

Tradescantia zebrina Heynh.

- **別　　名**　水竹草、鴨舌紅、金瓢羹、吊竹梅。
- **藥用部位**　全草。
- **植物特徵與採製**　多年生草本。莖多分枝，伏地，節著地生根，先端斜舉，綠色雜有紫紅色斑點。葉互生，卵狀橢圓形或卵形，全緣，葉面淡紫色而雜以銀白色，中間及邊緣有紫色條紋，葉背紫紅色。花數朵成束，生於莖頂。花不定期開。多為栽培。中國各地均有分布。春至秋季採收，鮮用或晒乾。
- **性味功用**　辛，寒。清熱涼血，解毒消腫。主治肺結核咯血、嘔血、肺炎、百日咳、關節痛、慢性痢疾、泌尿系統感染、乳糜尿、失眠、白帶異常、急性結膜炎、狂犬或毒蛇咬傷、無名腫毒。15～60克，水煎服；外用適量，搗爛敷患處。孕婦忌服。

實用簡方　①急性結膜炎：鮮吊竹梅30～60克，鮮一點紅30克，搗爛敷患眼。②無名腫毒：鮮吊竹梅適量，酌加冬蜜，搗爛敷患處。③癰腫：鮮吊竹梅適量，搗爛敷患處。④白帶異常：吊竹梅、金櫻子根各30克，雞冠花24克，水煎服。

雨久花科

553 鴨舌草

Monochoria vaginalis (Burm. f.) Presl

- **別　　名**　豬馬菜、鴨兒嘴、少花鴨舌草。
- **藥用部位**　全草。
- **植物特徵與採製**　水生草本。葉基生，長卵形或卵圓形，全緣，葉面光亮，葉脈弧狀，纖細。總狀花序自葉柄中上部抽出；花藍色。蒴果卵形。6～8月開花結果。生於稻田或淺水溝中。分布於中國南北各地。夏、秋季採收，鮮用或陰乾。
- **性味功用**　微苦，涼。清熱解毒，利尿消腫。主治痢疾、腸炎、咽喉腫痛、腎炎、吐血、咯血、尿血、牙齦炎、疔瘡、毒蛇咬傷。15～30克，水煎服；外用適量，搗爛敷患處。

實用簡方　①毒菇中毒：鮮鴨舌草250～500克，搗爛絞汁，加入冰糖60克，燉至冰糖溶化，分2次服。②尿血：鮮鴨舌草、燈心草各30～60克，水煎服。③小兒高熱、小便不利：鮮鴨舌草、蓮子草各15～30克，鮮水蜈蚣10～20克，水煎服。④蜂螫傷：鮮鴨舌草適量，搗爛敷患處。⑤疔瘡：鮮鴨舌草、紫花地丁、一點紅各適量，搗爛敷患處。⑥丹毒：鮮鴨舌草30～60克，搗爛敷患處。

田蔥科

田蔥

Philydrum lanuginosum Gaertn.

- **別　　名**　水蘆薈、扇合草。
- **藥用部位**　全草。
- **植物特徵與採製**　水生草本。莖單一，直立，扁圓柱形，被白色綿毛。莖基部葉嵌疊，莖上部葉基部抱莖；葉劍形，全緣。穗狀花序頂生，被白色綿毛；花被淡黃色，花瓣狀。果橢圓形，6～10月開花，8～11月結果。多生於沼澤地或水田中。分布於臺灣、中國福建、廣東、廣西等地。夏、秋季採收，鮮用或晒乾。
- **性味功用**　微鹹，平。清熱利溼，解毒消腫。主治水腫、熱痺、多發性膿腫、疥癬、瘡瘍腫毒。15～30克，水煎服；外用適量，搗爛敷患處。

> **實用簡方**　①疝氣：田蔥20克，蔓性千斤拔、枳殼各10克，人參5克，土牛膝、白絨草各15克，水煎服。②腳癬：鮮田蔥適量，水煎薰洗患處。

燈心草科

燈心草

Juncus effusus L.

- **別　　名**　燈芯草、碧玉草。
- **藥用部位**　全草。
- **植物特徵與採製**　多年生草本。根狀莖橫走，粗壯。稈叢生，密集，直立，圓柱狀。具細縱溝，髓部海綿狀，有彈性，白色。複聚傘花序假側生；花小。蒴果長圓形。4～7月開花結果。多生於山坡溼地或淺水溝中。分布於中國長江下游及陝西、福建、四川、貴州等地。夏、秋季採收，鮮用或晒乾。
- **性味功用**　甘、淡，涼。降心火，利小便。主治心煩不寐、泌尿系統感染、腎炎性水腫、痢疾、黃疸、咳嗽、咽喉腫痛、口舌生瘡、小兒夜啼、糖尿病。9～15克，水煎服。

實用簡方　①尿道感染：燈心草60～120克，水煎代茶。②五淋癃閉：燈心草30克，麥冬、甘草各15克，濃煎飲。③虛煩失眠：鮮燈心草30克，水煎，酌加冰糖調服。④心悸不安：燈心草根30～90克，酌加冰糖，水燉服。⑤小兒夜啼：鮮燈心草15克，梔子3枚，車前草5克，水煎服。⑥扁桃腺炎：燈心草適量，煅灰吹患部，或燈心草30克，水煎服。

百部科

大百部

Stemona tuberosa Lour.

- **別　　名**　對葉百部、百部、山百根。
- **藥用部位**　塊根（藥材名百部）。
- **植物特徵與採製**　多年生攀緣草本。塊根紡錘形，肉質，黃白色或淡棕色。葉常對生，稀輪生、互生，卵狀披針形或寬卵形，全緣或微波狀。花腋生；花大，黃綠色。蒴果倒卵形而扁。5～9月開花結果。多生於山坡疏林中，攀緣其他植物體上。分布於中國長江流域以南各地。春、秋季採挖，一般以新芽出土前以及苗枯後挖取，可以鮮用；或置沸水中燙片刻後撈出，晒乾。
- **性味功用**　甘、苦，微溫。潤肺止咳，殺蟲療癬。主治肺結核、新久咳嗽、百日咳、慢性支氣管炎、滴蟲陰道炎、蟯蟲病、頭癬、髮虱、陰虱。6～12克，水煎服用；外用適量，可以煎水洗患處。

> **實用簡方**　①肺結核咳嗽：鮮百部250克，空心菜500克，焙乾研末，每次6克，開水送下，每日服3次。②肺結核空洞：蜜炙百部、白及各12克，黃芩6克，黃精15克，水煎服。③髮虱、陰虱：百部搗爛，按1：5比例浸於75%的酒精或米醋中12小時，取浸出液塗患處。

百合科

557 薤頭

- **別　　名**　薤、薤白、藠子、蕎頭。
- **藥用部位**　鱗莖（藥材名薤白）。
- **植物特徵與採製**　多年生草本。鱗莖卵狀長圓形，白色或稍帶紫色。基生葉2～5枚，半圓柱狀條形，中空。花莖側生，單一，與葉等長或稍長；傘形花序有花5～12朵；花被片紫紅色，長圓形。9～10月開花結果。多生於山地路旁陰溼處，或栽培供食用。除新疆、青海外，中國各地均有分布。4～5月採挖，除去莖、葉和外面的膜質鱗片，鮮用或略蒸一下晒乾，亦可用沸水煮十餘分鐘，撈出晒乾。

Allium chinense G. Don

- **性味功用**　辛、微苦，溫。理氣寬胸，通陽散滯。主治胸痺、頭痛、脘腹疼痛、牙痛、扭傷腫痛。9～15克，水煎服；外用鮮鱗莖適量，搗爛敷患處。

實用簡方　①食慾不振、消化不良：薤白9克，陳皮10克，穀芽15克，水煎服。②鼻竇炎：薤白9克，辛夷10克，豬鼻管100克，水燉服。

558 韭

- **別　　名**　韭菜。
- **藥用部位**　根、葉、種子（藥材名韭菜子）。
- **植物特徵與採製**　多年生草本。根莖橫臥，鱗莖簇生，近圓柱狀。葉條形，扁平，實心。傘形花序半球狀或近球狀；花白色或微帶紅色。蒴果。花果期7～9月。多為栽培。分布於各地。根、葉全年可採，通常鮮用；種子8～9月成熟時採集，篩淨，晒乾。

Allium tuberosum Rottl. ex Spreng.

- **性味功用**　辛，溫。**根、葉**，行氣，溫中，消瘀；主治裡寒腹痛、食積腹脹、過敏性紫癜、鼻出血、倒經、血崩、漆過敏、乳腺炎、跌打損傷、吐血、誤吞金屬針釘。**種子**，壯陽，固精；主治陽痿、遺精、尿頻、腰膝痠軟、白帶異常。根、葉30～60克，種子9～15克，水煎服；外用適量，搗爛敷患處。

實用簡方　①陽痿：鮮韭菜根30克，剁碎，酌加食鹽，與雞蛋1～2個拌勻，用油炒熟服。②多尿、遺尿：韭菜子10克，桑螵蛸、覆盆子各6克，水煎服。③倒經：鮮韭菜30克，搗爛絞汁，與半杯童便兌勻蒸服。④漆過敏：鮮韭菜葉、杉木刨花各適量，水煎洗患處。⑤誤吞銅類異物：鮮韭菜適量，炒熱，搓成小丸吞下。⑥中耳炎：鮮韭菜適量，絞汁滴耳內，每日2～3次。

341

559 蘆薈

- **別　　名**　象膽、奴會。
- **藥用部位**　葉。
- **植物特徵與採製**　多年生肉質草本。葉蓮座狀著生短莖上，肥厚，折斷具豐富的黏液，披針形，葉面稍凹，葉背拱凸，粉綠色，常具白色斑紋，邊緣疏生刺狀小齒。花莖單一；花黃色，開放時下垂。蒴果長圓形。12月開花。多栽培於庭園。分布於中國南方各地。全年均可以採收，多鮮用。
- **性味功用**　苦，寒。瀉火通便，解毒消腫。主治扭傷、腳底深部膿腫炎症期、輕度燒燙傷、甲溝炎、蜂螫傷、百日咳、糖尿病、風火赤眼、便祕、白濁、尿血、癰癤腫毒。葉15～30克，水煎服；外用鮮葉適量，搗爛敷患處。孕婦忌服。

實用簡方　①糖尿病：鮮蘆薈葉120克，冰糖15克，水燉服。②百日咳：鮮蘆薈葉適量，搗爛絞汁1茶匙，加糖頓服。③胼胝：鮮蘆薈葉適量，置童便中浸泡半天，加熱敷貼患處。④癤腫：鮮蘆薈葉適量，搗爛外敷。

560 天門冬

- **別　　名**　天冬。
- **藥用部位**　塊根（藥材名天冬）。
- **植物特徵與採製**　多年生攀緣草本。塊根叢生，肉質，長圓形，表皮灰黃色。莖多分枝，有細縱棱，分枝基部具銳刺。葉狀枝常2～4枚簇生，條形，具三棱，稍呈鐮刀狀彎曲。花兩性或雜性，腋生；花被片黃白色或綠白色。漿果球形，成熟時紅色。5月開花。多生於林緣陰溼地。分布於中國河北、山西、陝西、甘肅及華東、中南、西南等地。夏、秋季採收，除去鬚根，水煮至外皮稍裂易剝為度，剝去外皮，撈起晒乾。
- **性味功用**　甘，苦，寒。滋陰潤燥，清肺止咳。主治燥熱咳嗽、咽喉腫痛、內熱消渴、便祕、病後虛熱、百日咳、燙火傷。6～15克，水煎服；外用適量，搗爛取汁塗抹。

實用簡方　①咳嗽：天冬、百部各15克，冬瓜糖30克，水煎服。②肺結核咳嗽：天冬15克，百合30克，大棗10枚，水煎，酌加冰糖調服。③石淋：鮮天冬120克，冬瓜糖30克，水燉服。④乳汁不足：天冬30克，蒲公英、通草各15克，豬瘦肉120克，酒水各半燉服。⑤百日咳：天冬、南天竹各15克，矮地茶12克，水煎服。⑥扁桃腺炎、咽喉腫痛：天冬、麥冬、板藍根、桔梗、山豆根各9克，甘草6克，水煎服。

561 石刁柏

- **別　　名**　露筍、蘆筍、山文竹。
- **藥用部位**　嫩莖。
- **植物特徵與採製**　直立草本。根粗壯，稍肉質。莖質硬，稍具白粉，多分枝；枝條細長而柔軟；葉狀枝簇生，條形。葉膜質，鱗片狀。花1～4朵腋生或與葉狀枝同生於一簇；單性，雌雄異株；淡黃色，呈鐘形。漿果球形，成熟時紅色。7～8月開花。多為栽培。分布於中國各地。夏、秋季採收，鮮用或晒乾。
- **性味功用**　微甘，微溫。清熱利溼，溫肺止咳。主治銀屑病、肝炎、風寒咳嗽、肺結核、百日咳。15～30克，水煎服。

Asparagus officinalis L.

實用簡方　①銀屑病：石刁柏莖2000克，水煎3次，合併濾液濃縮，加白糖至500毫升，每次服20毫升，每日3次。②白血病：鮮石刁柏100克，綠茶3克，置砂鍋中，加入清水500毫升，煮沸10分鐘，代茶頻飲，當日服完。適用於白血病引起的神經系統損害，對面紅煩躁者尤宜。③肺結核：石刁柏適量，煎湯食用。

562 文竹

- **別　　名**　平面草、雲片竹、蓬萊竹。
- **藥用部位**　全草。
- **植物特徵與採製**　攀緣有刺草本。枝條和葉狀枝甚密，水準排列；葉狀枝簇生，絲狀。主莖上的葉鱗片狀，白色。花1～3朵著生於一短柄上，白色。漿果球形，紫黑色。夏季開花。各地常見栽培。全年可採，通常鮮用。
- **性味功用**　苦，寒。涼血通淋，潤肺止咳。主治咯血、吐血、淋濁、支氣管炎、咳嗽。鮮全草15～30克，水煎服。

Asparagus setaceus (Kunth) Jessop

實用簡方　①咯血、吐血：鮮文竹30～60克，加冰糖少許，水燉服。②小便淋瀝：文竹30克，水煎服。③咯血：文竹30克，冰糖適量，水燉服。

563 蜘蛛抱蛋

- **別　　名**　飛天蜈蚣、入地蜈蚣。
- **藥用部位**　根莖。
- **植物特徵與採製**　多年生草本。根狀莖橫生，具節和鱗片，生多數鬚根。葉基生，單一；葉片披針形或橢圓狀披針形，全緣；葉柄具淺槽。花單出於根狀莖，貼近地面；花被肉質，鐘狀，紫色。漿果球形。2～7月開花結果。生於溪谷林陰處，或栽培。分布於中國長江以南各地。全年可採，鮮用或晒乾。
- **性味功用**　甘，淡，平。消暑祛溼，利尿通淋，和胃安神。主治中暑、腸胃炎、腎炎、砂淋、小便不利、咳嗽、頭痛、牙痛、關節痛、失眠。9～15克，水煎服。孕婦慎服。

Aspidistra elatior Bl.

實用簡方　①肺熱咳嗽：鮮蜘蛛抱蛋30～60克，水煎，酌加冰糖調服。②傷暑感冒：蜘蛛抱蛋30克，酌加紅糖，水燉服。③經閉腹痛：蜘蛛抱蛋9～15克，水煎服。

564 萬壽竹

- **別　　名**　山竹、白龍鬚。
- **藥用部位**　根莖。
- **植物特徵與採製**　多年生草本。根狀莖橫走，質硬，呈結節狀。莖直立，上部呈二叉狀分枝。葉長圓狀披針形或披針形。傘形花序有花3～7朵；花白色至淡紫色，稍長於花梗。漿果球形，黑色。4月開花。生於灌木叢中或林下。分布於臺灣、中國福建、安徽、湖北、湖南、廣東、廣西、貴州、雲南、四川、陝西、西藏等地。春、秋季採挖，鮮用或晒乾。

Disporum cantoniense (Lour.) Merr.

- **性味功用**　微甘，平。祛痰止咳，舒筋活絡。主治咳嗽、肺結核、風溼痺痛、腰腿痛、燙火傷。9～15克，水煎服。

實用簡方　①肺熱咳嗽、肺結核咯血：萬壽竹、天冬、枇杷葉、魚腥草、三白草根各15克，百部9克，水煎服。②手足麻痺：萬壽竹60克，雞蛋1個，水燉，食蛋喝湯。③腰痛：萬壽竹適量，研末，每次6克，水酒沖服，早晚各1次。④燙火傷：萬壽竹適量，熬膏，外塗患處。

- **別　　名**　金針菜、黃花菜。
- **藥用部位**　根、花。
- **植物特徵與採製**　多年生草本。根狀莖粗短。根肉質,多數膨大呈長紡錘形。葉基生,葉片條形。花葶從葉叢中抽出,粗壯,高超過葉;花6～12朵,成頂生蠍尾狀聚傘花序複組成圓錐狀;花被橘紅色,漏斗狀。蒴果長圓形。5～9月開花結果。生於溪谷或栽培。分布於秦嶺以南各地,中國各地常見栽培。根全年可挖,花夏、秋季採摘;鮮用或晒乾。

Hemerocallis fulva (L.) L.

- **性味功用**　甘,涼;根有小毒。清熱利溼,涼血消腫。主治腮腺炎、黃疸、水腫、睪丸炎、關節炎、牙痛、血淋、便血、鼻出血、白濁、乳腺炎、乳汁不通、帶下病、痔瘡出血。9～15克,水煎服;外用適量,搗爛敷患處。

> **實用簡方**　①溼熱痢:萱草花、馬齒莧各50克,水煎,酌加冰糖調服。②久嗽失音:萱草根30克,白木耳10克,百合15克,燉豬肺或冰糖服。③關節炎:鮮萱草根30～90克,豬蹄1隻,酒水各半燉服。

565 萱草

- **別　　名**　百合花、夜合花。
- **藥用部位**　鱗莖(藥材名百合)、花。
- **植物特徵與採製**　多年生草本。鱗莖球形,如蓮座狀,鱗瓣白色,卵狀匙形,肉質。莖直立,常帶紫褐色斑點。葉互生,漸上漸小,披針形或橢圓狀披針形,全緣。花1～4朵生於莖頂;花被喇叭形,白色,背面稍帶褐色。蒴果長圓形。4～9月開花結果。多生於山坡溼地草叢中。分布於中國廣東、廣西、湖北、安徽、福建、浙江、四川、陝西、甘肅、河南等地。鱗莖秋季採挖,散開鱗片,置開水燙或蒸5～10分鐘後,用清水洗淨黏液,晒乾;花夏、秋季採收,通常鮮用。

Lilium brownii var. *viridulum* Bak.

- **性味功用**　甘,微苦,微寒。鱗莖,潤肺止嗽,清心安神;主治咳嗽、咯血、心煩不寧、失眠多夢、精神恍惚、無名腫毒。花,清熱利咽,寧心安神;主治咳嗽喑啞、心煩、失眠。9～15克,水煎服;外用適量,搗爛敷患處。

> **實用簡方**　①肺熱咳嗽:百合、浙貝母各15克,桔梗5克,冰糖適量,水煎服。②肺陰虛久咳:百合30克,石斛12克,水燉服。③咳嗽喑啞:鮮百合花30～60克,蜂蜜15克,豬肺適量,水燉服。

566 百合

345

567 麥冬

- **別　　名**　沿階草、麥門冬、韭葉麥冬。
- **藥用部位**　塊根（藥材名麥冬）。
- **植物特徵與採製**　多年生草本。地下具細長的匍匐莖，節上被膜質鱗片；鬚根細長，常有部分膨大成紡錘形肉質塊根。葉叢生，窄條形。花葶從葉叢中抽出，比葉短；花被紫紅色或藍紫色，長圓形。漿果球形，成熟時藍黑色。7～11月開花結果。野生於山坡林下潮溼地，或栽培於庭園。分布於中國華東、中南及四川、雲南、貴州、陝西、河北等地。全年可採，以春末夏初採為佳，鮮用或晒乾。
- **性味功用**　甘、微苦、微寒。生津潤肺，清心養胃。主治咳嗽、支氣管炎、肺癰、聲音嘶啞、熱渴、消渴、心煩失眠、胃酸缺少、神經官能症、口腔炎、小兒疳熱、泌尿系統感染、腸燥便祕。9～15克，水煎服。

Ophiopogon japonicus (L. f.) Ker-Gawl.

實用簡方　①支氣管炎：麥冬10克，鬼針草、枇杷葉各6克，百部、陳皮各4.5克，水煎服。②肺結核潮熱：麥冬15克，地骨皮10克，水煎服。③尿痛：麥冬60克，海金沙30克，水煎服。

568 華重樓

- **別　　名**　重樓、七葉一枝花、草河車、蚤休。
- **藥用部位**　根莖。
- **植物特徵與採製**　多年生草本。根狀莖呈結節狀，橫走，肉質，外皮黃褐色。莖單一，直立，基部帶紫紅色。葉5～9枚，通常7枚輪生莖頂，葉片長圓狀披針形，全緣。花單生莖頂；外輪花被片葉狀，內輪花被片窄條形，短於萼，黃色。蒴果室背開裂。4～10月開花結果。多生於山谷林下及灌叢陰溼地，或栽培。分布於中國西藏、雲南、四川、福建、貴州等地。夏、秋季採收，鮮用或晒乾。
- **性味功用**　苦，微寒。有小毒。清熱解毒，消腫止痛。主治蛇蟲咬傷、日本腦炎、咽喉腫痛、腫瘤、腮腺炎、乳腺炎、無名腫毒、跌打傷痛、疔瘡。3～9克，水煎服或研末服；外用適量，加水或醋，磨漿塗患處。孕婦忌服。

Paris polyphylla var. *chinensis* (Franch.) Hara

實用簡方　①食管癌：華重樓15克，垂盆草20克，射干9克，水煎服。②慢性喉炎：華重樓9～15克，水煎服。③乳腺炎初起：鮮華重樓適量，紅糖少許，搗爛敷患處。④瘡癤腫毒：華重樓9～15克，研末，調酒或醋塗患處。

569 多花黃精

- **別　　名** 黃精、黃精薑、山薑、老虎薑。
- **藥用部位** 根狀莖（藥材名黃精）。
- **植物特徵與採製** 多年生草本。根狀莖橫生，結節狀，肉質。葉互生，橢圓形或長圓狀披針形，兩面無毛。花序腋生，呈傘形狀；花被片黃綠色，筒狀。漿果球形，成熟時黑色。4～9月開花結果。多生於山地林下陰溼處，或栽培。分布於中國四川、湖北、河南、江西、安徽、浙江、福建、廣東、廣西等地。秋季採收，除去地上部分及鬚根，蒸到透心後，晒乾。

Polygonatum cyrtonema Hua

- **性味功用** 甘，平。益陰生津，滋腎填精，潤肺養胃。主治病後體虛、陽痿遺精、鬚髮早白、脾虛乏力、消渴、高脂血症、神經衰弱、貧血、咳嗽、風癩癬疾、皮炎。9～15克，水煎服。

實用簡方 ①高血壓、神經衰弱、頭昏失眠：黃精9克，珍珠母30克，水煎代茶。②糖尿病：黃精、淮山藥各15克，楤木根皮12克，水煎服。③肺燥咳嗽：黃精15克，北沙參12克，杏仁、桑葉、麥冬各9克，生甘草6克，水煎服。④肺虛咳嗽：黃精、百合各20克，陳皮3克，水煎服。⑤腎虛腰痛：黃精250克，黑豆60克，煮食。

570 萬年青

- **別　　名** 白河車、斬蛇劍。
- **藥用部位** 全草或根莖。
- **植物特徵與採製** 多年生常綠草本。根莖粗壯，肥厚，節密，節上生許多鬚根。葉叢生，闊帶狀，全緣，有時微波狀。穗狀花序自葉腋抽出；花被片黃綠色。漿果球形，橘紅色。4～5月開花。多為栽培。分布於中國山東、江蘇、浙江、江西、福建、湖北、湖南、廣東、廣西、貴州、四川等地，各地常有盆栽。全年可採，多鮮用。

Rohdea japonica (Thunb.) Roth

- **性味功用** 苦、微辛、甘，寒。有小毒。強心利尿，清熱解毒。主治白喉、咽喉腫痛、細菌性痢疾、水腫、疔瘡癤腫、牙痛、乳癰、無名腫毒、毒蛇咬傷。3～9克，水煎服；外用鮮品適量，搗爛敷患處。孕婦忌服。

實用簡方 ①一般喉痛或白喉初起：鮮萬年青適量，搗爛，取汁漱口，吐出痰涎。②細菌性痢疾：萬年青根莖40克，切碎，加醋100毫升，浸3日，去渣過濾，加開水100毫升，入糖漿少許即成。成人首次服5毫升，以後每次2毫升，開始1日6次，症狀改善後，改1日4次。

347

571 菝葜

Smilax china L.

- **別　　名**　金剛刺、鐵菱角。
- **藥用部位**　根莖、葉。
- **植物特徵與採製**　落葉攀緣灌木。根狀莖呈不規則菱角狀，堅硬，土棕色。莖與枝散生倒刺。葉互生，卵圓形或橢圓形，全緣；葉柄近中部有2條卷鬚。傘形花序單生葉腋；花單性；花被黃綠色。漿果球形，成熟時紅色。3～5月開花結果。多生於山坡、路旁灌木叢中。分布於臺灣、中國華東、中南、西南等地。全年可採，秋、冬季挖根莖較佳，切片晒乾。
- **性味功用**　甘、酸，平。根莖，祛風利溼；葉，解毒消腫。主治癌腫、糖尿病、風溼痺痛、關節痛、慢性結腸炎、白帶異常、痢疾、瘡癤腫毒、燙火傷。15～30克，水煎服；外用適量，搗爛敷或煎水洗患處。

實用簡方　①赤白痢疾：菝葜根莖60～120克，白痢酌加紅糖，赤痢酌加冰糖，水煎，飯前服。②黃疸：鮮菝葜根莖120克，水煎去渣，打入雞蛋2個燉熟，酌加白糖調服。③腎虛多尿：菝葜根莖30～60克，水煎服。

572 土茯苓

Smilax glabra Roxb.

- **別　　名**　硬飯藤、光葉菝葜。
- **藥用部位**　根狀莖（藥材名土茯苓）。
- **植物特徵與採製**　多年生攀緣狀灌木。具有結節狀堅硬肥厚的根狀莖，表面褐色，斷面黃白色，粉性，有淡紅色點，其上生刺及鬚根。葉互生，革質，橢圓狀披針形或長圓形，全緣，葉面有光澤，葉背常被白粉；常有兩條長卷鬚。傘形花序腋生；花被片白色。漿果球形，紫紅色，被白粉。7～8月開花，9～10月結果。多生於土層深厚山坡、灌木叢中。分布於臺灣、中國甘肅、長江流域以南及海南、雲南等地。全年可挖，切片晒乾。
- **性味功用**　微甘，涼。清熱除溼，消腫解毒。主治鉤端螺旋體病、梅毒、風溼關節痛、頭風痛、痢疾、泄瀉、淋濁、胃痛、醉酒、咽喉腫痛、瘰癧、溼疹、剝脫性皮炎、癰腫疔毒、疥瘡、漆過敏。15～60克，水煎服。

實用簡方　①梅毒：鮮土茯苓250克，蒲公英、忍冬藤各15克，馬齒莧30克，甘草3克，水煎服。②赤白帶下：鮮土茯苓125克，紅糖適量，水煎服，每日3次。

573 牛尾菜

- **別　　名**　草菝葜、大通筋、烏蘇里山馬薯。
- **藥用部位**　根及根莖。
- **植物特徵與採製**　多年生攀緣藤本。根莖粗短，略彎曲，結節狀。莖具縱溝。葉互生，卵狀披針形或披針狀長圓形；葉柄基部有一對卷鬚。花單性，雌雄異株，傘形花序腋生；花被片黃綠色。漿果黑色。5～6月開花，6～9月結果。生於山坡林下陰溼地。中國除內蒙古、新疆、西藏、青海、寧夏、四川、雲南外，大部分地區均有分布。全年可採，鮮用或晒乾。

Smilax riparia A. DC.

- **性味功用**　甘、微苦，平。祛風利溼，通經活絡。主治風溼痹痛、筋骨疼痛、坐骨神經痛、腰痛、乳糜尿、泌尿系統感染、閉經、跌打損傷。15～30克，水煎服；外用適量，搗爛後，敷於患處。

實用簡方　①寒溼腰痛：牛尾菜45克，烏豆90克，老薑、紫蘇根各15克，雞蛋2個，老酒適量，水煎服。②風溼痹痛：牛尾菜60克，地桃花30克，下肢加土牛膝30克，水煎服。③腎虛腰腿痛：牛尾菜30～60克，豬蹄1隻，水燉服。

574 牯嶺藜蘆

- **別　　名**　藜蘆、閩浙藜蘆、七厘丹。
- **藥用部位**　根及根莖（藥材名藜蘆）。
- **植物特徵與採製**　多年生草本。根莖不明顯膨大，基部具黑褐色網狀纖維的殘存葉鞘；鬚根多數，肉質。葉披針形或條狀披針形，基部葉可為長圓形。圓錐花序；主軸、花梗、苞片均被灰色捲曲綿毛；花被片淡綠色。蒴果橢圓形。7～10月開花結果。多生於高山林下陰溼地。分布於中國江西、江蘇、浙江、安徽、湖南、湖北、廣東、廣西、福建等地。夏、秋季採收，以初夏為佳，晒乾。

Veratrum schindleri Loes. f.

- **性味功用**　苦，寒。有毒。催吐，湧痰，殺蟲。主治跌打損傷、關節痛、狂躁、癲癇、疥癬、惡瘡。內服，研末，每次0.3～0.6克，開水送服；外用適量，研末或搗爛敷患處。孕婦忌服。不可與諸參（如人參、丹參、沙參、玄參、苦參等）、細辛、芍藥配伍。

實用簡方　①蛀牙痛：藜蘆適量，研末，取少許塞蛀牙洞內，勿咽汁。②疥癬：藜蘆適量，研末，酌加花生油調勻，塗敷患處。

石蒜科

文殊蘭

Crinum asiaticum L. var. *sinicum* (Roxb. ex Herb.) Baker

- **別　　名**　鬱蕉、十八學士。
- **藥用部位**　葉。
- **植物特徵與採製**　多年生草本。鱗莖球形。葉基生，帶狀披針形或披針形，邊緣波狀。花葶從葉叢中抽出，直立，粗壯，肉質；傘形花序頂生，通常有花10～20朵或更多；花白色，高腳碟形。蒴果球形。5～10月開花結果。多生於沿海及河旁沙質地，或栽培。分布於臺灣、中國福建、廣東、廣西等地。全年可採，通常鮮用。
- **性味功用**　辛，溫。有毒。行血祛瘀，消腫止痛。主治頭痛、風溼關節痛、甲溝炎、跌打扭傷、癰疽、痔瘡、蛇傷、無名腫毒。外用鮮葉適量，搗爛敷或煎水薰洗患處。

> **實用簡方**　①頭痛：將鮮文殊蘭葉用火烘軟，剪2小塊，貼太陽穴上。②扭傷：鮮文殊蘭葉用酒煮軟，先擦後敷患處。③跌打損傷、瘀血作痛：鮮文殊蘭葉適量，搗爛，酌加酒調勻，敷患處。④橫痃（性病引起的腹股溝淋巴結腫大）：文殊蘭根1株，紅糖15克，搗爛，烤溫後敷患處。⑤牙痛：鮮文殊蘭鱗莖1小片，置痛處，咬含15分鐘左右。⑥無名腫毒：鮮文殊蘭鱗莖適量，搗汁塗患處。

576 仙茅

- **別　　名**　地棕、獨茅、千年棕。
- **藥用部位**　根莖（藥材名仙茅）。
- **植物特徵與採製**　多年生草本。根狀莖粗壯，肉質，褐色。葉基生，披針形，全緣；葉柄基部擴大成鞘。總狀花序短，隱存於葉鞘內，上部為雄花，下部為兩性花；花被黃色，下部呈管狀。蒴果橢圓形。6～8月開花結果。多生於山坡溼地或林下草叢中。分布於臺灣、中國浙江、江西、福建、湖南、廣東、廣西、四川南部、雲南、貴州等地。夏、秋季採收，去葉，鮮用或晒乾，或酒炒用。

Curculigo orchioides Gaertn.

- **性味功用**　辛，溫。有小毒。溫腎壯陽，散寒除溼。主治陽痿、遺精、遺尿、慢性腎炎、腰膝痠痛、風溼關節痛、胃痛、脘腹冷痛、小兒疳積、白帶異常、月經不調、瘰癧。9～15克，水煎服；外用適量，搗爛敷患處。

實用簡方　①陽痿：仙茅、淫羊藿、何首烏各15克，水煎服，連服7日為1個療程。②腰痠痛：仙茅6克，豬腎1副，水燉服。③老年遺尿：仙茅30克，泡酒服。④毒蛇咬傷：鮮仙茅、半邊蓮各適量，搗爛敷患處。⑤瘰癧：仙茅全草、一枝黃花各30克，酒水各半燉服。

577 石蒜

- **別　　名**　紅花石蒜、老鴉蒜、鬼蒜。
- **藥用部位**　鱗莖（藥材名石蒜）。
- **植物特徵與採製**　多年生草本。鱗莖球形或卵形，外被紫褐色薄膜，下端密生鬚根。葉基生，全緣，綠色，被白粉。花序單生；花鮮紅色。10～11月開花，11～12月結果。多生於山地、岩石縫及草叢陰溼處。分布於中國華中、華東、廣東、廣西、陝西、四川、貴州、雲南等地。全年可採，通常鮮用。

Lycoris radiata (L'Hér) Herb.

- **性味功用**　微甘、辛，溫。有毒。祛痰催吐，散結消腫。主治癲狂、誤服毒物、腎炎、胸膜炎、腹膜炎、顏面神經麻痺、瘰癧、腮腺炎、癰疽腫毒、蛇頭疔、蛇傷。1.5～3克，水煎或搗爛絞汁服；外用適量，搗爛敷患處。孕婦忌服。

實用簡方　①食物中毒、痰涎壅塞：石蒜1.5～3克，煎服催吐。②水腫：石蒜、蓖麻子各適量，搗爛，貼湧泉穴。③癰疽腫毒：石蒜3～5個，搗爛，加熱敷貼患處。④腮腺炎：石蒜適量，搗爛敷患處。

351

578 蔥蓮

- **別　　名**　玉簾、蔥蘭。
- **藥用部位**　全草。
- **植物特徵與採製**　多年生草本。鱗莖球形，表面薄膜灰黃色，內層白色，含黏液，具明顯的頸。葉叢生，條形，稍肉質，深綠色。花葶從葉腋抽出，圓柱形，中空；花白色。種子扁平，黑色。7～9月開花，8～10月結果。多為栽培。分布於中國各地。全年可採，多為鮮用。
- **性味功用**　苦、甘、平。有毒。平肝息風，鎮痙解痛。主治小兒急驚風、疳熱、癲癇、破傷風。鮮全草2～3株，水煎或絞汁服。本品有催吐作用，內服宜慎，且不宜多用，以防中毒。

實用簡方　①小兒急驚風：鮮蔥蓮全草3～4株，水煎，調冰糖服；另用鮮玉簾全草3～4株，食鹽3～6克同搗爛，分為2丸，貼於左右額角（太陽穴），外用紗布覆蓋固定。②小兒癲癇：鮮蔥蓮全草3株，水煎，調冰糖服。

Zephyranthes candida (Lindl.) Herb.

579 韭蓮

- **別　　名**　風雨花、菖蒲蓮、賽番紅花。
- **藥用部位**　全草。
- **植物特徵與採製**　多年生草本。鱗莖卵圓形，表皮膜質，褐色。葉條形。花單生於花葶頂部，苞片佛焰苞狀；花冠漏斗狀，粉紅色。蒴果近球形。種子黑色。3～10月開花結果。多為栽培。分布於中國各地。全年可採，鮮用或晒乾。
- **性味功用**　苦，寒。有小毒。清熱解毒，涼血止血。主治吐血、便血、崩漏、跌打損傷、癰瘡紅腫、毒蛇咬傷。15～30克，水煎服；外用鮮全草適量，搗爛敷患處。

實用簡方　①癰瘡紅腫：鮮韭蓮根適量，搗爛敷患處。②跌傷紅腫：鮮韭蓮適量，搗爛敷患處。③毒蛇咬傷：鮮韭蓮適量，搗爛敷患處。

Zephyranthes grandiflora Lindl.

薯蕷科

580 黃獨

- **別　　名**　零餘薯、雷公薯、山芋。
- **藥用部位**　珠芽（藥材名零餘子）、塊莖（藥材名黃藥子）。
- **植物特徵與採製**　多年生草質宿根藤本。塊莖球形或梨形，外皮棕黑色，密生鬚根。葉互生，心形或心狀卵形，全緣；葉柄長，葉腋間常生黃褐色球形珠芽（零餘子）。穗狀花序數條腋生，下垂；花單性，雌雄異株。蒴果下垂，長圓形。種子鐮刀狀，有膜質翅。7～9月開花，8～10月結果。多生於林緣溼地或種於村旁。分布於臺灣、中國華東、中南及陝西、甘肅等地。秋季採收，鮮用或晒乾。

  Dioscorea bulbifera L.

- **性味功用**　苦、辛，涼。有小毒。止咳化痰，散結消腫。主治百日咳、頭痛、瘰癧、癭瘤、產後瘀血痛。塊莖3～9克，珠芽9～15克，水煎服。不宜過量及久服。

實用簡方　①熱性咳喘：黃藥子9克，買麻藤、薜荔莖、七葉一枝花各15克，杜衡3克，水煎服。②百日咳：鮮零餘子9～15克，水煎，酌加冰糖調勻，飯後服，每日2次。③頭痛：鮮大的零餘子切薄片，貼太陽穴。④瘰癧：黃藥子9克，水煎沖酒服。

581 薯莨

- **別　　名**　紅孩兒、朱砂蓮、血三七、裏白葉薯榔。
- **藥用部位**　塊莖。
- **植物特徵與採製**　纏繞藤本。塊莖肉質，長圓形或不規則，外皮棕褐色，有疣狀突起，斷面紅色。莖近基部有刺。莖下部的葉互生，闊心形或長圓形；莖上部的葉對生，長卵形至長圓狀披針形，葉背網脈明顯，有白粉。花單性，雌雄異株。蒴果光滑無毛。4～10月開花結果。生於山坡林緣。分布於臺灣、中國浙江、江西、福建、湖南、廣東、廣西、貴州、四川、雲南、西藏等地。全年均可採，鮮用或切片晒乾。

  Dioscorea cirrhosa Lour.

- **性味功用**　苦、澀，平。有小毒。活血止血，固澀收斂，清熱解毒。主治各種出血、腹瀉、痢疾、燙火傷、帶狀疱疹、月經不調、閉經、痛經、魚蝦中毒、瘡癤、跌打損傷。3～9克，水煎服；外用研末，調敷患處。孕婦慎服。

實用簡方　①胃脘脹痛：薯莨30克，鴨蛋1～2個，水燉服。②痢疾：薯莨、地榆各9克，水煎服。③異常子宮出血、產後出血、上消化道出血、咯血：薯莨500克，加水5000毫升，煎成2500毫升，每次服20毫升，每日3次。

582 福州薯蕷

Dioscorea futschauensis Uline ex R. Knuth

- **別　　名**　山萆薢、萆薢。
- **藥用部位**　根莖、果（藥材名風車子）。
- **植物特徵與採製**　纏繞藤本。根狀莖橫生，呈不規則的圓柱狀，外表土黃色，有瘤狀突起的莖基痕跡，斷面灰白色或淡黃色。葉互生，卵圓形或圓形，邊緣通常5～7裂，莖上部的葉片邊緣波狀或全緣。雄花序圓錐狀，腋生；花小，花被片橙黃色。蒴果成熟時下垂，具3翅。6～10月開花結果。多生於山坡土層深厚的灌木叢中。分布於中國浙江、福建、湖南、廣東、廣西等地。根莖全年可採，果秋季採收；鮮用或晒乾。
- **性味功用**　苦，平。**根莖**，祛風溼，分清濁；主治淋證、白濁、白帶異常、風溼痺痛、關節痛、扭傷。**果**，消腫解毒；主治耳聾、慢性中耳炎。根莖9～20克，果9～15克，水煎服。

實用簡方　①痛風：福州薯蕷根莖35克，土茯苓、白茅根、車前草、薏苡仁各30克，威靈仙、爵床各18克，水煎服。②風寒溼痺、腰骨強痛：福州薯蕷根莖15～30克，豬脊骨適量，水燉服。③乳糜尿：福州薯蕷根莖、益智仁各15克，石菖蒲、烏藥各10克，食鹽少許，水煎服。

583 薯蕷

Dioscorea opposita Thunb.

- **別　　名**　山藥、淮山、懷山藥。
- **藥用部位**　塊莖（藥材名山藥）。
- **植物特徵與採製**　纏繞藤本。塊莖垂直生長，略呈圓柱形，外皮灰褐色，斷面白色，有黏液。基部葉互生，中上部葉對生，葉片三角狀卵形。花單性，雌雄異株，腋生，穗狀；花小，黃綠色。蒴果具3翅。6～10月開花結果。栽培或生於山坡、林下、路旁及灌叢中。分布於中國華北、西北、華東、華中等地。秋、冬季採挖，洗淨，除去鬚根，用火烤至七八成乾即刨皮、切片，晒乾或烤乾。
- **性味功用**　甘，平。健脾止瀉，潤肺止咳，補脾益腎。主治脾虛泄瀉、久痢、肺虛咳喘、糖尿病、遺精、小便頻數、白帶異常、小兒疳積、中耳炎、癰腫。9～15克，水煎服；外用鮮塊莖適量，搗爛敷患處。養陰宜生用，健脾止瀉宜炒黃用。

實用簡方　凍瘡：山藥少許，於新瓦上磨為泥，塗瘡口上。

鳶尾科

584 射干

Belamcanda chinensis (L.)Redouté

- **別　　名**　扁竹、蝴蝶花。
- **藥用部位**　根莖（藥材名射干）。
- **植物特徵與採製**　多年生直立草本。地下有不規則結節狀根莖，鮮黃色。葉互生，扁平，嵌疊而抱莖，劍形，全緣，平行脈多條。花為二歧狀或疏散的傘房花序，頂生；花被片橙黃色而帶有暗紅色斑點。蒴果橢圓形。種子球形，黑色。7〜8月開花，8〜9月結果。栽培或野生於草地、山坡、林下陰溼地。分布於各地。夏、秋季採收，洗淨，剪除鬚根；鮮用或晒乾。
- **性味功用**　苦，寒。有小毒。清咽，祛痰，消腫，解毒。主治扁桃腺炎、咽喉腫痛、白喉、口舌生瘡、咳喘氣逆、瘰癧、腮腺炎、睪丸炎、乳腺炎、牙疳、瘡毒腫痛。3〜15克，水煎服；外用鮮品適量，搗爛敷患處。孕婦忌服。

　　實用簡方　①小兒疳積：鮮射干10克，豬瘦肉適量，水燉服。②流行性腮腺炎：射干、海金沙藤各15克，大薊根9克，水煎服。③乳腺炎：鮮射干、萱草根各適量，搗爛，調蜂蜜敷患處；另取鮮射干15克，搗爛取汁服。④扁桃腺膿腫：鮮射干、積雪草、天胡荽、車前草各適量，搗爛絞汁服。⑤癰腫焮赤：射干15克，金銀花30克，水煎服。

薑科

585 華山薑

- **別　　名**　土砂仁、華良薑、山月桃。
- **藥用部位**　根莖、種子。
- **植物特徵與採製**　多年生直立草本。具橫走的根莖。葉互生，長圓形或條狀披針形，兩面光滑無毛；葉柄短；葉舌短。狹圓錐花序頂生；花冠白色，有紅色小斑點。果球形，成熟時紅色。6～7月開花，11～12月果成熟。多生於山谷疏林下。分布於中國東南部至西南部各地。夏、秋季採收，鮮用或晒乾。

Alpinia chinensis (Retz) Rosc.

- **性味功用**　辛，溫。溫中消食，止咳平喘，散寒止痛。主治感冒、咳嗽、氣喘、胃痛、脘腹脹痛、消化不良、風溼關節痛、月經不調、跌打損傷、無名腫毒。根莖6～15克，種子3～6克，水煎服；外用鮮根莖適量，搗爛敷患處。

實用簡方　①胃氣痛：華山薑根莖30克，水煎服。②肺結核咳嗽：華山薑根莖、乾薑、核桃仁各15克，酌加蜂蜜，蒸服。③喘咳：華山薑根莖30克，用童便浸泡3日，取出晒乾，加酒250毫升，浸泡10日後，每日早晚各服15毫升。

586 山薑

- **別　　名**　建砂仁、土砂仁。
- **藥用部位**　根莖、種子（藥材名山薑子）。
- **植物特徵與採製**　多年生草本。根莖橫走，多分枝，棕褐色。葉互生，寬披針形，全緣，兩面具短柔毛，葉背尤密，主脈在葉背凸起；幾無柄，葉鞘抱莖；葉舌2裂，極短。總狀花序式的圓錐花序頂生。蒴果長圓形，橙紅色，被短柔毛。4～8月開花，9～10月果成熟。多生於山谷林下陰溼地。分布於中國東南部、南部至西南部各地。根莖全年可挖，果實9～10月採，晒乾。

Alpinia japonica (Thunb.) Miq.

- **性味功用**　辛，溫。祛風行氣，溫中止痛。**根莖**主治風溼痺痛、脘腹冷痛。**種子**主治胃痛、食慾不振、胸腹脹痛、嘔吐、泄瀉、氣喘。3～9克，水煎服。

實用簡方　①胃痛：山薑根30～50克，水煎，兌番鴨湯服，每隔7日服1次。②慢性胃炎：山薑子30～60克，置野豬肚內，用線紮緊，燉爛，酌加水酒、食鹽，分2～3次服。③反胃：山薑子9克，水煎服。④外感咳嗽：山薑根、桑白皮、白茅根各9克，紫蘇葉6克，水煎服。⑤無名腫毒：鮮山薑根、蒲公英各適量，搗爛敷患處。

587 砂仁

- **別　　名**　陽春砂仁、縮砂仁、春砂仁。
- **藥用部位**　花、果皮、種子（藥材名砂仁）。
- **植物特徵與採製**　多年生草本。根狀莖橫走，有分枝，節上具圓筒形膜質鱗片。葉披針形，全緣；葉鞘抱莖，具緣毛，無柄；葉舌具緣毛。穗狀花序自根莖抽出。蒴果長圓形，具肉刺凸起，成熟時紅棕色。6～8月開花結果。多栽培於山谷林下陰濕地。分布於中國福建、廣東、廣西、雲南等地。8～9月間將成熟的果剪下，放入鐵篩中以微火烘至半乾時，趁熱噴冷水1次，使其驟然收縮，果皮與種子緊密結合，再晒乾，稱為陽春砂或殼砂；剝去果皮的種子團稱為砂仁；果皮為砂殼。

Amomum villosum Lour.

- **性味功用**　辛，溫。理氣，開胃，消食，安胎，醒酒。主治脘腹脹痛、呃逆、嘔吐、腸炎、食慾不振、宿食不消、胎動不安。1.5～6克，水煎或研末服。

實用簡方　①牙齒常疼痛：砂仁常嚼之。②骨鯁：砂仁、威靈仙各4.5克，水2盅，入砂糖半碗，煎1盅，含在口中慢慢咽下，四五次即出。③口瘡：砂仁火煅存性為末，撒於患處。

588 莪朮

- **別　　名**　蓬莪朮、蓬朮。
- **藥用部位**　根莖（藥材名莪朮）。
- **植物特徵與採製**　多年生宿根草本。根狀莖圓柱形，肉質，淡黃色；根末端常膨大呈紡錘形。葉片窄長圓形；花冠淡黃色。春季開花。栽培或野生於林蔭下。分布於臺灣、中國福建、江西、廣東、廣西、四川、雲南等地。冬季採收，洗淨，以清水浸泡，悶透，蒸熟，切片晒乾。

Curcuma zedoaria (Christm.) Rose.

- **性味功用**　苦、辛，溫。行氣破血，消積止痛。主治脘腹脹痛、積滯、閉經、痛經、癥瘕、脫臼、跌打損傷。3～9克，水煎服。孕婦忌服。行氣止痛多生用，破血祛瘀宜醋炒。

實用簡方　①吞酸吐酸：莪朮30克，萸黃連15克（吳茱萸15克同煮，後去吳茱萸），水煎服。②傷撲疼痛：莪朮、白殭蠶、蘇木各30克，沒藥15克，研末，每次6克，水煎溫服，每日3～5次。③漆過敏：莪朮、貫眾各適量，煎水洗患處。

589 鬱金

Curcuma aromatica Salisb.

- **別　　名**　溫鬱金、玉金。
- **藥用部位**　塊根（藥材名鬱金）。
- **植物特徵與採製**　多年生草本。根狀莖粗短，肥大，斷面黃色；根端膨大呈紡錘形。葉長圓形，全緣，葉背具短柔毛；葉柄與葉片近等長，基部葉的柄較短。花葶從根莖抽出，與葉同時發出或先葉而出；穗狀花序圓錐形；花冠白色。4～6月開花。多栽培於陰溼地。分布於中國東南部至西南部各地。立春前後，當地上部分枯萎後採挖，取下根端的塊根，洗淨，用開水煮後晒乾。
- **性味功用**　辛、苦，寒。行氣解鬱，活血化瘀，疏肝利膽。主治胸脇痛、脘腹脹痛、風溼關節痛、鼻出血、尿血、痛經、閉經、月經不調、癲狂、黃疸、砂淋、中耳炎、瘡瘍腫痛。3～9克，水煎服。孕婦慎服。

實用簡方　①病毒性肝炎：鬱金適量，研末，每次服5克，每日3次。②期前收縮：鬱金適量，研末，每次服5～10克，每日3次。如無不適反應加量至10～15克，每日3次，3個月為1療程。③帶狀疱疹後頑固性肋間神經痛：鬱金、木香各10克，水煎服。④瘡瘍腫痛：鬱金適量，研末，調水塗之。

590 薑黃

Curcuma longa L.

- **別　　名**　黃薑。
- **藥用部位**　根莖（藥材名薑黃）。
- **植物特徵與採製**　多年生宿根草本。根狀莖短圓柱形，分枝叢聚呈指狀，斷面深黃色；根粗壯，末端膨大成塊狀。葉基生，長圓形，基部漸狹，兩面無毛；葉柄長。花葶從葉鞘內抽出；穗狀花序圓柱狀；花冠淡黃色。秋季開花。栽培或野生於山坡草地向陽處。分布於臺灣、中國福建、廣東、廣西、雲南、西藏等地。冬季或初春採挖，煮熟晒乾，錘去外皮。
- **性味功用**　辛、苦，溫。行氣破瘀，通經止痛。主治腹脹、中暑腹痛、風溼痺痛、月經不調、痛經、閉經、癰、跌打損傷。3～9克，水煎服。孕婦慎服。

實用簡方　①小便艱澀不通：薑黃、滑石各20克，木通10克，水煎服。②產後血痛（腹內有血塊）：薑黃、桂心等分為末，酒沖服1匙，血下盡後即愈。③瘡癬初發：薑黃研末，搽患處。

薑

Zingiber officinale Rosc.

- **別　　名**　生薑。
- **藥用部位**　根莖。
- **植物特徵與採製**　多年生草本。根莖肥厚，多分枝，有芳香及辛辣味。葉片披針形或線狀披針形。穗狀花序毬果狀；花冠黃綠色。秋季開花。多為栽培。分布於中國中部、東南部至西南部各地。9～11月採收，除去莖、葉、鬚根，即為生薑。〔乾薑〕冬季挖取老根莖，除去莖、葉、鬚根，洗淨，悶潤，切片，晒乾。〔薑皮〕生薑浸於清水中過夜，削取外皮，晒乾。〔炮薑〕取乾薑置鍋中炒至發泡鼓起，表面呈焦黃色時，取出噴灑少許清水，晾乾。〔薑炭〕乾薑放鍋內炒至黑色，灑水少許，再炒片刻，取出晾涼。
- **性味功用**　**生薑**，辛，溫；發表散寒，安胃止嘔，消痰止咳；主治感冒、咳嗽、胃痛、嘔吐、蛔蟲性腸梗阻、風疹、食慾不振、凍瘡。**乾薑**，辛，熱；溫陽，散寒，溫中；主治胃腹疼痛、慢性胃腸炎、手足厥冷、痰飲咳嗽。**薑皮**，辛，微溫；行氣消水；主治感冒、水腫。**炮薑**，辛，熱；溫經止血；主治吐血、便血、痛經、異常子宮出血。**薑炭**，辛、澀，熱；溫中固泄；主治久泄、久痢。生薑，6～9克，水煎或搗汁服；外用適量，擦患處。乾薑、薑皮，3～9克，水煎服；炮薑，3～9克，水煎或研末服；薑炭，3～6克，研末服。炮薑，孕婦忌服；薑炭，孕婦慎服。

> **實用簡方**　①風寒感冒：生薑5片，紫蘇葉30克，水煎服。②胃熱嘔吐：生薑6克，鮮竹茹30克，蓮子心3克，水煎服。③乾咳日久不癒：生薑20克，剁碎，與雞蛋1個拌勻，用香油煎熟，飯後服，每日1次，連服5～7日。④牙痛：乾薑30克，雄黃9克，研末搽於患處。

美人蕉科

592 美人蕉

Canna indica L.

- **別　　名**　連蕉、小芭蕉。
- **藥用部位**　根莖。
- **植物特徵與採製**　多年生草本。具塊狀根莖。葉互生，長圓形，先端短漸尖，基部闊楔形，全緣，中脈明顯；葉鞘抱莖。總狀花序頂生，常被蠟質白粉。蒴果長卵形，被軟刺。4～9月開花。多為栽培。分布於中國各地。秋、冬季採挖，鮮用或晒乾。
- **性味功能**　甘、淡，涼。清熱，利溼，調經，涼血。主治黃疸、痢疾、高血壓、鼻出血、白帶異常、月經不調、血崩、跌打損傷、瘡瘍腫毒。15～30克，水煎服；外用鮮根莖適量，搗爛敷患處。

實用簡方　①急性病毒性肝炎：鮮美人蕉根莖60～120克，水煎服。服藥期間忌食魚蝦、辛辣、葷油。②遺精：鮮美人蕉根莖60克，金櫻根30克，水煎，酌加冰糖調服。③白濁：鮮美人蕉根莖60克，無根藤40克，豬小肚或豬小腸適量，水燉服。④溼熱型帶下病：美人蕉根莖15克，炒貫眾9克，水煎服。⑤吐血、鼻出血：美人蕉花6克，白茅根30克，水煎服。⑥扭挫傷：鮮美人蕉根莖適量，酌加酒糟，搗爛敷患處。⑦瘡瘍腫毒：鮮美人蕉根莖、苦瓜葉各適量，搗爛敷患處。

蘭科

593 金線蘭

- **別　　名**　花葉開唇蘭、金線蓮、鳥人參。
- **藥用部位**　全全草（藥材名金線蓮）。
- **植物特徵與採製**　多年生矮小草本。根狀莖橫臥。葉互生，卵圓形，葉面光澤，近黑紫色，有金黃色脈網，葉背暗紅色。總狀花序頂生，有2～5朵花。9～10月開花。多生於闊葉林下而常被樹葉遮蓋的陰溼地，或栽培。分布於中國浙江、江西、福建、湖南、廣東、海南、廣西、四川、雲南、西藏等地。秋季採收，鮮用或晒乾。

Anoectochilus roxburghii (Wall.) Lindl.

- **性味功用**　甘，平。清熱涼血，祛風利溼。主治咯血、咳嗽、肺癰、支氣管炎、結核性腦膜炎、腎炎、膀胱炎、糖尿病、乳糜尿、尿血、泌尿系統結石、風溼痺痛、小兒急驚風、小兒高熱不退。6～20克，水煎服。

實用簡方　①肺癰：金線蓮15克，冬瓜糖30克，水燉服。②糖尿病、肺結核：金線蓮9～15克，酌加冰糖，水燉服。③咳嗽痰稠：金線蓮15克，冰糖30克，水燉服。④小兒急驚風：金線蓮3～9克，八角蓮3克，水煎服。

594 竹葉蘭

- **別　　名**　竹蘭、禾葉竹葉蘭。
- **藥用部位**　全草。
- **植物特徵與採製**　直立草本。根狀莖橫走，結節狀或不規則塊狀。葉2列，堅挺，條形。總狀花序具花2～12朵；花大，粉紅色；唇瓣較長，3裂，中裂片較大，有缺刻。夏秋季開花結果。生於山坡溼地。分布於臺灣、中國浙江、江西、福建、湖南、廣東、海南、廣西、四川、雲南、西藏等地。全年可採，鮮用或晒乾。

Arundina graminifolia (D. Don) Hochr.

- **性味功用**　苦，平。清熱利溼，解毒止痛。主治黃疸、風溼痺痛、膀胱炎、熱淋、水腫、瘡癰腫毒、毒蛇咬傷、跌打損傷。15～30克，水煎服；外用鮮全草適量，搗爛敷患處。

實用簡方　①急性肝炎：竹葉蘭25克，茵陳蒿15克，地耳草10克，水煎服。②毒蛇咬傷：鮮竹葉蘭搗爛，調敷患處。③小便澀痛：竹葉蘭30克，水煎代茶。

595 白及

- **別　　名** 雙腎草、白芨。
- **藥用部位** 塊莖（藥材名白及）。
- **植物特徵與採製** 多年生草本。塊莖肉質，扁球形或不規則菱形，上有荸薺樣的環帶，黃白色，富黏性，常數個並生。葉披針形，基部下延成鞘，抱莖。總狀花序有3～8朵花，頂生；花紫色或淡紅色。4～7月開花。多為栽培。分布於中國陝西、甘肅東南部、江蘇、安徽、浙江、江西、福建、湖北、湖南、廣東、廣西、四川、貴州等地。8～10月間挖取老塊莖，除去地上莖、葉和鬚根，洗淨，放開水內浸泡，使內含物糊化，剝去外皮，晒乾。

Bletilla striata (Thunb. ex A. Murray) Rchb. f.

- **性味功用** 苦，平。消腫生肌，收斂止血。主治咯血、肺膿腫、胃及十二指腸潰瘍、吐血、便血、燙火傷、乳頭及手足皸裂、瘡癤腫毒、肛裂、雞眼。9～15克，水煎服；外用研末，調敷患處。反烏頭。

實用簡方 ①肺熱吐血：白及研細末，每次3克，白米湯送服。②燙火傷：白及研細末，老茶油調敷。③手足皸裂：白及研細末，板油適量，調敷患處。④鼻出血：用口水調白及末塗鼻樑上；另取白及粉3克，水沖服。

596 石斛

- **別　　名** 金釵石斛、吊蘭花。
- **藥用部位** 莖（藥材名石斛）。
- **植物特徵與採製** 多年生草本。莖叢生，直立。葉生於莖的上部，革質，長圓形，先端有凹缺，基部鞘狀，抱莖，葉面有光澤。總狀花序具1～4朵花；花白色，末端呈淡紅色。4～6月開花。多附生於陰溼的岩壁上、樹上，或栽培。分布於臺灣、中國湖北、香港、海南、福建、廣西、四川、貴州、雲南、西藏等地。全年可採，以夏、秋季為佳；鮮用或用開水泡後晒乾。

Dendrobium nobile Lindl.

- **性味功用** 甘，微寒。清熱生津，滋養肺胃。主治熱病傷津、口乾煩渴、咳嗽、病後虛熱。3～15克，水煎服。

實用簡方 ①病後虛熱口渴：鮮石斛、麥冬、五味子各9克，水煎代茶。②慢性咽炎：石斛15克，冰糖8克，水煎代茶。③虛熱咳嗽：石斛、梨皮各12克，麥冬、桔梗各10克，水煎服。

- **別　　名**　大斑葉蘭、銀絲盤、銀線蓮。
- **藥用部位**　全草。
- **植物特徵與採製**　多年生草本。莖基部匍匐。葉4～8枚，多生於莖的基部，互生，卵形或卵狀披針形，葉面綠色，具白色斑紋，葉背淺綠色。總狀花序具5～10朵花；花偏向花序軸的一側，白色或帶微紅。8～10月開花。多生於林下陰溼多腐殖質的地方。分布於臺灣、中國長江以南各地及西藏。夏、秋季採收，鮮用或晒乾。

Goodyera schlechtendaliana Rehb. f.

597 斑葉蘭

- **性味功用**　苦，寒。清肺止咳，解毒消腫，止痛。主治高熱、支氣管炎、肺癆咳嗽、喉痛、吐血、糖尿病、小兒急驚風、關節痛、疔瘡、乳癰、瘰癧、毒蛇咬傷。6～15克，水煎服；外用鮮全草適量，搗爛敷患處。

實用簡方　①肺結核：斑葉蘭15克，豬瘦肉適量，水燉服。②氣管炎：斑葉蘭3～6克，酌加冰糖，水燉服。③風溼痛：斑葉蘭18克，鹽膚木、蔓九節、薜荔藤各30克，土牛膝25克，水煎服。④毒蛇咬傷：斑葉蘭15克，半邊蓮、野菊花各10克，金銀花12克，水煎服，渣搗爛敷患處。

- **別　　名**　廣東石仙桃、石橄欖、岩珠。
- **藥用部位**　全草。
- **植物特徵與採製**　多年生附生草本。根狀莖匍匐；假鱗莖肉質。葉條狀披針形。總狀花序從假鱗莖頂部伸出，具10餘朵花；花小，白色或淡黃色。6～12月開花。多生於溪谷林下陰溼的岩石上。分布於臺灣、中國浙江、江西、福建、湖南、廣東、廣西等地。全年可採，多鮮用。

Pholidota cantonensis Rolfe

598 細葉石仙桃

- **性味功用**　微甘，涼。清熱涼血，滋陰潤肺。主治肺熱咳嗽、高熱、咯血、頭暈、頭痛、支氣管炎、急性胃腸炎、慢性骨髓炎、風火牙痛、小兒疝氣。30～60克，水煎服。

實用簡方　①頭暈、頭痛：鮮細葉石仙桃30～60克，鉤藤、菊花各15克，水煎服。②失眠：鮮細葉石仙桃30～60克，合歡皮、女貞子各15克，旱蓮草20克，雞血藤10克，水煎服。③熱咳：鮮細葉石仙桃30～50克，梔子根30克，水燉服。④肺熱咳嗽、咯血：鮮細葉石仙桃30～90克，水煎，調冰糖服。

363

599 石仙桃

Pholidota chinensis Lindl.

- **別　　名**　石橄欖。
- **藥用部位**　全草。
- **植物特徵與採製**　多年生附生草本。假鱗莖肉質，卵形或卵狀長圓形。葉片橢圓形或橢圓狀披針形，全緣，有數條明顯的基出脈。總狀花序頂生，從兩葉間抽出，下垂，有花8～20朵，綠白色。蒴果橄欖形。3～4月開花，4～10月結果。多附生於溪谷、林下具腐殖質土的岩石和樹幹上，或栽培。分布於中國浙江、福建、廣東、海南、廣西、貴州、雲南、西藏等地。全年可採，多鮮用。
- **性味功用**　苦、微酸，涼。清熱養陰，化痰止咳，斂陰降火，平肝息風。主治頭暈、頭痛、肺熱咳嗽、肺結核咯血、支氣管炎、咳嗽、胃痛、風溼關節痛、尿道炎、夢遺、扁桃腺炎、咽喉腫痛、瘰癧、白帶異常、乳腺炎、牙痛。30～60克，水煎服；外用適量，搗爛敷患處。

實用簡方　①夢遺、滑精：石仙桃30克，金絲草15克，水煎服。②慢性胃炎：石仙桃30～60克，豬肚1隻，水燉服。③急性扁桃腺炎：石仙桃30克，鮮扛板歸60克，鮮一枝黃花15克，水煎服。

600 綬草

Spiranthes sinensis (Pers.) Ames

- **別　　名**　盤龍參、青龍抱柱。
- **藥用部位**　全草。
- **植物特徵與採製**　草本。有數條粗壯、肉質、簇生的根。葉3～6片，近基生，條形或條狀倒披針形。穗狀花序頂生，小花多數，呈螺旋狀排列在花序軸上；花冠白色或帶粉紅色。3～5月開花。多生於山坡溼地。分布於各地。夏、秋季採收，鮮用或晒乾。
- **性味功用**　甘，平。滋陰益氣，涼血解毒。主治病後體虛、神經衰弱、肺結核咯血、慢性肝炎、糖尿病、淋濁、白帶異常、遺精、咽喉腫痛、小兒急驚風、小兒夏季熱、帶狀疱疹、指頭疔、牙痛、瘡瘍癰腫、毒蛇咬傷。9～15克，水煎服；外用適量，搗爛敷患處。

實用簡方　①虛熱咳嗽：綬草15克，浙貝母8克，水煎服。②帶狀疱疹：綬草根適量，晒乾研末，麻油調搽。③糖尿病：綬草根30克，豬胰1條，酌加水煎服。④遺精：綬草根、黃花倒水蓮、金櫻根各15克，水煎服。⑤小兒夏季熱：綬草9～15克，水煎服。

中草藥正名筆畫索引

一畫

544　一把傘南星
509　一點紅

二畫

209　丁癸草
321　丁香蓼
297　七星蓮
378　七層樓
218　九里香
467　九節
347　九節龍
342　九管血
446　九頭獅子草
302　了哥王
308　八角楓
113　十大功勞

三畫

43　三白草
39　三尖杉
111　三枝九葉草
216　三椏苦
108　三葉木通
269　三葉崖爬藤
87　千日紅
521　千里光
381　土丁桂
93　土人參
83　土牛膝
300　土沉香
572　土茯苓
80　土荊芥
556　大百部

109　大血藤
512　大吳風草
386　大尾搖
442　大花石上蓮
253　大芽南蛇藤
392　大青
547　大薸
357　女貞
322　小二仙草
162　小果薔薇
387　小花琉璃草
41　小葉買麻藤
186　小槐花
346　山血丹
287　山芝麻
128　山胡椒
246　山烏桕
167　山莓
586　山薑
129　山雞椒
354　山礬
337　川芎

四畫

382　五爪金龍
361　五嶺龍膽
22　井欄邊草
295　元寶草
110　六角蓮
520　六棱菊
50　化香樹
46　及己
58　天仙果
500　天名精

560　天門冬
107　天葵
192　天藍苜蓿
424　少花龍葵
235　巴豆
461　巴戟天
562　文竹
575　文殊蘭
2　木耳
115　木防己
278　木芙蓉
282　木槿
121　木蓮
477　木鱉子
252　毛冬青
289　毛花獼猴桃
320　毛草龍
426　毛麝香
425　水茄
319　水龍
526　水燭
73　火炭母
158　火棘
458　牛白藤
374　牛皮消
412　牛至
573　牛尾菜
531　牛筋草
491　牛蒡

五畫

299　仙人掌
576　仙茅
120　凹葉厚朴

139	北美獨行菜	561	石刁柏	79	羊蹄
331	北柴胡	599	石仙桃	340	羊躑躅
417	半枝蓮	241	石岩楓	126	肉桂
546	半夏	596	石斛	135	血水草
440	半萌苴苔	160	石斑木	419	血見愁
484	半邊蓮	31	石葦	88	血莧
443	臺閩苴苔	306	石榴		
454	四葉葎	577	石蒜		七畫
431	玄參	106	石龍芮	76	何首烏
464	玉葉金花			145	佛甲草
536	玉蜀黍		六畫	131	刨花潤楠
231	瓜子金	174	合萌	195	含羞草
124	瓜馥木	175	合歡	217	吳茱萸
29	瓦葦	441	吊石苣苔	70	尾花細辛
272	田麻	552	吊竹梅	473	忍冬
204	田菁	294	地耳草	490	杏香兔兒風
554	田蔥	284	地桃花	153	杜仲
595	白及	409	地筍	389	杜虹花
497	白朮	315	地菍	348	杜莖山
353	白花丹	170	地榆	341	杜鵑
429	白花泡桐	81	地膚	181	決明
471	白花苦燈籠	508	地膽草	428	沙氏鹿茸草
475	白花敗醬	260	多花勾兒茶	198	沙葛
457	白花蛇舌草	569	多花黃精	105	牡丹
358	白背楓	510	多鬚公	495	牡蒿
239	白背葉	78	扛板歸	188	皂莢
496	白苞蒿	343	朱砂根	104	芍藥
423	白英	280	朱槿	17	芒萁
532	白茅	30	江南星蕨	159	豆梨
268	白粉藤	566	百合	396	豆腐柴
470	白馬骨	221	竹葉花椒	344	走馬胎
408	白絨草	594	竹葉蘭	450	車前
355	白檀	518	羊耳菊	257	車桑子
324	白簕	369	羊角拗		
266	白薇	462	羊角藤		八畫
122	白蘭	482	羊乳	511	佩蘭

309	使君子	593	金線蘭	574	牯嶺藜蘆
522	兔兒傘	72	金蕎麥	62	珍珠蓮
223	兩面針	481	金錢豹	587	砂仁
502	刺兒菜	542	金錢蒲	444	穿心蓮
275	刺蒴麻	316	金錦香	501	紅花
134	刻葉紫堇	233	金邊紅桑	213	紅花酢漿草
8	卷柏	163	金櫻子	234	紅背山麻桿
493	奇蒿	365	長春花	335	紅馬蹄草
28	抱石蓮	25	長葉鐵角蕨	242	紅雀珊瑚
448	板藍	388	附地菜	516	紅鳳菜
171	枇杷	86	青稞	77	紅蓼
390	枇杷葉紫珠			592	美人蕉
291	油茶		**九畫**	191	美麗胡枝子
434	爬岩紅	201	亮葉猴耳環	205	苦參
370	狗牙花	10	兗州卷柏	66	苧麻
535	狗尾草	416	南丹參	478	茅瓜
445	狗肝菜	118	南五味子	165	茅莓
281	玫瑰茄	114	南天竹	142	茅膏菜
84	空心蓮子草	476	南瓜	356	茉莉花
504	芙蓉菊	248	南酸棗	558	韭
100	芡實	383	厚藤	579	韭蓮
333	芫荽	48	垂柳	44	風藤
197	花櫚木	146	垂盆草	237	飛揚草
219	芸香	5	垂穗石松	220	飛龍掌血
149	虎耳草	102	威靈仙	194	香花雞血藤
345	虎舌紅	210	扁豆	537	香附子
74	虎杖	274	扁擔桿	415	香茶菜
452	虎刺	270	扁擔藤	227	香椿
456	金毛耳草	351	星宿菜		
18	金狗毛蕨	262	枳椇		**十畫**
293	金絲桃	422	枸杞	256	倒地鈴
534	金絲草	251	枸骨	435	凌霄
499	金盞花	224	柚	414	夏枯草
402	金瘡小草	375	柳葉白前	584	射干
116	金線吊烏龜	421	洋金花	52	栗
71	金線草	405	活血丹	479	栝蔞

367

173	桃			288	蛇婆子
312	桃金娘		**十一畫**	155	蛇莓
65	桑	397	假馬鞭	449	透骨草
486	桔梗	394	假連翹	427	通泉草
527	浮葉眼子菜	38	側柏	330	通脫木
543	海芋	376	匙羹藤	430	野甘草
16	海金沙	91	商陸	314	野牡丹
26	烏毛蕨	147	常山	406	野芝麻
247	烏桕	196	常春油麻藤	517	野茼蒿
19	烏蕨	327	常春藤	207	野豇豆
127	烏藥	199	排錢草	505	野菊
267	烏蘞莓	474	接骨草	438	野菰
407	益母草	439	旋蒴苣苔	529	野慈姑
250	秤星樹	180	望江南	202	野葛
225	臭椿	172	梅	23	野雉尾金粉蕨
215	臭節草	436	梓	255	野鴉椿
469	茜草	455	梔子	13	陰地蕨
334	茴香	286	梧桐	432	陰行草
494	茵陳蒿	285	梵天花	279	陸地棉
292	茶	410	涼粉草	98	雀舌草
193	草木犀	533	淡竹葉	264	雀梅藤
47	草珊瑚	9	深綠卷柏	506	魚眼草
433	蚊母草	548	犁頭尖	513	鹿角草
130	豺皮樟	377	球蘭	203	鹿藿
263	馬甲子	12	瓶爾小草	567	麥冬
373	馬利筋	273	甜麻		
37	馬尾松	59	粗葉榕		**十二畫**
69	馬兜鈴	164	粗葉懸鉤子	136	博落迴
92	馬齒莧	240	粗糠柴	307	喜樹
380	馬蹄金	323	細柱五加	399	單葉蔓荊
398	馬鞭草	451	細葉水團花	166	掌葉覆盆子
519	馬蘭	598	細葉石仙桃	597	斑葉蘭
395	馬纓丹	515	細葉鼠麴草	339	普通鹿蹄草
169	高粱泡	96	荷蓮豆草	317	朝天罐
498	鬼針草	588	莪朮	540	棕櫚
		157	蛇含委陵菜	318	楮頭紅
		7	蛇足石杉		

56	無花果	550	飯包草	472	鉤藤
509	無根藤	150	黃水枝	254	雷公藤
258	無患子	371	黃花夾竹桃	514	鼠麴草
200	猴耳環	230	黃花倒水蓮		
60	琴葉榕	492	黃花蒿		**十四畫**
311	番石榴	276	黃蜀葵	190	截葉鐵掃帚
465	短小蛇根草	580	黃獨	40	榿樹
538	短葉水蜈蚣	525	黃鵪菜	55	構棘
437	硬骨凌霄			57	構樹
11	筆管草		**十三畫**	33	槐葉蘋
119	紫玉蘭	304	圓葉節節菜	545	滴水珠
338	紫花前胡	20	圓蓋陰石蕨	34	滿江紅
298	紫背天葵	211	楊桃	97	漆姑草
90	紫茉莉	290	楊桐	161	碩苞薔薇
182	紫荊	49	楊梅	582	福州薯蕷
15	紫萁	152	楓香樹	303	福建胡頹子
176	紫雲英	51	楓楊	14	福建觀音座蓮
305	紫薇	228	楝	238	算盤子
413	紫蘇	325	椶木	600	綬草
301	結香	54	榔榆	443	臺閩苣苔
372	絡石	68	矮冷水花	45	臺灣金粟蘭
132	絨毛潤楠	138	碎米薺	539	蒲葵
403	腎茶	570	萬年青	214	蒺藜
21	腎蕨	564	萬壽竹	524	蒼耳
541	菖蒲	565	萱草	245	蓖麻
571	菝葜	75	蒿蓄	563	蜘蛛抱蛋
379	菟絲子	143	落地生根	420	辣椒
82	菠菜	94	落葵	366	酸葉膠藤
585	華山薑	244	葉下珠	3	銀耳
229	華南遠志	64	葷草	36	銀杏
362	華南龍膽	206	葫蘆茶	487	銅錘玉帶草
568	華重樓	352	補血草	259	鳳仙花
385	裂葉牽牛	185	農吉利		
144	費菜	400	過江藤		**十五畫**
212	酢漿草	350	過路黃	459	劍葉耳草
178	雲實	360	鉤吻	349	廣西過路黃

369

404	廣防風	363	龍膽	466	雞矢藤
187	廣東金錢草	177	龍鬚藤	89	雞冠花
265	廣東蛇葡萄			189	雞眼草
27	槲蕨		**十七畫**	368	雞蛋花
549	穀精草	296	檉柳	329	鵝掌柴
485	線萼山梗菜	447	爵床		
183	舖地蝙蝠草	328	穗序鵝掌柴		**十九畫及以上**
168	蓬虆	222	簕欓花椒	557	薤頭
101	蓮	117	糞箕篤	6	藤石松
85	蓮子草	99	繁縷	364	鏈珠藤
140	蕁菜	384	蕹菜	67	糯米糰
468	蔓九節	42	薺菜	401	藿香
578	蔥蓮	503	薊	489	藿香薊
184	豬屎豆	530	薏苡	559	蘆薈
453	豬殃殃	591	薑	35	蘇鐵
480	輪葉沙參	590	薑黃	32	蘋
313	輪葉蒲桃	61	薜荔	483	黨參
359	醉魚草	581	薯莨	271	蘡薁
243	餘甘子	583	薯蕷	391	蘭香草
		283	賽葵	123	蠟梅
	十六畫	103	還亮草	261	鐵包金
53	樸樹	112	闊葉十大功勞	232	鐵莧菜
326	樹參	418	韓信草	24	鐵線蕨
226	橄欖			367	蘿芙木
236	澤漆		**十八畫**	141	蘿蔔
528	澤瀉	133	檫木	63	變葉榕
555	燈心草	151	檵木	463	纈花
277	磨盤草	310	檸檬桉	4	靈芝
332	積雪草	95	瞿麥	507	鱧腸
208	貓尾草	148	繡球	249	鹽膚木
393	賴桐	156	翻白草	589	鬱金
179	錦雞兒	137	薺		
553	鴨舌草	336	藁本		
551	鴨跖草	488	藍花參		
154	龍芽草	523	蟛蜞菊		
460	龍船花	1	蟬花		

memo

國家圖書館出版品預行編目資料

超實用!草藥圖鑑：600種野外常見藥用植物/宋緯文,蔣洪編著. -- 初版. -- 臺中市：晨星出版有限公司,2024.11
　面；公分.——（健康百科；73）

　ISBN 978-626-320-952-7（平裝）

　1.CST: 藥用植物 2.CST: 中草藥 3.CST: 植物圖鑑

376.15025　　　　　　　　　　　　　　　　113014076

|健康百科 73|# 超實用！草藥圖鑑|

編著	宋緯文、蔣　洪
主編	莊雅琦
執行編輯	洪　絹
校對	洪　絹、莊雅琦
網路編輯	林宛靜
封面設計	王大可
美術編排	曾麗香

可至線上填回函！

創辦人	陳銘民
發行所	晨星出版有限公司
	407台中市西屯區工業30路1號1樓
	TEL：04-23595820　FAX：04-23550581
	E-mail：health119@morningstar.com.tw
	http://star.morningstar.com.tw
	行政院新聞局局版台業字第2500號
法律顧問	陳思成律師
初版	西元2024年11月01日

讀者服務專線	TEL：02-23672044／04-23595819#230
讀者傳真專線	FAX：02-23635741／04-23595493
讀者專用信箱	service@morningstar.com.tw
網路書店	http://www.morningstar.com.tw
郵政劃撥	15060393（知己圖書股份有限公司）
印刷	上好印刷股份有限公司

定價799元

ISBN　978-626-320-952-7

本書通過四川文智立心傳媒有限公司代理，經福建科學技術出版社有限責任公司授權，同意由晨星出版有限公司在港澳臺地區發行繁體中文紙版書及電子書。非經書面同意，不得以任何形式任意重制、轉載。

版權所有 翻印必究
（缺頁或破損的書，請寄回更換）

好書推薦

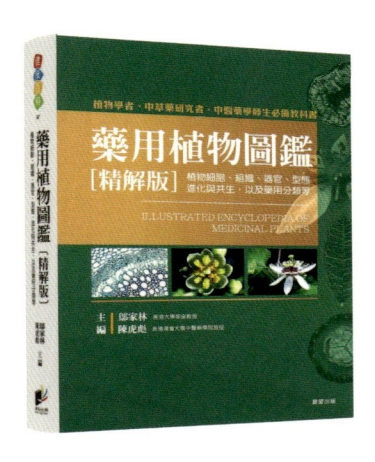

《藥用植物圖鑑【精解版】》

針對藥用植物的特徵以「精」、「解」的形式展現，結合微觀、宏觀，呈現藥用植物各種精細面貌的剖析與解說。

《超實用！中藥材圖鑑》

日常生活必備的用藥指南

介紹467種中藥材的基本知識，方便讀者了解每種中藥材的特性與使用方法。

晨星健康網

草藥百科圖鑑

―― 帶你挖掘生活周遭看似不起眼的野草、花果和樹木 ――
國家級名老中醫藥專家集結多年第一手田野調查資料

專家講解，發現身邊的寶藏植物

由投入中草藥工作超過 60 年，長期專注民間中草藥研究的國家級名老中醫藥專家，集結野外採集紀錄、實拍彩照，系統性地帶領讀者認識每一種草藥的別名、藥用部位、植物特徵，並且依據根、莖、葉、花、果實及種子不同藥用部位，介紹採收時節、方法。

教你如何善用大自然藥櫃的神奇療效

書中詳細羅列600種草藥的性味、主治病症、用法用量、使用宜忌。經過民間與臨床驗證療效的實用簡方，是世代流傳的生活智慧與專家實證結晶，應用簡便，實用性強，部分簡方更可作為藥膳，透過食療達到保健功效。

依個別需求，提供多重速查檢索方式

依中草藥功效分類：十大功勞可清熱燥溼，蘿藦可利水消腫，山胡椒可活血止痛……便利速查、應症尋藥。

http://www.morningstar.com.tw

晨星出版　定價 799 元
ISBN 978-626-320-952-7